数控车削技术训练

（第2版）

主　编　常　斌　徐建军
副主编　王　润　陈　豪

北京理工大学出版社
BEIJING INSTITUTE OF TECHNOLOGY PRESS

内 容 提 要

本书采用目前市场应用最广泛的 FANUC 0i Mate–TC 系统进行数控编程与操作的讲解。

本书以项目为引领,以工作任务驱动过程为导向,按照数控车削加工职业岗位的工作内容及工作过程,车工(数控车工方向)国家职业资格标准,以及职业岗位核心能力的需要共设置了 10 个项目、24 个任务,共包括:数控车削编程基础、数控车床的基本操作、加工外圆柱面零件、加工外圆锥面零件、加工外圆弧面零件、加工盘类零件、加工外沟槽零件、加工普通外螺纹零件、加工套类零件、加工综合件。每个项目又由多个相关任务组成,每个任务中融入了相应的数控刀具选择、数控加工工艺、数控指令与编程方法、测量技术、质量分析、数控车床加工技术等知识和技能。

本书在各项目先后关系的处理上,按照由易到难、由浅入深的原则编排,有效地做到了各个项目间的合理衔接;理论知识以"实用、够用"为原则,与相关技能一起穿插到各个项目中;注重培养学生的数控车床加工实践能力和编程技能。

版权专有 侵权必究

图书在版编目(CIP)数据

数控车削技术训练 / 常斌, 徐建军主编. -- 2 版.
北京:北京理工大学出版社, 2025. 1.
ISBN 978-7-5763-4855-2

Ⅰ. TG519.1

中国国家版本馆 CIP 数据核字第 20252V6W12 号

责任编辑: 多海鹏　　**文案编辑:** 多海鹏
责任校对: 周瑞红　　**责任印制:** 李志强

出版发行 / 北京理工大学出版社有限责任公司
社　　址 / 北京市丰台区四合庄路 6 号
邮　　编 / 100070
电　　话 /(010)68914026(教材售后服务热线)
　　　　　(010)63726648(课件资源服务热线)
网　　址 / http://www.bitpress.com.cn

版 印 次 / 2025 年 1 月第 2 版第 1 次印刷
印　　刷 / 河北盛世彩捷印刷有限公司
开　　本 / 787 mm×1092 mm　1/16
印　　张 / 20.75
字　　数 / 484 千字
定　　价 / 92.00 元

图书出现印装质量问题,请拨打售后服务热线,负责调换

出 版 说 明

五年制高等职业教育（简称五年制高职）是指以初中毕业生为招生对象，融中高职于一体，实施五年贯通培养的专科层次职业教育，是现代职业教育体系的重要组成部分。

江苏是最早探索五年制高职教育的省份之一，江苏联合职业技术学院作为江苏五年制高职教育的办学主体，经过20年的探索与实践，在培养大批高素质技术技能人才的同时，在五年制高职教学标准体系建设及教材开发等方面积累了丰富的经验。"十三五"期间，江苏联合职业技术学院组织开发了600多种五年制高职专用教材，覆盖了16个专业大类，其中178种被认定为"十三五"国家规划教材，学院教材工作得到国家教材委员会办公室认可并以"江苏联合职业技术学院探索创新五年制高等职业教育教材建设"为题编发了《教材建设信息通报》（2021年第13期）。

"十四五"期间，江苏联合职业技术学院将依据"十四五"教材建设规划进一步提升教材建设与管理的专业化、规范化和科学化水平。一方面将与全国五年制高职发展联盟成员单位共建共享教学资源，另一方面将与高等教育出版社、凤凰职业图书有限公司等多家出版社联合共建五年制高职教育教材研发基地，共同开发五年制高职专用教材。

本套"五年制高职专用教材"以习近平新时代中国特色社会主义思想为指导，落实立德树人的根本任务，坚持正确的政治方向和价值导向，弘扬社会主义核心价值观。教材依据教育部《职业院校教材管理办法》和江苏省教育厅《江苏省职业院校教材管理实施细则》等要求，注重系统性、科学性和先进性，突出实践性和适用性，体现职业教育类型特色。教材遵循长学制贯通培养的教育教学规律，坚持一体化设计，契合学生知识获得、技能习得的累积效应，结构严谨，内容科学，适合五年制高职学生使用。教材遵循五年制高职学生生理成长、心理成长、思想成长跨度大的特征，体例编排得当，针对性强，是为五年制高职教育量身打造的"五年制高职专用教材"。

江苏联合职业技术学院
教材建设与管理工作领导小组

序　言

2015年5月，国务院印发关于《中国制造2025》的通知，通知重点强调提高国家制造业创新能力，推进信息化与工业化深度融合，强化工业基础能力，加强质量品牌建设，全面推行绿色制造及大力推动重点领域突破发展等，而高质量的技能型人才是实现这一发展战略的重要途径。

为全面贯彻国家对于高技能人才的培养精神，提升五年制高等职业教育机电类专业教学质量，深化江苏联合职业技术学院机电类专业教学改革成果，并最大限度地共享这一优秀成果，学院机电专业协作委员会特组织优秀教师及相关专家，全面、优质、高效地修订及新开发了本系列规划教材，并配备了数字化教学资源，以适应当前的信息化教学需求。

本系列教材所具特色如下：

● 教材培养目标、内容结构符合教育部及学院专业标准中制定的各课程人才培养目标及相关标准规范。

● 教材力求简洁、实用，编写上兼顾现代职业教育的创新发展及传统理论体系，并使之完美结合。

● 教材内容反映了工业发展的最新成果，所涉及的标准规范均为最新国家标准或行业规范。

● 教材编写形式新颖，教材栏目设计合理，版式美观，图文并茂，体现了职业教育工学结合的教学改革精神。

● 教材配备相关的数字化教学资源，体现了学院信息化教学的最新成果。

本系列教材在组织编写过程中得到了江苏联合职业技术学院各位领导的大力支持与帮助，并在学院机电专业协作委员会全体成员的一直努力下顺利完成了出版任务。由于各参与编写作者及编审委员会专家时间相对仓促，加之行业技术更新较快，教材中难免有不当之处，敬请广大读者予以批评指正，在此一并表示感谢！我们将不断完善与提升本系列教材的整体质量，使其更好地服务于学院机电专业及全国其他高等职业院校相关专业的教育教学，为培养新时期下的高技能人才做出应有的贡献。

江苏联合职业技术学院机电协作委员会
2017年12月

前　言

本书以《江苏省五年制高等职业教育数控技术专业指导性人才培养方案》要求为依据，以职业能力培养为本位，以职业实践为主线，以数控车床加工典型工作任务为载体，有机嵌入常用数控指令、数控加工工艺及操作技能等知识，体现"学中做、学中教"的现代职业教育课程改革理念。

本课程是一门认知性的通用课程，是安排在五年制高职数控技术专业第 5 学期进行的为期 3 周的实习课程，后续有关数控车工实习的课程有"数控车考级——中级"（3 周）、"数控车考级——高级强化"（2 周）、"数控车实训与考级"（6 周），这 3 门课程是专向性的技能训练，在《江苏省五年制高等职业教育数控技术专业指导性人才培养方案》上统一称为"数控车实训与考级"（合计 11 周）。"数控车削技术训练"是后 3 门课程的基础，相当于等级工中的初级与中级之间的关系（国家标准上没有数控车工初级工），要求是晋级的关系，所以编者在本书中选择项目任务时，尽可能简单，一个任务里面增加 1~2 个新的 G 指令讲解。一个实训项目一般包含 2~3 个任务，这些任务合用一个毛坯，有效地节约了实习成本。具体任务实施毛坯、刃量具清单见附录三。除此之外，本书具有以下特点。

1. 采用目前市场应用最广泛的 FANUC 0i Mate–TC 系统进行数控编程与操作的讲解。

2. 按车削类零件特点设置了数控车床的基本操作、车削外圆柱面零件、车削综合件等 10 个项目，每个项目又设置了相关典型任务。

3. 每个任务以数控车床加工实践为主线，以典型零件为载体，融入有关数控刀具选择、数控加工工艺确定、数控指令与编程方法、数控车床加工、精度检测、质量分析等知识，体现了"学中做、做中教"的先进教学理念。

4. 每个项目由项目需求、项目工作场景、方案设计、相关知识和技能等环节构成，每个任务由任务目标、任务描述、知识准备、任务实施、任务评价、任务总结等环节构成。全书以任务为导向开展教学活动，以提高学生的综合职业能力。

本书由江苏联合职业技术学院泰兴分院常斌、常熟分院徐建军任主编，武进分院王润、丹阳中专学校陈豪任副主编。其中，项目三、项目四、项目六和项目八由常斌编写，项目九由常斌、陈豪编写，项目五、项目七由徐建军编写，项目一由王润编写，项目二由王润、常斌编写，项目十由陈豪编写，教材中部分图纸由江苏联合职业技术学院泰兴分院数控联五班卞俊龙同学绘制，常斌做了全书内容统稿、整理和修改的工作。

  本书可作为职业技术院校数控技术专业、机械制造及其自动化专业和其他相关专业的教学用书，同时也可供有关企业从事数控车床应用工作的技术人员参考。

  本书参考了 FANUC 系统操作编程使用说明书以及参考文献中诸多专业同仁的力作，在此深表感谢。编写本教材时，尽管编者尽心竭力，但遗漏和欠缺在所难免，在此敬请读者和各位专家给予批评指正。

编 者

目 录

项目一　数控车削编程基础 ········· 1
- 任务一　认识数控车床 ········· 2
- 任务二　了解坐标系 ········· 12
- 任务三　掌握数控车削编程基础 ········· 17
- 思考与练习 ········· 29

项目二　数控车床的基本操作 ········· 31
- 任务一　熟悉操作面板 ········· 32
- 任务二　选用数控刀具 ········· 38
- 任务三　操作数控车床 ········· 48
- 任务四　保养数控车床和养成文明生产习惯 ········· 59
- 思考与练习 ········· 65

项目三　加工外圆柱面零件 ········· 66
- 任务一　加工外圆柱面零件（一） ········· 67
- 任务二　加工外圆柱面零件（二） ········· 82
- 思考与练习 ········· 92

项目四　加工外圆锥面零件 ········· 94
- 任务一　加工外圆锥面零件（一） ········· 95
- 任务二　加工外圆锥面零件（二） ········· 108
- 任务三　加工外圆锥面零件（三） ········· 117
- 思考与练习 ········· 130

项目五　加工外圆弧面零件 ········· 132
- 任务一　加工外圆弧面零件（一） ········· 133
- 任务二　加工外圆弧面零件（二） ········· 147
- 思考与练习 ········· 157

项目六　加工盘类零件 ········· 159
- 任务一　加工盘类零件（一） ········· 160
- 任务二　加工盘类零件（二） ········· 170
- 思考与练习 ········· 179

项目七　加工外沟槽零件 ······ 181
任务一　加工外窄槽零件 ······ 182
任务二　加工外宽槽零件 ······ 194
思考与练习 ······ 206

项目八　加工普通外螺纹零件 ······ 208
任务一　加工普通外螺纹零件（一） ······ 209
任务二　加工普通外螺纹零件（二） ······ 230
思考与练习 ······ 242

项目九　加工套类零件 ······ 244
任务一　加工套类零件（一） ······ 245
任务二　加工套类零件（二） ······ 263
思考与练习 ······ 278

项目十　加工综合件 ······ 280
任务一　加工综合件（一） ······ 281
任务二　加工综合件（二） ······ 294
思考与练习 ······ 309

附录 ······ 311
附录一　现场记录表 ······ 311
附录二　任务学习自我评价表 ······ 312
附录三　项目实施毛坯及刃、量具清单 ······ 315

参考文献 ······ 318

项目一

数控车削编程基础

❯❯ 项目需求

本项目主要是学习数控车削编程基础知识,通过本项目的实施,学生应认识数控车床的分类及组成、数控加工的流程、数控车床的加工特点和加工范围;理解机床坐标系和工件坐标系的定义及作用、机床原点和机床参考点的区别;掌握数控编程的分类及步骤、数控加工程序的格式与组成、数控机床的有关功能及规则。

❯❯ 项目工作场景

根据项目需求,为顺利完成本项目的实施,需配备数控车削加工理实一体化教室和数控仿真机房,数控车床CK6140或CK6136(数控系统FANUC 0i Mate-TC)。

❯❯ 方案设计

为顺利完成数控车削编程基础项目的学习,本项目设计了3个任务:任务一认识数控车床、任务二了解坐标系、任务三掌握数控车削编程基础。通过这3个任务的实施,使学生掌握数控车削编程的基础知识,并对数控编程有初步的了解。

❯❯ 相关知识和技能

1. 数控车床的分类。
2. 数控车床的组成。
3. 数控加工的定义、实质和流程。
4. 数控车床的加工特点。
5. 数控车床的加工范围。
6. 机床坐标系的定义、规定及作用。
7. 机床原点与机床参考点。
8. 工件坐标系的定义及作用。
9. 编程原点。
10. 数控编程的定义、分类及步骤。
11. 数控加工程序的格式与组成。
12. 数控机床的有关功能。

13. 常用指令的属性。
14. 坐标功能指令规则。

任务一　认识数控车床

📖 任务目标

知识目标
1. 了解数控车床的种类。
2. 熟悉数控车床的结构及主要部件功能。
3. 了解数控加工的定义、实质和流程。
4. 了解数控车床的加工特点。
5. 了解数控车床的加工范围。

技能目标
1. 能认识各种数控车床。
2. 能认识各种数控系统。
3. 能正确指出数控车床的组成部分。
4. 能清楚知道数控车削的加工过程。

📖 任务描述

数控机床是指采用数字控制技术对机床的加工过程进行自动控制的机床，数控机床在结构上与普通机床有很大的不同。因此，在深入学习数控车床之前，应先通过参观数控加工实习工厂来认识数控车床。

在参观过程中，认真观察数控车床加工，比较数控车床与普通车床的不同之处，深入了解数控车床的加工内容、加工特点、类型等基本知识，同时体验数控车床加工的工作氛围，为进一步学习数控车床的操作做准备。

📖 知识准备

数控机床是指采用数控技术进行控制的机床。数控机床按用途进行分类，即用于完成车削加工的数控机床称为数控车床。

数控车床与普通车床相同的是它们都主要用于加工轴类、盘套类等回转体零件；不同的是数控车床能够自动完成圆柱面、圆锥面、球面以及螺纹等的加工，还能加工一些复杂的回转面，如椭圆、抛物线等特殊曲面。

一、数控车床的分类

1. 按车床主轴位置分类

数控车床根据车床主轴的位置，可分为卧式数控车床和立式数控车床两类。

（1）卧式数控车床。卧式数控车床的主轴轴线平行于水平面，图1-1-1所示为经济型卧式数控车床。卧式数控车床又分为数控水平导轨卧式车床和数控斜导轨卧式车床。斜导轨结构多采用45°、60°、75°，其可以使车床获得更大的刚性，并易于排除切屑。

（2）立式数控车床。立式数控车床的主轴轴线垂直于水平面，并有一个直径很大、供装夹工件用的圆形工作台，如图1-1-2所示。这类机床主要用于加工径向尺寸大、轴向尺寸相对较小的大型复杂零件。

图1-1-1　经济型卧式数控车床　　　　图1-1-2　立式数控车床

2. 按功能分类

数控车床根据功能，可分为经济型数控车床、全功能数控车床和车削中心等几类。

（1）经济型数控车床。经济型数控车床如图1-1-1所示，一般采用开环或半闭环伺服系统控制，主轴多采用变频调速。其结构和普通车床相似，系统通常配备经济型数控系统，具有CRT（阴极射线管）显示、程序储存、程序编辑等功能。此类数控车床结构简单、价格低廉，主要用于加工精度要求不高但有一定复杂性的零件。

（2）全功能数控车床。全功能数控车床是较高档次的数控车床，如图1-1-3所示，一般采用后置转塔式刀架，可装刀具数量较多；主轴为伺服驱动；车床采用倾斜床身结构以便于排屑；数控系统的功能较多，具有刀尖圆弧半径自动补偿、恒线速切削、倒角、固定循环、螺纹车削、图形显示、用户宏程序等功能，可靠性较高。这类车床加工能力强，适用于精度高、形状复杂、工序多、循环周期长、品种多变的单件或中、小批量零件的加工。

图1-1-3　全功能数控车床

（3）车削中心。车削中心是在全功能数控车床的基础上，增加了C轴和动力头，刀架具有Y轴功能的更高级的数控车床。其带有刀库和自动换刀装置，扩大了自动选择和使用刀具的数量，功能更全面，可实现四轴（X轴、Y轴、Z轴和C轴）联动功能。除了能进行车削、镗削加工外，车削中心还能对端面和圆周上任意部位进行钻削、铣削、攻螺纹等加工；而且在具有插补功能的情况下还能铣削曲面、凸轮槽和螺旋槽，可实现车削、铣削复合加工。车削中心如图1-1-4所示。

图 1-1-4　车削中心

二、数控车床的组成

数控车床主要由车床本体和数控系统两大部分组成。车床本体由床身、主轴、滑板、刀架和冷却装置等组成；数控系统由程序的输入/输出装置、数控装置、伺服驱动装置3部分组成。

图 1-1-5 所示为 CKA61100 型数控车床的外形图，它主要由床身、主轴箱、电气控制箱、刀架、数控装置、尾座、进给系统、冷却系统和润滑系统等组成。

图 1-1-5　CKA61100 型数控车床
1—床身；2—主轴箱；3—电气控制箱；4—刀架；5—数控装置；6—尾座；7—导轨；8—丝杠；9—防护板

1. 床身

床身部分如图 1-1-6 所示，包括床身与床身底座。床身底座为整台机床的支撑与基础，所有的机床部件均安装于其上，主电动机与冷却箱置于床身底座的内部。

2. 主轴箱

主轴箱用于固定机床主轴。主电动机通过三角带直接把运动传给主轴。主轴通过同步齿形带与编码器（图 1-1-7）相连，通过编码器测出主轴的实际转速，主轴的调速直接通过变频电动机来完成。

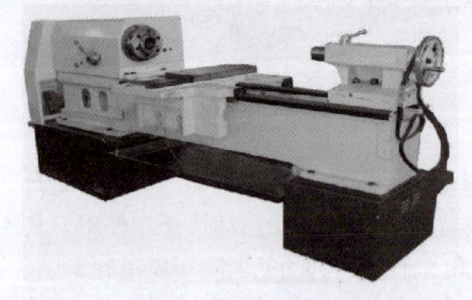

图 1-1-6　床身部分

3. 电气控制箱

电气控制箱如图 1-1-8 所示,其内部用于安装各种机床电气控制元件、数控伺服控制单元、控制芯板和其他辅助装置。

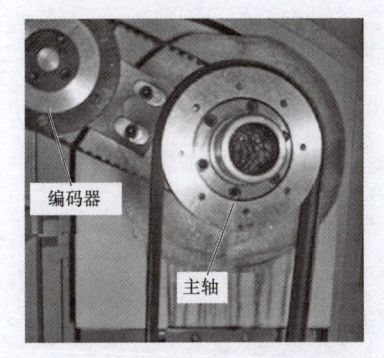

图 1-1-7 主轴与编码器

图 1-1-8 电气控制箱

4. 刀架

刀架(图 1-1-9)固定在中滑板上,常用的刀架有四工位立式电动刀架和转塔式刀架,用于安装车削刀具。刀架通过自动转位来实现刀具的交换。

(a)   (b)

图 1-1-9 刀架

(a)四工位立式电动刀架;(b)转塔式刀架

5. 数控装置

数控装置主要由数控系统、伺服驱动装置和伺服电动机组成,如图 1-1-10 所示。数控系统发出的信号经伺服驱动装置放大后,指挥伺服电动机进行工作。

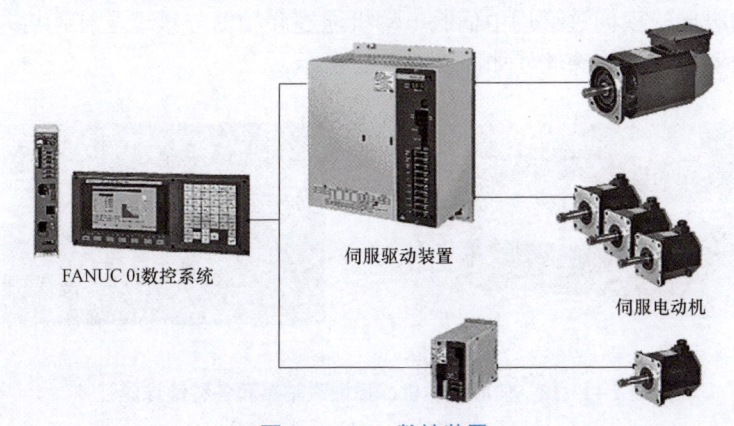

图 1-1-10 数控装置

目前，我国主要使用的数控系统包括由日本富士通公司研制开发的 FANUC（发那科）数控系统、德国西门子公司开发研制的 SIEMENS（西门子）数控系统和国产数控系统 3 类。

（1）FANUC 数控系统在我国得到了广泛的应用。目前，在我国市场上，应用于车床的 FANUC 数控系统主要有 FANUC 18i Mate-TA/TB、FANUC 0i Mate-TA/TB/TC、FANUC 0 Mate-TD 等。本书以 FANUC 0i Mate-TC 为例，讲解 FANUC 系统的编程与操作。FANUC 0i Mate-TC 数控系统操作界面如图 1–1–11 所示。

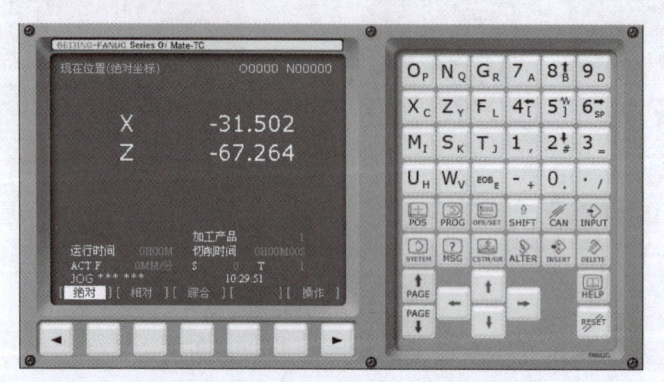

图 1–1–11　FANUC 0i Mate–TC 数控系统操作界面

（2）SIEMENS 数控系统在我国数控机床中的应用也相当普遍。目前，在我国市场上，常用的 SIEMENS 数控系统除 SIEMENS 840D/C、SIEMENS 810T/M 外，还有专门针对我国市场开发的车床数控系统 SIEMENS 802S/C/802D，其中 802S 系统采用步进电动机驱动，802C/D 系统则采用伺服电动机驱动。

（3）常用于车床的国产数控系统有广州数控系统，如 GSK928T、GSK980T 等；华中数控系统，如 HNC–21T 等；北京航天数控系统，如 CASNUC 2100 等；南京仁和数控系统，如 RENHE–32T/90T/100T 等。

除了以上 3 类主流数控系统外，国内使用较多的数控系统还有日本的三菱数控系统和大森数控系统、法国的施耐德数控系统、西班牙的法格数控系统和美国的 A–B 数控系统等。

6. 尾座

尾座在长轴类零件加工中起支撑等作用。

7. 进给系统

数控车床的纵向、横向进给均由伺服电动机通过联轴器与滚珠丝杠连接来实现。伺服电动机、弹性联轴器和各种滚珠丝杠如图 1–1–12 所示。

（a）　　　　　　　　　　（b）

图 1–1–12　伺服电动机、弹性联轴器和各种滚珠丝杠
（a）伺服电动机；（b）弹性联轴器；

(c)

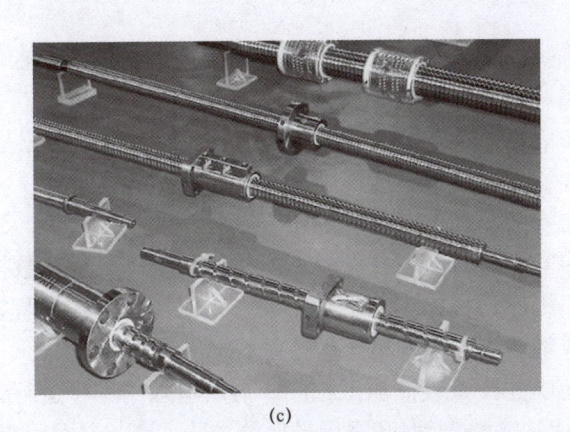

图 1-1-12 伺服电动机、弹性联轴器和各种滚珠丝杠（续）
(c) 滚珠丝杠

三、数控加工

1. 数控加工的定义
数控加工是指在数控机床上自动加工零件的一种工艺方法。

2. 数控加工的实质
数控机床按照事先编制好的加工程序并通过数字控制过程，自动地对零件进行加工。

3. 数控加工的流程
数控加工流程如图 1-1-13 所示，主要包括以下几方面内容。

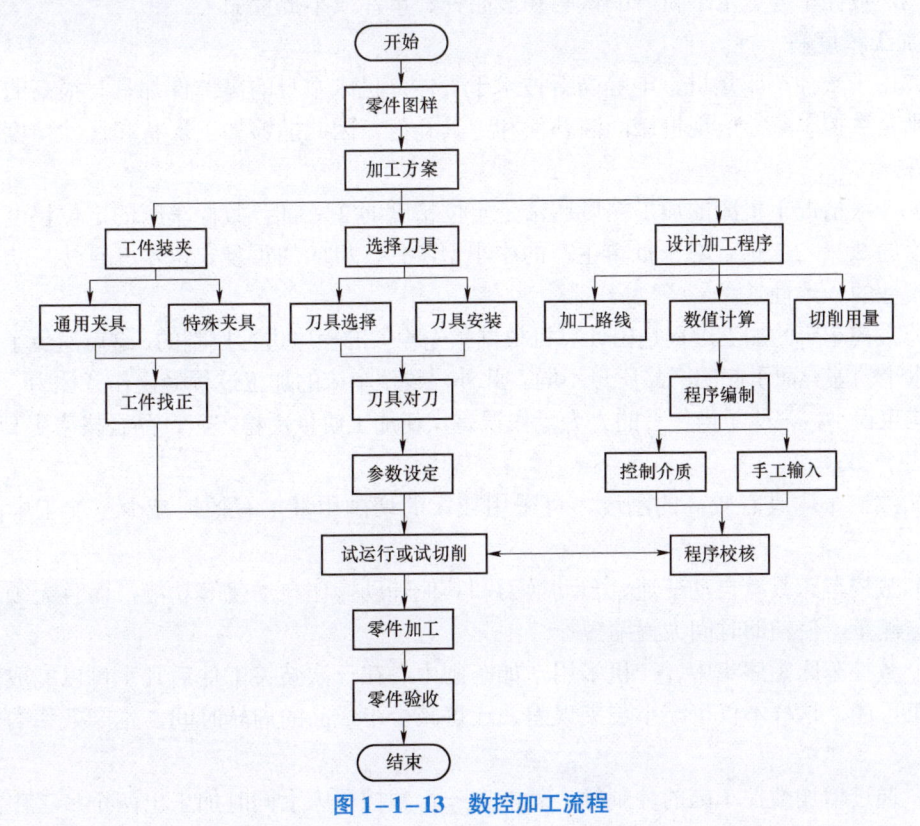

图 1-1-13 数控加工流程

（1）分析图样，确定加工方案。对所要加工的零件进行技术要求分析，选择合适的加工方案，再根据加工方案选择合适的数控加工机床。

（2）工件的定位与装夹。根据零件的加工要求，选择合理的定位基准，并根据零件批量、精度及加工成本选择合适的夹具，完成工件的装夹与找正。

（3）刀具的选择与安装。根据零件的加工工艺性和结构工艺性，选择合适的刀具材料与刀具种类，完成刀具的安装与对刀，并将对刀所得参数正确设定在数控系统中。

（4）编制数控加工程序。根据零件的加工要求，对零件进行编程，并经初步校验后将这些程序通过控制介质或手动方式输入机床数控系统。

（5）试运行、试切削并校验数控加工程序。对所输入的程序进行试运行，并进行首件的试切削。试切削一方面用来对加工程序进行最后的校验，另一方面用来校验工件的加工精度。

（6）数控加工。当试切削的首件经检验合格并确认加工程序正确无误后，便可进入数控加工阶段。

（7）工件的验收与质量误差分析。工件入库前，先进行工件的检验，并通过质量分析，找出误差产生的原因，得出纠正误差的方法。

四、数控车床的加工特点

1. 适应能力强

在数控车床上改变加工对象时，只需重新编制或修改加工程序，无须更换许多工具、夹具，更不需要更新机床，就可以迅速达到加工要求，大幅缩短了更换机床硬件的技术准备时间。因此，数控车床适用于新产品试制和多品种、单件或小批量加工。

2. 加工精度高

（1）由于数控车床集机、电等高新技术于一体，机床本身的零部件都具有很高的制造精度，特别是数控车床能实现机械间隙补偿和刀具补偿，因此能够加工形状和尺寸精度要求较高的零件。

（2）一般情况下机床的加工精度通常是定位精度的 2~3 倍，数控车床的定位精度是重复定位精度的 2.3~2.5 倍。对于批量生产的中小型零件，机床的重复定位精度直接影响一批零件加工尺寸的一致性。

（3）数控车床的加工过程是由计算机根据预先输入的程序进行控制的，这就避免了因操作者技术水平的差异而引起的产品质量不同。此外，数控车床的加工过程受操作者体力、情绪变化的影响也很小，消除了操作者的人为操作误差，使加工质量更稳定、产品合格率更高。

3. 生产效率高

（1）数控车床具有较高的刚度，可采用较大的切削用量，有效地减少了加工中的切削时间。

（2）数控车床具有自动变速、自动换刀和其他辅助操作自动化等功能，而且无须工序间的检验与测量，使辅助时间大为缩短。

（3）数控车床工序集中、一机多用，如车削中心在一次装夹工件后几乎可以完成零件的全部加工工序，这样不仅可减小装夹误差，还可减少半成品的周转时间，生产效率的提高更为明显。

（4）通过增加数控车床的控制轴，就能在一台数控车床上同时加工出两个多工序的相同或不同的零件，也便于实现一批复杂零件车削全过程的自动化。如在一台车削中心上，左、右两个同轴线的主轴和前、后配置的两个刀架，在数控系统的控制之下进行多个零件的多工序加工。

4. 适合复杂零件的加工

（1）由于数控车床能实现两轴或两轴以上的联动，所以能完成轮廓形状复杂零件的加工，特别是对于可用数学方程式和坐标点表示的形状复杂的零件，加工非常方便。

（2）数控车床进给传动系统是由伺服驱动系统来实现的，可以任意调节进给速度，数控车床不仅能车削任何等导程的圆柱螺纹、圆锥螺纹及端面螺纹，还能车削变导程螺纹以及要求等导程与变导程之间平滑过渡的螺纹。

5. 减轻劳动强度

数控车床可按加工程序要求连续地进行切削加工，操作者手工操作工作量较小，大幅降低了劳动强度，劳动条件也得到了很大的改善。

6. 有利于实现制造和生产管理的现代化

采用数控车床加工零件，能准确地计算产品生产的工时，并有效地进行工、夹具和半成品的管理工作。数控车床使用数字信号与标准代码作为输入信号，适宜与计算机网络连接，构成由计算机控制和管理的生产系统，为计算机辅助设计、制造及管理一体化奠定了基础。

五、数控车床的加工范围

数控车削加工是应用最多的数控加工方法之一。由于数控车床具有加工精度高，能做直线和圆弧插补，以及在加工过程中能自动变速的特点，因此其加工范围比普通车床要宽得多。

针对数控车床的特点，最适合数控车削加工的零件如图 1-1-14 所示，主要有要求精度较高和表面粗糙度较小的轴套类零件、盘类零件及表面形状复杂的回转类零件、带特殊轮廓的回转类零件等。

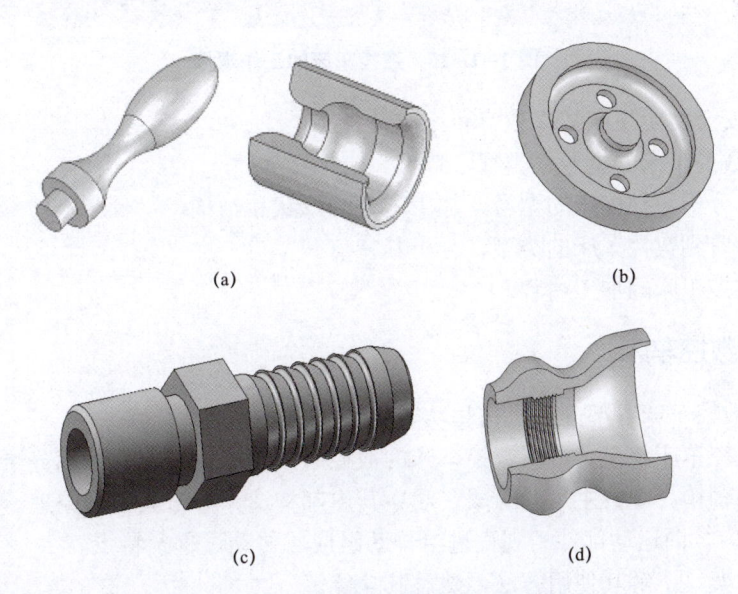

图 1-1-14 最适合数控车削加工的零件

(a) 轴套类零件；(b) 盘类零件；(c) 表面形状复杂的回转类零件；(d) 带特殊轮廓的回转类零件

从数控车床的特点可以看出，适合数控车床加工的零件还包括：
（1）多品种、小批量生产的零件或新产品试制阶段的零件；
（2）轮廓形状复杂的零件；
（3）加工过程中必须进行多工序加工的零件；
（4）用普通车床加工时，需要有昂贵工艺装备的零件；
（5）同一批加工零件的尺寸一致性必须严格控制且对加工精度要求高的零件；
（6）工艺设计需多次改型的零件；
（7）价格昂贵，加工中不允许报废的关键零件；
（8）需要最短生产周期的零件。

📖 任务实施

一、参观数控车床工作现场

数控车床的工作现场如图 1-1-15 所示。

图 1-1-15 数控车床的工作现场

（1）进行安全文明生产知识教育和纪律教育。
（2）认识数控车床的型号、类型、特点。
① 记录并分析数控车床的型号，加工零件的形状和结构。
② 记录所看到数控车床的类型，分析其特点。
③ 分析数控车床的加工内容。

二、认识数控车床

（1）认识数控车床各部分的机构和功能。
① 观察数控车床整机。分析数控车床的数控系统、床身组件、各部分结构及位置。
② 认识主轴箱。观察主运动组成，观察其内部构造，分析其工作原理。
③ 认识 X、Z 向运动部件。观察进给传动组成、传动过程及特点。
④ 认识刀架。了解其使用方法，熟悉其功能。
⑤ 认识尾座。了解其使用方法。

⑥ 认识数控车床中辅助装置的组成。

（2）认识 FANUC 0i Mate – TC 数控系统。

注意

参观学习过程中，严格服从教师管理，禁止擅自操作机床。

三、参观学校的数控加工典型零件陈列室

（1）了解数控车床的加工范围。

（2）了解数控车床加工零件所能获得的尺寸精度和表面粗糙度。

数控车床加工的零件如图 1–1–16 所示。

图 1–1–16 数控车床加工的零件

任务评价

填写任务学习自我评价表，见表 1–1–1。

表 1–1–1 任务学习自我评价表

任务名称		实施地点		实施时间	
学生班级		学生姓名		指导教师	
评价项目			评价结果		
任务实施前的准备过程评价	参观车间前是否对数控加工的基本概念有所了解		1. 完全了解		□
^	^		2. 基本了解		□
^	^		3. 没有了解		□
^	对数控车床的组成部分是否了解		1. 完全了解		□
^	^		2. 基本了解		□
^	^		3. 没有了解		□
^	任务实施的目标是否清楚		1. 完全清楚		□
^	^		2. 基本清楚		□
^	^		3. 不清楚		□

续表

评价项目		评价结果	
任务实施中的过程评价	是否了解数控车加工的过程	1. 完全了解	□
		2. 基本了解	□
		3. 没有了解	□
	是否掌握数控车床的组成	1. 完全掌握	□
		2. 基本掌握	□
		3. 没有掌握	□
任务完成后的评价	数控车床加工的零件特征是什么		
	对于数控车床加工相对于普通车床加工的优势是否有了更深刻的体会	1. 体会更深刻了	□
		2. 有些体会，但不深刻	□
		3. 没有体会	□
总结评价	针对本任务的一个总体自我评价	总体自我评价：	

任务总结

本任务通过参观数控车床工作现场、观察数控车床、参观本校的数控加工典型零件陈列室等活动，了解数控车床的种类，熟悉数控车床的结构及主要部件功能，了解主流的数控系统，了解数控加工的工作流程，以及数控车床加工特点和加工范围。

任务二　了解坐标系

任务目标

知识目标
1. 理解数控机床坐标系的概念、相关规定及作用。
2. 掌握数控车床坐标系 X、Z 轴的指向规定。
3. 理解机床原点与机床参考点的概念和区别。
4. 掌握工件坐标系的概念及作用。
5. 掌握编程原点位置的确定方法。

技能目标
1. 具有识别各种数控车床坐标系的能力。
2. 能合理确定工件坐标系的位置。

任务描述

观察数控车床加工，指出数控车床的各坐标轴及方向，机床原点和机床参考点的位置，机床坐标系和工件坐标建立的位置；观察系统显示屏位置界面，了解机械坐标、工件坐标的概念和区别；在老师指导下手动移动刀架，体验 X 轴、Z 轴运动的正、负方向。

知识准备

一、机床坐标系

1. 机床坐标系的定义

在数控机床上加工零件，机床的动作是由数控系统发出的指令来控制的。为了确定机床的运动方向和移动距离，就要在机床上建立一个坐标系，这个坐标系称为机床坐标系，又称标准坐标系。

2. 机床坐标系中的规定

数控车床的加工动作主要分为刀具的运动和工件的运动两部分。因此，在确定机床坐标系的方向时，永远假定刀具相对于静止的工件运动。

对于机床坐标系的方向，统一规定增大工件与刀具之间距离的方向为正方向。

数控机床坐标系采用右手直角笛卡儿坐标系。如图 1-2-1（a）所示，其基本坐标轴为 X、Y、Z 直角坐标轴，大拇指指向 X 轴的正方向，食指指向 Y 轴的正方向，中指指向 Z 轴的正方向。如图 1-2-1（b）所示规定了转动轴 A、B、C 轴转动的正方向。

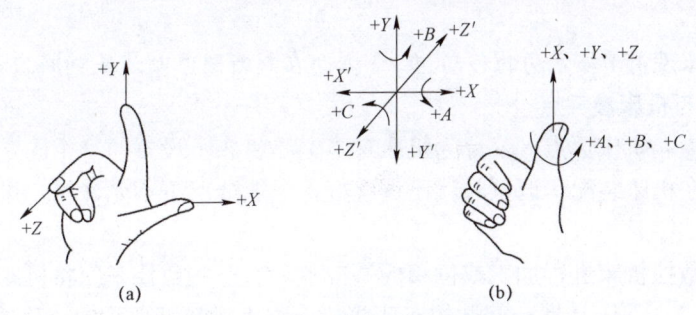

图 1-2-1 右手直角笛卡儿坐标系

数控车床以机床主轴轴线方向为 Z 轴方向，刀具远离工件的方向为 Z 轴的正方向。X 轴位于与工件装夹平面相平行的水平面内，垂直于工件回转轴线的方向，且刀具远离主轴轴线的方向为 X 轴的正方向。

3. 机床坐标系的方向

（1）Z 坐标方向。Z 坐标的运动由主要传递切削动力的主轴所决定。对任何具有旋转主轴的机床，其主轴及与主轴轴线平行的坐标轴都称为 Z 坐标轴（简称 Z 轴）。根据坐标系正方向的确定原则，刀具远离工件的方向为该轴的正方向。

（2）X 坐标方向。X 坐标一般为水平方向并垂直于 Z 轴。对于工件旋转的机床（如车床），X 坐标方向规定为在工件的径向上平行于车床的横导轨。同时也规定刀具远离工件的方向为 X 轴的正方向。

确定 X 轴方向时，要特别注意前置刀架式数控车床［见图 1-2-2（a）］与后置刀架式数控车床［见图 1-2-2（b）］的区别。

（3）Y 坐标方向。Y 坐标垂直于 X、Z 坐标轴。普通数控车床没有 Y 轴方向的移动。

(4) 旋转轴方向。旋转坐标 A、B、C 对应表示其轴线分别平行于 X、Y、Z 坐标轴的旋转坐标。A、B、C 坐标的正方向分别规定为沿 X、Y、Z 坐标正方向并按照右旋螺纹旋进的方向,如图 1-2-1(a) 所示。

按照右手直角笛卡儿坐标系确定机床坐标系中的各坐标轴时,应先根据主轴确定 Z 轴,然后再确定 X 轴,最后确定 Y 轴,数控车床坐标系如图 1-2-2 所示。

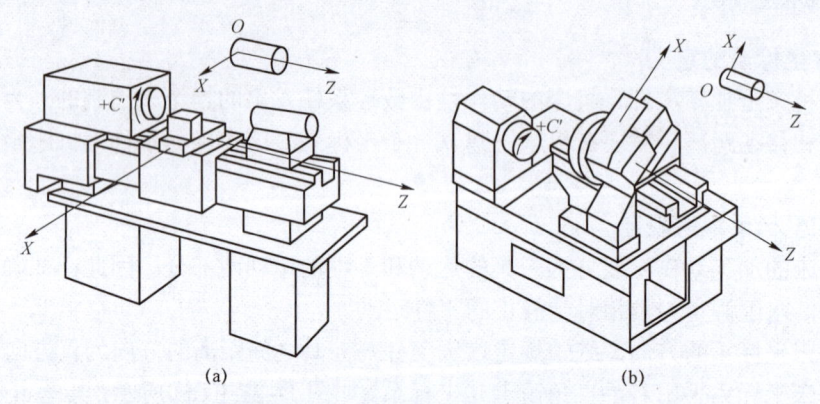

图 1-2-2 数控车床的坐标系
(a)前置刀架式数控车床的坐标系;(b)后置刀架式数控车床的坐标系

注意

普通数控车床没有 Y 轴方向的移动,但 $+Y$ 方向在判断圆弧顺逆及判断刀补方向时起作用。

4. 机床原点与机床参考点

(1) 机床原点。机床原点(又称为机床零点)是机床上设置的一个固定的点,即机床坐标系的原点。它在机床装配、调试时就已调整好,一般情况下不允许用户进行更改,因此它是一个固定的点。

机床原点是数控机床进行加工或位移的基准点。有一些数控车床将机床原点设在卡盘中心处[见图 1-2-3(a)],还有一些数控车床将机床原点设在刀架正向位移的极限点位置[见图 1-2-3(b)]。

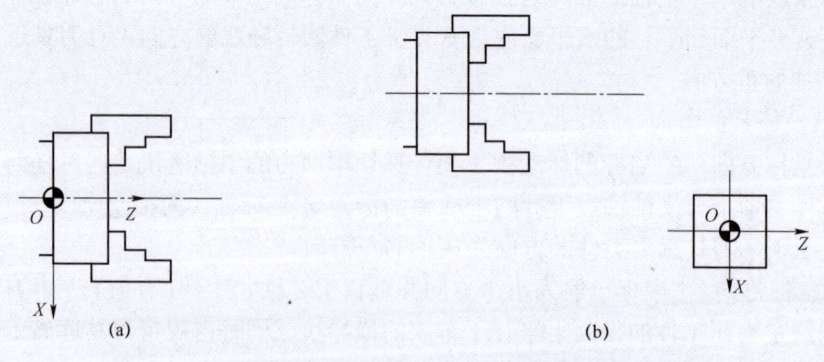

图 1-2-3 机床原点的位置(前置刀架式数控车床坐标系)
(a)机床原点位于卡盘中心;(b)机床原点位于刀架正向位移的极限位置

(2) 机床参考点。机床参考点是数控机床上一个位置特殊的点。通常,数控车床的第一参考点位于刀架正向位移的极限点位置，并由机械挡块来确定其具体的位置。机床参考点与机床原点的距离由系统参数设定，其值可以是0，如果其值为0，则表示机床参考点和机床零点重合。

对于大多数数控机床来说，开机第一步总是先让机床执行返回参考点操作（即所谓的机床回零）。当机床处于参考点位置时，系统显示屏上的机床坐标系将显示系统参数中设定的数值（即参考点与机床原点的距离值）。开机回参考点的目的就是建立机床坐标系，即通过参考点当前的位置和系统参数中设定的参考点与机床原点的距离值（图1-2-4中的a值和b值）来反推出机床原点位置。机床坐标系一经建立，只要机床不断电，将永远保持不变，且不能通过编程来对它进行改变。

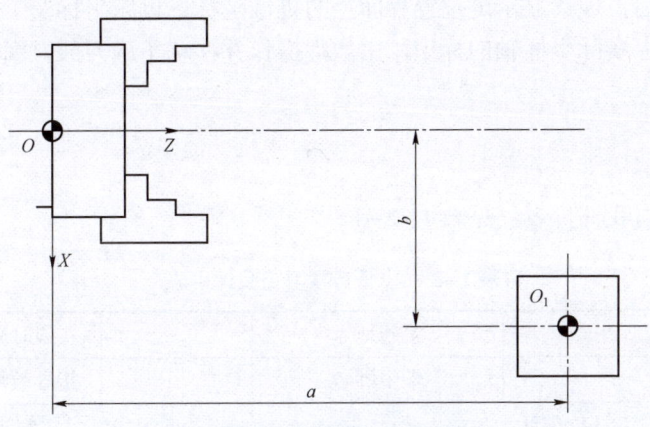

图1-2-4　机床原点与参考点
O—机床原点；O_1—机床参考点
a—Z向距离参考值；b—X向距离参考值

注意
1. 当前有很多数控车床，开机后不需要回参考点即可直接进行操作。
2. 机床上除设定了第一参考点外，还可用参数来设定第二、三、四参考点，设立这些参考点的目的是建立一个固定的点，在该点处，数控机床可执行诸如换刀等一些特殊的动作。

二、工件坐标系

1. 工件坐标系的定义

机床坐标系的建立保证了刀具在机床上的正确运动。但是，加工程序的编制通常是针对某一工件并根据零件图样进行的。为了便于尺寸计算与检查，加工程序的坐标原点一般都尽量与零件图样的尺寸基准相一致。这种针对某一工件并根据零件图样建立的坐标系称为工件坐标系（又称编程坐标系），如图1-2-5所示。

2. 工件坐标系原点

工件坐标系原点又称编程原点，指工件装夹

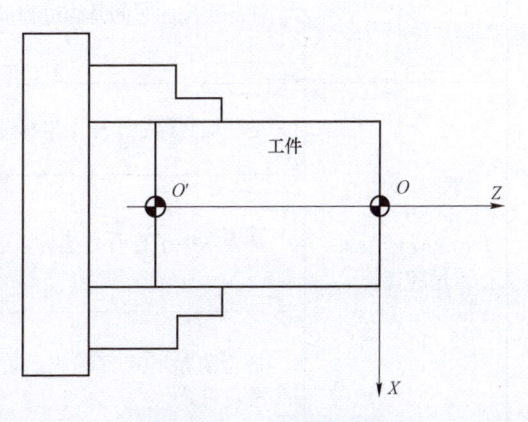

图1-2-5　工件坐标系

完成后，选择工件上的某一点作为编程或工件加工的基准点。工件坐标系原点在图中以符号"⊕"表示。

数控车床工件坐标系原点选取如图 1-2-5 所示。X 向一般选在工件的回转中心，而 Z 向一般选在工件的右端面（O 点）或左端面（O' 点）。采用左端面作为 Z 向工件坐标系原点时，有利于保证工件的总长；采用右端面作为 Z 向工件坐标系原点时，则有利于对刀。

📖 任务实施

（1）通过小组互动提问、教师抽查等形式，阐述坐标系的确定原则。

（2）分小组绘制、展示数控机床的坐标系，并标注坐标，简要说明标注依据。

（3）机床开机后，观察显示屏位置界面上的机械坐标、机床坐标及工件坐标。

（4）观察车床上实际坐标轴的标识，由教师操作并移动车床刀架，观察位置界面上的坐标变化。

📖 任务评价

填写任务学习自我评价表，见表 1-2-1。

表 1-2-1　任务学习自我评价表

任务名称		实施地点		实施时间	
学生班级		学生姓名		指导教师	
评价项目			评价结果		
任务实施前的准备过程评价	是否清楚数控坐标系的概念		1. 完全清楚		□
^	^		2. 基本清楚		□
^	^		3. 不清楚		□
^	是否清楚任务实施的目标		1. 清楚		□
^	^		2. 基本清楚		□
^	^		3. 不清楚		□
^	任务实施的时间是否进行了合理分配		1. 已进行合理分配		□
^	^		2. 已进行分配，但不是最佳		□
^	^		3. 未进行分配		□
任务实施中的过程评价	是否找到数控车床上坐标轴的标识		1. 找到并了解了		□
^	^		2. 未找到		□
^	是否掌握了查看各坐标系的方法		1. 完全掌握		□
^	^		2. 基本掌握		□
^	^		3. 没有掌握		□
^	是否清楚所观察车床的机床原点及参考点位置		1. 完全清楚		□
^	^		2. 基本清楚		□
^	^		3. 不清楚		□

续表

评价项目		评价结果		
任务完成后的评价	任务的完成情况如何	1. 按时完成	（1）质量好	□
			（2）质量中	□
			（3）质量差	□
		2. 提前完成	（1）质量好	□
			（2）质量中	□
			（3）质量差	□
		3. 滞后完成	（1）质量好	□
			（2）质量中	□
			（3）质量差	□
	是否进行了自我总结	1. 是，详细总结		□
		2. 是，一般总结		□
		3. 否，没有总结		□
总结评价	针对本任务的一个总体自我评价	总体自我评价：		

📖 任务总结

本任务是了解数控机床的坐标系统，通过观察数控装置的显示界面来理解机床坐标系、工件坐标系的概念，了解机床原点和编程原点的概念，了解机床原点和机床参考点的区别，并学会沿坐标轴方向手动移动刀架。

任务三　掌握数控车削编程基础

📖 任务目标

知识目标
1. 理解数控编程的概念与编程方法。
2. 掌握数控加工程序的格式与组成。
3. 掌握数控机床的有关功能及指令代码。
4. 掌握常见指令的属性。
5. 掌握坐标功能的指令规则。

技能目标
1. 能看懂简单的车削加工程序格式与组成。
2. 能对数控车削加工程序的辅助动作及切削运动动作的控制顺序布局有初步认识。

📖 任务描述

1. 查阅数控车床随机附带的技术资料，了解数控程序格式及指令代码等的基本要求。

2. 阅读编程说明书及编程示例，通过自学、讨论或教师讲解的方式掌握程序编写的规则及编程方法。

3. 整理归纳出编制数控程序的一般工作流程及关注要点。

📖 知识准备

一、数控编程

1. 数控编程的定义

为了使数控机床能根据零件加工的要求进行动作，必须将这些要求以机床数控系统能识别的指令形式告知数控系统，这种数控系统可以识别的指令称为程序，制作程序的过程称为数控编程。

数控编程不仅仅指编写数控加工指令的过程，它包括从零件分析到编写加工指令，再到制成控制介质以及程序校核的全过程。

在编程前，首先要进行零件的加工工艺分析，确定加工工艺路线、工艺参数、刀具的运动轨迹、位移量、切削参数（切削速度、进给量、背吃刀量）以及各种辅助功能（换刀、主轴正反转、切削液开/关等），然后根据数控机床规定的指令及程序格式编写加工程序单，再把这一程序单中的内容记录在控制介质（如移动存储器、硬盘、CF 卡）上。程序正确无误后，采用手工输入方式或计算机传输方式将数控程序输入到数控机床的数控装置中，从而指挥机床加工零件。

2. 数控编程的分类

数控编程可分为手工编程和自动编程两种。

（1）手工编程。手工编程是指所有编制加工程序的全过程（即图样分析、工艺处理、数值计算、编写程序单、制作控制介质、程序校验）都是由手工来完成的。

手工编程不需要计算机、编程器、编程软件等辅助设备，只需要合格的编程人员。手工编程具有编程快速、及时的优点，其缺点是不能进行复杂曲面的编程。手工编程比较适合批量较大、形状简单、计算方便、轮廓由直线或圆弧组成的零件的加工。对于形状复杂的零件，特别是具有非圆曲线、列表曲线及曲面的零件，采用手工编程则比较困难，最好采用自动编程的方法进行编程。

（2）自动编程。自动编程是指通过计算机自动编制数控加工程序的过程。

自动编程的优点是效率高、程序正确性好。自动编程由计算机替代人完成复杂的坐标计算和书写程序单的工作，它可以解决许多手工编程无法完成的复杂零件的编程难题，其缺点是必须具备自动编程系统或编程软件。

自动编程的方法主要有语言式自动编程和图形交互式自动编程两种。前者是通过高级语言的形式，表示出全部加工内容，计算机采用批处理方式，一次性处理、输出加工程序；后者是采用人机对话的处理方式，利用 CAD/CAM 功能生成加工程序。

CAD/CAM 软件的编程与加工过程为：图样分析、工艺分析、三维造型、生成刀具轨迹、后置处理生成加工程序、程序校验、程序传输并进行加工。

当前常用的数控车床自动编程软件有 Mastercam 数控车床编程软件、CAXA 数控车床编程软件等。

3. 手工编程的步骤

手工编程的步骤如图 1-3-1 所示，主要有以下几个方面的内容。

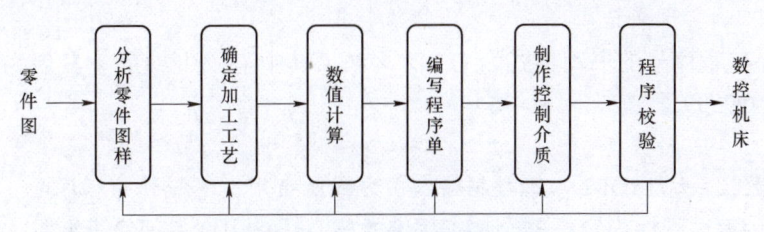

图 1-3-1　手工编程的步骤

（1）分析零件图样。分析零件图样包括零件轮廓的分析，零件尺寸精度、几何精度、表面粗糙度、技术要求的分析，零件材料、热处理等要求的分析。

（2）确定加工工艺。确定加工工艺包括选择加工方案，确定加工路线，选择定位与夹紧方式，选择刀具，选择各项切削参数，选择对刀点、换刀点等。

（3）数值计算。选择编程原点，对零件图样各基点进行正确的数学计算，为编写程序单做好准备。

（4）编写程序单。根据数控机床规定的指令及程序格式，编写加工程序单。

（5）制作控制介质。简单的数控程序直接采用手工输入机床，当程序自动输入机床时，必须制作控制介质。现在大多数程序采用移动存储器、硬盘作为存储介质，采用计算机传输来输入机床。目前，老式的控制介质——穿孔纸带已基本停止使用了。

（6）程序校验。程序必须经过校验，且正确后才能使用。程序校验一般采用机床空运行的方式进行校验，有图形显示卡的机床可直接在 CRT 显示屏上进行校验，现在有很多学校还采用计算机数控模拟进行校验。以上方式只能进行数控程序、机床动作的校验，如果要校验加工精度，则要进行首件试切校验。

二、数控加工程序的格式与组成

每一种数控系统，根据系统本身的特点与编程的需要，都有一定的程序格式。不同的数控系统，其程序格式也不尽相同。因此，编程人员在按数控程序的常规格式进行编程的同时，还必须严格按照系统说明书的格式进行编程。本书是以 FANUC 0i 系统为例来进行说明的。

1. 程序的组成

一个完整的程序由程序号、程序内容和程序结束 3 部分组成，如下所示：

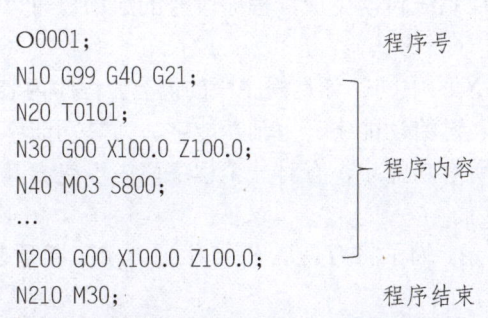

```
O0001;                          程序号
N10 G99 G40 G21;
N20 T0101;
N30 G00 X100.0 Z100.0;
N40 M03 S800;                   程序内容
…
N200 G00 X100.0 Z100.0;
N210 M30;                       程序结束
```

（1）程序号。每一个存储在系统存储器中的程序都需要指定一个程序号以相互区别，这种用于区别零件加工程序的代号称为程序号。因为程序号是加工程序开始部分的识别标记（又称为程序名），所以同一数控系统中的程序号（名）不能重复。程序号写在程序的最前面，必须单独占一行。

FANUC 系统程序号的书写格式为 O××××，其中 O 为地址符，其后为四位数字，数值从 O0001 到 O9999。

注意

O0000 被数控系统 MDI（人工数据输入）方式所占用，不能作为程序号。

（2）程序内容。程序内容是整个加工程序的核心，它由许多程序段组成，每个程序段由一个或多个指令构成，它表示数控机床中除程序结束外的全部动作。

（3）程序结束。结束部分由程序结束指令构成，它必须写在程序的最后。可以作为程序结束标记的 M 指令有 M02 和 M30，它们代表零件加工程序的结束，M02 表示程序结束，光标停留在程序结尾；M30 表示程序结束，光标返回程序开头。为了保证最后程序段的正常执行，通常要求 M02 或 M30 单独占一行。

2. 程序段的组成

（1）程序段基本格式。

程序段是程序的基本组成部分，每个程序段由若干个数据字构成，而数据字又由表示地址的英文字母、特殊文字和数字构成，如 X30.0、G01 等。

程序段格式是指一个程序段中字、字符、数据的排列、书写方式和顺序。

目前，字——地址程序段格式是常用的格式，具体格式如下：

N——G——X——Y——Z——F——S——T——M——LF
程序段号　准备功能字　尺寸功能字　　　进给功能字　主轴功能字　刀具功能字　辅助功能字　结束标记

例如，"N50 G01 X30.0 Z30.0 F100 S800 T0101 M03;"。

（2）程序段的组成。

① 程序段号。程序段号由地址符"N"开头，其后为若干位数字。

在大部分系统中，程序段号仅作为"跳转"或"程序检索"的目标位置指示。因此，它的大小及次序可以颠倒，也可以省略。程序段在存储器内以输入的先后顺序排列，而程序的执行是严格按信息在存储器内的先后顺序一段一段地执行，也就是说执行的先后次序与程序段号无关。但是，当程序段号省略时，该程序段将不能作为"跳转"或"程序检索"的目标程序段。

程序段号也可以由数控系统自动生成，程序段号的递增量可以通过机床参数进行设置，一般可设定增量值为 10。

② 程序段内容。程序段的中间部分是程序段的内容，程序内容应具备 6 个基本要素，即准备功能字、尺寸功能字、进给功能字、主轴功能字、刀具功能字、辅助功能字等，但并不是所有程序段都必须包含所有功能字，有时一个程序段内仅包含其中一个或几个功能字也是允许的。

例如，如图 1-3-2 所示，为了将刀具从 P_1 点移到 P_2 点，必须在程序段中明确以下几点：

a. 移动的目标是哪里？

b. 沿什么样的轨迹移动？

c. 移动速度有多快？
d. 刀具的切削速度是多少？
e. 选择哪一把刀移动？
f. 机床还需要哪些辅助动作？

对于图 1-3-2 中的直线刀具轨迹，其程序段可写成如下格式：

N10 G01 X100.0 Z60.0 F100 S300 T0101 M03；

如果在该程序段前已指定了刀具功能、转速功能、辅助功能，则该程序段可写成：

N10 G01 X100.0 Z60.0 F100；

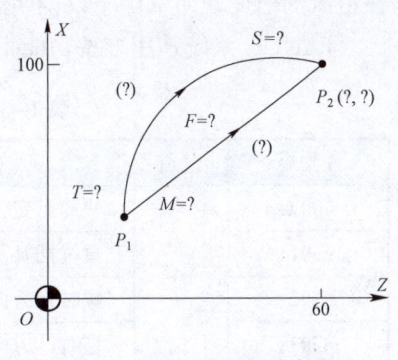

图 1-3-2 程序段的内容

③ 程序段结束。程序段以结束标记"CR（或LF）"结束，实际使用时常用符号"；"或"*"表示"CR（或LF）"。

FANUC 0i 系统的程序段以结束标记"LF"结束，而实际使用时则常用符号"；"表示。

（3）程序段的斜杠跳跃。有时，在程序段的前面有"/"符号，该符号称为斜杠跳跃符号，该程序段称为可跳跃程序段。如下列程序段：

/N10 G00 X100.0；

这样的程序段，可以由操作者对程序段和执行情况进行控制。当操作机床使系统的"跳过程序段"信号生效时，程序执行时将跳过这些程序段；当"跳过程序段"信号无效时，程序段照常执行，此时该程序段和不加"/"符号的程序段相同。

（4）程序段注释。为了方便检查、阅读数控程序，在许多数控系统中允许对程序进行注释，注释可以作为对操作者的提示显示在屏幕上，但注释对机床动作没有丝毫影响。

程序的注释应放在程序段的最后，不允许将注释插在地址和数字之间，FANUC 系统的程序注释用"（　）"括起来。

例：
O0001；   （程序号）
G98 G40 G21；   （程序初始化）
T0101；   （换1号刀，取1号刀具补偿）
…

三、数控系统的有关功能

数控系统常用的系统功能有准备功能、辅助功能、其他功能 3 种，这些功能是编制数控加工程序的基础。

1. 准备功能

准备功能也称 G 功能或 G 指令，是控制数控机床做好某些准备动作的指令。它由地址 G 和后面的两位数字组成，从 G00 到 G99 共 100 种，如 G01、G41 等。目前，随着数控系统的不断升级，有的新数控系统已采用三位数的功能指令。

虽然从 G00 到 G99 共有 100 种 G 指令，但并不是每种指令都有实际意义，实际上有些指令并没有指定其功能，这些指令主要用于将来修改标准时指定新功能。还有一些指令，即使在修改标准时也永不指定其功能，这些指令可由机床设计者根据需要定义其功能，但必须在机床的出厂说明书中予以说明。

FANUC 系统常用准备功能指令见表 1-3-1。

表 1-3-1　FANUC 系统常用准备功能指令

G 指令	组别	功能	程序格式及说明
G00▲	01	快速点定位	G00 X__ Z__;
G01		直线插补	G01 X__ Z__ F__;
G02		顺时针方向圆弧插补	G02 X__ Z__ R__ F__;
G03		逆时针方向圆弧插补	G02 X__ Z__ I__ K__ F__;
G04	00	暂停	G04 X1.5; 或 G04 U1.5; 或 G04 P1500;
G17	16	选择 XY 平面	G17;
G18▲		选择 ZX 平面	G18;
G19		选择 YZ 平面	G19;
G20▲	06	英寸输入	G20;
G21		毫米输入	G21;
G27	00	返回参考点检测	G27 X__ Z__;
G28		返回参考点	G28 X__ Z__;
G30		返回第 2、3、4 参考点	G30 P3 X__ Z__; 或 G30 P4 X__ Z__;
G32	01	螺纹切削	G32 X__ Z__ F__;（F 为导程）
G34		变螺距螺纹切削	G34 X__ Z__ F__ K__;
G40▲	07	刀尖半径补偿取消	G40;
G41		刀尖半径左补偿	G41 G01 X__ Z__;
G42		刀尖半径右补偿	G42 G01 X__ Z__;
G50▲	00	坐标系设定或最高限速	G50 X__ Z__; G50 S__;
G52		局部坐标系设定	G52 X__ Z__;
G53		选择机床坐标系	G53 X__ Z__;
G54▲	14	选择工件坐标系 1	G54;
G55		选择工件坐标系 2	G55;
G56		选择工件坐标系 3	G56;
G57		选择工件坐标系 4	G57;
G58		选择工件坐标系 5	G58;
G59		选择工件坐标系 6	G59;

续表

G 指令	组别	功能	程序格式及说明
G65	00	宏程序非模态调用	G65 P__ L__ <自变量指定>；
G66	12	宏程序模态调用	G66 P__ L__ <自变量指定>；
G67▲		宏程序模态调用取消	G67；
G70	00	精车循环	G70 P__ Q__；
G71		粗车循环	G71 U__ R__； G71 P__ Q__ U__ W__ F__；
G72		平端面粗车循环	G72 W__ R__； G72 P__ Q__ U__ W__ F__；
G73		多重复合循环	G73 U__ W__ R__； G73 P__ Q__ U__ W__ F__；
G74		端面切槽循环	G74 R__； G74 X（U）__ Z（W）__ P__ Q__ R__ F__；
G75		径向切槽循环	G75 R__； G75 X（U）__ Z（W）__ P__ Q__ R__ F__；
G76		螺纹复合循环	G76 P__ Q__ R__； G76 X（U）__ Z（W）__ R__ P__ Q__ F__；
G90	01	内、外圆切削循环	G90 X__ Z__ F__； G90 X__ Z__ R__ F__；
G92		螺纹切削循环	G92 X__ Z__ F__； G92 X__ Z__ R__ F__；
G94		端面切削循环	G94 X__ Z__ F__； G94 X__ Z__ R__ F__；
G96	02	恒定线速度	G96 S200；（200 m/min）
G97▲		每分钟转数	G97 S800；（800 r/min）
G98	05	每分钟进给	G98 F100；（100 mm/min）
G99▲		每转进给	G99 F0.1；（0.1 mm/r）

注：1. 标记▲的指令是开机默认有效指令，但原有的 G21 或 G20 仍保持有效。
　　2. 表中 00 组 G 指令都是非模态指令。

2. 辅助功能

辅助功能也称 M 功能或 M 指令，它由地址 M 和后面的两位数字组成，从 M00 到 M99 共 100 种。

辅助功能主要用于控制机床或系统的开、关等辅助动作，如开、停冷却泵，主轴正、反转，程序的结束等。

同样，由于数控系统以及机床生产厂家的不同，M 指令的功能也不相同，甚至有些 M 指令与 ISO 标准指令的含义也不相同。因此，一方面迫切需要对数控指令进行标准化；另一方面，在进行数控编程时，一定要按照机床说明书的规定进行。

在同一程序段中，既有 M 指令又有其他指令时，M 指令与其他指令执行的先后次序由机床系统参数设定。因此，为保证程序以正确的次序执行，有很多 M 指令如 M30、M02 等，最好以单独的程序段进行编程。

常用辅助功能指令见表 1-3-2。

表 1-3-2 常用辅助功能指令

序号	代码	功能	序号	代码	功能
1	M00	程序暂停	7	M30	程序结束
2	M01	程序选择停止	8	M08	切削液开
3	M02	程序结束	9	M09	切削液关
4	M03	主轴正转	10	M98	调用子程序
5	M04	主轴反转	11	M99	返回主程序
6	M05	主轴停转			

3. 其他功能

（1）坐标功能。坐标功能字（又称尺寸功能字）用来设定机床各坐标的位移量。它一般以 X、Y、Z、U、V、W、P、Q、R（用于指定直线坐标）和 A、B、C、D、E（用于指定角度坐标）及 I、J、K（用于指定圆心坐标）等地址为首，在地址符后紧跟"+"或"-"号及一串数字，如 X100.32、A30.0、I-10.0 等。

（2）刀具功能。刀具功能是指系统进行选刀或换刀的功能指令，也称为 T 功能。刀具功能用地址 T 及后缀的数字来表示，FANUC 系统刀具功能指定方法是 T4 位数法。T4 位数法可以同时指定刀具和选择刀具补偿，其 4 位数的前两位数用于指定刀具号，后两位数用于指定刀具补偿存储器号，刀具号与刀具存储器号允许不相同，但为方便编程与操作，一般将刀具号与刀具存储器号设置成相同数字。

例：

T0101；表示选用 1 号刀具及选用 1 号刀具补偿存储器号中的补偿值

T0102；表示选用 1 号刀具及选用 2 号刀具补偿存储器号中的补偿值

（3）进给功能。用来指定刀具相对于工件运动的速度的功能称为进给功能，由地址 F 和其后缀的数字组成。根据加工的需要，进给功能分每分钟进给和每转进给两种。

① 每分钟进给。直线运动的单位为 mm/min。每分钟进给通过准备功能字 G98 来指定，其值为大于 0 的常数。

例：

G98 G01 X20.0 F100；表示进给速度为 100 mm/min

② 每转进给。直线运动的单位为 mm/r。每转进给通过准备功能字 G99 来指定，其值为大于 0 的常数。

例：

G99 G01 X20.0 F0.2；表示进给速度为 0.2 mm/r

在编程时，进给速度不允许用负值来表示，一般也不允许用 F0 来控制进给停止。但在实际操作过程中，可通过机床操作面板上的进给倍率开关来对进给速度值进行修正，因此，通过倍率开关，可以控制进给速度的值为 0。至于机床开始与结束进给过程中的加、减速运动，则由数控系统来自动实现，编程时无须考虑。

（4）主轴功能。用来控制主轴转速的功能称为主轴功能，又称为 S 功能，由地址 S 和其后缀数字组成。根据加工的需要，主轴的转速分为线速度 v 和转速 S 两种。

① 转速 S。转速 S 的单位是 r/min，用准备功能 G97 来指定，其值为大于 0 的常数。

例：

G97 S1000；表示主轴转速为 1 000 r/min

② 恒线速度 v。有时，在加工过程中为了保证工件表面的加工质量，转速常用恒线速度来指定，恒线速度的单位为 m/min，用准备功能 G96 来指定。

例：

G96 S100；表示主轴转速为 100 m/min

注意

采用恒线速度进行编程时，为防止转速过高而引起事故，有很多系统都设有最高转速限定指令，同时系统参数也可直接设置最高转速。

③ 线速度 v 与转速 S 之间的换算。线速度 v 与转速 S 之间可以相互换算，换算关系如图 1-3-3 所示，即

$$v = \pi D n / 1\ 000 \quad (1-1)$$

$$n = 1\ 000 v / (\pi D) \quad (1-2)$$

式中　v——切削线速度，m/min；

　　　D——工件直径，mm；

　　　n——主轴转速，r/min。

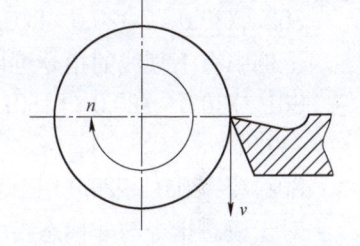

图 1-3-3　线速度与转速换算关系

在编程时，主轴转速不允许用负值来表示，但允许用 S0 使转动停止。在实际操作过程中，可通过机床操作面板上的主轴倍率开关来对主轴转速值进行修正，一般其调速范围为 50%～120%。

④ 主轴的启停。

在程序中，主轴的正转、反转、停转由辅助功能 M03、M04、M05 进行控制。其中，M03 表示主轴正转，M04 表示主轴反转，M05 表示主轴停转。

例：

G97 M03 S300；表示主轴正转，转速为 300 r/min

M05；表示主轴停转

四、常用功能指令的属性

1. 指令分组

所谓指令分组，就是将系统中不能同时执行的指令分为一组，并以编号区别。例如 G00、G01、G02、G03 就属于同组指令，其编号为 01 组。类似的同组指令还有很多，详见表 1-3-1。

同组指令具有相互取代作用，同一组指令在一个程序段内只能有一个生效，当在同一程序段内出现两个或两个以上的同组指令时，一般以最后输入的指令为准。此外，有的数控机床还会出现机床系统报警。因此，在编程过程中要避免将同组指令编入同一程序段内，以免引起混淆。对于不同组的指令，在同一程序段内可以进行不同的组合。

例：

G98 G40 G21；该程序段是规范的程序段，所有指令均为不同组指令

例

G01 G02 X30.0 Z30.0 R30.0 F100；该程序段是不规范的程序段，其中G01与G02是同组指令

2. 模态指令

模态指令（又称为续效指令）表示该指令在一个程序段中一经指定，在接下来的程序段中一直持续有效，直到出现同组的另一个指令时，该指令才失效，而与其对应的仅在编入的程序段内才有效的指令称为非模态指令（或称为非续效指令）。如G指令中的G04指令，M指令中的M00指令等均是非模态指令。

模态指令的出现，避免了在程序中出现大量的重复指令，使程序变得简洁明了。同样地，在尺寸功能字中出现前后程序段的重复，则该尺寸功能字也可以省略。如下例中有下划线的指令可以省略：

G01 X20.0 Z20.0 F150；

<u>G01</u> X30.0 <u>Z20.0</u> <u>F150</u>；

G02 <u>X30.0</u> Z-20.0 R20.0 F100；

上例中有下划线的指令可以省略。因此，以上程序可写成以下形式：

G01 X20.0 Z20.0 F150；

X30.0；

G02 Z-20.0 R20.0 F100；

对于模态指令与非模态指令的具体规定，通常情况下，绝大多数的G指令与所有的F、S、T指令均为模态指令，M指令的情况比较复杂，需查阅有关系统的出厂说明书。

3. 开机默认指令

为了避免编程人员出现指令遗漏，数控系统中对每一组的指令，都选取其中的一个作为开机默认指令，该指令在开机或系统复位时可以自动生效，因而在程序中允许不再编写。

常见的开机默认指令有G01、G18、G40、G54、G99、G97等。当程序中没有G96或G97指令时，用指令"M03 S200；"，指令的主轴正转转速是200 r/min。

五、坐标功能指令规则

1. 绝对坐标与增量坐标

在FANUC车床系统中，不采用指令G90/G91来指定绝对坐标与增量坐标，而直接以地址符X、Z组成的坐标功能字表示绝对坐标，用地址符U、W组成的坐标功能字表示增量坐标。绝对坐标地址符X、Z后的数值表示工件原点至该点间的矢量值，增量坐标地址符U、W后的数值表示轮廓上前一点到该点的矢量值。如图1-3-4所示的AB与CD轨迹中，B点与D点的坐标如下：

B 点的绝对坐标为 X20.0、Z10.0，增量坐标为 U−20.0、W−20.0；
D 点绝对坐标为 X40.0、Z0，增量坐标为 U40.0、W−20.0。

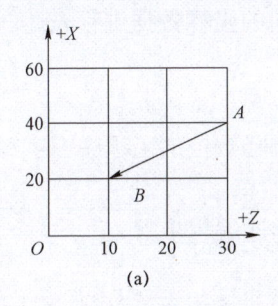

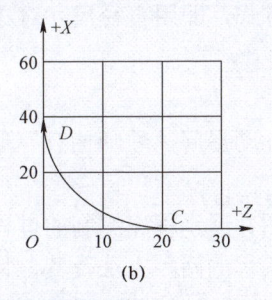

图 1-3-4　绝对坐标与增量坐标

2. 公制与英制编程

坐标功能字决定编程单位使用公制还是英制，多数系统用准备功能字来选择，FANUC 系统采用 G21/G20 来进行公/英制的切换。其中 G21 表示公制，而 G20 表示英制。

例：

G20　G01　U20.0；表示刀具向 X 正方向移动 20 in（1 in=25.4 mm）

G21　G01　U50.0；表示刀具向 X 正方向移动 50 mm

注意

公、英制对旋转轴无效。

3. 小数点编程

数字单位以公制为例分为两种，一种是以 mm 为单位，另一种是以脉冲当量（即机床的最小输入单位）为单位，现在大多数机床常用的脉冲当量为 0.001 mm。

对于数字的输入，有些系统可省略小数点，有些系统则可以通过系统参数来设定是否可以省略小数点，而有些系统小数点不可省略。对于不可省略小数点编程的系统，当使用小数点进行编程时，数字以 mm［英制为 in，角度为（°）］为输入单位；当不用小数点编程时，则以机床的最小输入单位作为输入单位。

如从 A 点（X0，Z0）移动到 B 点（X50，Z0）有以下 3 种表达方式：

X50.0；

X50.；　（小数点后的 0 可省略）

X50000；（脉冲当量为 0.001 mm）

以上 3 组数值均表示 X 坐标值为 50 mm，50.0 与 50 000 从数学角度上看两者相差了 1 000 倍。因此，在进行数控编程时，不管采用哪种系统，为保证程序的正确性，最好不要省略小数点的输入。此外，脉冲当量为 0.001 的系统采用小数点编程时，若其小数点后的位数超过三位，则数控系统按四舍五入处理。例如，当输入 X50.1234 时，经系统处理后的数值为 X50.123。

4. 直径、半径方式编程

由于被车削零件的径向尺寸在图样标注和测量时均采用直径尺寸表示，所以在直径方向编辑时，X（U）通常以直径量表示。如果要以半径量表示，则通常要用相关指令在程序中进行规定。

直径、半径方式编程可通过程序中的编程指令或修改机床参数来改变。对于 FANUC 车削系统，只能通过修改机床参数来改变直径、半径方式编程，如在 FANUC Series 0i Mate-TC 系统中，半径编程或直径编程由 1006 号参数的第 3 位（DIA）设定。对于数控车床而言，开机后默认直径编程方式，即用直径尺寸对 X 轴方向的坐标数据进行表述。

📖 任务实施

（1）通过小组互动提问、教师抽查等形式，解释数控加工程序、字符、字、地址符、程序段格式的含义。

（2）分小组绘图并展示程序编制的过程，并阐述编程步骤。

（3）简述抢答编程的两种方法及各自特点。

（4）分小组正确、快速地写出多种功能字指令并简答其含义。

📖 任务评价

填写任务学习自我评价表，见表 1-3-3。

表 1-3-3 任务学习自我评价表

任务名称		实施地点		实施时间	
学生班级		学生姓名		指导教师	
评价项目		评价结果			
任务实施前的准备过程评价	对数控编程的定义和分类是否了解	1. 完全了解			☐
		2. 基本了解			☐
		3. 没有了解			☐
	对数控加工程序的格式与组成是否了解	1. 完全了解			☐
		2. 基本了解			☐
		3. 没有了解			☐
	对数控机床的有关功能及规则是否了解	1. 完全了解			☐
		2. 基本了解			☐
		3. 没有了解			☐
	对任务实施的目标是否清楚	1. 清楚			☐
		2. 基本清楚			☐
		3. 不清楚			☐
任务实施中的过程评价	能否对加工程序、字符、字、地址符、程序段格式概念进行正确阐述	1. 能			☐
		2. 不能			☐
	是否掌握程序编制的流程	1. 完全掌握			☐
		2. 基本掌握			☐
		3. 没有掌握			☐

续表

评价项目		评价结果		
任务实施中的过程评价	是否了解编程的两种方法及各自特点	1. 完全了解		□
		2. 基本了解		□
		3. 没有了解		□
	写出功能字指令及含义数量，并计算正确率	1. 数量	（1）>10	□
			（2）5～10	□
			（3）<5	□
		2. 正确率	（1）>90%	□
			（2）60%～90%	□
			（3）<60%	□
任务完成后的评价	任务的完成情况如何	1. 质量好		□
		2. 质量中		□
		3. 质量差		□
	是否进行了自我总结	1. 是，详细总结		□
		2. 是，一般总结		□
		3. 否，没有总结		□
总结评价	针对本任务的一个总体自我评价	总体自我评价：		

📖 任务总结

　　本任务通过学习数控车削编程基础知识，理解了数控编程的概念与编程方法，掌握了数控加工程序的格式与组成、机床的有关功能及指令代码、常见指令的属性、坐标功能的指令规则，能对数控车削加工程序的辅助动作及切削运动动作的控制顺序布局有初步认识。

思考与练习

1. 什么是数控机床？
2. 数控车床根据车床主轴的位置，可分为哪两大类？
3. 数控车床根据其功能，可分为哪三大类？
4. 数控车床主要由哪两大部分组成？
5. 数控装置主要由哪三大部分组成？工作原理是什么？
6. 目前，我国主要使用的数控系统有哪些？
7. 数控加工的定义是什么？
8. 数控加工的实质是什么？

9. 数控加工流程主要包括哪几个方面的内容？
10. 数控车床的加工特点是什么？
11. 针对数控车床的特点，最适合数控车削加工的零件有哪些？
12. 按照右手笛卡儿坐标系确定机床各坐标轴的先后顺序是什么？
13. 机床坐标系的定义是什么？
14. 什么是机床原点？
15. 什么是机床参考点？
16. 工件坐标系的定义是什么？
17. 什么是工件坐标系原点？
18. 数控车床工件坐标系原点一般选择在哪里？
19. 数控编程的定义是什么？
20. 数控编程的方法有哪两种？
21. 手工编程的步骤是什么？
22. 一个完整的程序由哪几部分组成？
23. FANUC 系统程序号的书写格式及要求是什么？
24. 程序段格式是指什么？
25. 什么是程序段注释？
26. 什么是准备功能？
27. 什么是辅助功能？
28. G20、G21 分别表示什么含义？
29. M03、M04、M05 分别表示什么含义？
30. M08、M09 分别表示什么含义？
31. 说明 M02 与 M30 指令的相同点和不同点。
32. 坐标功能字指什么？
33. 什么是刀具功能？
34. T4 位数法表示刀具功能字时，前两位数字表示什么？后两位数字表示什么？
35. 什么是进给功能？进给功能有哪两种形式表示？分别举例说明。
36. 什么是主轴功能？主轴功能有哪两种形式表示？分别举例说明。
37. 线速度 v 与转速 S 之间如何换算？
38. 什么是指令分组？在编程过程中要注意哪些问题？
39. 什么是模态指令？
40. 什么是非模态指令？
41. 什么是开机默认指令？
42. 在 FANUC 车床系统中，用什么地址符表示绝对坐标？用什么地址符表示增量坐标？分别表示什么含义？
43. 公制与英制编程指令分别是什么？并举例说明。
44. 直径、半径方式编程可通过什么方法来改变？
45. 对于 FANUC 车削系统，通过什么办法来改变直径和半径方式编程？

项目二

数控车床的基本操作

项目需求

本项目主要是了解并掌握数控车床的基本操作，通过该项目的实施，学生应能熟悉 FANUC 系统面板和机床面板的按键功能；能通过操作面板对数控车床进行开/关机、回参考点、手动、程序编辑、设置刀具偏置值（设定工件坐标系）、自动运行等操作；了解常用数控可转位车刀的选择方法；了解数控车床定期检查和保养要求；形成安全文明生产意识，并为养成安全文明生产习惯做好准备。

项目工作场景

根据项目需求，为顺利完成本项目的实施，需配备数控车削加工理实一体化教室和数控仿真机房，同时还需以下设备、工、量、刃具作为技术支持条件：

1. 数控车床 CK6140 或 CK6136（数控系统 FANUC 0i Mate-TC）；
2. 刀架扳手、卡盘扳手；
3. 数控外圆车刀、垫刀片；
4. 游标卡尺（0～150 mm）、千分尺（25～50 mm，50～75 mm）；
5. 毛坯材料：ϕ55 mm×130 mm（45 钢）。

方案设计

为顺利完成数控车床基本操作项目的学习，本项目设计了 4 个任务：任务一主要是通过对数控车床操作面板的了解，掌握常用按键的功能；任务二是了解数控可转位车刀种类、结构、特点，并初步学会数控可转位车刀的选择方法；任务三是通过操作面板对数控车床进行手动操作，明白对刀原理，掌握对刀方法，并掌握程序的输入、编辑、调用等功能，为自动加工做好准备；任务四是了解数控车床的维护和保养知识，建立文明生产的意识，为养成良好的安全文明生产习惯打好基础。项目的任务设计涵盖了数控车床基本操作的各个方面，学生在这 4 个任务实施过程中，应能初步掌握发那科（FANUC 0i Mate-TC）数控系统车床操作的基本内容，为以后进一步的学习打下良好的基础。

> **相关知识和技能**

1. 数控系统 CRT/MDI 面板和机床操作面板按键功能。
2. 数控可转位车刀的种类、结构、特点。
3. 选用数控可转位车刀的方法。
4. 手动操作数控车床。
5. 程序的新建、录入、编辑、调用。
6. 对刀操作。
7. 数控车床定期检查、维护与保养的要求。
8. 安全文明生产要求。

任务一　熟悉操作面板

任务目标

知识目标

1. 了解 FANUC 0i Mate-TC 系统操作面板按钮及其作用。
2. 了解机床操作面板按钮及其作用。

技能目标

1. 能根据操作规程正确使用各功能键。
2. 能根据实现功能的要求，合理使用各个功能键。

任务描述

认真观察 FANUC 0i Mate-TC 系统数控车床的系统操作面板和机床操作面板，熟悉操作面板上各功能按钮的含义和用途，并根据操作规程正确、合理使用各功能键。

知识准备

不同类型的数控车床配备的数控系统不尽相同，其面板功能和布局各不一样，即使在 FANUC 系统中，因其系列、型号、规格不同，在使用功能、操作方法和面板设置上也不尽相同。因此，在操作设备前，要仔细阅读数控机床生产厂家配套提供的编程与操作说明书。本书以 CK6140 型数控车床 FANUC 0i Mate-TC 系统为例，介绍操作面板的组成及基本操作。

FANUC 0i Mate-TC 系统数控车床的操作面板由数控系统操作面板和机床操作面板两部分组成，如图 2-1-1 所示。

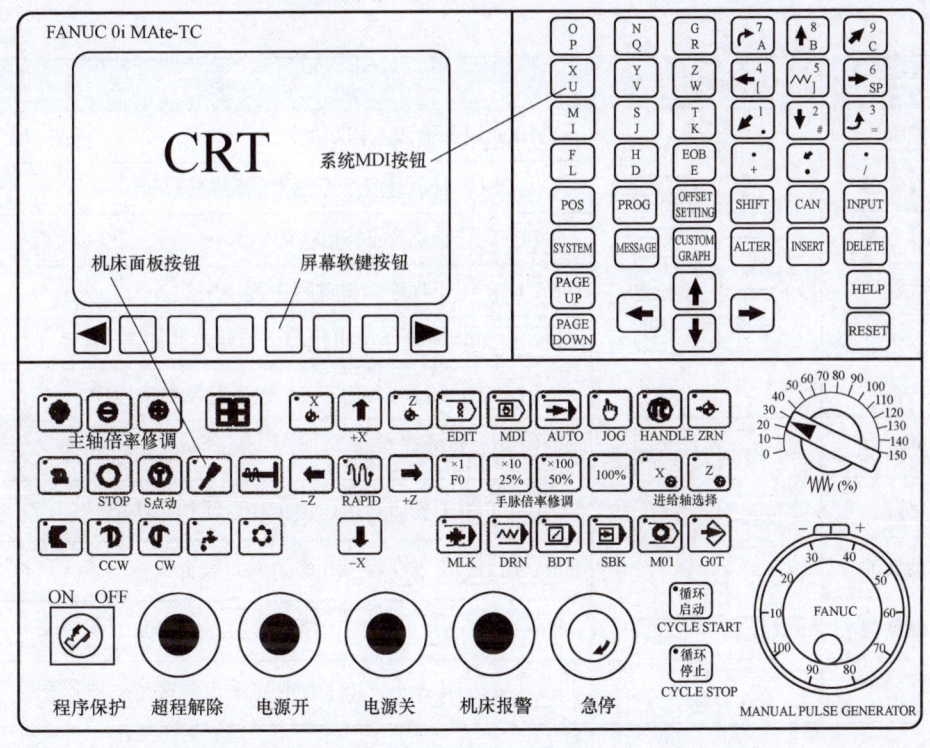

图 2-1-1　FANUC 0i Mate-TC 系统数控车床的操作面板

一、数控系统 MDI 功能键

数控系统 MDI 功能键见表 2-1-1。

表 2-1-1　数控系统 MDI 功能键

名称	功能键图例	功　　能
数字键		用于数字 1~9 及运算键 "+" "-" "*" "/" 等符号的输入
运算键		
字母键		用于 A、B、C、X、Y、Z、I、J、K 等字母的输入
程序段结束键		EOB 用于程序段结束符 "*" 或 ";" 的输入
位置显示键		POS 用于显示刀具的坐标位置
程序显示键		PROG 用于显示 "EDIT" 方式下存储器里的程序；在 MDI 方式下输入及显示 MDI 数据；在 AUTO 方式下显示程序指令值
刀具设定键		OFFSET SETTING 用于设定并显示刀具补偿值、工件坐标系、宏程序变量
系统键		SYSTEM 用于参数的设定、显示，自诊断功能数据的显示等
报警信号键		MESSAGE 用于显示 NC 报警信号信息、报警记录等
图形显示键		COSTOM GRAPH 用于显示刀具轨迹等图形

续表

名称	功能键图例	功 能
上档键	SHIFT	SHIFT 用于输入上档功能键
字符取消键	CAN	CAN 用于取消最后一个输入的字符或符号
参数输入键	INPUT	INPUT 用于参数或补偿值的输入
替代键	ALTER	ALTER 用于程序编辑过程中程序字的替代
插入键	INSERT	INSERT 用于程序编辑过程中程序字的插入
删除键	DELETE	DELETE 用于删除程序字、程序段及整个程序
帮助键	HELP	HELP 为帮助功能键
复位键	RESET	RESET 用于使所有操作停止，返回初始状态
向前翻页键	PAGE UP	PAGE UP 用于向程序开始的方向翻页
向后翻页键	PAGE DOWN	PAGE DOWN 用于向程序结束的方向翻页
光标移动键	↑ ← → ↓	CORSOR 共 4 个，用于使光标上、下或前、后移动

二、CRT 显示器中的软键功能

在 CRT 显示器的下方，有一排软按键，这排软按键的功能是根据 CRT 中的对应提示来指定的，如图 2-1-1 所示。

注意

CRT 下方的软按键随着显示内容的不同也会不同，不是固定不变的，与显示页面对应，是显示页面的扩展按键。

三、机床控制面板功能

机床控制面板功能介绍见表 2-1-2。

表 2-1-2　机床控制面板功能介绍

名称	功能键图	功 能
机床总电源开关	OFF ON	机床总电源开关一般位于机床的背面，置于"ON"时为主电源开，置于"OFF"时为主电源关
系统电源开关	电源开　电源关	按下按钮"电源开"，向数控系统及机床润滑、冷却等机械部分供电
紧急停止与机床报警按钮	机床报警　急停	当出现紧急情况而按下急停按钮时，在屏幕上出现"EMG"字样，机床报警指示灯亮

续表

名称	功能键图	功　　能
超程解除按钮	超程解除	当机床出现超程报警时，按下超程解除按钮不要松开，可使超程轴的限位挡块松开，然后用手摇脉冲发生器反向移动该轴，从而解除超程报警
模式选择按钮	EDIT　MDI　AUTO JOG　HANDLE　ZRN	"EDIT"模式：程序的输入及编辑操作； "MDI"模式：手动数据（如参数）输入的操作； "AUTO"模式：自动运行加工操作； "JOG"模式：手动切削进给或手动快速进给； "HANDLE"模式：手摇进给操作； "ZRN"模式：回参考点操作。 注：以上模式按钮为单选按钮，只能选择其中一个
"JOG"进给及其进给方向按钮	+X −Z　RAPID　+Z −X	"JOG"模式下，按下指定轴的方向按钮不松开，即可指定刀具沿指定的方向进行手动连续慢速进给，进给速率可通过进给速度倍率旋钮进行调节； 按下指定轴的方向按钮不松开，同时按下中间位置的快速移动按钮（RAPID），即可实现自动快速进给
"AUTO"模式下的按钮	MLK　DRN　BDT SBK　M01	MLK：机床锁住。MLK用于检查程序编制的正确性，该模式下刀具在自动运行过程中的移动功能将被限制； DRN：空运行。DRN用于检查刀具运行轨迹的正确性，该模式下自动运行过程中的刀具进给始终为快速进给； BDT：程序段跳跃。当该按钮按下时，程序段前加"/"符号的程序段将被跳过执行； SBK：单段运行。该模式下，每按一次循环启动按钮，机床将执行一段程序后暂停； OPT STOP：选择停止。该模式下，指令M01的功能与指令M00的功能相同
"HANDLE"操作及其进给方向按钮	X　Z ×1 F0　×10 25% ×100 50%　100%	选择手摇操作的进给轴 "×1""×10"和"×100"为手摇操作模式下的3种不同增量步长，而"F0""25%""50%"和"100%"为4种不同的快速进给倍率
回参考点指示灯	X　Z	当相应轴返回参考点后，对应轴的返回参考点指示灯变亮
冷却润滑按钮		按下"间隙润滑"后，将立即对机床进行间隙性润滑
		按下"手动冷却"按钮后，执行切削液"开"功能
主轴功能按钮	CCW　CW　STOP S点动　主轴倍率修调	CW：主轴正转按钮； CCW：主轴反转按钮； STOP：主轴停转按钮。 注：以上按钮仅在"JOG"或"HANDLE"模式有效。 按下"S点动"主轴旋转，松开则主轴停止旋转。按主轴修调"+"使主轴增速，反之则减速

续表

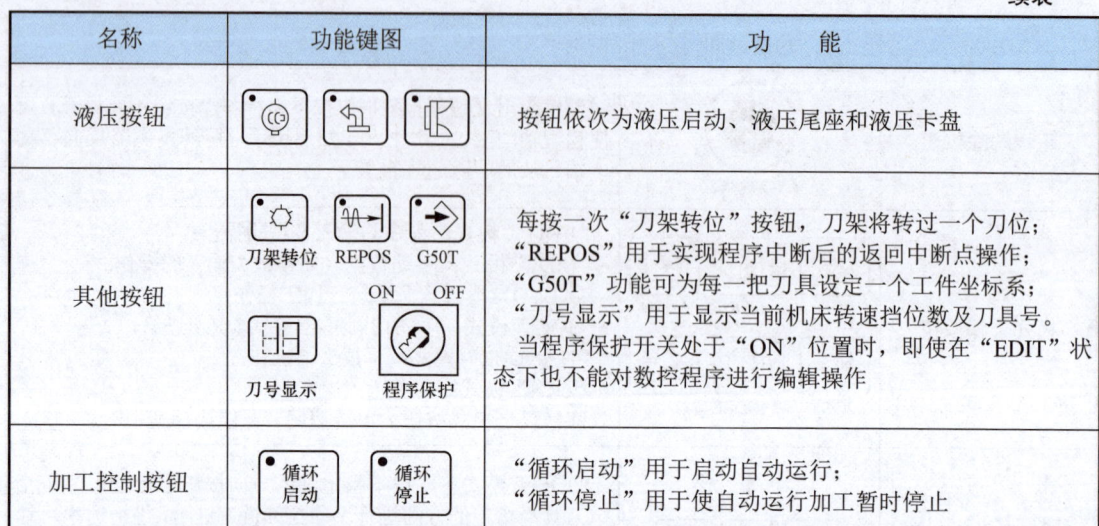

名称	功能键图	功能
液压按钮	刀架转位 REPOS G50T	按钮依次为液压启动、液压尾座和液压卡盘
其他按钮	刀架转位 REPOS G50T ON OFF 刀号显示 程序保护	每按一次"刀架转位"按钮，刀架将转过一个刀位；"REPOS"用于实现程序中断后的返回中断点操作；"G50T"功能可为每一把刀具设定一个工件坐标系；"刀号显示"用于显示当前机床转速挡位数及刀具号。当程序保护开关处于"ON"位置时，即使在"EDIT"状态下也不能对数控程序进行编辑操作
加工控制按钮	循环启动 循环停止	"循环启动"用于启动自动运行；"循环停止"用于使自动运行加工暂时停止

任务实施

一、观察 FANUC 0i Mate-TC 系统数控车床的系统操作面板和机床操作面板

（1）进行安全与文明生产知识教育和纪律教育。

（2）观察老师操作 FANUC 0i Mate-TC 系统数控车床的系统操作面板和机床操作面板，记录各功能按钮的含义和用途。

二、熟悉并操作 FANUC 0i Mate-TC 系统数控车床的系统操作面板和机床操作面板

在老师指导下，熟悉 FANUC 0i Mate-TC 系统数控车床的系统操作面板和机床操作面板，并根据操作规程正确、合理使用各功能键。

任务评价

填写任务学习自我评价表，见表 2-1-3。

表 2-1-3 任务学习自我评价表

任务名称		实施地点		实施时间	
学生班级		学生姓名		指导教师	
评价项目			评价结果		
任务实施前的评价	任务实施的目标是否清楚		1. 清楚		□
			2. 基本清楚		□
			3. 不清楚		□

续表

任务名称		实施地点		实施时间	
学生班级		学生姓名		指导教师	
评价项目			评价结果		
任务实施前的评价	任务实施的时间是否进行了合理分配		1. 已进行合理分配		☐
			2. 已进行分配，但不是最佳		☐
			3. 未进行分配		☐
任务实施中的过程评价	是否掌握了数控系统 MDI 面板的操作		1. 完全掌握		☐
			2. 基本掌握		☐
			3. 没有掌握		☐
	是否掌握了机床操作面板的操作		1. 完全掌握		☐
			2. 基本掌握		☐
			3. 没有掌握		☐
	是否了解了数控系统的软键功能		1. 完全了解		☐
			2. 基本了解		☐
			3. 不清楚		☐
任务完成后的评价	任务的完成情况如何	1. 按时完成	（1）质量好		☐
			（2）质量中		☐
			（3）质量差		☐
		2. 提前完成	（1）质量好		☐
			（2）质量中		☐
			（3）质量差		☐
		3. 滞后完成	（1）质量好		☐
			（2）质量中		☐
			（3）质量差		☐
	是否进行了自我总结		1. 是，详细总结		☐
			2. 是，一般总结		☐
			3. 否，没有总结		☐
总结评价	针对本任务的一个总体自我评价		总体自我评价：		

📖 **任务总结**

本任务通过观察和操作 FANUC 0i Mate-TC 系统数控车床的系统操作面板和机床操作面板，了解 FANUC 0i 系统操作面板和机床操作面板按钮及其作用，并能根据操作规程正确、合理地使用各功能键。

任务二　选用数控刀具

📖 **任务目标**

知识目标
1. 了解数控可转位车刀的种类、结构及特点。
2. 掌握数控可转位车刀的选用方法。
3. 掌握数控车刀使用中常见问题的分析和解决方法。

技能目标
1. 能根据实际情况，合理选择数控可转位车刀。
2. 能正确安装和更换数控可转位车刀刀片。
3. 能正确安装数控可转位车刀。

📖 **任务描述**

观察数控车削加工，了解数控可转位车刀的种类、结构特点和安装方法；通过更换数控外圆车刀的刀片，掌握刀片的类型和选用方法，学会安装和更换数控可转位车刀刀片。

📖 **知识准备**

刀具的选择是数控加工工艺设计的重要内容之一，刀具选择合理与否不仅影响机床的加工效率，而且还直接影响加工质量。选择刀具通常要考虑机床的加工能力、工序内容和工件材料等因素。

与传统的车削方法相比，数控车削对刀具的要求更高，不仅要求精度高、刚性好、寿命长，而且要求尺寸稳定、耐用度高，断屑和排屑性能好，同时要求安装调整方便，以满足数控机床高效率的要求。因此，数控车削加工刀具常用数控可转位车刀，如图 2-2-1 所示。

图 2-2-1　常用数控可转位车刀

一、数控可转位车刀概述

1. 数控可转位车刀的种类

数控车削主要用于回转表面的加工,如内/外圆柱面、圆锥面、圆弧面、螺纹等的切削加工。数控可转位车刀根据其用途,可分为外圆车刀、切槽车刀、外螺纹车刀、内孔车刀、内沟槽车刀、内螺纹车刀等,如图2-2-2所示。

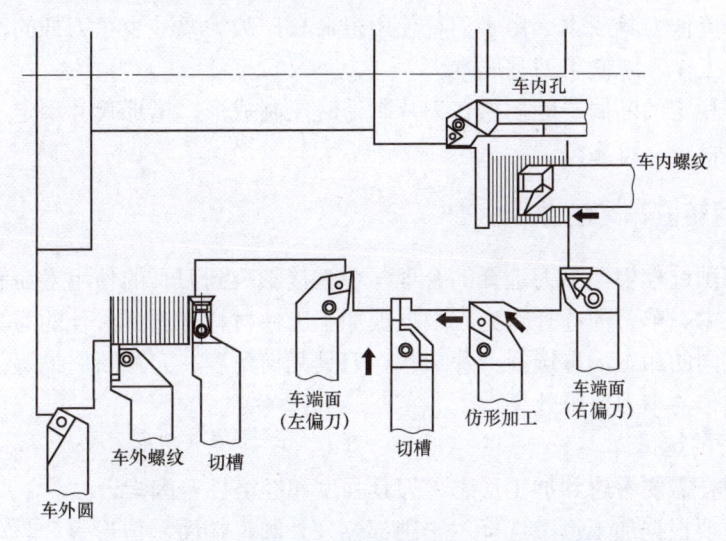

图2-2-2 数控可转位车刀的种类、形状和用途

2. 数控可转位车刀的结构

数控车削加工时,一般采用机械夹固式(简称机夹式)可转位车刀。机夹式可转位车刀由刀杆、刀片、刀垫,以及夹紧元件组成,如图2-2-3所示,其夹紧方式通常有楔块上压式、杠杆式、螺钉上压式,一般要求夹紧可靠、定位准确、结构简单、操作方便。机夹式不可重磨(可转位)车刀的刀片为多边形,有多条切削刃,当某条切削刃磨损钝化后,只需松开夹固元件,将刀片转一个位置便可继续使用,甚至有些刀片翻面后还可继续使用。其最大的优点是车刀几何角度完全由刀片保证,切削性能稳定,刀杆和刀片已标准化,加工质量好。

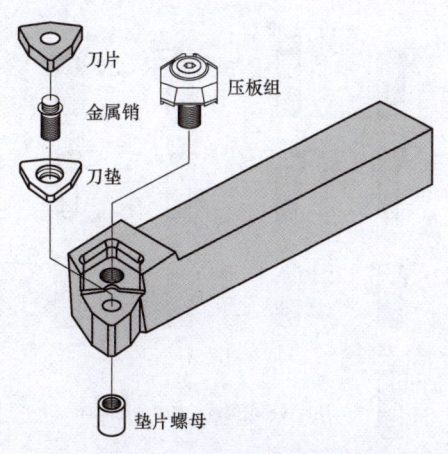

图2-2-3 机械夹固式可转位车刀

3. 数控可转位车刀的特点

（1）刀具使用寿命长。由于刀片避免了由焊接和刃磨高温引起的缺陷，刀具几何角度完全由刀片和刀杆保证，切削性能稳定，从而提高了刀具寿命。

（2）生产效率高。由于机床操作工人不再磨刀，故可大幅减少停机、换刀等辅助时间。

（3）有利于推广新技术、新工艺。采用可转位刀具有利于推广使用涂层材料、陶瓷等新型刀具材料。

（4）有利于降低刀具成本。由于刀杆使用寿命长，故大幅减少了刀杆的消耗和库存量，简化了刀具管理工作，降低了刀具成本。

（5）能获得稳定的断屑。断屑槽在刀片制造时压制成形，槽形尺寸稳定，选用合适的断屑槽形后，断屑稳定、可靠。

二、数控可转位车刀的选用

在实际的切削过程中，车刀选择的合理与否直接影响到刀具的使用寿命和加工效率，也将影响到加工成本。车刀的选择首先应根据被加工工件材料来选择最佳的刀具材料，然后根据实际切削中不同的加工形态选择刀片形状、刀具几何角度、刀片断屑槽等，再采用合理的切削用量达到最佳的车刀使用效果。

1. 车刀刀杆的选择

选择车刀刀杆需要考虑到加工形态、刀具强度和经济性等因素。

（1）刀杆主要根据加工形态选择。车削部位（外圆、端面、仿形等）与车刀的移动方向（前进式或后退式进给）不同，能够使用的刀杆种类也不相同。

（2）各刀杆可以对应的加工形态由安装刀片时的主偏角决定。

（3）刀杆头部形式按主偏角和直头、弯头分类，各种形式规定了相应的代码，国家标准和刀具样本中都将其一一列出以供参考。如图2-2-4所示的外圆车刀刀杆，可以根据实际情况选择。有直角台阶的工件，可选主偏角大于或等于90°的刀杆；一般粗车可选主偏角45°～90°的刀杆；精车可选主偏角45°～75°的刀杆；中间切入、仿形加工则选主偏角45°～107.5°的刀杆；工艺系统刚性好时可选较小值，工艺系统刚性差时可选较大值。当刀杆为弯头结构时，则既可加工外圆，又可加工端面。

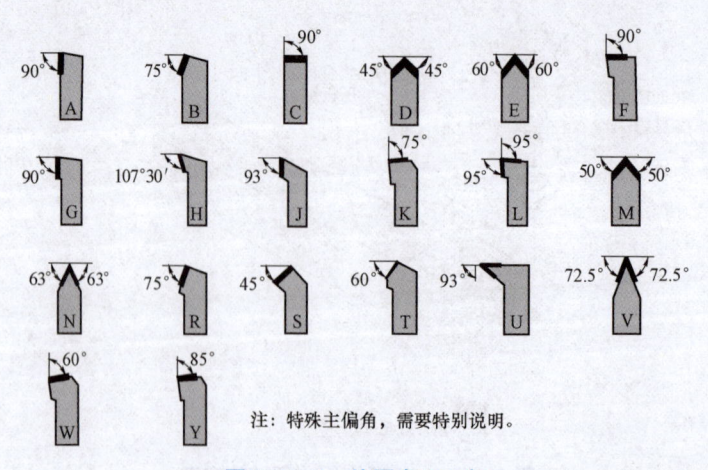

注：特殊主偏角，需要特别说明。

图2-2-4 外圆车刀刀杆

（4）刀柄方向有 3 种，右手刀 R（左偏刀）适于从右向左做切削运动，左手刀 L（右偏刀）适于从左向右做切削运动，可双向切削的刀刃方向为 N。

（5）刀柄高度和宽度尺寸通常称为"标准刀方"，有 16×16、20×20、25×25 等标准系列。

（6）刀杆长度为从刀尖到刀杆尾部的刀具总长，标志代码所对应的刀杆长度见表 2-2-1。

表 2-2-1　标志代码所对应的刀杆长度　　　　　　　　　　　　　单位：mm

标志代码	刀杆长度	标志代码	刀杆长度
A	32	B	40
C	50	D	60
E	70	F	80
G	90	H	100
J	110	K	125
L	140	M	150
N	160	P	170
Q	180	R	200
S	250	T	300
U	350	V	400
W	450	X	特殊品

2. 车刀刀片的选择

车刀刀片的选择与刀具材料的选择同样重要，需要考虑到加工工序、工件材质、切削条件等。选择最佳刀片可以提高加工效率、降低加工成本。

（1）刀片材质的选择。常见刀片材料有高速钢、硬质合金、涂层硬质合金、陶瓷、立方氮化硼和金刚石等，其中应用最多的是硬质合金和涂层硬质合金刀片。选择刀片材质的主要依据是被加工工件的材料、被加工表面的精度、表面质量要求、切削载荷的大小，以及切削过程有无冲击和振动等。

数控可转位车刀刀片常采用涂层刀片。高品质的刀具制造厂商会以材料应用表的方式，说明哪种涂层刀片可以用在哪些类别的加工中，适用于加工什么样的材料，是属于推荐使用等级，还是可以作为后备方案的一般等级等。

图 2-2-5 所示为材料应用表及其解读的示例。

在图 2-2-5 中，表格第一个区域是厂商的牌号，这部分是各个厂商按照自己的命名规则编写的，这里不多作解释。

第二个区域是国际标准化组织（ISO）（国际标准为 ISO 513：2012；我国现行标准为 GB/T 2075—2007，等效采用了 2004 版的国际标准）制定的关于切削材料的用途代号。前面两个大写字母代表刀具材料所属的类别，如上面各个材料前面的 HC 就代表涂层硬质合金；后面用短横线分开后的第一个字母，代表其用途（即被加工材料类别）。注意，短横线之前的材料是刀具材料（切削材料），短横线后面的材料是工件材料（被切削材料）。被加工材料主要分为 6 类，其标记色和用途见表 2-2-2。

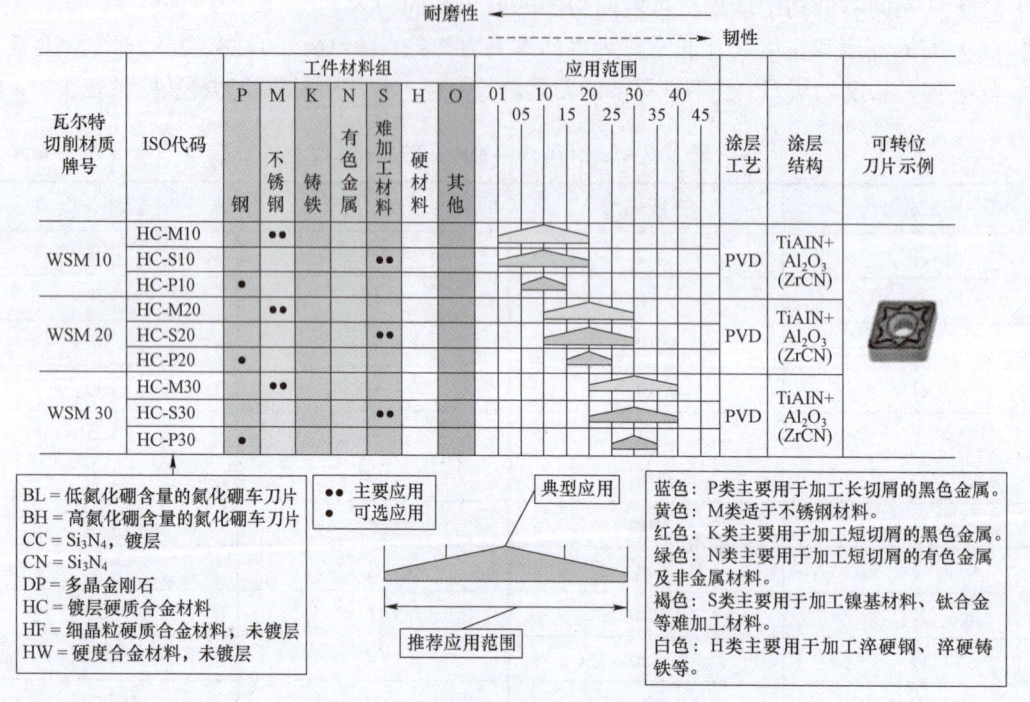

图 2-2-5 材料应用表及其解读的示例

表 2-2-2 被加工材料标记色和用途

类别	标记色	被加工材料
P	蓝色	长切屑的黑色金属
M	黄色	不锈钢材料
K	红色	短切屑的黑色金属
N	绿色	短切屑的有色金属及非金属材料
S	褐色	镍基材料、钛合金等难加工材料
H	白色或浅灰色	淬硬钢、淬硬铸铁等

第三个区域是加工对象标示区，标明其适合的主要类别及适用程度。如 WSM 20 作为 ISO 代码 HC-M20 主要应用于不锈钢加工，作为 HC-S20 主要应用于难加工材料，也作为 HC-P20 应用于钢材，但加工钢材只是备用，而不是推荐。

第四个区域是应用范围标示区。它中间有一个屋形区域，高处的屋顶尖所指的位置就是其典型的应用。如 WSM 20 作为 HC-M20 的典型应用就是 M20，而推荐的应用范围是 M10～M30。注意，这个范围标示的屋形不一定是对称的，有些可能偏向一边，不能想当然地认为它的图形是两侧对称的。这一部分的上方有一串数字，这是 ISO 标准对该材料性能的一个非定量的描述。ISO 标准规定从 01（代表最高的耐磨性也就是最高硬度）到 50（代表最高的韧

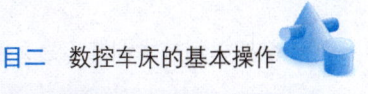

性）分成不同等级，每个材料类别都类似。ISO 标准中这个值的主系列是 01、10、20、30、40、50，并规定可在主系列相邻的数字间插一个数字来表示中间的值，于是，出现了 05、15、25、35、45 这样的值。因此，就出现了如 K10、M20、S35、P40 这样一些代号。由于 ISO 标准中这部分材料分类本身比较粗，如 HC 涂层硬质合金的基体既包含了一般颗粒的钨基硬质合金（粒度≥1 μm），也包含了细颗粒的钨基硬质合金（粒度<1 μm），甚至还包含了钛基硬质合金（即金属陶瓷）。涂层也未明确用了哪种或哪些涂层工艺，涂了什么材料，涂了几层，厚度是多少等。一个类别里材料很多，使得材料之间的可比性不是很强，大部分只能在同一个生产厂商、同一个时期的这类代号中作比较。

（2）刀片形状的选择。刀片形状主要依据被加工零件的表面形状、切削方法、刀具寿命和刀片的转位次数等因素选择。常见可转位车刀刀片形状及角度如图 2-2-6 所示。一般外圆车削常用 60°凸三边形（T 型）、90°四方形（S 型）和 80°菱形（C 型）刀片。仿形加工常用 55°（D 型）、35°（V 型）菱形和圆形（R 型）刀片。不同的刀片形状有不同的刀尖强度，一般刀尖角越大，刀尖强度越大，反之则相反。圆形刀片（R 型）刀尖角最大，35°菱形刀片（V 型）刀尖角最小。在选用时，应根据加工条件恶劣与否，按重、中、轻切削有针对性地选择。在机床刚性、功率允许的条件下，大余量、粗加工时应选用刀尖角较大的刀片；反之，在机床刚性和功率较小时，小余量、精加工时宜选用较小刀尖角的刀片。

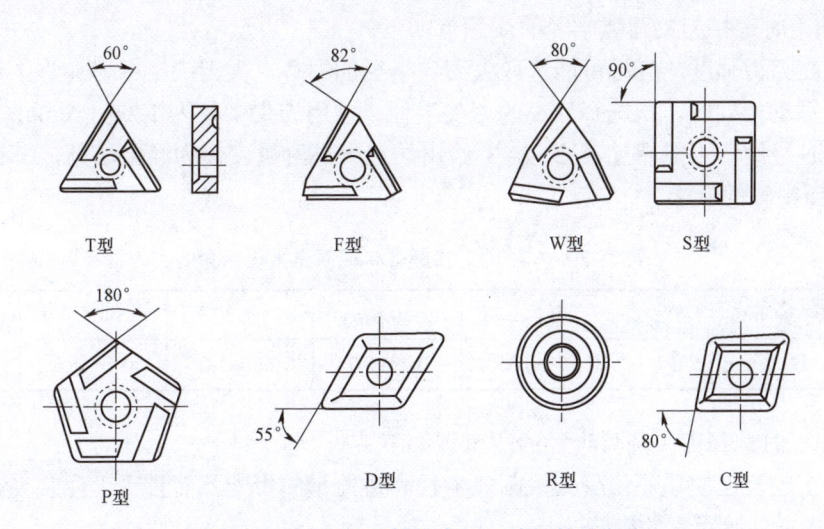

图 2-2-6 常见可转位车刀刀片形状及角度

（3）刀片尺寸的选择。刀片尺寸的大小取决于必要的有效切削刃长度 L。有效切削刃长度与背吃刀量 a_p 和车刀的主偏角 k_r 有关（见图 2-2-7），使用时可查阅有关刀具手册选取。

（4）刀片后角的选择。常用的刀片后角有 N（0°）、B（5°）、C（7°）、P（11°）、E（20°）等，如图 2-2-8 所示。一般粗加工、半精加工可用 N 型；半精加工、精加工可用 C、P 型，也可用带断屑槽型的 N 型刀片；加工铸铁、硬钢可用 N 型；加工不锈钢可用 C、P 型；加工铝合金可用 P、E 型；加工弹性恢复性好的材料可选用较大一些的后角；一般孔加工刀片可选用 C、P 型，大尺寸可选用 N 型。

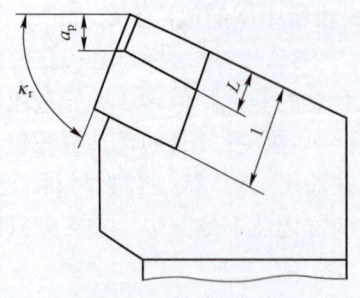

图 2-2-7 切削刃长度、背吃刀量与主偏角的关系

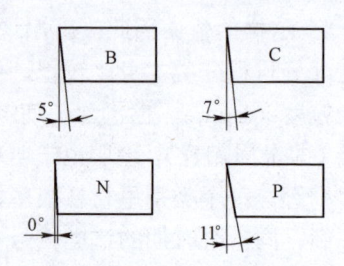

图 2-2-8 刀片后角

（5）刀尖圆弧半径的选择。刀尖圆弧半径不仅影响切削效率，而且关系到被加工表面的粗糙度及加工精度。从刀尖圆弧半径与最大进给量的关系来看，最大进给量不应超过刀尖圆弧半径尺寸的 80%，否则将恶化切削条件，甚至出现螺纹状表面和打刀等问题。刀尖圆弧半径还与断屑的可靠性有关，为保证断屑，切削余量和进给量有一个最小值。当刀尖圆弧半径减小时，所得到的这两个最小值也相应减小。因此，从断屑可靠性出发，通常对于小余量、小进给车削加工，应采用小的刀尖圆弧半径；反之，宜采用较大的刀尖圆弧半径。

① 粗加工时选择刀尖圆弧半径的注意点如下。

a. 为提高刀刃强度，应尽可能选取大刀尖半径的刀片，大刀尖半径可允许大进给。

b. 在有振动倾向时，则选择较小的刀尖半径，常用刀尖半径为 1.2～1.6 mm。

c. 粗车时进给量不能超过表 2-2-3 给出的最大进给量，作为经验法则，一般进给量可取为刀尖圆弧半径的一半。

表 2-2-3 不同刀尖圆弧半径时最大进给量

刀尖半径/mm	0.4	0.8	1.2	1.6	2.4
最大推荐进给量/（mm·r^{-1}）	0.25～0.35	0.4～0.7	0.5～1.0	0.7～1.3	1.0～1.8

② 精加工时选择刀尖圆弧半径的注意点如下。

a. 精加工的表面质量不仅受刀尖圆弧半径和进给量的影响，而且受工件装夹稳定性、夹具和机床整体条件等因素的影响。

b. 在有振动倾向时，应选较小的刀尖半径。

c. 非涂层刀片比涂层刀片加工的表面质量高。

（6）刀片断屑槽型的选择。

断屑槽的参数直接影响着切屑的卷曲和折断，目前，刀片的断屑槽型式较多，各种断屑槽刀片使用情况不尽相同。槽型根据加工类型和加工对象的材料特性来确定，各供应商的表示方法不一样，但思路基本一样：基本槽型按加工类型有精加工（代码 F）、普通加工（代码 M）和粗加工（代码 R）；加工材料按国际标准有加工钢的 P 类，加工不锈钢、合金类的 M 类和加工铸铁的 K 类。这两种情况一组合就有了相应的槽型，如 FP 指用于钢的精加工槽型、MK 指用于铸铁普通加工的槽型等。如果加工向两个方向扩展，如超精加工和重型粗加工，

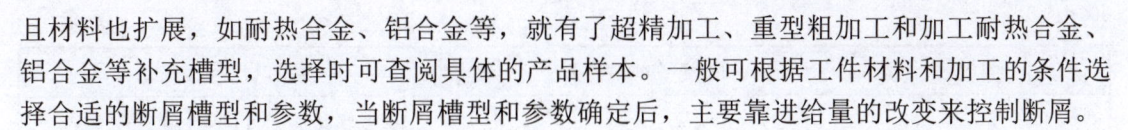

且材料也扩展，如耐热合金、铝合金等，就有了超精加工、重型粗加工和加工耐热合金、铝合金等补充槽型，选择时可查阅具体的产品样本。一般可根据工件材料和加工的条件选择合适的断屑槽型和参数，当断屑槽型和参数确定后，主要靠进给量的改变来控制断屑。

3. 刀片紧固方式的选择

在国家标准中，刀片紧固方式有 4 种，如图 2-2-9 所示。上压式（代码为 C）为正前角安装、上压板压紧固定，适于无孔刀片；上压与销孔夹紧式（代码 M）为负前角安装、有孔刀片的压板和螺钉复合锁紧固定；销孔夹紧式（代码 P）为负前角安装、有孔刀片的螺钉锁紧固定；螺钉夹紧式（代码 S）为正前角安装、有孔刀片的螺钉锁紧固定。但这 4 种方式仍没有包括可转位车刀所有的紧固方式，而且各刀具商所提供的产品并不一定包括了所有的紧固方式。因此，选用时要查阅产品样本。

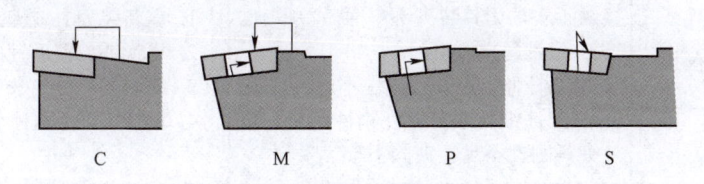

图 2-2-9　刀片紧固方式

4. 刀片安装和转换时应注意的问题

（1）转位和更换刀片时应清理刀片、刀垫和刀杆各接触面，应保证接触面无铁屑和杂物，表面有凸起点应修平，已用过的刃口应转向切屑流向的定位面。

（2）转位刀片时应使其稳当地靠向定位面，夹紧时用力适当，不宜过大。

（3）夹紧时，有些结构的车刀需用手按住刀片，使刀片贴紧底面（如偏心式结构）。

（4）夹紧的刀片、刀垫和刀杆三者的接触面应贴合、无缝隙，要注意刀尖部位的良好贴合，刀垫更不得有松动。

5. 刀杆安装时应注意的问题

（1）车刀安装时其底面应清洁无黏附物。如果内侧和外侧面也须作安装的定位面，则也应擦净。

（2）若使用垫片调整刀尖高度，垫片应平直，最多不能超过 3 块。

（3）刀杆伸出长度在满足加工要求下应尽可能短，一般伸出长度是刀杆高度的 1.5 倍。如确要伸出较长才能满足加工需要，也不能超过刀杆高度的 3 倍。

三、数控车刀使用中常见问题分析

数控车刀使用中常见的问题、产生原因、预防和解决方法见表 2-2-4。

表 2-2-4　数控车刀使用中常见的问题、产生原因、预防和解决方法

问题	产生原因	预防和解决方法
通常情况下刀具不好用	1. 刀具型式选择不当； 2. 刀具制造质量太差； 3. 切削用量选择不当	1. 重新选型； 2. 选择质量好的刀具； 3. 选择合理的切削用量

续表

问题	产生原因	预防和解决方法
切削有振动	1. 刀片没夹紧； 2. 刀片尺寸误差太大； 3. 夹紧元件变形； 4. 刀具质量太差	1. 重新装夹刀片； 2. 更换符合要求的刀片； 3. 更换夹紧元件； 4. 更换刀具
刀尖打刀	1. 刀片刀尖底面与刀垫有间隙； 2. 刀片材质抗弯强度低； 3. 夹紧时造成刀片抬高	1. 重新装夹刀片，注意刀片底面应贴紧； 2. 换抗弯强度高的刀片； 3. 更换刀片、刀垫或刀杆
切削时有吱吱声	1. 刀片底面与刀垫或刀垫与刀体间接触不实，刀具装夹不牢固； 2. 刀具磨损严重； 3. 刀杆伸出过长，刚性不足； 4. 工件细长或薄壁件刚性不足，以及夹具刚性不足，夹固不牢	1. 重新装刀具或刀片； 2. 更换或修整磨钝的切削刃； 3. 缩短刀杆伸出长度； 4. 增加工艺系统刚性
刀尖处冒火花	1. 刀尖或切削刃工作部分有缺口； 2. 刀具磨损严重； 3. 切削速度过高	1. 更换磨钝的切削刃或用金刚石修整切削刃； 2. 更换切削刃或刀片； 3. 合理降低切削速度
前刀面有积屑瘤	1. 几何角度不合理； 2. 槽型不合理； 3. 切削速度太低	1. 加大前角； 2. 选择合理的槽型； 3. 合理提高切削速度
切屑粘刀	刀片材质不合理	更换为 M 或 K 类的刀片
切屑飞溅	1. 进给量过大； 2. 脆性工件材料	1. 调整切削用量； 2. 增加导屑器或挡屑器
刀片有剥离现象	1. 切削液供给不充分； 2. 不宜用切削液的高硬度材料； 3. 刀片质量有问题	1. 增大切削液的流量，切削前就开始浇注直至刀具退出； 2. 不用切削液，干切削； 3. 更换质量好的刀片

📖 任务实施

（1）选取图 2-2-1 中几种典型刀具及刀片的实物，描述车刀的结构及特点。

（2）选取一把数控可转位外圆车刀，更换车刀刀片，了解机械夹固式可转位车刀的结构和使用方法，参考图 2-2-3 拆装机械夹固式可转位车刀。

📖 任务评价

填写任务学习自我评价表，见表 2-2-5。

表 2-2-5 任务学习自我评价表

任务名称		实施地点		实施时间	
学生班级		学生姓名		指导教师	
评价项目			评价结果		
任务实施前的准备过程评价	任务实施所需的相关工、刃具是否准备齐全		1. 准备齐全		□
			2. 基本齐全		□
			3. 所缺较多		□
	任务实施的目标是否清楚		1. 完全清楚		□
			2. 基本清楚		□
			3. 不清楚		□
	任务实施的时间是否进行了合理分配		1. 已进行合理分配		□
			2. 已进行分配，但不是最佳		□
			3. 未进行分配		□
任务实施中的过程评价	能否准确理解数控车刀的分类和特点		1. 能		□
			2. 不能		□
	是否对数控车刀选择的一般原则有所理解		1. 完全理解		□
			2. 基本理解		□
			3. 没有理解		□
	对机械夹固式可转位车刀的结构特点是否清楚		1. 完全清楚		□
			2. 基本清楚		□
			3. 不清楚		□
任务完成后的评价	任务的完成情况如何	1. 按时完成	（1）质量好		□
			（2）质量中		□
			（3）质量差		□
		2. 提前完成	（1）质量好		□
			（2）质量中		□
			（3）质量差		□
		3. 滞后完成	（1）质量好		□
			（2）质量中		□
			（3）质量差		□
	是否进行了自我总结		1. 是，详细总结		□
			2. 是，一般总结		□
			3. 否，没有总结		□
总结评价	针对本任务的一个总体自我评价		总体自我评价：		

📖 任务总结

本任务通过观察更换安装数控可转位车刀的刀片活动，使学生了解了数控可转位车刀的种类、结构和用途，学会选择数控可转位车刀的方法，具备初步解决数控车刀使用中常见问题的能力。

任务三　操作数控车床

📖 任务目标

知识目标
1. 理解回参考点的意义。
2. 理解对刀的含义。

技能目标
1. 能正确进行开、关机操作。
2. 能正确进行回参考点操作。
3. 能正确进行手动操作。
4. 能对程序进行编辑操作。
5. 能正确设置刀具偏移值。
6. 能正确进行自动加工操作。

📖 任务描述

通过机床控制面板上的各个功能键，对机床进行操作，了解各功能键操作对应的机床功能。进一步巩固数控系统面板的操作，输入一段程序并进行修改等编辑工作。装夹工件及车刀，并用试切法进行对刀操作，建立工件坐标系。

📖 知识准备

FANUC 0i Mate-TC 系统数控车床的机床操作面板如图 2-1-1 所示。为了便于使用，本书介绍面板上的按钮时，按以下 3 组标识分类。

（1）机床控制面板上的按钮：用带双引号的字母或文字表示，如"JOG"等。
（2）系统操作面板上的 MDI 功能键：用加▢的字母或文字表示，如 POS 等。
（3）CRT 屏幕上相对应的软键：用加方括号的文字表示，如[SETING]等。

一、开机与关机操作

1. 开机操作步骤

开机操作的流程如图 2-3-1（a）所示。
（1）检查 CNC 装置和机床外观是否正常。
（2）接通机床电器柜电源，按下"电源开"按钮。
（3）检查 CRT 画面显示资料［见图 2-3-1（b）］。

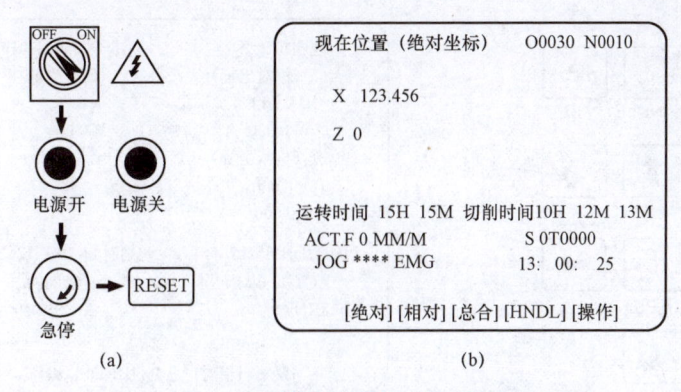

图 2-3-1　开机操作流程与开机后的显示画面
（a）开机操作流程；（b）开机后的显示画面

（4）如果 CRT 画面显示"EMG"报警画面，可松开"急停"按钮并按下 RESET 键数秒，系统将复位。

（5）检查散热风机等是否正常运转。

2. 关机操作步骤

（1）检查操作面板上的循环启动灯是否关闭。

（2）检查 CNC 机床的移动部件是否都已经停止移动。

（3）如有外部输入/输出设备接到机床上，先关闭外部设备的电源。

（4）按下"急停"按钮后，按下"电源关"按钮，关闭机床总电源。

3. 注意事项

（1）在系统启动正常后，方可操作面板操作键或按钮，否则可能引起意想不到的运动并带来危险。

（2）如果开机后机床报警，检查"急停"按钮是否打开或刀架是否超程。如果超程，则用手摇方式向超程相反的方向摇动刀架，并离开参考点一定距离，报警将解除。

（3）关机后重新启动系统，要间隔 1 min 以上，不要连续短时频繁开、关机。

（4）时刻牢记"急停"按钮的位置并准备操作它。当遇到紧急情况时应立刻按"急停"按钮。

二、回参考点操作

机床开机后，必须首先进行回参考点操作。具有断电记忆功能绝对编码器的机床不用进行回参考点操作。

1. 回参考点操作操作步骤

机床回参考点的操作流程如图 2-3-2（a）所示。

（1）选择模式按钮"ZRN"。

（2）按下"+X"按钮不松开，直到 X 轴的返回参考点指示灯亮。

（3）按下"+Z"按钮不松开，直到 Z 轴的返回参考点指示灯亮。

2. 注意事项

（1）为了刀具及机床的安全，在返回参考点的过程中，必须先回"+X"，再回"+Z"。如果先回"+Z"，则可能导致刀架电动机与尾座发生碰撞事故。

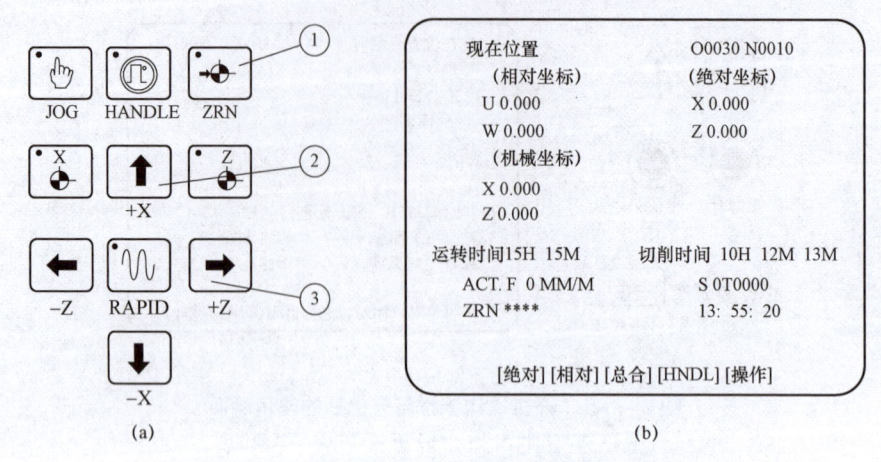

图 2-3-2　机床回参考点的操作流程与显示画面
（a）回参考点操作流程；（b）回参考点后的显示画面

（2）回参考点前，应使刀架位于减速开关和负限位开关之间。

（3）不回参考点，机床可能会产生意想不到的运动，发生碰撞及伤害事故。机床重新开机后必须立即进行回参考点操作。当进行机床锁住、图形演示、机床空运行，以及"急停"按钮操作后，必须进行回参考点操作。

三、手轮、手动进给操作

1. 手轮进给操作

手轮进给操作的流程与显示画面如图 2-3-3 所示。

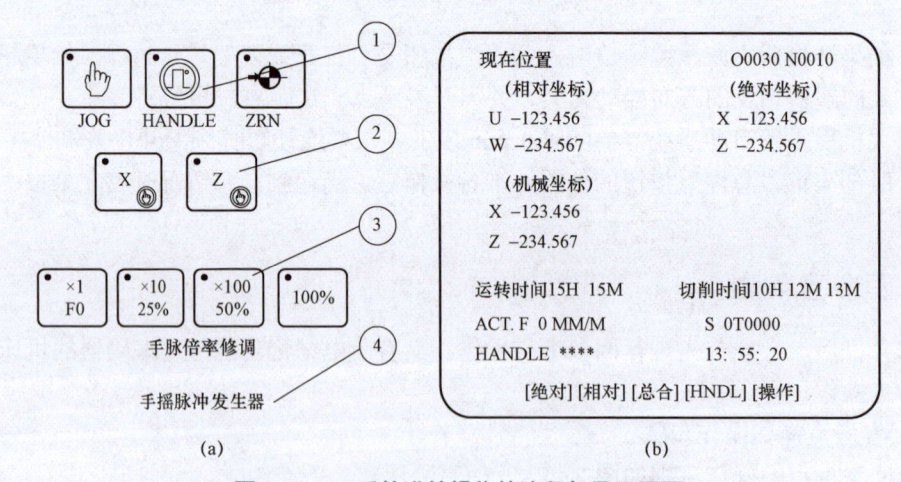

图 2-3-3　手轮进给操作的流程与显示画面
（a）手轮进给操作的流程；（b）手轮进给操作的显示画面

（1）选择模式按钮"HANDLE"。

（2）在机床面板上选择移动刀具的坐标轴。

（3）选择增量步长。

（4）旋转手摇脉冲发生器向相应的方向移动刀具。

2. 手动进给操作

（1）选择模式按钮"JOG"。

（2）按住"+X"（或"-X"或"+Z"或"-Z"）按钮不松开，刀架沿着指定的方向进给运动，松开按钮即停止刀架移动。

（3）同时按下"+X"（或"-X"或"+Z"或"-Z"）和"RAPID"按钮不松开，刀架沿着指定的方向快速移动，松开按钮即停止刀架移动。

四、程序的编辑操作

1. 程序的操作

（1）建立一个新程序。建立新程序的操作流程与显示画面如图2-3-4所示。

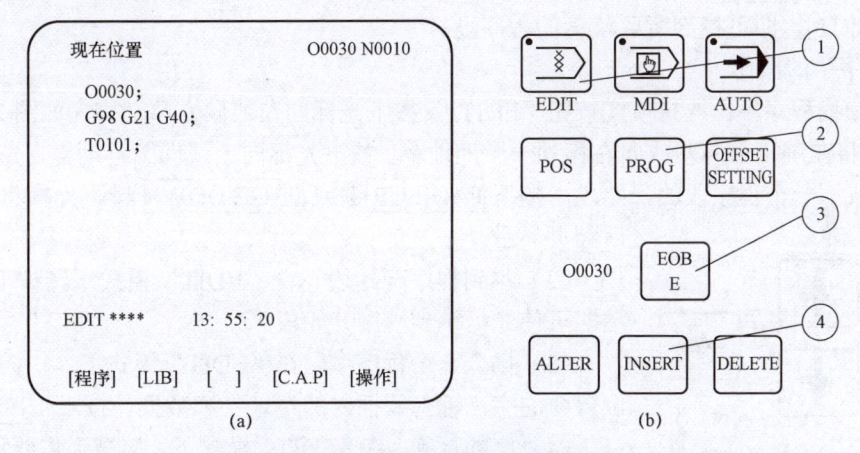

图 2-3-4 建立新程序的操作流程
（a）建立新程序的显示画面；（b）建立新程序的操作流程

选择模式按钮"EDIT"，按下 MDI 功能键 PROG，输入地址符"O"，输入程序号（如O0030），按下 EOB 键，按下 INSERT 键即可完成新程序"O0030"的创建。

注意

建立新程序时，要注意建立的程序与内存中储存的程序号不能冲突。

（2）调用内存中储存的程序。选择模式按钮"EDIT"，按下MDI功能键 PROG，输入地址符"O"，输入程序号（如O0123），按下 CURSOR 中的向下移动键即可完成程序"O0123"的调用。

注意

在调用程序时，一定要调用内存中已存入的程序。

（3）删除程序。选择模式按钮"EDIT"，按下MDI功能键 PROG，输入地址符"O"，输入程序号（如O0123），按下 DELETE 键即可完成单个程序"O0123"的删除。

说明

① 如果要删除内存中的所有程序，只要在输入"O—9999"后按下 DELETE 键即可完成内存中所有程序的删除。

② 如果要删除指定范围内的所有程序，只要在输入"OXXXX,OYYYY"后按下 DELETE 键，即可将内存中"OXXXX～OYYYY"范围内的所有程序删除。

2. 程序段的操作

（1）删除程序段。选择模式按钮"EDIT"，用 CURSOR 键检索或扫描到将要删除的程序段 N××××处，按下 EOB 键，按下 DELETE 键即可将当前光标所在的程序段删除。

说明

如果要删除多个程序段，则用 CURSOR 键检索或扫描到将要删除的程序开始段的地址（如 N0010），键入地址符 N 和最后一个程序段号（如 N1000），按下 DELETE 键，即可将 N0010～N1000 内的所有程序段删除。

（2）程序段的检索

程序段的检索功能主要用于自动运行模式中。其检索过程为：按下模式选择按钮"AUTO"，按下 PROG 键显示程序屏幕，输入地址 N 及要检索的程序段号，按下 CRT 下的软键［N SRH］，即可找到所要检索的程序段。

3. 程序字的操作

（1）扫描程序字。选择模式按钮"EDIT"，按下光标向左或向右移动键（如图 2-3-5 所示），光标将在屏幕上向左或向右移动一个地址字。按下光标向上或向下移动键，光标将移动到上一个或下一个程序段的开始段。按下 PAGE UP 键或 PAGE DOWN 键，光标将向前或向后翻页显示。

（2）跳到程序开始段。在"EDIT"模式下，按下 RESET 键即可使光标跳到程序开始段。

（3）插入一个程序字。在"EDIT"模式下，扫描到要插入位置前的字，键入要插入的地址字和数据，按下 INSERT 键。

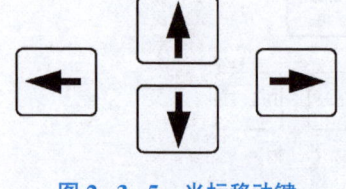

图 2-3-5 光标移动键

（4）字的替换。在"EDIT"模式下，扫描到将要替换的字，键入要替换的地址字和数据，按下 ALTER 键。

（5）字的删除。在"EDIT"模式下，扫描到将要删除的字，按下 DELETE 键。

（6）输入过程中字的取消。在程序字符的输入过程中，如发现当前字符输入错误，则按下一次 CAN 键，即删除一个当前输入的字符。

五、设置刀具偏移值（设定工件坐标系）

在数控车床上设置刀具偏移值就是对刀操作的过程或设定工件坐标系的过程。数控程序一般按工件坐标系编程，对刀的过程就是建立工件坐标系与机床坐标系之间关系的过程。数控车加工中，一般将工件右端面中心点设为工件坐标系原点，以 1 号外圆车刀设置刀具偏移值为例，具体操作步骤如下所述。

1. 在 MDI 方式下，设置主轴的初始速度

（1）选择"MDI"模式按钮，按下 PROG 键。

（2）M03 S600 EOB INSERT。

（3）按下"循环启动"按钮，主轴正转，转速为 600 r/min。

（4）按下 RESET 键，主轴停转。

2. 在 MDI 方式下，将 1 号刀转到当前位置

（1）模式按钮选"MDI"，按下 PROG 键。

（2）T0101 EOB INSERT。

(3)按下"循环启动"键,1号刀转到当前加工位置。

3. 设置 X、Z 向的刀具偏移值(设定工件坐标系)

(1)按下模式按钮"HANDLE",选择相应的刀具。

(2)按下主轴正转转速按钮"CW",主轴将以前面设定的 600 r/min 的转速正转。

(3)按下 POS 键,再按下软键[综合],这时,机床 CRT 出现图 2-3-6(a)所示的画面。

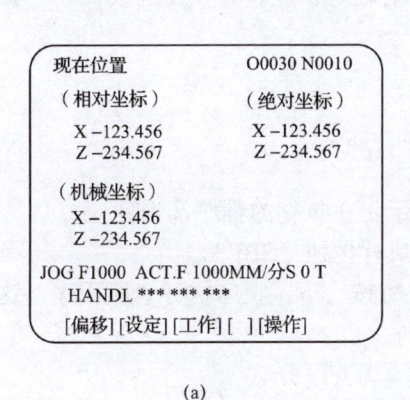

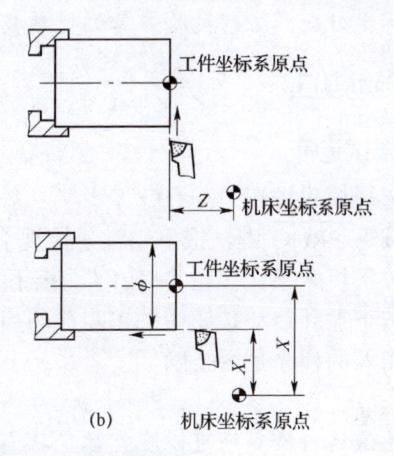

图 2-3-6 综合坐标的显示画面和对刀操作
(a)综合坐标的显示画面; (b)对刀操作

(4)选择相应的坐标轴,摇动手摇脉冲发生器或直接采用"JOG"方式,试切工件端面(见图 2-3-6(b))后,沿 X 向退刀,记录下 Z 向机械坐标值"Z"。

(5)按 MDI 键盘中的 OFFSET/SETTING 键,按软键[补正]及[形状]后,显示如图 2-3-7 所示的刀具偏置参数设置画面。移动光标键选择与刀具号相对应的刀补参数(如 1 号刀,则将光标移至"G001"行),输入"Z0",按软键[测量],Z 向刀具偏移参数即自动存入(其值等于记录的 Z 值)。

(6)试切外圆后,刀具沿 Z 向退离工件,记录下 X 向机械坐标值"X_1"。停机实测外圆直径(假设测量出直径为 50.123 mm)。

(7)在画面的"G001"行中输入"X50.123"后,按软键[测量],X 向的刀具偏移参数即自动存入。1 号刀具偏置设定完成,其他刀具同样设定。

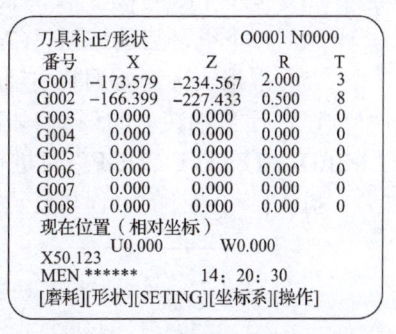

图 2-3-7 刀具偏置参数设置画面

4. 校验刀具偏置参数

在"MDI"方式下选刀,并调用刀具偏置补偿,在 POS 画面下,手动移动刀具靠近工件,观察刀具与工件间的实际相对位置,对照屏幕显示的绝对坐标,判断刀具偏置参数设定是否正确。

说明

(1)在设定刀具偏移值时,也可直接将 Z 值及 X 值($X=X_1-\phi$)输入到刀具偏移补偿存储器中。

(2)如果刀具使用一段时间后,产生了磨耗,则可直接将磨耗值输入到对应的位置,对刀具进行磨耗补偿。

注意

（1）用手摇方式切削时动作要轻柔，通过转动手轮外圈控制运动速度。
（2）必须在对刀页面里按软键［补正］后，再按软键［形状］。
（3）对刀时选择刀具的刀补号一定要与补偿页面中的刀补号一致。
（4）加工中所需要的刀具要依次全部对好，防止遗忘造成撞刀。
（5）对完刀后，必须校验刀具偏置参数，否则极易出现撞刀事故。

六、自动加工

1. 机床试运行

（1）选择模式按钮"AUTO"。
（2）按下 PROG 键，按下软键［检视］，显示正在执行的程序及坐标。
（3）按下机床锁住按钮"MLK"，按下单步执行按钮"SBK"。
（4）按下循环启动按钮中的单步循环启动，每按一下，机床执行一段程序，这时即可检查编辑与输入的程序是否正确。

注意

机床的试运行检查还可以在空运行状态下进行，其和机床锁住运行虽然都被用于程序自动运行前的检查，但检查的内容却有区别。机床锁住运行主要用于检查程序编制是否正确、程序有无编写格式错误等，而机床空运行主要用于检查刀具轨迹是否与要求相符。

2. 机床的自动运行

（1）调出需要执行的程序，确认程序正确。
（2）按下模式选择按钮"AUTO"。
（3）按下 PROG 键，按下软键［检视］，屏幕显示正准备执行的程序及坐标。
（4）按下循环启动按钮"CYCLE START"，机床自动循环执行加工程序。
（5）根据实际需要调整主轴转速和刀具进给速度。在机床运转过程中，可以按下主轴倍率按钮进行主轴转速的调整，但应注意不能进行高、低挡转速的切换。旋动进给倍率旋钮"FEEDRATE OVERRIDE"可进行刀具进给速度的调整。

机床自动运行的流程与显示画面如图 2-3-8 所示。

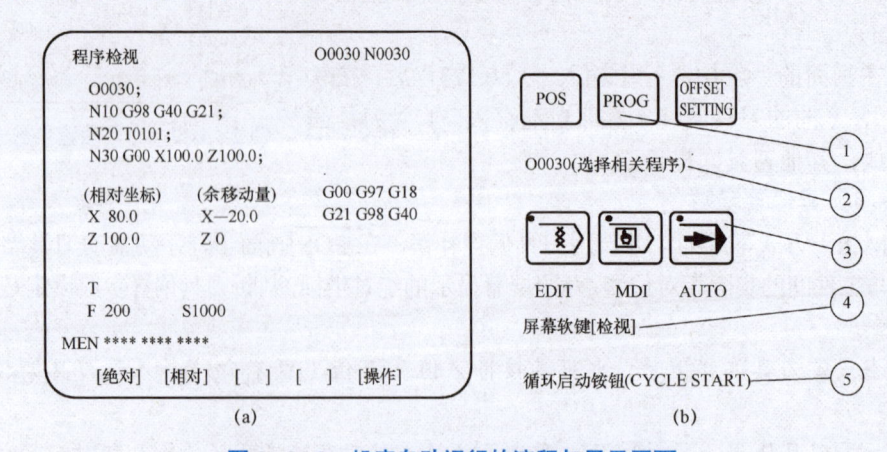

图 2-3-8　机床自动运行的流程与显示画面
（a）自动运行的显示画面；（b）自动运行的流程

3. 手动干预与返回功能

在自动运行期间用"循环停止"键使移动的刀具停止，进行手动干预（如手动退刀、转刀）等操作，当按下"循环启动"按钮使自动运行恢复时，手动干预与返回功能可将刀具返回到手动干预前的开始处。该功能的操作过程如下：

（1）在程序自动运行过程中按下"循环停止"按钮。

（2）在手动或手轮方式下移动刀具。

（3）按下返回中断点按钮，刀具以空运行速度返回中断点。

（4）在"AUTO"模式下，按下"循环启动"按钮，恢复自动运行。

4. 图形显示功能

图形显示功能可以显示自动运行或手动运行期间的刀具移动轨迹，操作者可通过观察屏幕显示出的轨迹来检查加工过程，显示的图形可以进行放大及复原。

图形显示的操作过程如下：

（1）选择模式按钮"AUTO"。

（2）在 MDI 面板上按下 CUSTOM GRAPH 键，按下屏幕显示软键［G.PRM］，显示如图 2-3-9 所示画面。

（3）通过光标移动键将光标移动至所需设定的参数处，输入数据后按下 INPUT 键，依次完成各项参数的设定。

（4）再次按下屏幕显示软键［GRAPH］。

（5）按下"循环启动"按钮，机床开始移动，并在屏幕上绘出刀具的运动轨迹。

（6）在图形显示过程中，按下屏幕软键［ZOOM］/［NORMAL］可进行放大/恢复图形的操作。

```
GRAPHIC PARAMETER         O0030 N0030
WORK LENGTH        W=     130000
WORK DIAMETER      D=     130000
PROGRAM STOP       N=          0
AUTO ERASE         A=          1
LIMIT              L=          0
GRAPHIC CENTER     X=      61655
                   Z=      90711
SCALE              S=         32
GRAPHIC MODE       M=          0
              T0000            F   S
MEN **** **** ****
[G.PRM] [ ] [GRAPH] [ZOOM] [OPRT]
```

图 2-3-9 图形显示参数设置画面

📖 任务实施

一、输入程序

O0030;
G40 G21 G99;
T0101;
S600 M03;
G00 X52.0 Z52.0;
G01 X30.0 F0.1;
Z-20.0;
X40.0 Z-30.0;
X52.0;
G28 U0 W0;
M30;

程序的输入过程如下：

选择"EDIT"模式按钮，按 PROG 键，将"程序保护"置于"OFF"位置。

O0030 EOB INSERT ;
G40 G20 EOB INSERT ;
T0101 EOB INSERT ;
S600 M03 M04 EOB INSERT ;
G00 X52.0 Z52.0 EOB INSERT ;
G01 X30.0 F0.1 EOB INSERT ;
Z-20.0 EOB INSERT ;
X40.0 Z-30.0 EOB INSERT ;
X52.0 EOB INSERT ;
G28 U0 W0 EOB INSERT ;
M30 EOB INSERT ;
RESET

输入后，系统将会自动生成程序段号。另外，若检查后发现第二行中 G20 应改成 G21，并少输了 G99，第四行中多输了 M04，则应作如下修改：

将光标移动到 G20 上，输入 G21，按下 ALTER 键；将光标移动到 G21 上，输入 G99，按下 INSERT 键；将光标移动到 M04 上，按下 DELETE 键。

二、对刀操作

（1）找正装夹工件。
（2）在四工位刀架上安装相关刀具。
（3）依次设置每把刀的刀具偏移值，即设定工件坐标系。

📖 任务评价

一、操作现场评价

填写现场记录表，见表 2-3-1。

表 2-3-1 现场记录表

学生姓名：		学生学号：			
学生班级：		设备编号：			
安全文明生产	安全规范	好 □		一般 □	差 □
	刀具、工具、量具的放置	合理 □			不合理 □
	量具使用	好 □		一般 □	差 □
	设备保养	好 □		一般 □	差 □
	关机后刀架停放位置	合理 □			不合理 □
	发生重大安全事故、严重违反操作规程者取消成绩	（事故状态）：			
	备注				

续表

规范操作	开机前的检查和开机顺序正确	检查 □		未检查 □
	正确回参考点	回参考点 □		未回参考点 □
	工件装夹规范	规范 □		不规范 □
	刀具安装规范	规范 □		不规范 □
	正确对刀，建立工件坐标系	正确 □		不正确 □
	正确设置参数	正确 □		不正确 □
	备注			
时间	开始时间：		结束时间：	

二、任务学习自我评价

填写任务学习自我评价表，见表 2-3-2。

表 2-3-2　任务学习自我评价表

任务名称		实施地点		实施时间	
学生班级		学生姓名		指导教师	
评价项目			评价结果		
任务实施前的准备过程评价	任务实施所需的工具、量具、刀具是否准备齐全		1. 准备齐全		□
			2. 基本齐全		□
			3. 所缺较多		□
	任务实施所需材料是否准备妥当		1. 准备妥当		□
			2. 基本妥当		□
			3. 材料未准备		□
	任务实施所用的设备是否准备完善		1. 准备完善		□
			2. 基本完善		□
			3. 没有准备		□
	任务实施的目标是否清楚		1. 清楚		□
			2. 基本清楚		□
			3. 不清楚		□
	任务实施的知识技能要点是否掌握		1. 掌握		□
			2. 基本掌握		□
			3. 未掌握		□

续表

评价项目		评价结果	
任务实施前的准备过程评价	任务实施的时间是否进行了合理分配	1. 已进行合理分配	□
		2. 已进行分配，但不是最佳	□
		3. 未进行分配	□
任务实施中的过程评价	编辑程序的方法是否掌握	1. 掌握	□
		2. 基本掌握	□
		3. 未掌握	□
	每把刀的平均对刀时间为多少？你认为中间最难对的是哪把刀	1. 2～5 min □	最难对的刀是：
		2. 5～10 min □	
		3. 10 min 以上 □	
	操作过程中是否有因主观原因造成失误的情况？具体是什么	1. 没有	□
		2. 有	□
		具体原因：	
	操作过程中是否有因客观原因造成失误的情况？具体是什么	1. 没有	□
		2. 有	□
		具体原因：	
	在操作机床过程中是否遇到困难？怎么解决的	1. 没有困难，顺利完成	□
		2. 有困难，已解决 具体内容： 解决方案：	□
		3. 有困难，未解决 具体内容：	□
任务完成后的评价	任务的完成情况如何	1. 按时完成	（1）质量好 □
			（2）质量中 □
			（3）质量差 □
		2. 提前完成	（1）质量好 □
			（2）质量中 □
			（3）质量差 □

续表

评价项目		评价结果	
任务完成后的评价	任务的完成情况如何	3. 滞后完成	（1）质量好 □ （2）质量中 □ （3）质量差 □
	是否进行了自我检验	1. 是，详细检验 □ 2. 是，一般检验 □ 3. 否，没有检验 □	
	是否对所使用的工、量、刃具进行了保养	1. 是，保养到位 □ 2. 有保养，但未到位 □ 3. 未进行保养 □	
	是否进行了设备的保养	1. 是，保养到位 □ 2. 有保养，但未到位 □ 3. 未进行保养 □	
总结评价	针对本任务的一个总体自我评价	总体自我评价：	

任务总结

本任务是通过程序的录入和对刀操作，对数控车床的操作面板进行全面的了解，在操作过程中或多或少接触了安全文明生产的相关知识，为下个任务作了铺垫。本任务的学习，将为接下来的实际加工打下坚实的基础。

任务四　保养数控车床和养成文明生产习惯

任务目标

知识目标
1. 掌握数控车床定期检查的内容。
2. 掌握数控车床的安全操作规程并严格遵守执行。

技能目标
1. 能定期检查数控车床，并按要求进行保养。

2. 能遵守并执行数控车床的安全操作规程。
3. 养成安全文明生产习惯。

任务描述

学习数控车床的保养和维护要求，学习数控车床的安全操作规程，树立安全文明生产的责任意识，养成文明生产的习惯。

知识准备

一、数控车床的定期检查、维护与保养

在实际生产中，数控车床能否达到加工精度高、产品质量稳定、提高生产效率的目标，不仅取决于车床本身的精度和性能，还取决于数控车床是否得到正确的维护和保养。做好车床的日常维护和保养工作，可以延长元器件的使用寿命和机械部件的磨损周期，防止意外恶性事故的发生，使数控车床达到良好的技术性能，保证长时间稳定工作。因此，操作及维护人员应该严格按照维护说明书的要求对机床进行定期检查、维护与保养。数控车床的定期检查、维护、保养的具体内容见表2-4-1。

表 2-4-1 数控车床的定期检查、维护与保养的具体内容

序号	检查周期	检查部位	检查和维护、保养要求
1	每天	导轨润滑油箱	检查油量，及时添加润滑油；确认润滑油泵是否定时启动打油及停止
2	每天	主轴润滑恒温油箱	工作是否正常，油量是否充足，温度范围是否合适
3	每天	机床液压系统	油箱泵有无异常噪声，工作油面高度是否合适，压力表指示是否正常，管路及各接头有无泄漏
4	每天	压缩空气气源压力	气动控制系统压力是否在正常范围之内
5	每天	X、Z轴导轨面	清除切屑和脏物，检查导轨面有无划伤损坏、润滑油是否充足
6	每天	各防护装置	机床防护罩是否齐全有效
7	每天	电气柜各散热通风装置	各电气柜中冷却风扇是否正常工作，风道过滤网有无堵塞，及时清洗过滤器
8	每周	各电气柜过滤网	清洗黏附的尘土
9	不定期	切削液箱	随时检查液面高度，及时添加切削液，切削液太脏应及时更换

续表

序号	检查周期	检查部位	检查和维护保养要求
10	不定期	排屑器	经常清理切屑，检查有无卡堵现象
11	半年	检查主轴驱动带	按说明书要求调整驱动带松紧程度
12	半年	各轴导轨上镶条，压紧滚轮	按说明书要求调整松紧状态
13	一年	检查和更换电动机碳刷	检查换向器表面，去除毛刺，吹净碳粉，及时更换磨损过多的碳刷
14	一年	液压油路	清洗溢流阀、减压阀、滤油器、油箱，过滤液压油或更换
15	一年	主轴润滑恒温油箱	清洗过滤器、油箱，更换润滑油
16	一年	冷却油泵过滤器	清洗冷却油池，更换过滤器
17	一年	滚珠丝杠	清洗丝杠上旧的润滑脂，涂上新润滑脂

二、数控车床的安全操作规程

数控车床的操作一定要规范，以避免发生人身、设备等的安全事故。数控机床的安全操作规程如下。

1. 操作前的注意事项

（1）零件加工前，一定要先检查机床是否正常运行。可以通过试车的办法来进行检查。

（2）在操作机床前，要仔细检查输入的数据，以免引起误操作。

（3）确保指定的进给速度与操作所要的进给速度相适应。

（4）当使用刀具补偿时，仔细检查补偿方向与补偿量。

（5）计算机数控（CNC）与生产及物料控制（PMC）参数都是机床生产厂商设置的，通常不需要修改，如果必须修改参数，则在修改前需确保对参数有深入全面的了解。

（6）机床通电后，CNC 装置尚未出现位置显示或报警画面前，不要碰 MDI 面板上的任何键。MDI 面板上的有些键专门用于维护和特殊操作，在开机的同时按下这些键，可能使机床数据丢失。

2. 机床操作过程中的注意事项

（1）手动操作。当手动操作机床时，要确定刀具和工件的当前位置并保证正确指定了运动轴、旋转方向和进给速度。

（2）手动返回参考点。机床通电后，务必先执行手动返回参考点操作。如果机床没有执行这一操作，机床的运动不可预料。

（3）手轮进给。在手轮进给时，一定要选择正确的手轮进给倍率，过大的手轮进给倍率容易导致刀具或机床损坏。

（4）工件坐标系。手动干预、机床锁住或镜像操作都可能移动工件坐标系，用程序控制机床前，要先确认工件坐标系。

（5）空运行。通常使机床空运行来确认机床运行的正确性。在空运行期间，机床以空运行的进给速度运行，这与程序输入的进给速度不一样，且空运行的进给速度要比编程用的进给速度快得多。

（6）自动运行。机床在自动执行程序时，操作人员不得离开岗位，要密切注意机床、刀具的工作状况，根据实际加工情况调整加工参数。一旦发现意外情况，应立即停止机床动作。

3. 与编程相关的安全操作

（1）坐标系的设定。如果没有设置正确的坐标系，尽管指令是正确的，但机床可能并不按想象的动作运动。

（2）公英制的转换。在编程过程中，一定要注意公、英制的转换，使用的单位制式一定要与机床当前使用的单位制式相同。

（3）回转轴的功能。当编制极坐标插补或法线方向（垂直）控制时，应特别注意旋转轴的转速。转速不能过高，如果工件装夹不牢，则会由于离心力过大而甩出工件引起事故。

（4）刀具补偿功能。在补偿功能模式下，发生基于机床坐标系的运动命令或返回参考点命令，补偿就会暂时取消，这可能会导致机床产生不可预想的运动。

4. 关机时的注意事项

（1）确认工件已加工完毕。

（2）确认机床的全部运动均已完成。

（3）检查刀架是否手动移动至尾座附近。

（4）检查刀具是否已取下，主轴锥孔、卡盘是否已清洁。

（5）检查数控车床是否按要求进行清洁。

（6）关机时要求先关系统电源，再关机床电源。

三、数控车床操作文明生产要求

文明生产是现代企业制度中一项十分重要的内容，而数控车床加工是一种先进的加工方法。与普通车床加工比较，数控车床自动化程度高。操作者除了掌握好数控车床的性能、精心操作外，一方面要管好、用好和维护好数控车床；另一方面还必须养成文明生产的良好工作习惯和严谨的工作作风，应具有较好的职业素质、责任心和良好的合作精神。

实习中，工、量具的摆放最能说明学生文明生产的行为习惯，具体摆放要求如图 2-4-1～图 2-4-3 所示。

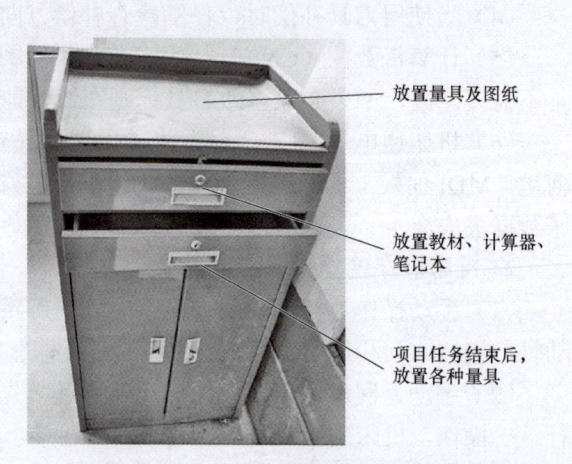

图 2-4-1 工具柜摆放基本要求示意

项目二 数控车床的基本操作

图 2-4-2 量具摆放基本要求示意

图 2-4-3 工具箱内部物品摆放基本要求示意

（工具柜下方，整齐摆放工具和刀具）

📖 任务实施

一、进入车间，对机床状态进行检查

（1）检查机床导轨和丝杠外露部分有无切屑和污物。
（2）检查机床外壳及防护装置是否完好。
（3）检查各润滑油箱油量是否充足。
（4）检查外露限位开关周围是否干净。
（5）检查电气柜散热风扇是否正常工作。

二、讨论学习安全文明生产知识

（1）分组讨论学习安全文明生产的重要意义。
（2）写一篇如何养成安全文明生产习惯、树立安全责任意识的心得体会。

📖 任务评价

填写任务学习自我评价表，见表 2-4-2。

表 2-4-2 任务学习自我评价表

任务名称		实施地点		实施时间	
学生班级		学生姓名		指导教师	
评价项目			评价结果		
任务实施前的准备过程评价	任务实施所用的设备是否准备完善		1. 准备完善		☐
^	^		2. 基本完善		☐
^	^		3. 没有准备		☐

63

续表

评价项目		评价结果	
任务实施前的准备过程评价	任务实施的目标是否清楚	1. 清楚	□
		2. 基本清楚	□
		3. 不清楚	□
	任务实施的时间是否进行了合理分配	1. 已进行合理分配	□
		2. 已进行分配，但不是最佳	□
		3. 未进行分配	□
任务实施中的过程评价	对机床状态检查和维护保养要求是否了解	1. 清楚	□
		2. 基本清楚	□
		3. 不清楚	□
	是否掌握了数控车床安全操作规程	1. 完全掌握	□
		2. 基本掌握	□
		3. 未掌握	□
	对安全文明生产的重要意义是否理解	1. 完全理解	□
		2. 基本理解	□
		3. 未理解	□
任务完成后的评价	任务的完成情况如何	1. 按时完成 （1）质量好	□
		（2）质量中	□
		（3）质量差	□
		2. 提前完成 （1）质量好	□
		（2）质量中	□
		（3）质量差	□
		3. 滞后完成 （1）质量好	□
		（2）质量中	□
		（3）质量差	□
总结评价	针对本任务的一个总体自我评价	总体自我评价：	

📖 任务总结

本任务通过对数控车床的状态检查和安全文明生产知识的学习，了解数控车床的维护和保养要求，掌握数控车床的安全生产操作规程，树立安全文明生产的意识，培养良好的文明生产习惯。

思考与练习

1. FANUC 0i Mate–TC 系统数控车床的操作面板由哪两部分组成？
2. CRT 显示器中的软键功能是什么？
3. 数控可转位车刀根据其用途可分为哪几类？
4. 数控可转位车刀的特点是什么？
5. 常见的车刀刀片材料有哪些？其中应用最多的是哪些？
6. 列表说明被加工材料标记色和用途。
7. 刀片紧固的常见方式有哪四种？
8. 刀片安装和转换时应注意什么问题？
9. 刀杆安装时应注意什么问题？
10. 简述开机的操作步骤。
11. 简述关机的操作步骤。
12. 数控车床在开、关机操作过程中，应注意哪些事项？
13. 简述回参考点的操作步骤。
14. 回参考点操作需注意哪些问题？
15. 简述手轮进给的操作步骤。
16. 简述建立新程序的操作流程。
17. 简述调用内存中储存的程序的操作流程。
18. 简述删除程序的操作流程。
19. 若要删除内存中的所有程序，如何操作？
20. 简述删除程序段的操作流程。
21. 简述检索程序段的操作流程。
22. 简述扫描程序字的操作流程。
23. 在程序字的操作中，如何跳到程序开始段？
24. 在程序字的操作中，如何插入一个程序字？
25. 在程序字的操作中，如何进行字的替换？
26. 在程序字的操作中，如何实现字的删除？
27. 在程序字的操作中，输入过程中字的取消方法是什么？
28. 什么是对刀操作过程？对刀操作过程的实质是什么？
29. 以 1 号外圆车刀对刀为例，简述对刀操作的步骤。
30. 简述机床试运行的操作步骤。
31. 简述机床自动运行的操作步骤。
32. 简述手动干预与返回功能。
33. 图形显示功能有什么作用？
34. 数控车床操作前，应注意哪些安全操作规程？
35. 数控车床操作过程中，应注意哪些安全操作规程？
36. 简述与编程有关的安全操作注意事项。
37. 数控车床关机操作时，应注意哪些安全操作规程？

项目三

加工外圆柱面零件

◎ 项目需求

本项目主要是在数控车床上加工外圆柱面零件，通过本项目的实施，掌握 G00、G01、G98、G99、G90 等数控指令的格式及应用方法；掌握数控车削加工中切削用量的选择原则及走刀路线的确定方法；掌握外圆柱面零件的检测方法；了解数控外圆车刀的选择方法；了解外圆柱面零件加工中常见问题的产生原因和解决方法；熟悉数控车削加工的流程，学会数控车削加工外圆柱面零件的方法。

◎ 项目工作场景

根据项目需求，为顺利完成本项目的实施，需配备数控车削加工理实一体化教室和数控仿真机房，同时还需以下设备及工、量、刃具作为技术支持条件：

1. 数控车床 CK6140 或 CK6136（数控系统 FANUC 0i Mate-TC）；
2. 刀架扳手、卡盘扳手；
3. 数控外圆车刀、垫刀片；
4. 游标卡尺（0～150 mm）、千分尺（25～50 mm，50～75 mm）；
5. 毛坯材料：ϕ55 mm×130 mm（45 钢）。

◎ 方案设计

为顺利完成加工外圆柱面零件项目的学习，本项目设计了两个任务，任务一主要是通过学习 G00、G01、G98、G99 指令，加工最简单的一阶梯的外圆柱面零件；任务二主要通过学习 G90 指令，加工两阶梯的外圆柱面零件。项目的任务设计由浅入深，学生在这两个任务的实施过程中，能初步掌握 FANUC 0i Mate-TC 数控系统车削外圆柱面零件的编程指令和应用技巧，培养数控加工工艺的分析能力，提高使用 FANUC 0i Mate-TC 数控系统的操作技能水平。

◎ 相关知识和技能

1. 快速定位指令 G00。
2. 直线插补指令 G01。
3. 进给量单位设置指令 G98、G99。
4. 圆柱面加工固定循环指令 G90。

5. 外圆车刀的确定。
6. 数控车削切削用量的选择。
7. 走刀路线的确定。
8. 外圆柱面零件的检测方法。
9. 外圆柱面加工质量的分析。
10. 数控加工刀具卡片和数控加工工艺卡片的填写。
11. 外圆柱面零件的数控车削加工与检测。

任务一　加工外圆柱面零件（一）

📖 任务目标

知识目标

1. 掌握 G00、G01 指令格式及应用。
2. 掌握 G98、G99 指令含义。
3. 了解数控外圆车刀的选择方法。
4. 掌握数控车加工中切削用量的选择方法。
5. 掌握外圆柱面零件的检测方法。
6. 掌握外圆柱面零件数控加工方案的制定方法。

技能目标

1. 能灵活运用 G00、G01、G98、G99 指令对简单阶梯轴零件加工进行编程。
2. 能根据所加工的零件正确选择加工设备，确定装夹方案，选择刀具、量具，确定工艺路线，正确填写数控加工刀具卡片、数控加工工艺卡片。
3. 能独立完成本任务零件的数控车削加工。

📖 任务描述

工厂需加工一批零件，零件如图 3-1-1 所示，要求在数控车床上加工。已知毛坯材料为 ϕ55 mm×130 mm 的 45 钢棒料，技术人员需根据加工任务，编制零件的加工工艺，选择合适的刀具及合理的切削参数，编写零件的加工程序，在数控车床（FANUC 0i Mate-TC 系统）上实际操作加工出来，并对加工后的零件进行检测、评价。

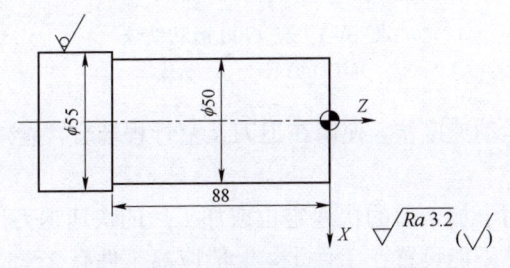

图 3-1-1　外圆柱面零件（一）

📖 知识准备

一、快速定位指令（G00 或 G0）

1. 指令功能

G00 指令是在工件坐标系中快速移动刀具到达由绝对或增量坐标指令指定的位置。在绝对坐标指令中用终点坐标值编程，在增量坐标指令中用刀具移动的方向和距离编程。

2. 指令格式

G00 X(U)__ Z(W)__；

程序中，X__，Z__——目标点的绝对坐标值；

U__，W__——目标点的增量坐标值。

例：G00 X60 Z100；　　刀具快速移动到（X60，Z100）位置

3. 指令使用说明

（1）G00 移动速度不能用程序指令设定，而是由机床制造商在数控系统参数中分别对每个坐标轴设定的；快速移动的速度可由机床操作面板上的快速移动修调按钮修正，机床操作面板选择快速移动的倍率有 0%、25%、50%、100%。

（2）G00 的执行过程：刀具由程序起始点加速到最大速度，然后快速移动，最后减速到终点，实现快速点定位。

（3）执行 G00 指令时，由于各轴以各自速度移动，不能保证各轴同时到达终点，因而联动直线轴的合成轨迹并不总是直线，往往是折线，使用时应注意刀具是否和工件发生干涉，如图 3-1-2 所示。

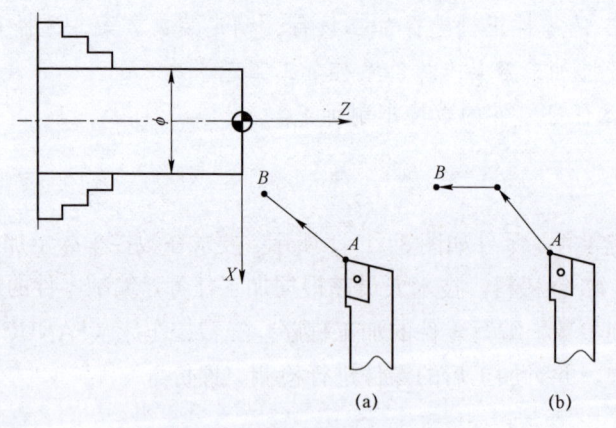

图 3-1-2　G00 运动轨迹
(a) 直线；(b) 折线

（4）G00 指令刀具运动速度快，使用在退刀及空行程场合，能减少运动时间、提高效率，但容易撞刀。

（5）G00 指令一般用于加工前的快速定位或加工后的快速退刀。

（6）G00 指令目标点不能设置在工件上，一般应离工件有 2～5 mm 的安全距离，也不能在移动过程中碰到机床、夹具等，如图 3-1-3 所示。

项目三 加工外圆柱面零件

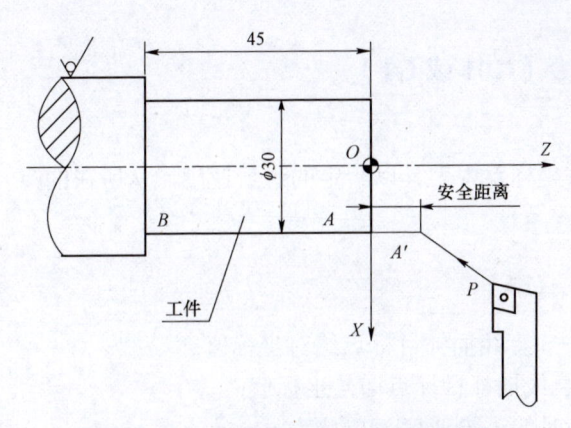

图 3-1-3 车刀快速移动时的安全距离

（7）用 G00 指令快速移动时，地址 F 下编程的进给速度无效。

（8）G00 为模态有效代码，一经使用持续有效，直到同组 G 代码（G01，G02，G03，…）取代为止。

注意

数控车床执行快速定位指令时，两轴以各自速度移动，不能保证两轴同时到达终点，因而联动直线轴的合成轨迹不一定是直线。因此，在使用 G00 指令时，一定要注意避免刀具和工件及夹具发生碰撞。假如忽略这一点，就容易发生碰撞，而快速运动状态下的碰撞非常危险。

4. 编程实例

【例 3.1.1】如图 3-1-4 所示，刀具从 A 点（X100，Z100）快速定位至 B 点（X20，Z2），程序段如下。

（1）绝对坐标方式为

G00 X20 Z2；

（2）相对坐标方式为

G00 U-80 W-98；

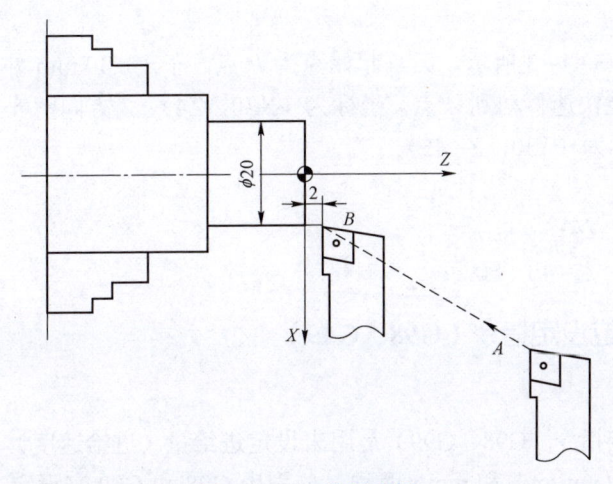

图 3-1-4 编程实例

二、直线插补指令（G01 或 G1）

1. 指令功能

G01 指令是在工件坐标系中刀具以给定的进给速度，从所在的点开始直线移动到目标点的指令。

2. 指令格式

G01 X（U）＿＿ Z（W）＿＿ F＿＿＿；

程序中：X＿＿，Z＿＿——直线插补目标点绝对坐标值；

U＿＿，W＿＿——直线插补目标点增量坐标值；

F＿＿——直线插补时的进给速度，单位为 mm/r 或者 mm/min，取决于该指令前面程序段的设置。

例：G01 X30 Z-15 F0.2；

刀具从当前点以 0.2 mm/r 的进给速度直线插补到目标点（$X30$，$Z-15$）位置。

3. 指令使用说明

（1）G01 用于直线切削加工，必须给定刀具进给速度，且程序段中只能指定一个进给速度。

（2）进给速度由 F 指令决定。如果在 G01 程序段之前的程序段没有 F 指令，且现在的 G01 程序段中没有 F 指令，则机床不运动。

（3）实际进给速度等于指令进给速度 F 与进给速度修调倍率的乘积。机床操作面板选择进给速度的倍率范围为 0%～150%。

（4）刀具空间运行或退刀时用此指令，则运动时间长、效率低。

（5）G01 为模态有效代码，一经使用持续有效，直到被同组 G 代码（G00，G02，G03，…）取代为止。

说明

程序中 F 指令指定的进给速度在没有指定新值前，F 指定的进给速度一直有效，不必在每个程序段中都写入 F 指令。

4. 编程实例

【例 3.1.2】如图 3-1-3 所示，刀具起始点为 P 点，车削 ϕ30 mm 外圆。

刀具从 P 点只能快速移动到 A' 点，坐标为（$X30$，$Z4$），Z 方向留安全距离，然后直线加工到 B 点，B 点坐标为（$X30$，$Z-45$）。

加工程序为

N10 G00 X30 Z4；
N20 G01 X30 Z-45 F0.2；

三、进给量单位设定指令（G98、G99）

1. 指令功能

进给量单位设定指令（G98、G99）是用来设定进给量（进给速度）单位的。根据加工需要，进给量单位分为 mm/min 和 mm/r 两种，分别用 G98 和 G99 来设定。

2. 指令格式

（1）指令格式一（每分进给）。

G98；

F＿＿＿；

程序中，F＿＿＿——进给量，单位被设定为 mm/min，即刀具每分钟的进给速度，如图 3-1-5（a）所示。

例：G98；

G01 X30 Z-15 F80；

刀具从当前点以 80 mm/min 的进给速度直线插补到目标点（$X30$，$Z-15$）位置。

（2）指令格式二（每转进给）。

G99；

F＿＿＿；

程序中，F＿＿＿——进给量，单位被设定为 mm/r，即机床主轴每转一周的刀具进给速度，如图 3-1-5（b）所示。

例：G99；

G01 X30 Z-15 F0.2；

刀具从当前点以 0.2 mm/r 的进给速度直线插补到目标点（$X30$，$Z-15$）位置。

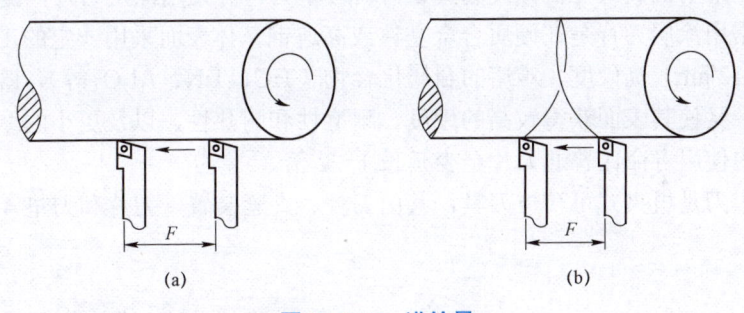

图 3-1-5 进给量

(a) 每分进给；(b) 每转进给

3. 指令使用说明

（1）G98 被执行后，系统将保持 G98 状态，直至系统又执行了含有 G99 的程序段，此时 G98 便被否定，而 G99 将发生作用。

（2）数控装置上电后，初始状态为 G99 状态，要取消 G99 状态，必须重新指定 G98。每转进给（G99）模式在数控车床上应用较多。

注意

（1）当使用每转进给方式时，必须在数控车床主轴上安装一个位置编码器。

（2）直径编程时，X 轴方向的进给量为：半径的变化量/分钟、半径的变化量/转。

4. 编程实例

【例 3.1.3】如图 3-1-3 所示，刀具从 P 点快速移动到 A′点，A′点坐标为（$X30$，$Z4$），然后以 80 mm/min 的进给速度车削 $\phi 30$ mm 外圆至 B 点，B 点坐标为（$X30$，$Z-45$）。

加工程序为

N10　G98;
N20　G00　X30　Z4;
N30　G01　X30　Z-45　F80;

5. 进给量单位的换算

主轴的转速是 S（单位为 r/min），G98 设定的 F 指令进给量是 F（单位是 mm/min），G99 设定的 F 指令进给量是 f（单位是 mm/r），则换算公式为

$$F = fS \tag{3-1}$$

【例 3.1.4】 已知进给量 f 为 0.1 mm/r，此时主轴转速为 800 r/min，求换算成单位为 mm/min 的进给量 F 为多少？

解： 根据式（3-1）得

$$F = fS$$
$$F = 0.1 \times 800$$
$$= 80 \, (\text{mm/min})$$

四、数控外圆车刀

与普通车床加工要求相比，数控车床所用刀具的使用寿命更长。为适应数控加工特点，数控车床常优先采用机夹式（机械夹固式）可转位车刀，并采用涂层刀片，提高加工效率。

数控车床常用涂层刀片是在硬质合金基体或高速钢基体表面采用一定的工艺方法，涂覆薄薄一层（5~12 μm）高硬度、难熔的金属化合物（TiC、TiN、Al_2O_3 等），既保持刀片的基本强度和韧性，又使其表面获得较高的硬度、耐磨性和耐热性，以及更小的摩擦系数。数控车床所用刀片的使用寿命比普通刀片至少延长 1~2 倍。

数控外圆车刀是机夹式可转位刀具，其由刀杆、夹紧装置、刀片和刀垫 4 部分组成。如图 3-1-6 所示。

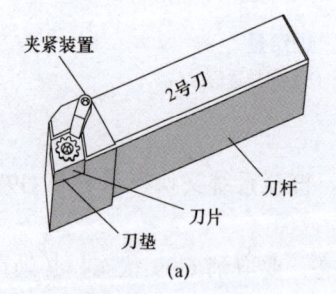

图 3-1-6　数控外圆车刀
（a）数控外圆车刀结构图；（b）数控外圆车刀实物图

五、数控车加工中切削用量的选择

数控车床加工中的切削用量的选择包括背吃刀量（切削深度）、切削速度、进给量的确定。在加工程序的编制工作中，应把切削用量都编入工序单内。切削用量直接会影响到工件的加工质量、刀具的磨损和寿命、机床的动力消耗及生产效率。因此，在选择切削用量时，应使

背吃刀量（切削深度）、切削速度和进给量三者能互相适应，以形成最佳的组合切削参数。

合理选择切削用量的原则是：粗加工时，一般以提高生产效率为主，但也应考虑经济性和加工成本；半精加工和精加工时，应在保证加工质量的前提下兼顾切削效率、经济性和加工成本。具体数值可根据机床说明书、切削用量手册和刀具供应商提供的参考值并结合经验确定。

1. 背吃刀量（切削深度）a_p 的确定

背吃刀量（切削深度）是指工件上已加工表面和待加工表面间的垂直距离（见图3-1-7）。计算公式为

$$a_p = \frac{D-d}{2} \tag{3-2}$$

式中，D——工件待加工表面的直径（mm）；
d——工件已加工表面的直径（mm）。

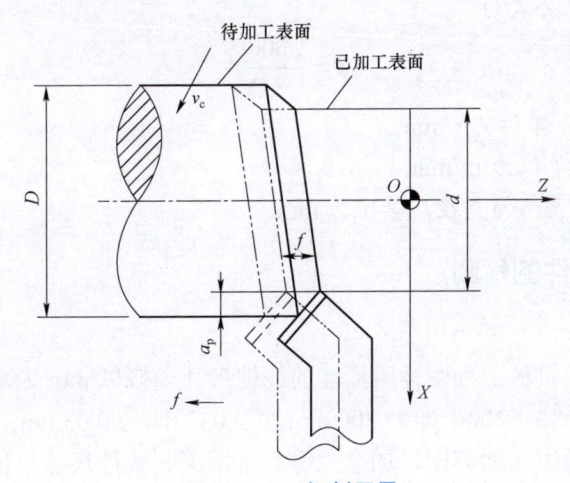

图3-1-7 切削用量

粗加工时，除留出精加工余量外，剩余加工余量尽可能一次切削完成。如果余量太大、工艺系统刚度较低、机床功率不足、刀具强度不够，则可分多次走刀去除粗加工余量，但第一次走刀应尽量将背吃刀量取大些。精加工时，背吃刀量要根据加工精度和表面粗糙度的要求来选择。

2. 进给量 f 的确定

进给量是指刀具在进给运动方向上相对于工件的位移速度，又称为进给速度。进给量度量单位分为两种，一种是mm/min，用G98指令来设定；一种是mm/r，用G99指令来设定。一般数控车床选用mm/r表示进给量，符号为f。

进给量通常根据零件的加工精度和表面粗糙度要求，以及刀具与零件的材料性质来进行选择。在切削用量三要素中，进给量的大小对表面粗糙度的影响最大，因此，粗加工时，f可取大些；精加工时，f可取小些。具体数值可根据切削用量手册和刀具供应商提供的参考值并结合经验确定。

说明

数控车床上的最大进给量受数控车床伺服系统性能的限制，并与数控系统脉冲当量的大小有关。

3. 切削速度 v_c 的确定

切削速度是指切削刃选定点相对于工件主运动的瞬时速度，单位为 m/min，计算公式为

$$v_c = \frac{\pi D n}{1\,000} \tag{3-3}$$

式中，D——工件待加工表面的直径（mm）；

n——车床主轴每分钟转数（r/min）；

π——圆周率。

切削速度的选择主要取决于刀具的使用寿命，同时与加工材料也有很大关系。在背吃刀量和进给量选定后，可在保证刀具合理使用寿命的条件下，根据工件尺寸精度、表面粗糙度用计算法、查表法或根据刀具供应商提供的参考值并结合经验确定切削速度。

说明

主轴转速换算计算公式为

$$n = \frac{1\,000 v_c}{\pi D} \tag{3-4}$$

式中，n——主轴转速，单位为 r/min；

v_c——切削速度，单位为 m/min；

D——工件待加工表面的直径，单位为 mm。

六、外圆柱面零件的检测

1. 线性尺寸单位

国家标准规定，在机械工程图样所标注的线性尺寸一般以 mm 为单位，且不需要标注计量单位的代号或名称，如"200"即为 200 mm，"0.03"即为 0.03 mm。

在国际上，有些国家（如美国、加拿大等）采用英制线性尺寸单位（我国规定限制使用英制单位）。机械工程图样上所标注的英制尺寸是以 in 为单位的，如 0.06 in。此外，英制单位的数值还可用分数的形式给出，如 $\frac{3}{4}$ in、$1\frac{1}{2}$ in 等。

mm 和 in 可以相互换算，其换算关系为

$$1\text{ in} = 25.4\text{ mm}$$

$$1\text{ mm} = \frac{1}{25.4}\text{ in} = 0.039\,37\text{ in}$$

2. 游标卡尺

游标卡尺是数控车工最常用的中等精度通用量具，其结构简单、使用方便。按式样不同，游标卡尺可分为三用游标卡尺（见图 3-1-8）和双面游标卡尺（见图 3-1-9）。

（1）游标卡尺的结构。

① 三用游标卡尺。三用游标卡尺的结构形状如图 3-1-8 所示，其主要由尺身和游标等组成。使用时，旋转固定游标用的紧固螺钉即可测量。下量爪用来测量工件的外径和长度，上量爪用来测量孔径和槽宽，深度尺用来测量工件的深度和台阶的长度。测量时移动游标使量爪与工件接触，取得尺寸后，最好把紧固螺钉旋紧后再读数，以防尺寸变化。

② 双面游标卡尺。双面游标卡尺的结构形状如图 3-1-9 所示，为了调整尺寸方便和测量准确，在游标上增加了微调装置。旋紧固定微调装置的紧固螺钉 7，再松开紧固螺钉 3，用

手指转动滚花螺母，通过小螺杆即可微调游标。其上量爪用来测量工件的外径、槽直径以及轴向长度、孔距，下量爪用来测量工件的外径或内径。用下量爪测量孔径时，游标卡尺的读数值必须加下量爪的厚度 b（b 一般为 10 mm）。

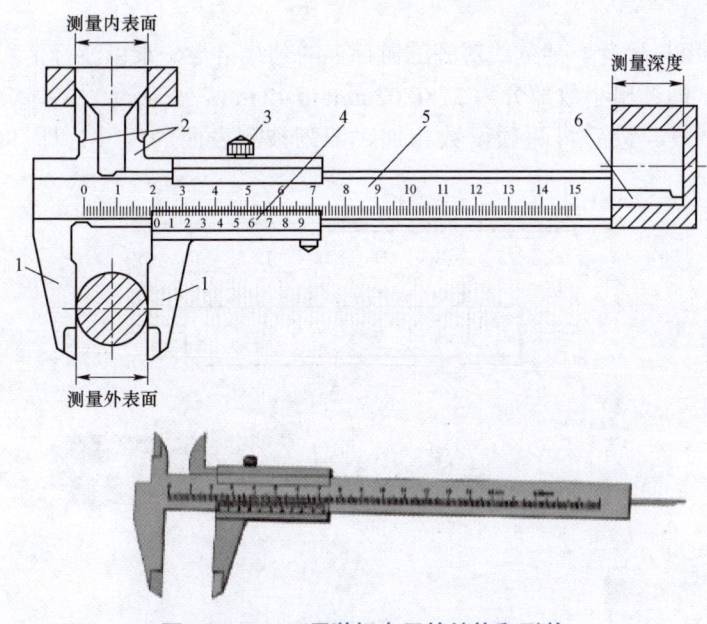

图 3-1-8 三用游标卡尺的结构和形状
1—下量爪；2—上量爪；3—紧固螺钉；4—游标；5—尺身；6—深度尺

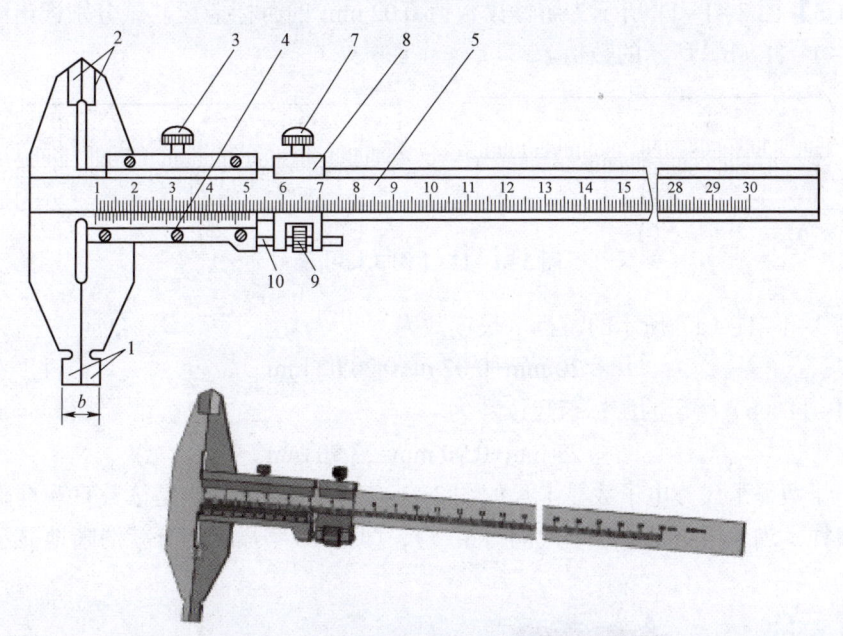

图 3-1-9 双面游标卡尺的结构和形状
1—下量爪；2—上量爪；3，7—紧固螺钉；4—游标；5—尺身；8—微调装置；9—滚花螺母；10—小螺杆

（2）游标卡尺的读数方法。游标卡尺的测量范围分别为 0～125 mm、0～150 mm、0～200 mm、0～300 mm 等。游标卡尺的游标读数值有 0.02 mm、0.05 mm 和 0.1 mm 3 种。游标

卡尺是以游标的"0"线为基准进行读数的,以图 3-1-10 所示的游标读数值为 0.02 mm 的游标卡尺为例,其读数分为以下 3 个步骤。

① 读整数。首先读出尺身上游标"0"线左边的整数毫米值,尺身上每格为 1 mm,即读出数值为 90 mm。

② 读小数。用与尺身上某刻线对齐的游标上的刻线格数,乘以游标卡尺的游标读数值,得到小数毫米值,即读出小数部分为 21×0.02 mm=0.42 mm。

③ 整数加小数。最后将两项读数相加,即为被测表面的尺寸,即 90 mm+0.42 mm=90.42 mm。

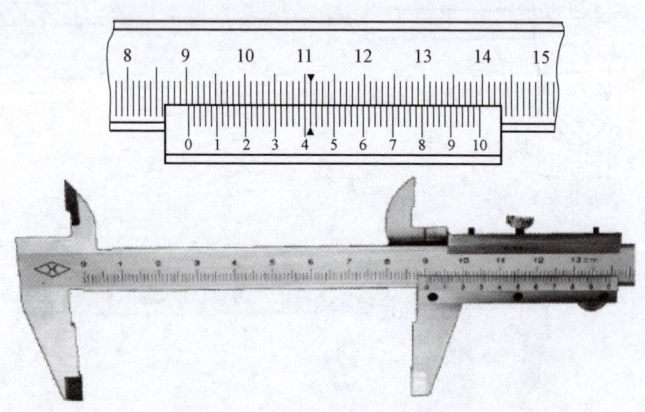

图 3-1-10 游标卡尺的识读

【例 3.1.5】图 3-1-11 所示为游标读数值 0.02 mm 的游标卡尺,试分别读出图 3-1-11（a）和图 3-1-11（b）所示的数值。

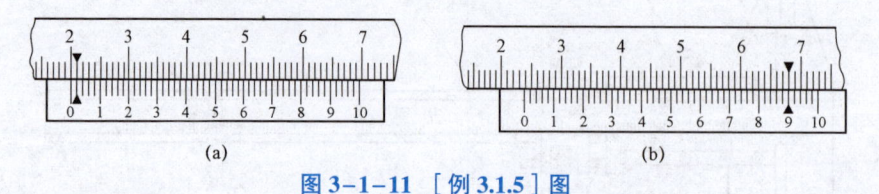

图 3-1-11 ［例 3.1.5］图

解:图 3-1-11（a）所示的游标卡尺读数为
$$20 \text{ mm}+0.02 \text{ mm}=20.02 \text{ mm}$$
图 3-1-11（b）所示的游标卡尺读数为
$$23 \text{ mm}+0.90 \text{ mm}=23.90 \text{ mm}$$

（3）电子数显卡尺。电子数显卡尺如图 3-1-12 所示,其特点是读数直观准确,使用方便且功能多样。当使用电子数显卡尺测得某一尺寸时,数字显示部分就清晰地显示出测量结

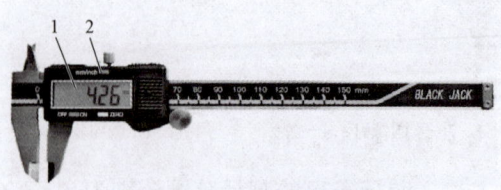

图 3-1-12 电子数显卡尺

1—数字显示部分;2—米制、英制转换键

果。使用米制、英制转换键，可选择用米制或英制长度单位进行测量。电子数显卡尺的测量范围分别是 0～150 mm、0～200 mm、0～300 mm 和 0～500 mm，分辨率为 0.01 mm。

电子数显卡尺主要用于测量较精密工件的内、外径尺寸，以及宽度、厚度、深度和孔距等。

3. 千分尺

（1）千分尺的种类和结构。千分尺是生产中最常用的一种精密量具。千分尺的种类很多，按用途可分为外径千分尺、内径千分尺、深度千分尺、螺纹千分尺和壁厚千分尺等。若不特别说明，千分尺即指外径千分尺。图 3-1-13 所示为千分尺的结构，它由尺架、固定测砧、测微螺杆、测力装置和锁紧手柄等组成。

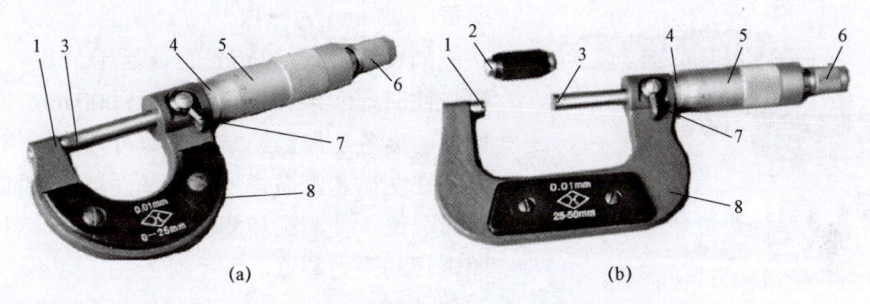

图 3-1-13 千分尺的结构

（a）0～25 mm 千分尺；（b）25～50 mm 千分尺

1—固定测砧；2—校对样棒；3—测微螺杆；4—固定套筒；5—微分筒；6—测力装置（棘轮）；7—锁紧手柄；8—尺架

由于测微螺杆的长度受到制造工艺的限制，其移动量通常为 25 mm，所以千分尺的测量范围分别为 0～25 mm、25～50 mm、50～75 mm、75～100 mm 等，即每隔 25 mm 为一挡。

（2）千分尺的使用和读数方法。千分尺的固定套管上刻有基准线，在基准线的上下侧有两排刻线，上下两条相邻刻线的间距为每格 0.5 mm。微分筒的外圆锥面上刻有 50 格刻线，微分筒每转动一格，测微螺杆移动 0.01 mm。

测量工件时，先转动千分尺的微分筒，待测微螺杆的测量面接近工件被测表面时，再转动测力装置，使测微螺杆的测量面接触工件表面，当听到 2～3 声"咔"声响后即可停止转动，读取工件尺寸。为防止尺寸变动，可转动锁紧手柄，锁紧测微螺杆。

以图 3-1-14（a）所示的 0～25 mm 千分尺为例，千分尺的读数步骤如下。

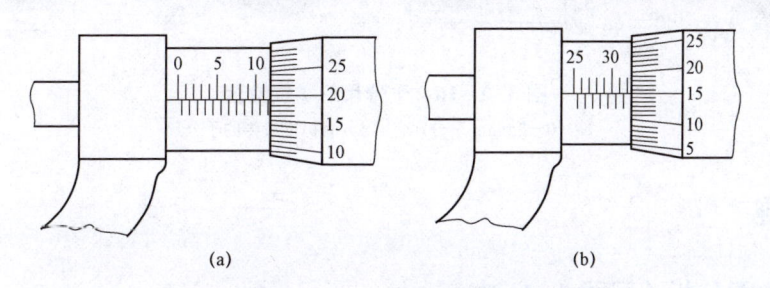

图 3-1-14 千分尺的识读

（a）0～25 mm 千分尺；（b）25～50 mm 千分尺

① 读出固定套管上露出刻线的整毫米数和半毫米数。注意固定套管上下两排刻线的间距

为每格 0.5 mm，即可读出 11.5 mm。

② 读出与固定套管基准线对准的微分筒上的格数，乘以千分尺的分度值 0.01 mm，即为 19×0.01 mm=0.19 mm。

③ 两项读数相加，即为被测表面的尺寸，其读数为 11.5 mm+0.19 mm=11.69 mm。

【例 3.1.6】 图 3-1-14（b）所示为 25~50 mm 千分尺，试读出其数值。

解：图 3-1-14（b）所示的千分尺读数为

$$32 \text{ mm}+15 \times 0.01 \text{ mm}=32.15 \text{ mm}$$

（3）数显千分尺（见图 3-1-15）。数显千分尺的分辨率为 0.001 mm，测量范围分别为 0~25 mm、25~50 mm、50~75 mm、75~100 mm 等，即每隔 25 mm 为一档。

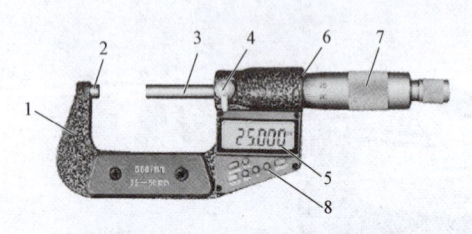

如使用 25~50 mm 的数显千分尺，按动置零钮，此时显示屏显示读数为 25.000 mm，这表示工作前的准备工作已经结束，即可开始所需的测量。

在测砧和测微螺杆两测量面洁净的前提下，旋转微分筒，使测砧和测微螺杆分别与工件接触，随即再转动测力装置，当听到 2~3 声"咔"声响后即可停止转动。此时即可在显示屏上读取测量的数值。读取工件尺寸时，为防止尺寸变动，可转动制动器，锁紧测微螺杆。

图 3-1-15 数显千分尺

1—弓架；2—测砧；3—测微螺杆；4—制动器；
5—显示屏；6—固定套管；7—微分筒；8—按钮

注意

千分尺在测量前必须校正零位，如图 3-1-16 所示。如果零位不准，可用专用扳手转动固定套筒。当零线偏离较多时，可松开紧定螺钉，使测微螺杆与微分筒松动，再转动微分筒来对准零位，直到使微分筒的左边缘与固定套筒上的"0"刻线重合，同时要使微分筒上"0"刻线对准固定套筒上的基准线。

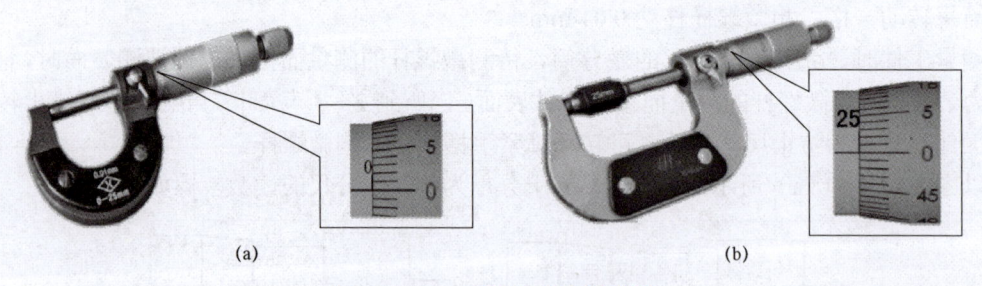

(a)　　　　　　　　　　(b)

图 3-1-16 千分尺的零位检查

(a) 0~25 mm 千分尺；(b) 有标准量棒的千分尺

任务实施

一、零件图分析（见图 3-1-1）

该零件属于简单的回转轴类零件。加工部分由一个外圆尺寸为 $\phi50$ mm、长度尺寸为 88 mm 的台阶所组成，尺寸公差均为自由公差，加工部位表面粗糙度要求为 $Ra3.2$ μm，零件材料为 45 钢，毛坯尺寸为 ϕ55 mm×130 mm，适合在数控车床上加工。

二、工艺分析

1. 加工步骤的确定

（1）手动车平右端面。
（2）粗加工 ϕ50 mm 外圆柱面轮廓及台阶。
（3）精加工 ϕ50 mm 外圆柱面轮廓及台阶。
（4）检测。

2. 数控加工刀具卡片的制定

数控加工刀具卡片见表 3-1-1。

表 3-1-1 数控加工刀具卡片

产品名称或代号		数控车削技术训练实训件	零件名称	外圆柱面零件（一）		零件图号	图3-1-1
序号	刀具号	刀具名称及规格	数量	加工表面	刀尖半径 R/mm	刀尖方位 T	备注
1	T0101	95°可转位外圆车刀	1	加工右端面，粗、精加工外轮廓	0.4	3	
编制		审核	批准		共1页	第1页	

3. 数控加工工艺卡片的制定

数控加工工艺卡片见表 3-1-2。

表 3-1-2 数控加工工艺卡片

单位名称		产品名称或代号		零件名称		零件图号	
×××		数控车削技术训练实训件		外圆柱面零件（一）		图3-1-1	
工序号	程序编号	夹具名称	夹具编号	使用设备	切削液	车间	
	O3001	自定心卡盘		CKA6140（FANUC 系统）	乳化液	数控车间	
工步号	工步内容	切削用量			刀具		备注
		主轴转速/(r·min^{-1})	进给量/(mm·r^{-1})	背吃刀量/mm	刀具号	刀具名称	
1	车平右端面	800	0.1	1	T0101	95°可转位外圆车刀	手动
2	粗加工外轮廓	800	0.2	2	T0101	95°可转位外圆车刀	自动
3	精加工外轮廓	1 200	0.1	0.5	T0101	95°可转位外圆车刀	自动
编制		审核	批准	年 月 日	共1页	第1页	

三、编制加工程序

以工件精加工后的右端面中心位置作为编程原点,建立工件坐标系,其加工程序单如表 3-1-3 所示。

表 3-1-3 加工程序单

程序段号	加工程序	程序说明
	O3001;	程序名
N10	G21 G99;	公制尺寸(mm)编程,进给量单位设定为 mm/r
N20	T0101;	换 1 号刀,调用 1 号刀补
N30	M03 S800;	主轴正转,转速为 800 r/min
N40	G00 X57 Z2;	车刀快速定位到靠近加工的部位(X57,Z2)
N50	G00 X51;	车刀快速定位到(X51,Z2),准备粗车外圆柱面
N60	G01 Z-87.95 F0.2;	以 0.2 mm/r 的进给量粗加工 ϕ50 mm 外圆柱面(ϕ51 mm×87.95 mm)
N70	G01 X57;	以 0.2 mm/r 的进给量粗加工台阶
N80	G00 X100 Z200;	快速退刀到(X100,Z200)的安全位置
N90	M05;	主轴停转
N100	M00;	程序暂停
N110	T0101;	换 1 号刀,调用 1 号刀补
N120	M03 S1200;	主轴正转,转速为 1 200 r/min
N130	G00 X57 Z2;	车刀快速定位到靠近加工的部位(X57,Z2)
N140	G00 X50;	车刀快速定位到(X50,Z2)
N150	G01 Z-88 F0.1;	以 0.1 mm/r 的进给量精加工 ϕ50 mm 外圆柱面(ϕ50 mm×88 mm)
N160	G01 X57;	以 0.1 mm/r 的进给量精加工台阶
N170	G00 X100 Z200;	快速退刀到(X100,Z200)的安全位置
N180	M30;	程序结束

四、程序校验及加工

(1)根据数控加工刀具卡片要求正确安装数控车刀,并在数控车床上进行对刀操作。

(2)根据已验证的加工程序单将程序输入数控系统,输入完成后要再次检查输入程序是否正确,检查程序时要做到严谨、仔细、认真,以避免发生错误。

(3)在数控系统中利用图形模拟校验功能,查看所输入程序的走刀轨迹是否正确。

（4）将数控系统置于自动加工运行模式。
（5）调出要加工的程序并将光标移动至程序的开始处。
（6）按下"循环启动"按钮，执行自动加工程序。
（7）加工过程中，始终观察刀尖运动轨迹和系统屏幕上的坐标变化情况，右手放在"急停"按钮上，一旦发生异常，立即按下"急停"按钮。
（8）加工完成后，在数控车床上利用相关量具检测工件。

注意
（1）加工工件时，刀具和工件必须夹紧，否则可能会发生事故。
（2）注意工件伸出卡爪的长度，以避免刀具与卡盘发生碰撞事故。
（3）程序自动运行前必须将光标调整到程序的开始处。

五、完成加工并检测

零件加工完成后，对照表3-1-4的相关要求，将检测结果填入表中。

表3-1-4 数控车工考核评分表

序号	考核项目	考核内容及要求		配分	评分标准	检测结果	得分
1	程序编制	指令正确，程序完整		30	每错一个指令酌情扣2~4分，扣完为止		
2	数控车床规范操作	（1）机床准备； （2）正确对刀，建立工件坐标系； （3）正确设置参数		20	每违反一条酌情扣2~4分，扣完为止		
3	外圆	ϕ50 mm	IT	20	超差酌情扣分		
			Ra	5	降级不得分		
4	长度	88 mm	IT	10	超差酌情扣分		
			Ra	5	降级不得分		
5	安全文明生产	（1）着装规范，刀具、工具、量具归类摆放整齐； （2）工件装夹、刀具安装规范； （3）正确使用量具； （4）工作场所卫生、设备保养到位		10	每违反一条酌情扣2~4分，扣完为止		

六、机床维护与保养

（1）清除切屑、擦拭机床，使机床与周围环境保持清洁状态。
（2）检查润滑油、切削液的状态，及时添加或更换。
（3）依次关掉机床操作面板上的电源和总电源。
（4）机床如有故障，应立即报修。
（5）填写设备使用记录。

📖 任务评价

一、操作现场评价

填写现场记录表，见附录一。

二、任务学习自我评价

填写任务学习自我评价表，见附录二。

📖 任务总结

本任务主要是以一个台阶的外圆柱面阶梯轴的数控车削加工为载体，介绍了快速定位指令 G00、直线插补指令 G01、进给量单位设定指令 G98 和 G99；数控外圆车刀和数控车削加工中切削用量的选择方法；外圆柱面零件的检测方法。通过学习 G00、G01 指令在数控车削加工中的应用，学生应掌握简单外圆柱面零件的数控车削加工方法。

任务二　加工外圆柱面零件（二）

📖 任务目标

知识目标

1. 掌握 G90（加工外圆柱面）指令格式及应用。
2. 掌握走刀路线的确定方法。
3. 掌握外圆柱面零件加工质量分析的方法。

技能目标

1. 能灵活运用 G90 指令对简单阶梯轴零件加工进行编程。
2. 能正确填写数控加工刀具卡片、数控加工工艺卡片。
3. 能独立完成本任务零件的加工。

📖 任务描述

工厂需要加工一批零件，零件如图 3-2-1 所示，要求在数控车床上加工。已知毛坯为上一任务完成加工后的零件，材质为 45 钢。技术人员需根据加工任务，编制零件的加工工艺，选择合适的刀具及合理的切削参数，编写零件的加工程序，在数控车床（FANUC 0i Mate-TC 系统）上实际操作加工出来，并对加工后的零件进行检测、评价。

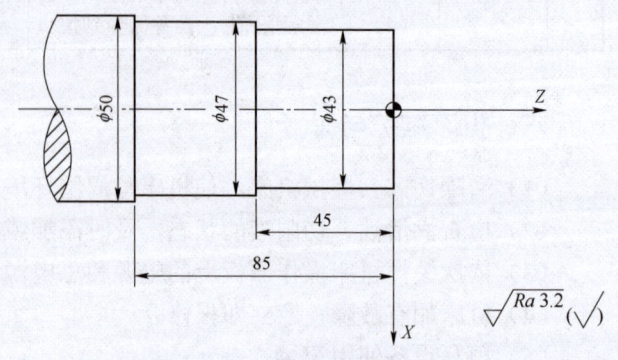

图 3-2-1　外圆柱面零件（二）

知识准备

一、圆柱面加工固定循环指令（G90）

当零件的直径落差比较大、加工余量大时，需要多次重复同一路径循环加工，才能去除全部余量，用 G00、G01 指令编写出来的程序就会很长，编程人员编程就会很烦琐，程序输入数控系统所占内存也较大。为了简化编程，数控系统提供了不同形式的固定循环功能，以缩短程序的长度，减少程序所占内存。固定切削循环通常是用一个含 G 代码的程序段完成用多个程序段指令的操作，使程序得以简化。本任务主要介绍圆柱面加工固定循环指令 G90。

1. 指令功能

圆柱面加工固定循环指令 G90 用一个程序段完成了 4 个加工动作，车削过程如图 3-2-2 所示，刀具从循环起点开始按矩形 1R→2F→3F→4R 循环，最后又回到循环起点。图 3-2-2 中虚线表示按 R 快速移动，实线表示按 F 指定的工件进给速度移动。

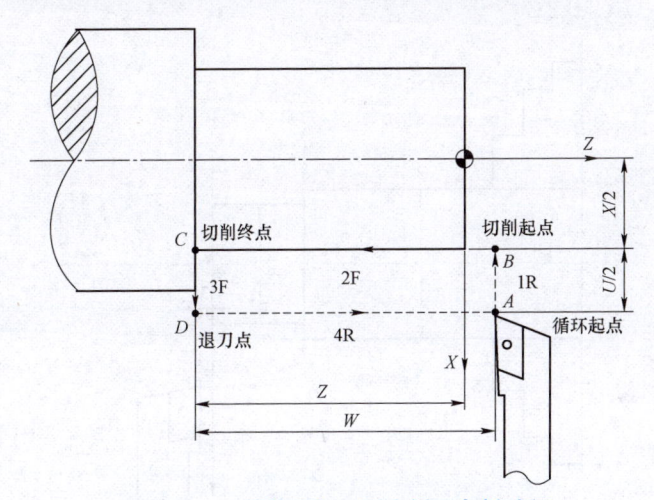

图 3-2-2 圆柱面加工固定循环车削过程

(1) 1R（$A→B$）：快速进刀（相当于 G00 指令）；
(2) 2F（$B→C$）：车削外圆进给（相当于 G01 指令）；
(3) 3F（$C→D$）：车削台阶进给（相当于 G01 指令）；
(4) 4R（$D→A$）：快速退刀（相当于 G00 指令）。

2. 指令格式

G90 X(U)＿＿ Z(W)＿＿ F＿＿；

程序中，X__，Z__——圆柱面切削终点的绝对坐标值；

U__，W__——圆柱面切削终点相对循环起点的坐标增量值；

F__——切削进给量。

例：G90 X30 Z-20 F0.2；

切削终点坐标为（$X30$，$Z-20$）的圆柱面加工固定循环，切削进给速度为 0.2 mm/r。

3. 指令使用说明

(1) 加工外圆柱面时，G90 走刀路线为一个封闭的矩形。

(2) 执行固定循环程序段结束后,刀具回到循环起点。

(3) 循环起点的 X 取值应大于毛坯 1~2 mm,Z 取值应距离零件端面 1~2 mm,以保证进刀安全。

(4) G90 指令及指令中各参数均为模态值,一经指定就一直有效,在完成固定切削循环后,可用另一个除 G04 以外的 G 代码(例如 G00)取消其作用。

4. 编程实例

【例 3.2.1】如图 3-2-3 所示,刀具从 A 点出发,以 G90 方式加工 ϕ20 mm 外圆,台阶长度为 15 mm,程序如下。

(1) 绝对坐标方式为

G00　X26　Z2;
G90　X20　Z-15　F0.2;

(2) 相对坐标方式为

G00　X26　Z2;
G90　U-6　W-17　F0.2;

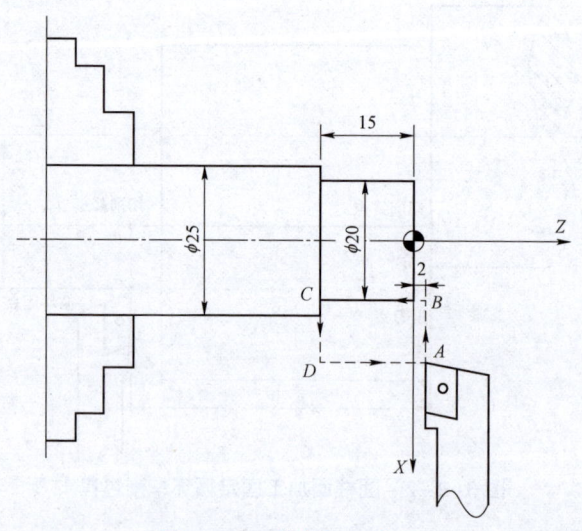

图 3-2-3　[例 3.2.1] 图

【例 3.2.2】如图 3-2-4 所示,刀具从 A 点出发,以 G90 方式加工 ϕ18 mm 外圆,每次背吃刀量为 2 mm(半径值),程序如下。

G00　X32　Z2;
G90　X26　Z-50　F0.2;
X22;
X18;

二、走刀路线的确定

走刀路线是指加工过程中刀具(严格来说是刀位点)相对于被加工零件的运动轨迹,即刀具从起刀点开始运动起,直至返回该点并结束加工程序所经过的

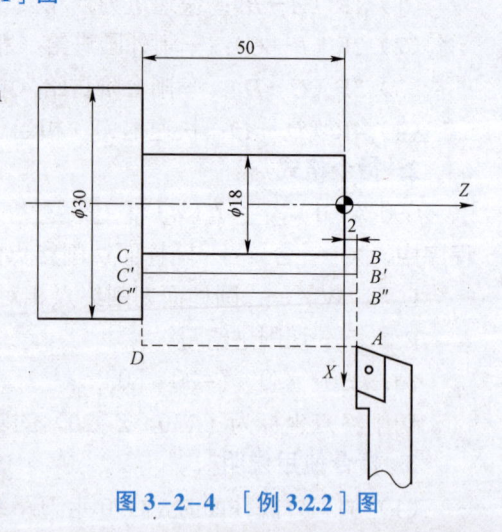

图 3-2-4　[例 3.2.2] 图

路径，包括切削加工的路径和刀具引入、返回等非切削空行程。

确定走刀路线的工作重点是确定粗加工及空行程的走刀路线，因为精加工切削过程的走刀路线基本上都是沿其零件轮廓顺序进行的。

说明

在保证加工质量的前提下，使加工程序具有最短的走刀路线，不仅可以节省整个加工过程的执行时间，还能减少一些不必要的刀具消耗以及机床进给机构滑动部件的磨损等。

1. 确定加工路线的原则

（1）保证零件的加工精度和表面粗糙度要求。

（2）加工路线最短，减少走刀时间及空行程时间，提高加工效率。

（3）数值计算简单，程序较短，以减少编程工作量。

（4）加工线路还应考虑到工件的加工余量和机床、刀具的刚度等。

2. 确定最短的空行程走刀路线

确定最短的空行程走刀路线，除了依靠大量的实践经验外，还应善于分析，必要时可辅以一些简单计算。

（1）灵活设置程序循环起点。在数控车削加工编程时，许多情况下可采用固定循环指令编程。图3-2-5所示为采用矩形循环方式进行外轮廓粗车的一种情况。考虑加工中换刀的安全，常将起刀点设在离毛坯件较远的位置 A 点处，同时，将起刀点和循环起点重合，其走刀线路如图3-2-5（a）所示。若将起刀点和循环起点分开设置，即分别在 A 点和 B 点处，其走刀线路如图3-2-5（b）所示。显然，如图3-2-5（b）所示的走刀路线短。

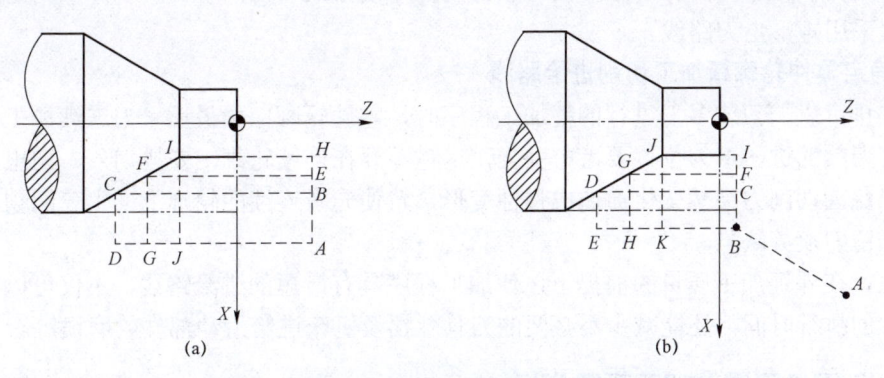

图3-2-5 采用矩形循环方式进行外轮廓粗车

(a) 起刀点和循环起点重合；(b) 起刀点和循环起点分离

（2）合理安排返回换刀点。在手工编制较复杂轮廓的加工程序时，编程者（特别是初学者）有时将每一刀加工完后的刀具通过执行返回换刀点操作，使其返回到换刀点位置，然后再执行后续程序，这样会增加走刀线路的距离，从而大幅降低生产效率。因此，在不换刀的前提下，执行退刀动作时，应不执行返回到换刀点操作。安排走刀路线时，应尽量缩短前一刀终点与后一刀起点间的距离，从而满足走刀路线为最短的要求。

（3）合理安排"回零"路线。在数控车削加工选择"回零"操作时，在不发生加工干涉和碰撞事故的前提下，宜采用 X、Z 坐标双向同时"回零"的指令，该指令使"回零"有最短的路线。

3. 确定最短的粗加工切削进给路线

短的粗加工切削进给路线可有效地提高生产效率，降低刀具的损耗。在安排粗加工或半精加工的切削进给路线时，应同时兼顾被加工零件的刚性及加工的工艺性等要求，不要顾此失彼。

图3-2-6所示为几种不同的走刀路线。其中，图3-2-6（a）表示利用数控系统具有的封闭式复合循环功能而控制车刀沿着工件轮廓进行走刀的路线；图3-2-6（b）所示为三角形走刀路线；图3-2-6（c）所示为矩形走刀路线。

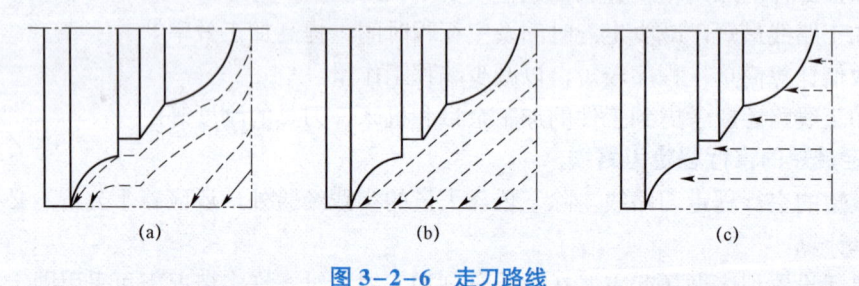

图3-2-6 走刀路线
（a）沿工件轮廓的走刀路线；（b）三角形走刀路线；（c）矩形走刀路线

对以上3种切削进给路线（走刀路线）进行分析和判断可知，矩形循环进给路线（矩形走刀路线）的走刀长度总和为最短，即在同等条件下，其切削所需的时间（不含空行程）为最短，刀具的损耗小。另外，矩形循环加工的程序段格式较为简单，所以，在制定加工方案时，建议采用矩形走刀路线。

4. 确定零件轮廓精加工切削进给路线

在安排可以一刀或多刀进行的精加工程序时，零件轮廓应由最后一刀连续加工而成。此时，加工刀具的进、退刀位置要考虑妥当，尽量不要在连续轮廓中安排切入、切出、换刀及停顿，以免因切削力突然变化而造成弹性变形，致使光滑连续的轮廓上产生表面划伤、形状突变或滞留刀痕等缺陷。

总之，在保证加工质量的前提下，使加工程序具有最短的进给路线，不仅可以节省整个加工过程的执行时间，还能减少不必要的刀具耗损及机床进给滑动部件的磨损等。

三、外圆柱面零件加工质量分析

外圆柱面零件在数控车加工过程中会遇到各种各样的加工和质量上的问题，在表3-2-1中对外圆加工常见的问题、产生原因、预防和解决方法进行了分析，在表3-2-2中对端面加工常见的问题、产生原因、预防和解决方法进行了分析。

表3-2-1 外圆加工常见的问题、产生原因、预防和解决方法

问题	产生原因	预防和解决方法
工件外圆尺寸超差	1. 刀具数据不准确； 2. 切削用量选择不当产生让刀； 3. 程序错误； 4. 工件尺寸计算错误	1. 调整或重新设定刀具数据； 2. 合理选择切削用量； 3. 检查、修改加工程序； 4. 正确计算工件尺寸

续表

问题	产生原因	预防和解决方法
外圆表面粗糙度太大	1. 车刀角度选择不当； 2. 刀具中心过高； 3. 切屑形状控制较差； 4. 刀尖产生积屑瘤； 5. 切削液选用不合理； 6. 切削速度过低	1. 选择合理的车刀角度； 2. 调整刀具中心高度； 3. 选择合理的进给方式及背吃刀量； 4. 选择合适的切削速度范围； 5. 选择正确的切削液并充分喷注； 6. 调高主轴转速
加工过程中出现扎刀现象	1. 进给量过大； 2. 切屑阻塞； 3. 工件装夹不合理； 4. 刀具角度选择不合理	1. 降低进给量； 2. 采用断屑、退屑方式切入； 3. 检查工件装夹，增加装夹刚度； 4. 正确选择刀具角度
台阶处不清根或呈圆角	1. 程序错误； 2. 刀具选择错误； 3. 刀具损坏	1. 检查、修改加工程序； 2. 正确选择刀具； 3. 更换刀片
工件圆度超差或产生锥度	1. 机床主轴间隙过大； 2. 程序错误； 3. 工件装夹不合理	1. 调整机床主轴间隙； 2. 检查、修改加工程序； 3. 检查工件装夹，增加装夹刚度

表 3-2-2　端面加工常见的问题、产生原因、预防和解决方法

问题	产生原因	预防和解决方法
端面加工时长度尺寸超差	1. 刀具数据不准确； 2. 尺寸计算错误； 3. 程序错误	1. 调整或重新设定刀具数据； 2. 正确进行尺寸计算； 3. 检查、修改加工程序
端面表面粗糙度太大	1. 切削速度过低； 2. 刀尖过高； 3. 切屑形状控制较差； 4. 刀尖处产生积屑瘤； 5. 切削液选用不合理	1. 调高主轴转速； 2. 调整刀尖高度； 3. 选择合理的进给方式及背吃刀量； 4. 选择合适的切削速度范围； 5. 选择正确的切削液并充分喷注
端面中心处有凸台或凹凸不平	1. 程序错误； 2. 刀尖中心过高或过低； 3. 刀具损坏； 4. 机床主轴间隙过大； 5. 切削用量选择不当	1. 检查、修改加工程序； 2. 调整刀尖中心高度； 3. 更换刀片； 4. 调整机床主轴间隙； 5. 合理选择切削用量
台阶处不清根或呈圆角	1. 程序错误； 2. 刀具选择错误； 3. 刀具损坏	1. 检查、修改加工程序； 2. 正确选择加工刀具； 3. 更换刀片

任务实施

一、零件图分析（见图 3-2-1）

该零件形状属于简单的回转轴类零件。加工部分由外圆尺寸 $\phi 47$ mm、长度尺寸 85 mm

和外圆尺寸ϕ43 mm、长度尺寸 45 mm 的两个台阶组成，尺寸公差均为自由公差，加工部位表面粗糙度要求为 Ra3.2 μm，零件材料为 45 钢，毛坯为上一任务完成加工后的零件，适合在数控车床上加工。

二、工艺分析

1. 加工步骤的确定

（1）手动车平右端面。

（2）粗加工ϕ47 mm 外圆柱面轮廓及台阶。

（3）粗加工ϕ43 mm 外圆柱面轮廓及台阶。

（4）精加工ϕ47 mm、ϕ43 mm 外圆柱面轮廓及台阶。

（5）检测。

2. 数控加工刀具卡片的制定

数控加工刀具卡片见表 3-2-3。

表 3-2-3　数控加工刀具卡片

产品名称或代号		数控车削技术训练实训件	零件名称	外圆柱面零件（二）		零件图号	图 3-2-1
序号	刀具号	刀具名称及规格	数量	加工表面	刀尖半径 R/mm	刀尖方位 T	备注
1	T0101	95°可转位外圆车刀	1	加工右端面，粗、精加工外轮廓	0.4	3	
编制		审核		批准		共 1 页	第 1 页

3. 数控加工工艺卡片的制定

数控加工工艺卡片见表 3-2-4。

表 3-2-4　数控加工工艺卡片

单位名称		产品名称或代号		零件名称		零件图号	
×××		数控车削技术训练实训件		外圆柱面零件（二）		图 3-2-1	
工序号	程序编号	夹具名称	夹具编号	使用设备	切削液	车间	
	O3002	自定心卡盘		CKA6140（FANUC 系统）	乳化液	数控车间	
工步号	工步内容	切削用量			刀具		备注
		主轴转速/($r \cdot min^{-1}$)	进给量/($mm \cdot r^{-1}$)	背吃刀量/mm	刀具号	刀具名称	
1	车平右端面	800	0.1	1	T0101	95°可转位外圆车刀	手动

续表

工步号	工步内容	切削用量			刀具		备注
		主轴转速/(r·min^{-1})	进给量/(mm·r^{-1})	背吃刀量/mm	刀具号	刀具名称	
2	粗加工φ47 mm 外圆轮廓及台阶	800	0.2	1	T0101	95°可转位外圆车刀	自动
3	粗加工φ43 mm 外圆轮廓及台阶	800	0.2	1	T0101	95°可转位外圆车刀	自动
4	精加工外轮廓	1 200	0.1	0.5	T0101	95°可转位外圆车刀	自动
编制		审核		批准	年 月 日	共1页	第1页

三、编制加工程序

以工件精加工后的右端面中心位置作为编程原点，建立工件坐标系，其加工程序单如表 3-2-5 所示。

表 3-2-5 加工程序单

程序段号	加工程序	程序说明
	O3002；	程序名
N10	G21 G99；	公制尺寸（mm）编程，进给量单位设定为 mm/r
N20	T0101；	换 1 号刀，调用 1 号刀补
N30	M03 S800；	主轴正转，转速为 800 r/min
N40	G00 X52 Z2；	车刀快速定位到靠近加工的部位（X52，Z2）
N50	G90 X48 Z-84.95 F0.2；	以 0.2 mm/r 的进给量粗加工φ47 mm 外圆轮廓（φ48 mm×84.95 mm）
N60	G90 X46 Z-44.95 F0.2；	以 0.2 mm/r 的进给量粗加工φ43 mm 外圆轮廓（φ46 mm×44.95 mm）
N70	X44；	以 0.2 mm/r 的进给量粗加工φ43 mm 外圆轮廓（φ44 mm×44.95 mm）
N80	G00 X100 Z200；	快速退刀到（X100，Z200）的安全位置
N90	M05；	主轴停转
N100	M00；	程序暂停
N110	T0101；	换 1 号刀，调用 1 号刀补
N120	M03 S1200；	主轴正转，转速为 1 200 r/min
N130	G00 X52 Z2；	车刀快速定位到靠近加工的部位（X52，Z2）
N140	G00 X43；	车刀快速定位到（X43，Z2）

89

续表

程序段号	加工程序	程序说明
N150	G01 Z-45 F0.1;	以 0.1 mm/r 的进给量精加工 ϕ43 mm 外圆轮廓（ϕ43 mm×45 mm）
N160	X47;	以 0.1 mm/r 的进给量精加工小台阶
N170	Z-85;	以 0.1 mm/r 的进给量精加工 ϕ47 mm 外圆轮廓（ϕ47 mm×85 mm）
N180	X52;	以 0.1 mm/r 的进给量精加工大台阶
N190	G00 X100 Z200;	快速退刀到（X100，Z200）的安全位置
N200	M30;	程序结束

四、程序校验及加工

（1）根据数控加工刀具卡片要求正确安装数控车刀，并在数控车床上进行对刀操作。

（2）根据已验证的加工程序单将程序输入数控系统，输入完成后要再次检查输入程序是否正确，检查程序要做到严谨、仔细、认真，以避免发生错误。

（3）在数控系统中利用图形模拟校验功能，查看所输入程序的走刀轨迹是否正确。

（4）将数控系统置于自动加工运行模式。

（5）调出要加工的程序并将光标移动至程序的开始处。

（6）按下"循环启动"按钮，执行自动加工程序。

（7）加工过程中，始终观察刀尖运动轨迹和系统屏幕上的坐标变化情况，右手放在"急停"按钮上，一旦发生异常，立即按下"急停"按钮。

（8）加工完成后，在数控车床上利用相关量具检测工件。

注意

（1）加工工件时，刀具和工件必须夹紧，否则可能会发生事故。

（2）注意工件伸出卡爪的长度，以避免刀具与卡盘发生碰撞事故。

（3）程序自动运行前必须将光标调整到程序的开始处。

五、完成加工并检测

零件加工完成后，对照表 3-2-6 的相关要求，将检测结果填入表中。

表 3-2-6　数控车工考核评分表

序号	考核项目	考核内容及要求	配分	评分标准	检测结果	得分
1	程序编制	指令正确，程序完整	30	每错一个指令酌情扣 2~4 分，扣完为止		
2	数控车床规范操作	（1）机床准备；（2）正确对刀，建立工件坐标系；（3）正确设置参数	20	每违反一条酌情扣 2~4 分，扣完为止		

续表

序号	考核项目	考核内容及要求		配分	评分标准	检测结果	得分
3	外圆	$\phi 47$ mm	IT	8	超差酌情扣分		
			Ra	5	降级不得分		
		$\phi 43$ mm	IT	8	超差酌情扣分		
			Ra	5	降级不得分		
4	长度	85 mm	IT	5	超差酌情扣分		
			Ra	2	降级不得分		
		45 mm	IT	5	超差酌情扣分		
			Ra	2	降级不得分		
5	安全文明生产	（1）着装规范，刀具、工具、量具归类摆放整齐； （2）工件装夹、刀具安装规范； （3）正确使用量具； （4）工作场所卫生、设备保养到位		10	每违反一条酌情扣2~4分，扣完为止		

六、机床维护与保养

（1）清除切屑、擦拭机床，使机床与周围环境保持清洁状态。
（2）检查润滑油、切削液的状态，及时添加或更换。
（3）依次关掉机床操作面板上的电源和总电源。
（4）机床如有故障，应立即报修。
（5）填写设备使用记录。

任务评价

一、操作现场评价

填写现场记录表，见附录一。

二、任务学习自我评价

填写任务学习自我评价表，见附录二。

任务总结

本任务以两个台阶外圆柱面零件的数控车削加工为载体，介绍了圆柱面加工固定循环指令G90，以及走刀路线的确定方法和外圆柱面零件加工质量分析的方法。通过学习圆柱面加工固定循环G90指令在数控车削加工中的应用，掌握外圆柱面零件的数控车削加工方法。

思考与练习

1. 快速定位指令（G00 或 G0）的功能是什么？
2. 快速定位指令（G00 或 G0）的格式是什么？
3. 简述快速定位指令（G00 或 G0）的使用说明。
4. 使用快速定位指令（G00 或 G0）编程时，需特别注意什么？
5. 直线插补指令（G01 或 G1）的功能是什么？
6. 直线插补指令（G01 或 G1）的格式是什么？
7. 简述直线插补指令（G01 或 G1）的使用说明。
8. 进给量单位设定指令（G98 或 G99）的功能是什么？
9. 进给量单位是如何换算的？
10. 数控车削后的加工尺寸精度达到什么等级？表面粗糙度达到什么要求？
11. 合理选择切削用量的原则是什么？
12. 什么是背吃刀量？计算公式是什么？
13. 什么是进给量？进给量的度量单位有几种？分别用什么指令设定？
14. 什么是切削速度？计算公式是什么？
15. 国家标准对机械工程图样所标注的线性尺寸有什么规定？
16. 毫米和英寸之间的换算关系是什么？
17. 游标卡尺的游标读数值有哪三种？
18. 游标卡尺的读数有哪三个步骤？
19. 千分尺的读数有哪三个步骤？
20. 千分尺在测量前必须校正零位，如何校正？
21. 圆柱面加工固定循环指令（G90）的功能是什么？
22. 圆柱面加工固定循环指令（G90）的格式是什么？
23. 圆柱面加工固定循环指令（G90）的使用说明有哪些？
24. 确定加工路线的原则是什么？
25. 确定最短的空行程走刀路线要注意哪三点？
26. 确定最短的粗加工切削进给路线时，应同时兼顾什么要求？
27. 确定零件轮廓精加工切削进给路线要注意哪些情况？
28. 工件外圆尺寸超差产生的原因是什么？如何预防和解决？
29. 外圆表面表面粗糙度太大产生的原因是什么？预防和解决的方法是什么？
30. 端面加工时长度尺寸超差的原因是什么？预防和解决的方法是什么？
31. 端面表面粗糙度太大产生的原因是什么？预防和解决的方法是什么？
32. 端面中心处有凸台或凹凸不平现象产生的原因是什么？预防和解决的方法是什么？
33. 利用 G00、G01 指令编写题图 3-1 所示零件的数控车加工程序。

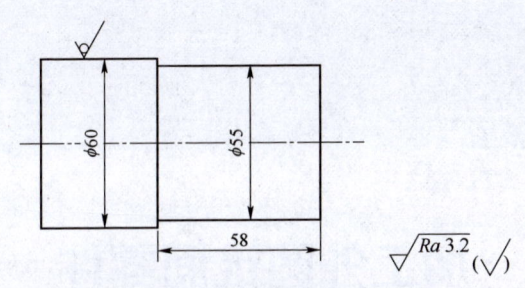

技术要求：未注尺寸允许偏差±0.15。

题图 3-1　项目三练习 33 零件图

34. 利用 G90 指令编写题图 3-2 所示零件的数控车加工程序。

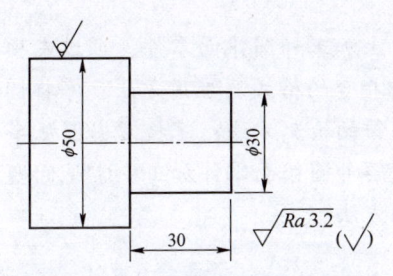

题图 3-2　项目三练习 34 零件图

35. 利用 G90 指令编写题图 3-3 所示零件的数控车加工程序。

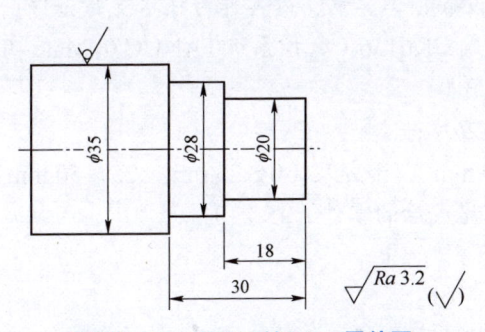

题图 3-3　项目三练习 35 零件图

项目四

加工外圆锥面零件

❯❯ 项目需求

本项目主要是在数控车床上加工外圆锥面零件，通过本项目的实施，掌握 G90、G71、G70、G41、G42、G40 等数控指令的格式及应用方法；掌握圆锥的基本参数及其计算方法、标准工具圆锥的概念，以及圆锥的检测方法；掌握刀尖圆弧半径补偿的目的及实现刀尖圆弧半径补偿功能的准备工作；了解外圆锥面零件加工中常见问题的产生原因和解决方法；学会数控车削加工外圆锥面零件的方法。

❯❯ 项目工作场景

根据项目需求，为顺利完成本项目的实施，需配备数控车削加工理实一体化教室和数控仿真机房，同时还需以下设备，工、量、刃具作为技术支持条件：

1. 数控车床 CK6140 或 CK6136（数控系统 FANUC 0i Mate-TC）；
2. 刀架扳手、卡盘扳手；
3. 数控外圆车刀、垫刀片；
4. 游标卡尺（0~150 mm）、千分尺（0~25 mm，25~50 mm）、游标万能角度尺；
5. 毛坯材料为项目三完成后的零件（45钢）。

❯❯ 方案设计

为顺利完成加工外圆锥面零件项目的学习，本项目设计了 3 个任务，任务一主要是通过学习 G90 指令，加工最简单的外圆锥面零件；任务二主要是通过学习 G71、G70 指令，加工径向尺寸单调增的外圆锥面零件；任务三主要是通过学习 G41、G42、G40 指令，考虑刀尖圆弧半径对锥度尺寸的影响，加工径向尺寸单调增的外圆锥面零件。项目的任务设计由浅入深，学生在这 3 个任务的实施过程中，应能初步掌握外圆锥面零件的加工方法，养成一定的数控加工工艺分析能力。

❯❯ 相关知识和技能

1. 圆锥面加工固定循环指令 G90。
2. 复合循环指令 G71、G70。
3. 刀尖半径补偿指令 G41、G42、G40。
4. 圆锥的基本参数及其计算方法。

5. 标准工具圆锥的概念。
6. 圆锥的检测方法。
7. 刀尖半径补偿的目的。
8. 实现刀尖圆弧半径补偿功能的准备工作。
9. 外圆锥面加工质量的分析。
10. 数控加工刀具卡片和数控加工工艺卡片的填写。
11. 外圆锥面零件的数控车削加工与检测。

任务一　加工外圆锥面零件（一）

📖 任务目标

知识目标

1. 掌握 G90（加工外圆锥面）指令格式及应用。
2. 掌握圆锥的基本参数及其尺寸计算方法。
3. 了解标准工具圆锥的概念。
4. 掌握圆锥的检测方法。
5. 掌握外圆锥面零件数控加工方案的制定方法。

技能目标

1. 能灵活运用 G90 指令对简单外圆锥面零件加工进行编程。
2. 能正确填写数控加工刀具卡片、数控加工工艺卡片。
3. 能独立完成本任务零件的加工。

📖 任务描述

工厂需加工一批零件，零件如图 4-1-1 所示，要求在数控车床上加工。已知毛坯为项目三完成加工后的零件，材质为 45 钢，技术人员需根据加工任务，编制零件的加工工艺，选用合适的刀具及合理的切削参数，编写零件的加工程序，在数控车床（FANUC 0i Mate-TC 系统）上实际操作加工出来，并对加工后的零件进行检测、评价。

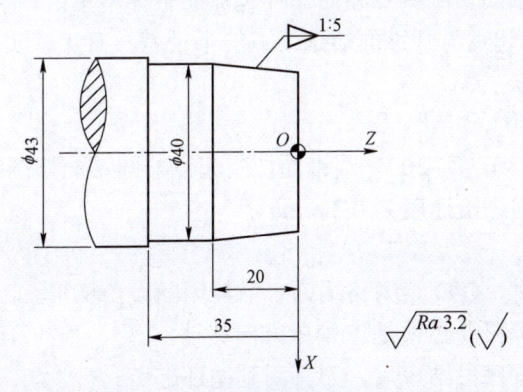

图 4-1-1　外圆锥面零件（一）

🕮 知识准备

一、圆锥面加工固定循环指令（G90）

1. 指令功能

圆锥面加工固定循环指令 G90 用一个程序段完成了 4 个加工动作，车削过程如图 4−1−2 所示，刀具从循环起点开始按直角梯形 1R→2F→3F→4R 循环，最后又回到循环起点。图 4−1−2 中虚线表示按 R 快速移动，实线表示按 F 指定的工件进给速度移动。

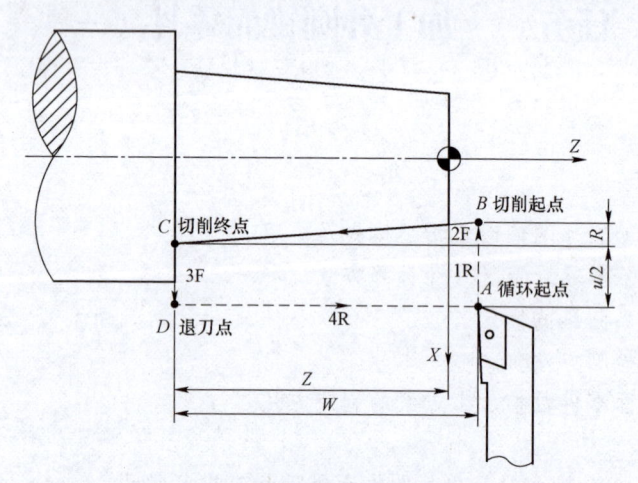

图 4−1−2 圆锥面加工固定循环

（1）1R（A→B）：快速进刀（相当于 G00 指令）；

（2）2F（B→C）：车削外圆锥进给（相当于 G01 指令）；

（3）3F（C→D）：车削台阶进给（相当于 G01 指令）；

（4）4R（D→A）：快速退刀（相当于 G00 指令）。

2. 指令格式

G90 X(U)__ Z(W)__ R__ F__;

程序中，X__，Z__——圆锥面切削终点的绝对坐标值；

U__，W__——圆锥面切削终点相对循环起点的坐标增量值；

R__——圆锥面切削起点与圆锥面切削终点的半径差，有正、负号；

F__——切削进给量。

例：G90 X30 Z−20 R−5 F0.2;

切削终点坐标为（X30，Z−20），圆锥面切削起点与圆锥面切削终点的半径差为−5 的圆锥面加工固定循环，切削进给速度为 0.2 mm/r。

3. 指令使用说明

（1）加工外圆锥面时，G90 走刀路线为一个封闭的直角梯形。

（2）G90 循环第一步移动必须是 X 轴单方向移动。

（3）执行固定循环程序段结束后，刀具回到循环起点。

（4）循环起点的 Z 取值应距离零件端面 1~2 mm，以保证进刀安全。

(5) G90 指令及指令中各参数均为模态值，一经指定就一直有效，在完成固定切削循环后，可用另一个除 G04 以外的 G 代码（如 G00）取消其作用。

(6) 在单段方式下，按一次"循环启动"按钮，执行 1R、2F、3F、4R 这 4 个动作。

(7) 增量坐标编程时，$U=X_C-X_A$，$W=Z_C-Z_A$，有正负号，正负号由计算结果决定。

(8) $R=(X_起-X_终)/2$，即 $R=(X_B-X_C)/2$，有正负号，正负号由计算结果决定。

(9) 在使用 G90 进行外圆锥面加工编程时，地址 U、W 和 R 后的数值符号与刀具轨迹之间的关系如图 4-1-3 所示。

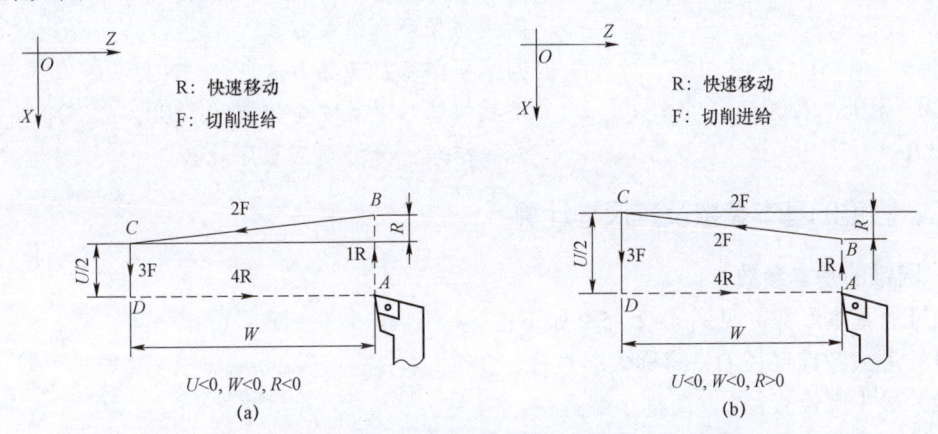

图 4-1-3　U、W 和 R 后的数值符号与刀具轨迹之间的关系
（a）直径右小左大的外圆锥面加工；（b）直径右大左小的外圆锥面加工

注意

在计算 R 值时需注意，切削起点的半径值不是刀具切入工件的半径值。

4. 编程实例

【例 4.1.1】如图 4-1-4 所示工件，使用 1 号外圆车刀进行加工，毛坯为 $\phi33$ mm 的棒料，程序名为 O4101，其加工程序如下。

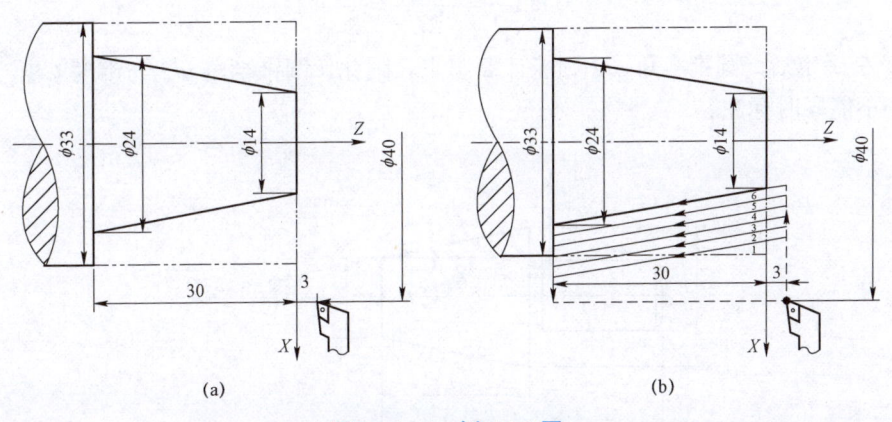

图 4-1-4　例 4.1.1 图
（a）零件图；（b）加工分析图

O4101;　　　　　　　　　　　程序名
G21　G97　G99;　　　　　　 参数初始化（公制尺寸、恒转速、转进给）

```
    T0101;                          调用1号刀具及1号刀具补偿
    M03   S800;                     设定主轴转向和转速（主轴正转，转速为800 r/min）
    G00   X40   Z3;                 刀具快速移动至G90的循环起点（X40，Z3）
    G90   X39   Z-30   R-5.5   F0.2;  圆锥面循环加工第1次
    G90   X36   Z-30   R-5.5;       圆锥面循环加工第2次
    G90   X33   Z-30   R-5.5;       圆锥面循环加工第3次
    X30;                            圆锥面循环加工第4次
    X27;                            圆锥面循环加工第5次
    X24;                            圆锥面循环加工第6次
    G00   X100   Z200;              刀具快速移动至安全位置（X100，Z200）
    M30;                            程序结束，光标返回程序开头
```

二、圆锥的基本参数及其尺寸计算

1. 圆锥的基本参数

圆锥的基本参数（见图4-1-5）如下：

（1）最大圆锥直径 D，简称大端直径。

（2）最小圆锥直径 d，简称小端直径。

（3）圆锥长度 L，最大圆锥直径与最小圆锥直径之间的轴向距离。

（4）锥度 C，圆锥的最大圆锥直径和最小圆锥直径之差与圆锥长度之比，即

$$C = \frac{D-d}{L} \tag{4-1}$$

锥度一般用比例或分数形式表示，如1:5或1/5。

（5）圆锥半角 $\alpha/2$，圆锥角 α 是在通过圆锥轴线的截面内两条素线间的夹角。在数控车削时经常用到的是圆锥角 α 的一半——圆锥半角 $\alpha/2$。其计算公式为

$$\tan\frac{\alpha}{2} = \frac{D-d}{2L} = \frac{C}{2} \tag{4-2}$$

锥度 C 确定后，圆锥半角 $\alpha/2$ 则能计算出来。因此，圆锥半角 $\alpha/2$ 与锥度 C 属于同一基本参数，不能同时标注。

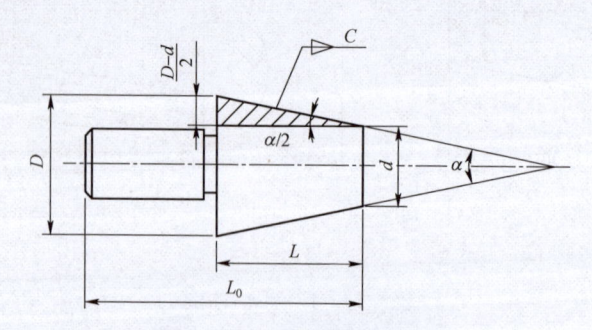

图4-1-5 圆锥的基本参数

2. 圆锥基本参数的计算

由上述可知，圆锥具有4个基本参数，只要已知其中任意3个参数，便可以计算出另外

1 个未知参数。

（1）锥度 C 与其他 3 个参数（D、d、L）的关系。根据式（4-1）有

$$C = \frac{D-d}{L}$$

则推导出 D、d、L 与 C 的关系为

$$D = d + CL \tag{4-3}$$

$$d = D - CL \tag{4-4}$$

$$L = \frac{D-d}{C} \tag{4-5}$$

【例 4.1.2】 已知锥度 C=1:5，D=45 mm，圆锥长度 L=50 mm，求小端直径 d。

解： 根据式（4-4）得

$$\begin{aligned} d &= D - CL \\ &= 45 - \frac{1}{5} \times 50 \\ &= 35 \text{（mm）} \end{aligned}$$

（2）圆锥半角 α/2 与其他 3 个参数（D、d、L）的关系。根据式（4-2）有

$$\tan\frac{\alpha}{2} = \frac{D-d}{2L}$$

则推导出 D、d、L 与 α/2 的关系为

$$D = d + 2L\tan\frac{\alpha}{2} \tag{4-6}$$

$$d = D - 2L\tan\frac{\alpha}{2} \tag{4-7}$$

$$L = \frac{D-d}{2\tan\dfrac{\alpha}{2}} \tag{4-8}$$

【例 4.1.3】 有一外圆锥，已知圆锥半角 α/2=7°7′30″，D=56 mm，L=44 mm，试计算小端直径 d。

解： 根据式（4-7）得

$$\begin{aligned} d &= D - 2L\tan\frac{\alpha}{2} \\ &= 56 - 2 \times 44 \times \tan 7°7′30″ \\ &= 45 \text{（mm）} \end{aligned}$$

三、标准工具圆锥

为了制造和使用方便，降低生产成本，机床、工具和刀具上的圆锥多已标准化，即圆锥的基本参数都符合几个号码的规定，使用时只要号码相同，即能互换。标准工具圆锥已在国际上通用，只要符合标准都具有互换性。

常用的标准工具圆锥有下面两种。

1. 莫氏圆锥（Morse）

莫氏圆锥是在机器制造业应用的最广泛的一种圆锥，如车床的主轴锥孔、顶尖锥柄、麻花钻锥柄和铰刀锥柄等都是莫氏圆锥。莫氏圆锥有 7 种，即 0 号、1 号、2 号、3 号、4 号、5 号和 6 号，其中最小的是 0 号，最大的是 6 号。莫氏圆锥的号数不同，圆锥的尺寸和锥度也不相同。由于锥度不同，圆锥半角 $\alpha/2$ 也不同。莫氏圆锥的锥度参数可从表 4-1-1 中查出，其余参数可查阅相关资料。

表 4-1-1 莫氏圆锥的锥度参数

号数	锥度	圆锥锥角 α	圆锥半角 $\alpha/2$
0	1:19.212=0.052 05	2°58′46″	1°29′23″
1	1:20.048=0.049 88	2°51′20″	1°25′40″
2	1:20.020=0.049 95	2°51′32″	1°25′46″
3	1:19.922=0.050 196	2°52′25″	1°26′12″
4	1:19.254=0.051 938	2°58′24″	1°29′12″
5	1:19.002=0.052 662 5	3°0′45″	1°30′22″
6	1:19.180=0.052 138	3°59′4″	1°29′32″

2. 米制圆锥

米制圆锥有 8 种，即 4 号、6 号、80 号、100 号、120 号、140 号、160 号和 200 号，其中 140 号较少采用。米制圆锥的号码表示的是大端直径，锥度固定不变，为 $C=1:20$。例如，80 号米制圆锥，其大端直径是 80 mm，锥度 $C=1:20$。米制圆锥的优点是锥度不变，记忆方便。米制圆锥的各部分尺寸可从相关资料中查出。

四、圆锥的检测

对于相配合的锥度或角度工件，根据用途不同，规定不同的锥度公差和角度公差。圆锥的检测主要是指圆锥角度和尺寸精度的检测。

1. 角度和锥度的检测

常用的圆锥角度和锥度的检测方法有用游标万能角度尺测量、用角度样板检验等。对于精度要求较高的圆锥面，常用圆锥量规涂色法检验，其精度以接触面的大小来评定。

(1) 用游标万能角度尺测量。

① 结构。游标万能角度尺简称万能角度尺，结构如图 4-1-6 所示，可以测量 0°～320°范围内的任意角度。

② 读数方法。游标万能角度尺的分度值一般分为 2′和 5′两种，其读数方法与游标卡尺相似，下面以常用的分度值为 2′的游标万能角度尺为例，介绍其读数方法，如图 4-1-7（a）所示。

a. 先从尺身上读出游标"0"线左边角度的整度数（°），尺身上每格为 1°，即读出整度数为 16°。

b. 然后用与尺身刻线对齐的游标上的刻线格数，乘以游标万能角度尺的分度值，得到角度的"′"值，即 6×2′=12′。

c. 两者相加就是被测圆锥的角度值，即 16°+12′=16°12′

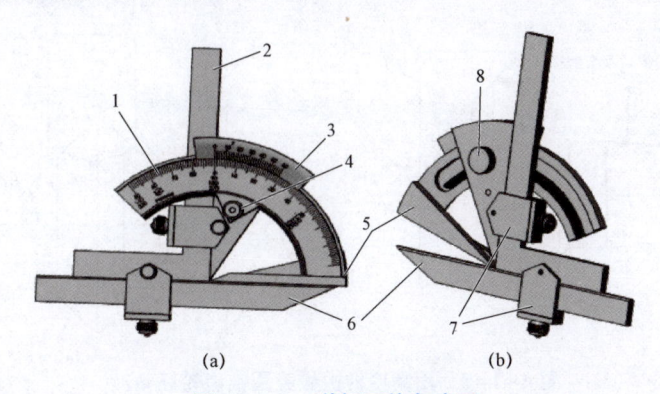

图 4-1-6 游标万能角度尺
（a）主视图；（b）后视图
1—尺身；2—直角尺；3—游标；4—制动器；5—基尺；6—直尺；7—卡块；8—捏手

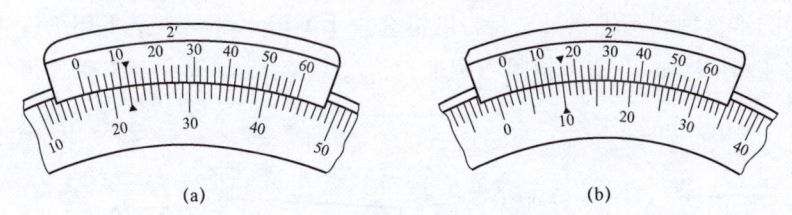

图 4-1-7 游标万能角度尺的读数方法

【例 4.1.4】试读出图 4-1-7（b）所示游标万能角度尺的角度值。

解：如图 4-1-7（b）所示游标万能角度尺的角度值为

$$2°+16′=2°16′$$

③ 测量方法。用游标万能角度尺测量圆锥的角度时，应根据角度的大小，选择不同的测量方法，见表 4-1-2。

若将 90°角尺和直尺都卸下，由基尺和尺身上的扇形板组成的测量面还可以测量角度为 230°～320°的工件。

表 4-1-2 用游标万能角度尺测量圆锥角度的方法

测量方法			
测量角度	0°～50°	50°～140°	140°～230°
游标万能角度尺结构的变化	被测工件放在基尺和直尺的测量面之间	应卸下直角尺用直尺代替	卸下直尺，装上直角尺

（2）用角度样板检验。在成批和大量生产时，可用专用的角度样板来检验角度，以减少辅助时间。用角度样板检验圆锥齿轮坯角度的方法如图 4-1-8 所示。

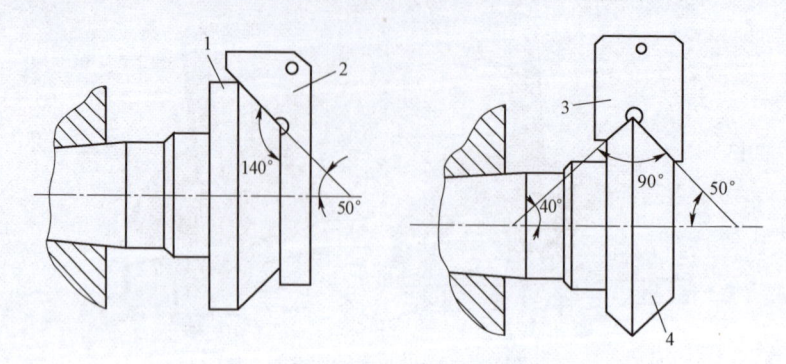

图 4-1-8　用角度样板检验圆锥齿轮坯角度
1，4—齿轮坯；2，3—角度样板

（3）用涂色法检验。当零件是标准圆锥或配合精度要求较高时，可用圆锥量规来检验。圆锥量规分为圆锥套规和圆锥塞规 2 种，圆锥套规［见图 4-1-9（a）］用于检验外圆锥，圆锥塞规［见图 4-1-9（b）］用于检验内圆锥。

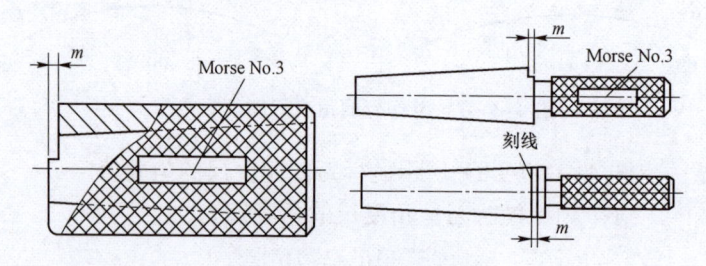

图 4-1-9　圆锥量规
（a）圆锥套规；（b）圆锥塞规

用圆锥套规检验外圆锥时，要求工件和套规的表面清洁，工件外圆锥面的表面粗糙度 Ra 值小于 3.2 μm，且表面无毛刺。用涂色法检验的步骤如下。

① 首先在工件的圆周上，顺着圆锥素线薄而均匀地涂上 3 条显示剂（印油、红丹粉和机械油等的调和物），如图 4-1-10 所示。

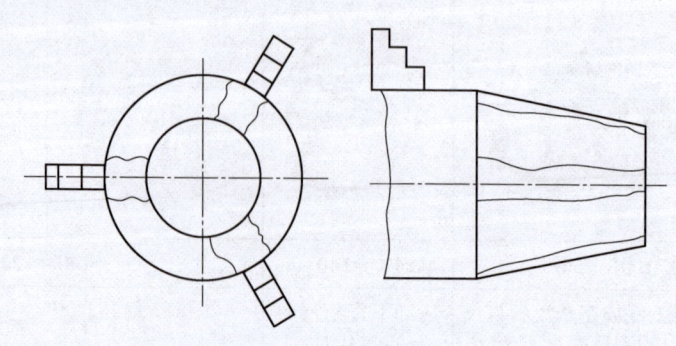

图 4-1-10　涂色方法

② 手握套规轻轻地套在工件上，稍加周向推力，并将套规转动半圈，如图 4-1-11 所示。

③ 取下套规，观察工件表面显示剂被擦去的情况。若 3 条显示剂全长擦痕均匀，圆锥表面接触良好，说明锥度正确；若小端擦去、大端未擦去，说明工件圆锥角小；若大端擦去、小端未擦去，说明工件圆锥角大。

检验内圆锥的角度可以使用圆锥塞规，其检验方法与用圆锥套规检验外圆锥基本相同，只是显示剂应涂在圆锥塞规上。

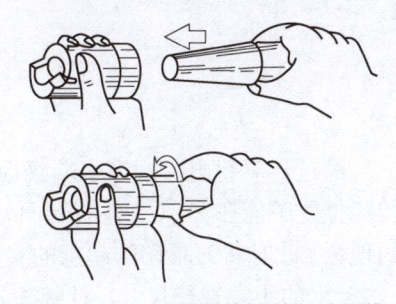

图 4-1-11 用圆锥套规检验外圆锥

2. 圆锥线性尺寸的检测

（1）用游标卡尺和千分尺测量。圆锥的精度要求较低及加工中粗测最大或最小圆锥直径时，可以使用游标卡尺和千分尺测量。测量时必须注意游标卡尺量爪或千分尺螺杆应与工件的轴线垂直，测量位置必须在圆锥的最大或最小圆锥直径处。

（2）用圆锥量规检验。圆锥的最大或最小圆锥直径可以用圆锥量规来检验，如图 4-1-12 所示。塞规和套规除了有一个精确的圆锥表面外，端面上分别有一个台阶（或刻线），台阶长度（或刻线之间的距离）m 就是最大或最小圆锥直径的公差范围。

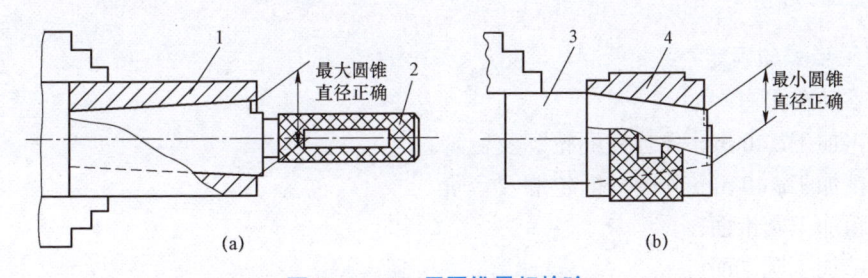

图 4-1-12 用圆锥量规检验
（a）检验内圆锥的最大圆锥直径；（b）检验外圆锥的最小圆锥直径
1、3—工件；2—圆锥塞规；4—圆锥套规

检验内圆锥时，若工件的端面位于塞规的台阶（或两刻线）之间，则说明内圆锥的最大圆锥直径合格，如图 4-1-12（a）所示；检验外圆锥时，若工件的端面位于圆锥套规的台阶（或两刻线）之间，则说明外圆锥的最小圆锥直径合格，如图 4-1-12（b）所示。

📖 任务实施

一、零件图分析（见图 4-1-1）

如图 4-1-1 所示零件属于简单的回转轴类零件。加工部分由一个外圆尺寸为 $\phi 40$ mm 的外圆柱体和一个锥度为 1:5、长度尺寸为 20 mm 的外圆锥体所组成，尺寸公差均为自由公差，加工部位表面粗糙度要求为 $Ra 3.2$ μm，零件材料为 45 钢，毛坯为项目三任务二完成加工后的零件，适合在数控车床上加工。

图 4-1-1 中圆锥小端直径可根据式（4-4）计算，即

$$d = D - CL$$
$$= 40 - \frac{1}{5} \times 20$$
$$= 36 \text{（mm）}$$

经过计算得出，圆锥小端直径为 $\phi 36$ mm，但使用 G90 加工该圆锥时，刀具的切削起点实际位置不能在 Z0（工件右端面）的位置，而是要向右离开一定距离，否则会出现碰撞刀尖的现象。此时将刀具切削起点的实际位置定在 Z2 的位置上，需要重新计算假想的圆锥延长线（Z2）上的小端直径尺寸，计算方法如下。

根据式（4-4）计算得

$$d = D - CL$$
$$= 40 - \frac{1}{5} \times (20 + 2)$$
$$= 35.6 \text{（mm）}$$

即切削起点的坐标为（X35.6，Z2）。

根据圆锥面加工固定循环指令 G90 中 R 的计算方法得

$$R = (X_{起} - X_{终}) / 2 = (35.6 - 40) / 2 = -2.2 \text{（mm）}$$

二、工艺分析

1. 加工步骤的确定

（1）手动车平右端面。
（2）粗加工 $\phi 40$ mm 外圆柱面轮廓及台阶。
（3）精加工 $\phi 40$ mm 外圆柱面轮廓及台阶。
（4）粗加工圆锥面。
（5）精加工圆锥面。
（6）检测。

2. 数控加工刀具卡片的制定

数控加工刀具卡片见表 4-1-3。

表 4-1-3 数控加工刀具卡片

产品名称或代号		数控车削技术训练实训件		零件名称	外圆锥面零件（一）		零件图号	图 4-1-1
序号	刀具号	刀具名称及规格	数量	加工表面	刀尖半径 R/mm	刀尖方位 T	备注	
1	T0101	95°可转位外圆车刀	1	加工右端面，粗、精加工外轮廓	0.4	3		
编制		审核		批准		共1页	第1页	

3. 数控加工工艺卡片的制定

数控加工工艺卡片见表 4-1-4。

表 4-1-4　数控加工工艺卡片

单位名称		产品名称或代号		零件名称		零件图号	
×××		数控车削技术训练实训件		外圆锥面零件（一）		图 4-1-1	
工序号	程序编号	夹具名称	夹具编号	使用设备		切削液	车间
	O4001	自定心卡盘		CKA6140（FANUC 系统）		乳化液	数控车间
工步号	工步内容	切削用量			刀具		备注
		主轴转速/$(r \cdot min^{-1})$	进给量/$(mm \cdot r^{-1})$	背吃刀量/mm	刀具号	刀具名称	
1	车平右端面	800	0.1	1	T0101	95°可转位外圆车刀	手动
2	粗加工φ40 mm外圆柱面及台阶	800	0.2	1	T0101	95°可转位外圆车刀	自动
3	精加工φ40 mm外圆柱面及台阶	1 200	0.1	0.5	T0101	95°可转位外圆车刀	自动
4	粗加工圆锥面	800	0.2	1	T0101	95°可转位外圆车刀	自动
5	精加工圆锥面	1 200	0.1	0.5	T0101	95°可转位外圆车刀	自动
编制		审核		批准	年　月　日	共 1 页	第 1 页

三、编制加工程序

以工件精加工后的右端面中心位置作为编程原点，建立工件坐标系，其加工程序单如表 4-1-5 所示。

表 4-1-5　加工程序单

程序段号	加工程序	程序说明
	O4001	程序名
N10	G21 G99;	公制尺寸（mm）编程，进给量单位设定为 mm/r
N20	T0101;	换 1 号刀，调用 1 号刀补
N30	M03 S800;	主轴正转，转速为 800 r/min
N40	G00 X45 Z2;	车刀快速定位到靠近加工的部位（X45，Z2）
N50	G90 X41 Z-34.95 F0.2;	以 0.2 mm/r 的进给量粗加工φ40 mm 外圆柱面（φ41 mm×34.95 mm）
N60	G00 X100 Z200;	快速退刀到（X100，Z200）的安全位置
N70	M05;	主轴停转
N80	M00;	程序暂停
N90	T0101;	换 1 号刀，调用 1 号刀补
N100	M03 S1200;	主轴正转，转速为 1 200 r/min

续表

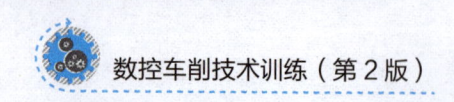

程序段号	加工程序	程序说明
N110	G00 X45 Z2;	车刀快速定位到靠近加工的部位（X45，Z2）
N120	G90 X40 Z-35 F0.1;	以 0.1 mm/r 的进给量精加工 ϕ40 mm 外圆柱面（ϕ40 mm×35 mm）
N130	G00 X100 Z200;	快速退刀到（X100，Z200）的安全位置
N140	M05;	主轴停转
N150	M00;	程序暂停
N160	T0101;	换 1 号刀，调用 1 号刀补
N170	M03 S800;	主轴正转，转速为 800 r/min
N180	G00 X43 Z2;	车刀快速定位到靠近加工的部位（X43，Z2）
N190	G90 X42 Z-20 R-2.2 F0.2;	以 0.2 mm/r 的进给量粗车圆锥（小端直径加工至 ϕ38 mm）
N200	X41;	以 0.2 mm/r 的进给量粗车圆锥（小端直径加工至 ϕ37 mm）
N210	G00 X100 Z200;	快速退刀到（X100，Z200）的安全位置
N220	M05;	主轴停转
N230	M00;	程序暂停
N240	T0101;	换 1 号刀，调用 1 号刀补
N250	M03 S1200;	主轴正转，转速为 1 200 r/min
N260	G00 X43 Z2;	车刀快速定位到靠近加工的部位（X43，Z2）
N270	G90 X40 Z-20 R-2.2 F0.1;	以 0.1 mm/r 的进给量精车圆锥
N280	G00 X100 Z200;	快速退刀到（X100，Z200）的安全位置
N290	M30;	程序结束

四、程序校验及加工

（1）根据数控加工刀具卡片要求正确安装数控车刀，并在数控车床上进行对刀操作。

（2）根据已验证的加工程序单将程序输入数控系统，输入完成后要再次检查输入程序是否正确，检查程序要做到严谨、仔细、认真，以避免发生错误。

（3）在数控系统中利用图形模拟校验功能，查看所输入程序的走刀轨迹是否正确。

（4）将数控系统置于自动加工运行模式。

（5）调出要加工的程序并将光标移动至程序的开始。

（6）按下"循环启动"按钮，执行自动加工程序。

（7）加工过程中，始终观察刀尖运动轨迹和系统屏幕上的坐标变化情况，右手放在"急停"按钮上，一旦发生异常，立即按下"急停"按钮。

（8）加工完成后，在数控车床上利用相关量具检测工件。

注意

（1）加工工件时，刀具和工件必须夹紧，否则可能会发生事故。

（2）注意工件伸出卡爪的长度，以避免刀具与卡盘发生碰撞事故。
（3）程序自动运行前必须将光标调整到程序的开头。

五、完成加工并检测

零件加工完成后，对照表4–1–6的相关要求，将检测结果填入表中。

表4–1–6　数控车工考核评分表

序号	考核项目	考核内容及要求		配分	评分标准	检测结果	得分
1	程序编制	指令正确，程序完整		20	每错一个指令酌情扣2~4分，扣完为止		
2	数控车床规范操作	（1）机床准备； （2）正确对刀，建立工件坐标系； （3）正确设置参数		20	每违反一条酌情扣2~4分，扣完为止		
3	外圆	ϕ40 mm	IT	10	超差酌情扣分		
			Ra	5	降级不得分		
4	长度	35 mm	IT	8	超差酌情扣分		
			Ra	2	降级不得分		
		20 mm	IT	8	超差酌情扣分		
			Ra	2	降级不得分		
5	锥度	1:5	锥度	10	超差酌情扣分		
			Ra	5	降级不得分		
6	安全文明生产	（1）着装规范，刀具、工具、量具归类摆放整齐； （2）工件装夹、刀具安装规范； （3）正确使用量具； （4）工作场所卫生、设备保养到位		10	每违反一条酌情扣2~4分，扣完为止		

六、机床维护与保养

（1）清除切屑、擦拭机床，使机床与周围环境保持清洁状态。
（2）检查润滑油、切削液的状态，及时添加或更换。
（3）依次关掉机床操作面板上的电源和总电源。
（4）机床如有故障，应立即报修。
（5）填写设备使用记录。

任务评价

一、操作现场评价

填写现场记录表，见附录一。

二、任务学习自我评价

填写任务学习自我评价表,见附录二。

📖 任务总结

本任务主要以一个外圆柱面和一个外圆锥面的阶梯轴数控车削加工为载体,介绍了圆锥面加工固定循环指令 G90、圆锥的基本参数及其尺寸计算方法、标准工具圆锥的概念,以及圆锥的检测方法。通过学习圆锥面加工固定循环 G90 指令在数控车削加工中的应用,使学生掌握简单外圆锥面零件的数控车削加工方法。

任务二 加工外圆锥面零件(二)

📖 任务目标

知识目标

1. 掌握 G71(加工外轮廓)指令格式及应用。
2. 掌握 G70(加工外轮廓)指令格式及应用。
3. 掌握外圆锥面零件数控加工方案的制订方法。

技能目标

1. 能灵活运用 G71、G70 指令对直径尺寸单调增大的轴类零件加工进行编程。
2. 能正确填写数控加工刀具卡片、数控加工工艺卡片。
3. 能独立完成本任务零件的加工。

📖 任务描述

工厂需加工一批零件,零件如图 4-2-1 所示,要求在数控车床上加工。已知毛坯为上一任务完成加工后的零件,材质为 45 钢,技术人员需根据加工任务,编制零件的加工工艺,选择合适的刀具及合理的切削参数,编写零件的加工程序,在数控车床(FANUC 0i Mate-TC 系统)上实际操作加工出来,并对加工后的零件进行检测、评价。

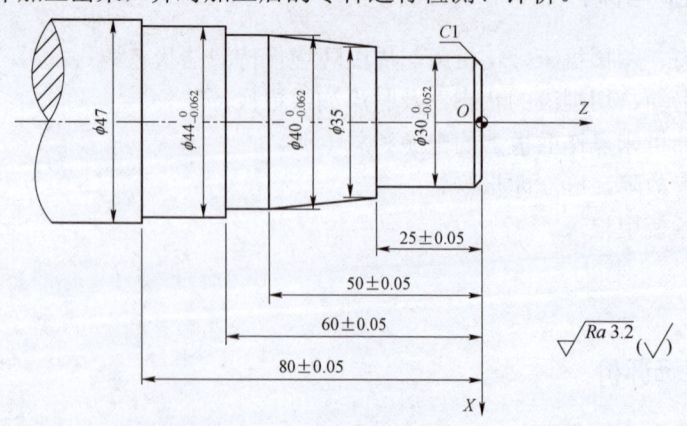

图 4-2-1 外圆锥面零件(二)

知识准备

对于本任务以及类似复合形状的数控车削，就不能简单地用 G90 单一固定循环解决编程问题。为了简化编程，数控系统还提供了不同形式的复合循环功能。本任务主要介绍外圆粗车复合循环指令 G71、精车循环指令 G70。

一、外圆粗车复合循环（G71）

1. 指令功能

G71 指令适用于径向尺寸单调增大或单调减小，需多次走刀才能完成加工的圆柱棒料毛坯的内、外径粗加工。应用该指令时，只需指定粗加工每次背吃刀量、精加工余量和精加工路线等参数，系统便可自动计算出粗加工走刀路线和走刀次数，自动进行多次循环，实现多层切削，使毛坯形状接近工件形状，完成内、外轮廓表面的粗加工，车削进给方向平行于 Z 轴。

G71 外圆粗车复合循环的运动轨迹如图 4-2-2 所示。刀具从循环起点（A 点）开始，快速退刀至 C 点，退刀量由 ΔW 和 $\Delta U/2$ 确定；再快速沿 X 轴方向进刀 Δd（半径值）至 D 点；然后按 G01 进给至 E 点后，沿 45°方向快速退刀至 F 点（X 轴方向退刀量由 e 值确定）；沿着 Z 轴方向快速退刀至 G 点；再次沿 X 轴方向快速进刀至 H 点（进刀量为 $e+\Delta d$）进行第二次切削；若该循环至粗车完成后，再进行平行于精加工表面的半精车（这时，刀具沿精加工表面分别留出 ΔW 和 ΔU 的加工余量）；半精车完成后，快速退回循环起点，结束粗车循环所有动作。

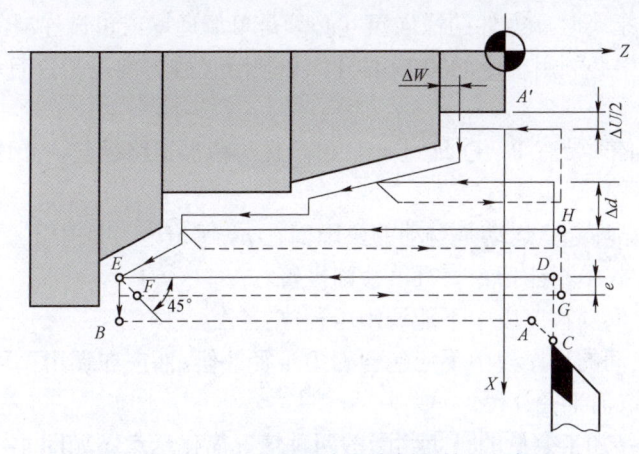

图 4-2-2 G71 外圆粗车复合循环的运行轨迹

2. 指令格式

G71 U（Δd）R（e）;
G71 P（ns）Q（nf）U（ΔU）W（ΔW）F（f）S（s）T（t）;
N（ns）…;
F___;
S___; } 用以描述精加工轨迹
T___;
…;
N（nf）…;

程序中各参数含义如下。

第一行：U（Δd）为 X 轴方向背吃刀量（半径量指定），不带正负号，该值为模态量；R（e）为 X 轴方向退刀量，不带正负号，该值为模态量。

第二行：P（ns）为精车加工程序第一个程序段的段号；Q（nf）为精车加工程序最后一个程序段的段号；U（ΔU）为 X 轴方向精加工余量的大小（直径量指定）和方向，带正负号，该加工余量具有方向性，即外圆的加工余量为"+"（正号可省略），内孔的加工余量为"-"；W（ΔW）为 Z 轴方向精加工余量的大小和方向，带正负号；F（f）、S（s）、T（t）为粗车循环中的进给量、主轴转速和刀具功能。

注意

包含在 ns 到 nf 程序段中的 F、S 和 T 功能在 G70 精车时被执行，在执行 G71 外圆粗车复合循环中被忽略。

例：G71 U1 R0.5；
　　G71 P100 Q200 U0.5 W0.05 F0.2；

执行 G71 外圆粗车复合循环指令，X 方向每次的背吃刀量（半径量）为 1 mm，X 方向每次的退刀量（半径量）为 0.5 mm，粗加工进给量为 0.2 mm/r，精车加工程序第一个程序段的段号为 N100，精车加工程序最后一个程序段的段号为 N200，X 轴方向的精加工余量（直径量）为 0.5 mm，Z 轴方向的精加工余量为 0.05 mm。

3. 指令使用说明

（1）使用 G71 指令时，零件的径向尺寸必须是单调递增或单调递减的。

（2）ns 程序段中必须用指令 G00 或 G01，必须沿 X 轴方向进刀，且不能出现 Z 坐标字，否则系统会报警。

（3）G71 指令必须带有 P、Q 地址 ns、nf，且与精加工路径起、止段号对应，否则不能进行该循环加工。

（4）刀具返回循环起点运动是自动的，因而在 ns 到 nf 程序段中不需要进行编程。

（5）在 MDI 方式中不能指令 G71，否则报警。

（6）ns 到 nf 之间的程序段中不能调用子程序。

（7）ns 到 nf 之间的程序段中不应包含刀尖半径补偿，而应在调用循环前编写刀尖半径补偿，循环结束后应取消半径补偿。

（8）ΔU、ΔW 精加工余量的正负判断的两种情况简化示意图如图 4-2-3 所示。

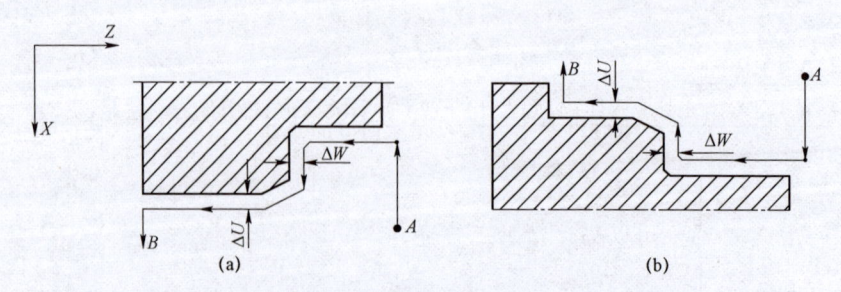

图 4-2-3　ΔU、ΔW 精加工余量的正负判断的两种情况简化示意图
(a) 外圆 ΔU（+）、ΔW（+）；(b) 内孔 ΔU（-）、ΔW（+）

4. 编程实例

【例 4.2.1】如图 4-2-4 所示工件，使用 1 号外圆车刀进行粗加工，毛坯为 $\phi 55$ mm 的棒料，程序名为 O4201，其粗加工程序如下。

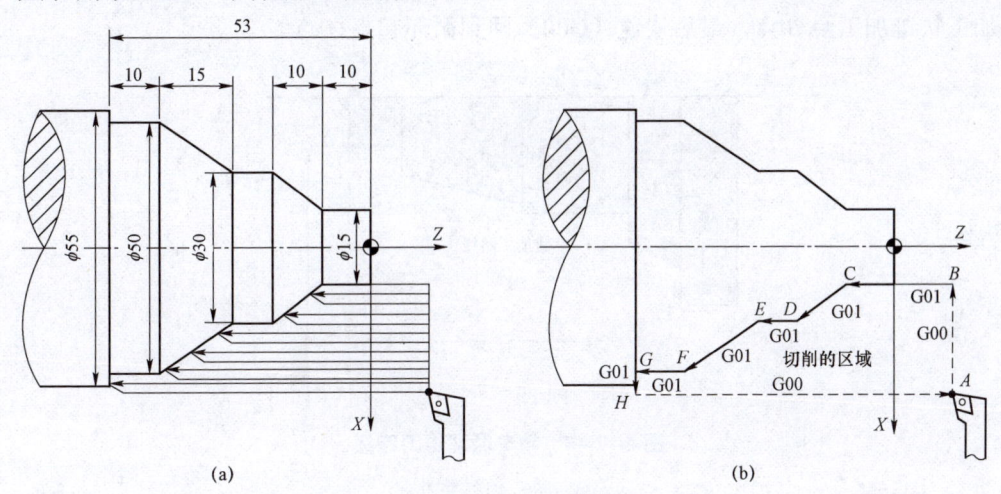

图 4-2-4 编程实例
(a) 工件图；(b) 分析图

O4201;	程序名
G21 G97 G99;	参数初始化（公制尺寸、恒转速、转进给）
T0101;	调用 1 号刀具及 1 号刀具补偿
M03 S800;	设定主轴转向和转速（主轴正转，转速为 800 r/min）
G00 X56 Z2;	刀具快速移动至循环起点 A 点（X56，Z2）
G71 U2 R0.5;	执行 G71 外圆粗车复合循环指令，X 方向每次背吃刀量（半径量）2 mm，X 方向每次退刀量（半径量）0.5 mm
G71 P10 Q20 U1 W0.05 F0.2;	从 N10 至 N20 程序段为精加工轨迹，留 X 方向精加工余量（直径量）1 mm，Z 方向精加工余量 0.05 mm；粗车进给量为 0.2 mm/r
N10 G00 X15;	
G01 Z-10 F0.1;	
X30 Z-20;	
Z-28;	精加工轨迹程序
X50 Z-43;	
Z-53;	
N20 X56;	
G00 X100 Z200;	刀具快速移动至安全位置（X100，Z200）
M30;	程序结束，光标返回程序开头

二、精车循环（G70）

1. 指令功能

当用 G71（或 G72、G73）指令粗车工件之后，可以用 G70 指令进行精加工，切除粗加

111

工循环中留下的余量。

G70 指令只能用于精加工已粗加工过的轮廓，走刀路线如图 4-2-5 所示，刀具从 A 点根据 ns 中指定的运动方式（G00 或 G01）移动到 A' 点，再根据精加工轨迹指定的进给速度沿着精加工轨迹加工至 B 点，最后快速（G00）回到循环起点 A 点。

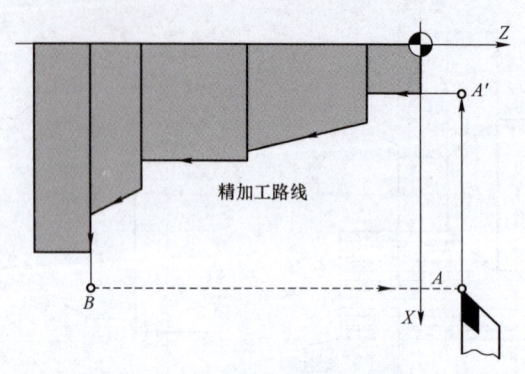

图 4-2-5 精车循环走刀路线

2. 指令格式

G70 P(ns) Q(nf);

程序中，P(ns)——精加工轨迹的第一个程序段的段号；

Q(nf)——精加工轨迹的最后一个程序段的段号。

注意

在 G71 程序段中指令的 F、S、T，在 G70 执行时无效，G70 执行段号 ns 到 nf 程序段指定的 F、S、T 功能。

例：G70 P10 Q20;

执行从 N10 至 N20 程序段之间的精加工程序。

3. 指令使用说明

（1）G70 指令只能用在 G71、G72 或 G73 指令的程序内容之后，不能单独使用。

（2）执行 G70 时，刀具沿工件的实际轨迹进行切削，循环结束后刀具返回循环起点。

（3）精车循环起点一定要与粗车循环起点重合。

（4）G70 循环结束后，执行 G70 程序段的下一个程序段。

（5）在 MDI 方式中不能指令 G70，否则报警。

（6）G70 中 ns 到 nf 之间的程序段不能调用子程序。

4. 编程实例

【例 4.2.2】如图 4-2-4 所示工件，毛坯为 $\phi55$ mm 的棒料，使用 1 号外圆车刀进行粗、精加工，其完整加工程序如下。

O4202;	程序名
G21 G97 G99;	参数初始化（公制尺寸、恒转速、转进给）
T0101;	调用 1 号刀具及 1 号刀具补偿
M03 S800;	设定主轴转向和转速（主轴正转，转速为 800 r/min）
G00 X56 Z2;	刀具快速移动至循环起点 A 点（X56，Z2）

G71 U2 R0.5;	执行 G71 外圆粗车复合循环指令，X 方向每次背吃刀量（半径量）2 mm，X 方向每次退刀量（半径量）0.5 mm
G71 P10 Q20 U1 W0.05 F0.2;	从 N10 至 N20 程序段为精加工轨迹；留 X 方向精加工余量（直径量）1 mm，Z 方向精加工余量 0.05 mm；粗车进给量为 0.2 mm/r。
N10 G00 X15; G01 Z−10 F0.1; X30 Z−20; Z−28; X50 Z−43; Z−53; N20 X56;	精加工轨迹程序
G00 X100 Z200;	刀具快速移动至安全位置（X100，Z200）
M05;	主轴停转
M00;	程序暂停
T0101;	调用 1 号刀具及 1 号刀具补偿
M03 S1200;	设定主轴转向和转速（主轴正转，转速为 1 200 r/min）
G00 X56 Z2;	刀具快速移动至循环起点 A 点（X56，Z2）
G70 P10 Q20	执行精车循环指令
G00 X100 Z200;	刀具快速移动至安全位置（X100，Z200）
M30;	程序结束，光标返回程序开头

任务实施

一、零件图分析（见图 4-2-1）

如图 4-2-1 所示零件属于简单的回转轴类零件，加工部分包括 3 个外圆柱面、1 个圆锥面和 1 个倒角。查相关资料，3 个外圆尺寸 $\phi 44_{-0.062}^{0}$ mm、$\phi 40_{-0.062}^{0}$ mm、$\phi 30_{-0.052}^{0}$ mm 公差等级均为 IT9 级；圆锥小端尺寸 $\phi 35$ mm 为自由公差；长度尺寸 25 mm±0.05 mm 的公差等级为 IT10~IT11 级，50 mm±0.05 mm 的公差等级为 IT10 级，60 mm±0.05 mm 的公差等级为 IT9~IT10 级，80 mm±0.05 mm 的公差等级为 IT9~IT10 级。加工部位表面粗糙度要求均为 Ra3.2 μm，零件材料为 45 钢，毛坯为上一任务完成加工后的零件，适合在数控车床上加工。

二、工艺分析

1. 加工步骤的确定

（1）手动车平右端面。
（2）粗加工外轮廓。
（3）精加工外轮廓。
（4）检测。

2. 数控加工刀具卡片的制定

数控加工刀具卡片见表4-2-1。

表4-2-1 数控加工刀具卡片

产品名称或代号		数控车削技术训练实训件	零件名称	外圆锥面零件（二）		零件图号	图4-2-1
序号	刀具号	刀具名称及规格	数量	加工表面	刀尖半径 R/mm	刀尖方位 T	备注
1	T0101	95°可转位外圆车刀	1	加工右端面，粗、精加工外轮廓	0.4	3	
编制		审核		批准		共1页	第1页

3. 数控加工工艺卡片的制定

数控加工工艺卡片见表4-2-2。

表4-2-2 数控加工工艺卡片

单位名称		产品名称或代号		零件名称		零件图号	
×××		数控车削技术训练实训件		外圆锥面零件（二）		图4-2-1	
工序号	程序编号	夹具名称		夹具编号	使用设备	切削液	车间
	O4002	自定心卡盘			CKA6140（FANUC系统）	乳化液	数控车间
工步号	工步内容	切削用量			刀具		备注
		主轴转速/($r·min^{-1}$)	进给量/($mm·r^{-1}$)	背吃刀量/mm	刀具号	刀具名称	
1	车平右端面	800	0.1	1	T0101	95°可转位外圆车刀	手动
2	粗加工外轮廓	800	0.2	2	T0101	95°可转位外圆车刀	自动
3	精加工外轮廓	1 200	0.1	0.5	T0101	95°可转位外圆车刀	自动
编制		审核	批准		年 月 日	共1页	第1页

三、编制加工程序

以工件精加工后的右端面中心位置作为编程原点，建立工件坐标系，其加工程序单如表4-2-3所示。

表 4-2-3 加工程序单

程序段号	加工程序	程序说明
	O4002；	程序名
N10	G21 G99；	公制尺寸（mm）编程，进给量单位设定为 mm/r
N20	T0101；	换 1 号刀，调用 1 号刀补
N30	M03 S800；	主轴正转，转速为 800 r/min
N40	G00 X48 Z2；	车刀快速定位到靠近加工的部位（X48，Z2）
N50	G71 U1 R0.5；	执行 G71 外圆粗车复合循环指令，X 方向每次背吃刀量（半径量）1 mm，X 方向每次退刀量（半径量）0.5 mm
N60	G71 P70 Q160 U1 W0.05 F0.2；	精加工轨迹的第一个程序段号为 N70，最后一个程序段号为 N160；留 X 方向精加工余量（直径量）1 mm，Z 方向精加工余量 0.05 mm；粗车进给量 0.2 mm/r
N70	G00 X28；	描述精加工轨迹的第一个程序段
N80	G01 Z0 F0.1；	靠近轮廓起点，设置精车进给量为 0.1 mm/r
N90	X30 Z-1；	倒角 C1
N100	Z-25；	车 ϕ30 mm 外圆，长度 25 mm
N110	X35；	车圆锥右侧台阶至 ϕ35 mm 外圆尺寸
N120	X40 Z-50；	车圆锥
N130	Z-60；	车 ϕ40 mm 外圆
N140	X44；	车 ϕ44 mm 外圆右侧台阶
N150	Z-80；	车 ϕ44 mm 外圆
N160	X48；	描述精加工轨迹的最后一个程序段
N170	G00 X100 Z200；	快速退刀到（X100，Z200）的安全位置
N180	M05；	主轴停转
N190	M00；	程序暂停
N200	T0101；	换 1 号刀，调用 1 号刀补
N210	M03 S1200；	主轴正转，转速为 1 200 r/min
N220	G00 X49 Z2；	车刀快速定位到靠近加工的部位（X49，Z2）
N230	G70 P70 Q160；	精加工外轮廓
N240	G00 X100 Z200；	快速退刀到（X100，Z200）的安全位置
N250	M30；	程序结束

四、程序校验及加工

（1）根据数控加工刀具卡片要求正确安装数控车刀，并在数控车床上进行对刀操作。

(2)根据已验证的加工程序单将程序输入数控系统，输入完成后要再次检查输入程序是否正确，检查程序要做到严谨、仔细、认真，以免发生错误。

(3)在数控系统中利用图形模拟校验功能，查看所输入程序的走刀轨迹是否正确。

(4)将数控系统置于自动加工运行模式。

(5)调出要加工的程序并将光标移动至程序的开头。

(6)按下"循环启动"按钮，执行自动加工程序。

(7)加工过程中，始终观察刀尖运动轨迹和系统屏幕上的坐标变化情况，右手放在"急停"按钮上，一旦发生异常，立即按下"急停"按钮。

(8)加工完成后，在数控车床上利用相关量具检测工件。

注意

(1)加工工件时，刀具和工件必须夹紧，否则可能会发生事故。

(2)注意工件伸出卡爪的长度，以避免刀具与卡盘发生碰撞事故。

(3)程序自动运行前必须将光标调整到程序的开头。

五、完成加工并检测

零件加工完成后，对照表4-2-4的相关要求，将检测结果填入表中。

表4-2-4 数控车工考核评分表

序号	考核项目	考核内容及要求		配分	评分标准	检测结果	得分
1	程序编制	指令正确，程序完整		20	每错一个指令酌情扣2~4分，扣完为止		
2	数控车床规范操作	(1)机床准备；(2)正确对刀，建立工件坐标系；(3)正确设置参数		10	每违反一条酌情扣2~4分，扣完为止		
3	外圆	$\phi 44_{-0.062}^{0}$ mm	IT	8	超差0.01 mm扣2分		
			Ra	2	降级不得分		
		$\phi 40_{-0.062}^{0}$ mm	IT	8	超差0.01 mm扣2分		
			Ra	2	降级不得分		
		$\phi 35$ mm	IT	8	超差酌情扣分		
			Ra	2	降级不得分		
		$\phi 30_{-0.052}^{0}$ mm	IT	8	超差0.01 mm扣2分		
			Ra	2	降级不得分		
4	长度	80 mm±0.05 mm	IT	3	超差不得分		
			Ra	1	降级不得分		
		60 mm±0.05 mm	IT	3	超差不得分		
			Ra	1	降级不得分		
		50 mm±0.05 mm	IT	3	超差不得分		
			Ra	1	降级不得分		

续表

序号	考核项目	考核内容及要求		配分	评分标准	检测结果	得分
4	长度	25 mm± 0.05 mm	IT	3	超差不得分		
			Ra	1	降级不得分		
5	倒角	C1	IT	2	超差不得分		
			Ra	2	降级不得分		
6	安全文明生产	（1）着装规范，刀具、工具、量具归类摆放整齐； （2）工件装夹、刀具安装规范； （3）正确使用量具； （4）工作场所卫生、设备保养到位		10	每违反一条酌情扣2～4分，扣完为止		

六、机床维护与保养

（1）清除切屑、擦拭机床，使机床与周围环境保持清洁状态。
（2）检查润滑油、切削液的状态，及时添加或更换。
（3）依次关掉机床操作面板上的电源和总电源。
（4）机床如有故障，应立即报修。
（5）填写设备使用记录。

📖 任务评价

一、操作现场评价

填写现场记录表，见附录一。

二、任务学习自我评价

填写任务学习自我评价表，见附录二。

📖 任务总结

本任务以 3 个外圆柱面和 1 个外圆锥面组成的简单阶梯轴零件数控车削加工为载体，介绍了外圆粗车复合循环指令 G71 和精车循环指令 G70。通过学习 G71、G70 指令在数控车削加工中的应用，使学生掌握简单外圆锥面零件的数控车削加工方法。

任务三　加工外圆锥面零件（三）

📖 任务目标

知识目标

1. 了解刀尖圆弧半径补偿的目的。

2. 掌握刀尖圆弧半径和刀尖方位代码的含义。
3. 掌握刀尖圆弧半径补偿方向简易判断方法。
4. 掌握 G42、G41、G40 指令格式及应用。
5. 掌握外圆锥面零件加工质量分析的方法。

技能目标

1. 能灵活运用刀尖圆弧半径补偿指令（G42、G41、G40）和复合循环指令（G71、G70）对直径尺寸单调增大的轴类零件加工进行编程。
2. 能正确填写数控加工刀具卡片、数控加工工艺卡片。
3. 能独立完成本任务零件的加工。

📖 任务描述

工厂需加工一批零件，零件如图 4-3-1 所示，要求在数控车床上加工。已知毛坯为上一任务完成加工后的零件，材质为 45 钢，技术人员需根据加工任务，编制零件的加工工艺，选择合适的刀具及合理的切削参数，编写零件的加工程序，在数控车床（FANUC 0i Mate-TC 系统）上实际操作加工出来，并对加工后的零件进行检测、评价。

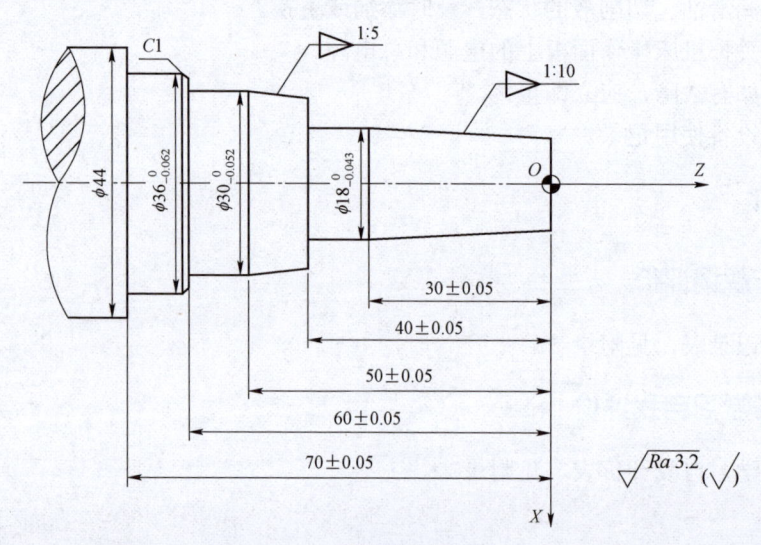

图 4-3-1 外圆锥面零件（三）

📖 知识准备

一、刀尖圆弧半径补偿的目的

在数控车削编程中，刀具路径是根据理想中的刀位点 P 进行编程，而实际加工中刀具的刀尖不可能绝对尖锐为一个点，总有一个小圆弧，如图 4-3-2 所示。

车削时实际起作用的切削刃就是刀尖圆弧的切点，这个小圆弧刃虽然客观上延长了刀具的使用寿命，但在车削

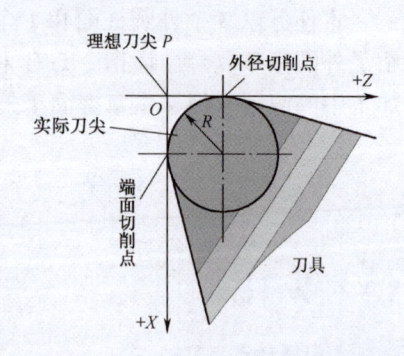

图 4-3-2 理想刀尖与实际刀尖圆弧

中由于圆弧刃是实际的切削点，而非编程中的刀位点，这个差异对端面和外圆的车削影响不大，只在端面中心和台阶的清角处产生残留；而在圆锥的车削中切削刃的轨迹与零件轮廓不一致，虽然对锥度不会产生影响，但对圆锥大小端的尺寸有影响，会产生欠切削或过切削现象，从而产生加工误差，如图4-3-3所示。因此，在加工中必须采取相应措施消除由于刀尖圆弧半径所引起的误差。

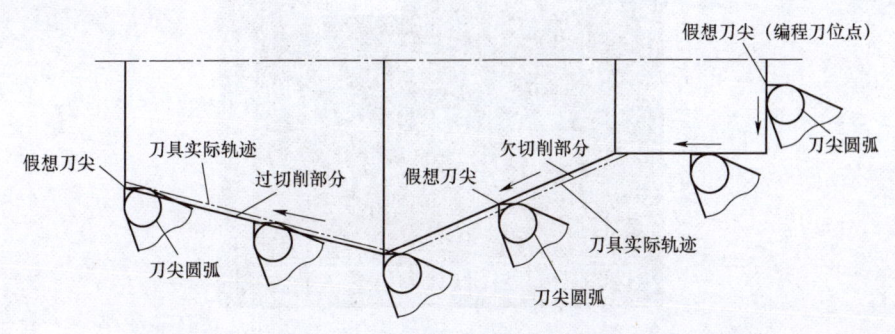

图4-3-3 刀尖圆弧半径在车圆锥时产生欠切削或过切削现象

为消除刀尖圆弧半径（刀尖半径）的影响，一般数控系统中具有刀具补偿功能，可对刀尖半径引起的误差进行补偿。消除误差的方法是采用数控系统的刀尖半径补偿功能，编程者只需按工件轮廓线编程，执行刀尖半径补偿后，刀具自动计算出偏离方向，并按计算出的偏离方向偏离工件轮廓一个刀具半径值，从而消除刀尖圆弧半径对工件形状的影响，如图4-3-4所示。

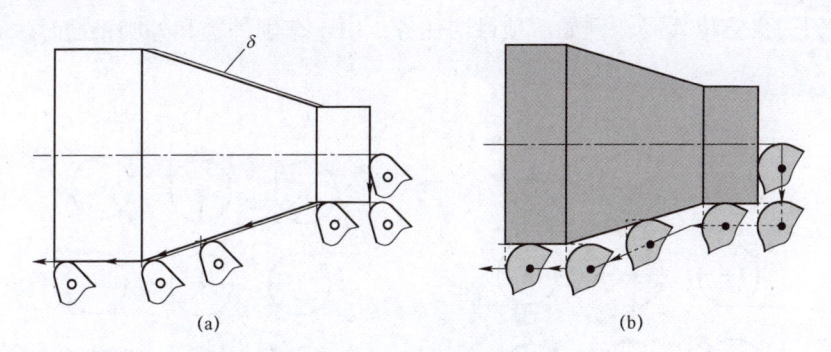

图4-3-4 刀尖圆弧半径补偿
（a）圆锥车削中的欠切削；（b）圆锥车削中的刀尖圆弧半径补偿

二、实现刀尖圆弧半径补偿功能的准备工作

在加工工件之前，要把有关刀尖圆弧半径补偿的相关数据输入到数控系统的存储器中，以便数控系统对刀尖圆弧半径所引起的误差进行自动补偿。

1. 确定刀尖半径

数控车刀刀尖半径常用的有$R0.2$ mm、$R0.4$ mm、$R0.8$ mm、$R1.2$ mm，一般情况下，粗加工时，数控车刀刀尖半径选用$R0.8$ mm或$R1.2$ mm；半精加工时，数控车刀刀尖半径选用$R0.4$ mm；精加工时，数控车刀刀尖半径选用$R0.2$ mm。若粗、精加工采用同一把数控车刀，则数控车刀刀尖半径选用$R0.4$ mm。

使用刀尖圆弧半径补偿前，必须将刀尖圆弧半径 R 输入到数控系统的存储器中，如图 4-3-5 所示。实际使用的刀具刀尖圆弧半径 R 必须和输入数控系统中的 R 一致。

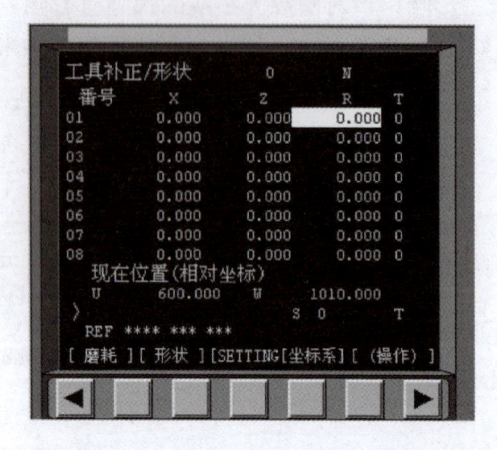

图 4-3-5　输入刀尖圆弧半径值

2. 确定刀尖方位代码

刀尖圆弧半径补偿功能执行时除了和刀尖圆弧半径有关，还和刀尖的方位有关。不同的刀具，刀尖圆弧的位置不同，刀具自动偏移工件轮廓的方向就不同。

如图 4-3-6 所示，车刀的方位有 9 个，分别用刀尖方位代码 0～9 表示，图 4-3-6（a）表示的是后置刀架数控车床上的车刀刀尖方位代码，图 4-3-6（b）表示的是前置刀架数控车床上的车刀刀尖方位代码。例如，项目四任务二中，车削外圆和外圆锥面时，刀尖方位代码为 3。

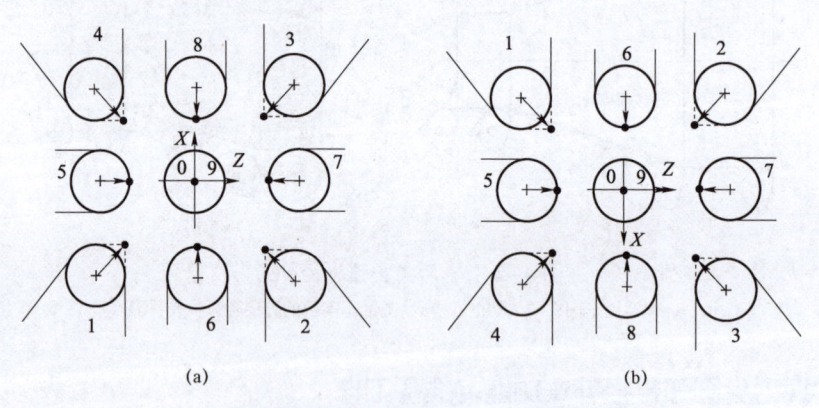

图 4-3-6　车刀刀尖方位代码
（a）后置刀架数控车床；（b）前置刀架数控车床

使用刀尖半径补偿前，必须将刀尖方位代码输入到数控系统的存储器中，如图 4-3-7 所示。

3. 判断刀尖圆弧半径补偿方向

在进行刀尖圆弧半径补偿时，刀具和工件的相对位置不同，刀尖圆弧半径补偿的指令也不相同。

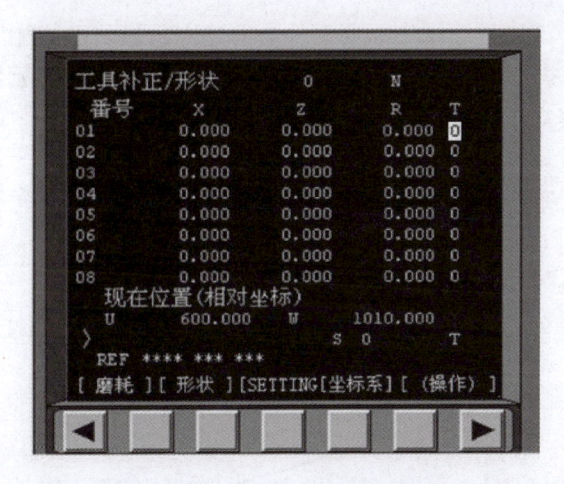

图 4-3-7 输入刀尖方位代码

判断刀尖圆弧半径补偿方向时,一定要沿 Y 轴由正向向负向观察,顺着刀具前进的方向看,当刀具处在加工表面的左侧时,即为刀尖圆弧半径左补偿,用 G41 指令;当刀具处在加工表面的右侧时,即为刀尖圆弧半径右补偿,用 G42 指令。其简易判断方法如图 4-3-8 所示。

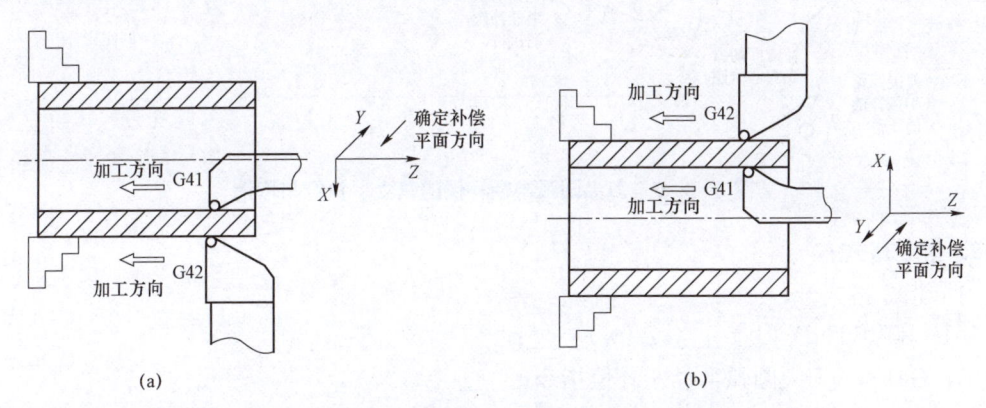

图 4-3-8 判断刀尖圆弧半径补偿方向的简易判断方法
(a)前置刀架数控车床;(b)后置刀架数控车床

三、刀尖圆弧半径补偿指令(G40、G41、G42)

1. 指令功能

为解决刀尖圆弧半径在车削圆锥时造成的过切削和欠切削现象,数控系统提供了刀尖半径自动补偿功能。编程时,只需按工件的实际轮廓尺寸编程即可,不必考虑刀具的刀尖圆弧半径大小。加工时由数控系统将刀尖圆弧半径加以补偿,由系统自动计算补偿值,产生刀具路径,完成对工件的合理加工。

刀尖圆弧半径补偿(刀补)的过程如图 4-3-9 所示,分为以下 3 步。

(1)刀补的建立:理想刀尖从编程轨迹重合过渡到与编程轨迹偏离一个偏移量的过程,即刀具从起始点接近工件,刀具的轨迹由 G41 或 G42 确定,在原来的程序轨迹基础上增加或减少一个刀尖半径值。该过程应该在切削工件之前建立，以防造成加工误差。

（2）刀补的执行：执行 G41 或 G42 指令的程序段后，理想刀尖始终与编程轨迹保持设定的偏置距离，即一旦建立了刀尖圆弧半径补偿，则一直维持该状态，除非取消刀尖圆弧半径补偿。

（3）刀补的取消：理想刀尖从编程轨迹偏离过渡到与编程轨迹重合的过程，即刀具离开工件后，刀具的轨迹由 G40 确定。该过程应该在离开工件之后执行，以防造成加工误差。

注意

刀尖圆弧半径补偿的建立和取消时，刀具位置的变化是一个渐变的过程，如图 4-3-9 所示。

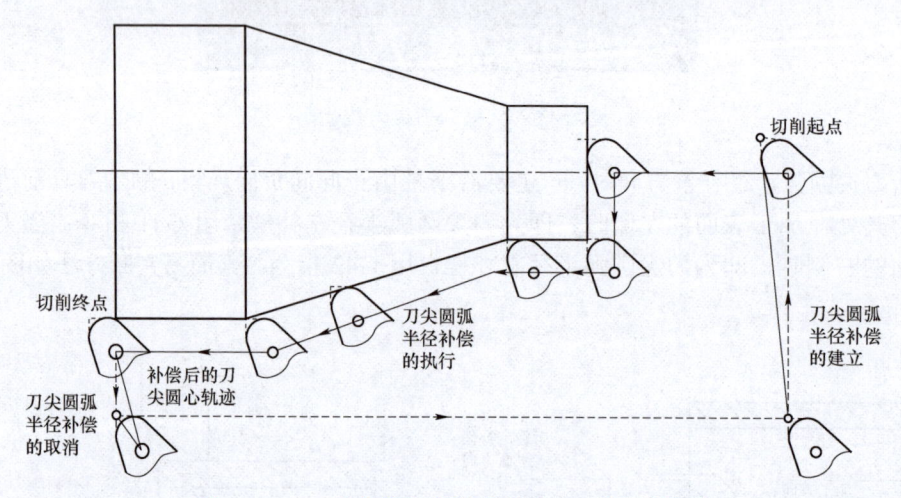

图 4-3-9　刀尖圆弧半径补偿的建立、执行与取消

2. 指令格式：

（1）指令格式一。

G41　G01/G00　X(U)____ Z(W)____；

程序中，G41——刀尖圆弧半径左补偿指令；

G01/G00——选择 G01 或 G00 刀具运动方式；

X___，Z___——运动目标点的绝对坐标值；

U___，W___——运动目标点的增量坐标值。

例：G41 G00 X30 Z3；

刀具刀尖圆弧半径左补偿，快速运动到点（X30，Z3）位置。

（2）指令格式二。

G42　G01/G00　X(U)____ Z(W)____；

程序中，G42——刀尖圆弧半径右补偿指令；

G01/G00——选择 G01 或 G00 刀具运动方式；

X___，Z___——运动目标点的绝对坐标值；

U___，W___——运动目标点的增量坐标值。

例：G42 G00 X52 Z2；

刀具刀尖圆弧半径右补偿，快速运动到点（X52，Z2）位置。

（3）指令格式三。

G40 G01/G00 X（U）___ Z（W）___；

程序中，G40——取消刀尖圆弧半径补偿指令；

G01/G00——选择 G01 或 G00 刀具运动方式；

X___，Z___——运动目标点的绝对坐标值；

U___，W___——运动目标点的增量坐标值。

例：G40 G00 X100 Z200；

取消刀具刀尖圆弧半径补偿，刀具快速运动到点（X100，Z200）位置。

3. 指令使用说明

（1）G41、G42、G40 指令都是模态指令，可相互注销。G41 和 G42 指令不能同时使用，即前面的程序段中如果有 G41 指令，就不能接着使用 G42 指令，必须先用 G40 指令取消 G41 指令后，才能使用 G42 指令，否则补偿就不正常。

（2）建立刀具刀尖圆弧半径补偿应在轮廓加工前进行，取消刀具刀尖圆弧半径补偿应在轮廓加工完毕后进行。

（3）不能在加工圆弧指令段建立或取消刀尖圆弧半径补偿，只能在 G00 或 G01 指令段建立或取消，否则会出现报警。

（4）在编入 G41、G42、G40 的 G00 与 G01 前后的两个程序段中，X、Z 值至少有一个值变化，否则将产生报警。

（5）在建立、执行或取消刀具刀尖圆弧半径补偿时，刀具移动的距离必须大于刀尖圆弧半径。

（6）如果指令刀具在刀尖半径大于圆弧半径的圆弧内侧移动，程序将出错。

（7）由于系统内部只有两个程序段的缓冲存储器，因此在刀尖圆弧半径补偿执行过程中，不允许在程序里连续编制两个或两个以上的非移动指令，以及单独编写的 M、S、T 程序段等，否则会失效，产生过切削或欠切削。

（8）刀尖圆弧半径补偿指令（G41、G42、G40）使用前，必须通过机床数控系统的操作面板向系统存储器中输入刀尖圆弧半径补偿的相关参数（刀尖圆弧半径 R 和刀尖方位代码 T），作为刀具刀尖圆弧半径补偿的依据。刀尖圆弧半径取值要以实际刀尖圆弧半径为准。

（9）机床通电后，默认状态为 G40 状态。

（10）在 MDI 状态下不能进行刀具刀尖圆弧半径补偿。

（11）G18 必须处于有效状态。

（12）只加工外圆和端面的工件时，可以不考虑刀尖圆弧半径补偿。

注意

（1）在使用具有刀具刀尖圆弧半径补偿功能的数控系统编程时，只需要按零件的轮廓编程，但要确定刀尖圆弧半径及补偿方向和刀尖方位代码并将其输入到数控系统的存储器中。

（2）不论是前置刀架数控车床还是后置刀架数控车床，刀尖方位代码是一样的：从右向左车外圆，刀尖方位代码都是 3；从右向左车内孔，刀尖方位代码都是 2。

4. 编程实例

【例 4.3.1】如图 4-3-10 所示工件，采用刀尖圆弧半径补偿指令，使用 1 号外圆车刀进行精加工，程序名为 O4301，其精加工程序如下：

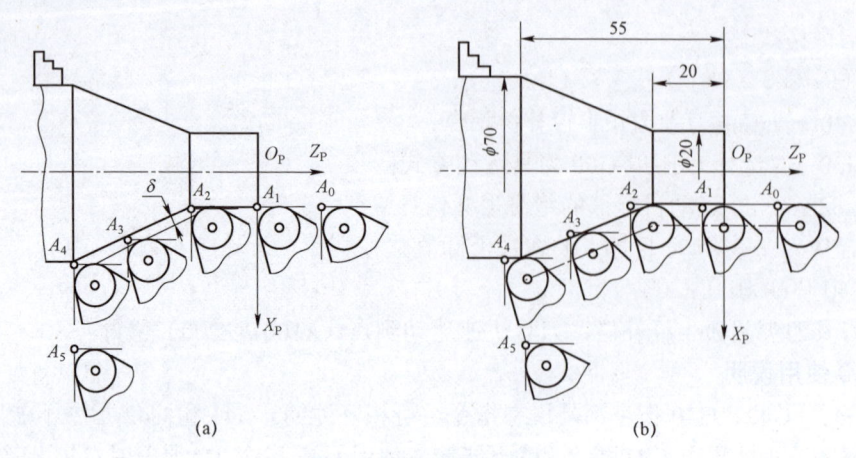

图 4-3-10 例 4.3.1 图
（a）无刀尖圆弧半径补偿；（b）刀尖圆弧半径右补偿

O4301;　　　　　　程序名
G21 G97 G99;　　　参数初始化（公制尺寸、恒转速、转进给）
T0101;　　　　　　调用1号刀具及1号刀具补偿
M03 S1000;　　　　设定主轴转向和转速（主轴正转，转速为1 000 r/min）
G42 G00 X20 Z3;　 轮廓加工前，在刀具快速定位到靠近加工的部位（X20，Z3）的过程中建立刀尖圆弧半径右补偿
G01 Z-20 F0.1;　　执行刀尖圆弧半径右补偿，车削 ϕ20 mm 外圆（$A_0 \rightarrow A_1 \rightarrow A_2$）
X70 Z-55;　　　　 执行刀尖圆弧半径右补偿，车圆锥面（$A_2 \rightarrow A_3 \rightarrow A_4$）
G40 X80 Z-55;　　 轮廓加工完毕后，在刀具离开工件到（X80，Z-55）的过程中取消刀尖圆弧半径右补偿（$A_4 \rightarrow A_5$）
G00 X100 Z200;　　刀具快速移动至安全位置（X100，Z200）
M30;　　　　　　　程序结束，光标返回程序开头

未采用刀尖圆弧半径补偿指令时，刀具以假想刀尖轨迹运动，圆锥面产生误差 δ，如图 4-3-10（a）所示。采用刀尖圆弧半径补偿指令后，系统自动计算刀尖圆弧中心轨迹，使刀具按刀尖圆弧轨迹运动，无表面形状误差，如图 4-3-10（b）所示，$A_0 \rightarrow A_4$ 为执行刀尖圆弧半径右补偿过程，$A_4 \rightarrow A_5$ 为取消刀尖圆弧半径右补偿过程。图 4-3-10（b）所示为刀具进行刀尖圆弧半径右补偿后车削出符合图样要求的图形。

四、外圆锥面零件加工质量分析

外圆锥面加工常见的问题、产生原因、预防和解决方法见表 4-3-1。

表 4-3-1　外圆锥面加工常见的问题、产生原因、预防和解决方法

问题	产生原因	预防和解决方法
锥度不符合要求或产生双曲线误差	1. 程序错误； 2. 工件装夹不正确； 3. 车刀刀尖过高或过低	1. 检查、修改加工程序； 2. 检查工件装夹情况，提高装夹刚度； 3. 调整车刀刀尖，使其与工件轴线等高

续表

问题	产生原因	预防和解决方法
切削过程出现振动	1. 工件装夹不正确； 2. 刀具安装不正确； 3. 切削参数不正确	1. 正确装夹工件； 2. 正确安装刀具； 3. 编程时合理选择切削参数
锥面径向尺寸不符合要求	1. 程序错误； 2. 刀具磨损； 3. 未考虑刀具刀尖圆弧半径补偿	1. 检查、修改加工程序； 2. 及时更换磨损大的刀具； 3. 考虑刀具刀尖圆弧半径补偿
切削过程出现干涉现象	工件斜度大于刀具副偏角	1. 正确选择刀具； 2. 改变切削方式

📖 任务实施

一、零件图分析（见图 4-3-1）

如图 4-3-1 所示零件属于简单的回转轴类零件，加工部分包括 3 个外圆柱面、2 个圆锥面和 1 个倒角。查相关资料，3 个外圆尺寸 $\phi 36_{-0.062}^{0}$ mm、$\phi 30_{-0.052}^{0}$ mm、$\phi 18_{-0.043}^{0}$ mm 公差等级均为 IT9 级；锥度 1∶5、锥度 1∶10 均为自由公差；长度尺寸 30 mm±0.05 mm 公差等级为 IT10~IT11 级，40 mm±0.05 mm、50 mm±0.05 mm 公差等级均为 IT10 级，60 mm±0.05 mm、70 mm±0.05 mm 公差等级均为 IT9~IT10 级；倒角 C1 为自由公差。加工部位表面粗糙度要求均为 Ra3.2 μm，零件材料为 45 钢，毛坯为上一任务完成加工的零件，适合在数控车床上加工。

图 4-3-1 中两个圆锥小端直径可根据式（4-4）分别计算，即有以下表达式。

（1）左边圆锥小端直径尺寸计算为

$$d = D - CL$$
$$= 30 - \frac{1}{5} \times (50 - 40)$$
$$= 28 \text{（mm）}$$

（2）右边圆锥小端直径尺寸计算为

$$d = D - CL$$
$$= 18 - \frac{1}{10} \times 30$$
$$= 15 \text{（mm）}$$

经过计算得出，左边圆锥小端直径为 $\phi 28$ mm，右边圆锥小端直径为 $\phi 15$ mm。

二、工艺分析

1. 加工步骤的确定

（1）手动车平右端面。
（2）粗加工外轮廓。
（3）精加工外轮廓。

(4) 检测。

2. 数控加工刀具卡片的制定

数控加工刀具卡片见表 4-3-2。

表 4-3-2　数控加工刀具卡片

产品名称或代号		数控车削技术训练实训件	零件名称	外圆锥面零件（三）		零件图号	图 4-3-1
序号	刀具号	刀具名称及规格	数量	加工表面	刀尖半径 R/mm	刀尖方位 T	备注
1	T0101	95°可转位外圆车刀	1	加工右端面，粗、精加工外轮廓	0.4	3	
编制		审核		批准		共 1 页	第 1 页

3. 数控加工工艺卡片的制定

数控加工工艺卡片见表 4-3-3。

表 4-3-3　数控加工工艺卡片

单位名称		产品名称或代号		零件名称		零件图号	
×××		数控车削技术训练实训件		外圆锥面零件（三）		图 4-3-1	
工序号	程序编号	夹具名称	夹具编号	使用设备	切削液		车间
	O4003	自定心卡盘		CKA6140（FANUC 系统）	乳化液		数控车间
工步号	工步内容	切削用量			刀具		备注
		主轴转速/($r·min^{-1}$)	进给量/($mm·r^{-1}$)	背吃刀量/mm	刀具号	刀具名称	
1	车平右端面	800	0.1	1	T0101	95°可转位外圆车刀	手动
2	粗加工外轮廓	800	0.2	2	T0101	95°可转位外圆车刀	自动
3	精加工外轮廓	1 200	0.1	0.5	T0101	95°可转位外圆车刀	自动
编制		审核		批准	年　月　日	共 1 页	第 1 页

三、编制加工程序

以工件精加工后的右端面中心位置作为编程原点，建立工件坐标系，其加工程序单如表 4-3-4 所示。

表 4-3-4 加工程序单

程序段号	加工程序	程序说明
	O4003；	程序名
N10	G21 G99；	公制尺寸（mm）编程，进给量单位设定为 mm/r
N20	T0101；	换 1 号刀，调用 1 号刀补
N30	M03 S800；	主轴正转，转速为 800 r/min
N40	G42 G00 X45 Z2；	建立刀具刀尖圆弧半径右补偿，车刀快速定位到靠近加工的部位（X45，Z2）
N50	G71 U2 R0.5；	执行 G71 外圆粗车复合循环指令，X 方向每次背吃刀量（半径量）2 mm，X 方向每次退刀量（半径量）0.5 mm
N60	G71 P70 Q170 U1 W0.05 F0.2；	精加工轨迹的第一个程序段号为 N70，最后一个程序段号为 N170；留 X 方向精加工余量（直径量）1 mm，Z 方向精加工余量 0.05 mm；粗车进给量 0.2 mm/r
N70	G00 X15；	描述精加工轨迹的第一个程序段
N80	G01 Z0 F0.1；	靠近轮廓起点，设置精车进给量为 0.1 mm/r
N90	X18 Z-30；	车锥度为 1:10 的圆锥
N100	Z-40；	车 ϕ18 mm 外圆
N110	X28；	车锥度为 1:5 的圆锥右侧台阶
N120	X30 Z-50；	车锥度为 1:5 的圆锥
N130	Z-60；	车 ϕ30 mm 外圆
N140	X34；	车 ϕ36 mm 外圆右侧台阶
N150	X36 Z-61；	车 C1 倒角
N160	Z-70；	车 ϕ36 mm 外圆
N170	X45；	描述精加工轨迹的最后一个程序段
N180	G40 G00 X100 Z200；	取消刀具刀尖圆弧半径右补偿，车刀快速退刀到（X100，Z200）的安全位置
N190	M05；	主轴停转
N200	M00；	程序暂停
N210	T0101；	换 1 号刀，调用 1 号刀补
N220	M03 S1200；	主轴正转，转速为 1 200 r/min
N230	G42 G00 X45 Z2；	建立刀具刀尖圆弧半径右补偿，车刀快速定位到靠近加工的部位（X45，Z2）
N240	G70 P70 Q170；	精加工外轮廓
N250	G40 G00 X100 Z200；	取消刀具刀尖圆弧半径右补偿，车刀快速退刀到（X100，Z200）的安全位置
N260	M30；	程序结束

四、程序校验及加工

（1）根据数控加工刀具卡片要求正确安装数控车刀，并在数控车床上进行对刀操作。

（2）根据已验证的加工程序单将程序输入数控系统，输入完成后要再次检查输入程序是否正确，检查程序要做到严谨、仔细、认真，以免发生错误。

（3）在数控系统中利用图形模拟校验功能，查看所输入程序的走刀轨迹是否正确。

（4）将数控系统置于自动加工运行模式。

（5）调出要加工的程序并将光标移动至程序的开头。

（6）按下"循环启动"按钮，执行自动加工程序。

（7）加工过程中，始终观察刀尖运动轨迹和系统屏幕上的坐标变化情况，右手放在"急停"按钮上，一旦发生异常，立即按下"急停"按钮。

（8）加工完成后，在数控车床上利用相关量具检测工件。

注意

（1）加工工件时，刀具和工件必须夹紧，否则可能会发生事故。

（2）注意工件伸出卡爪的长度，以避免刀具与卡盘发生碰撞事故。

（3）程序自动运行前必须将光标调整到程序的开头。

五、完成加工并检测

零件加工完成后，对照表4-3-5的相关要求，将检测结果填入表中。

表4-3-5 数控车工考核评分表

序号	考核项目	考核内容及要求		配分	评分标准	检测结果	得分
1	程序编制	指令正确，程序完整		20	每错一个指令酌情扣2~4分，扣完为止		
2	数控车床规范操作	（1）机床准备； （2）正确对刀，建立工件坐标系； （3）正确设置参数		10	每违反一条酌情扣2~4分，扣完为止		
3	外圆	$\phi 36_{-0.062}^{0}$ mm	IT	5	超差0.01 mm扣2.5分		
			Ra	3	降级不得分		
		$\phi 30_{-0.052}^{0}$ mm	IT	5	超差0.01 mm扣2.5分		
			Ra	3	降级不得分		
		$\phi 18_{-0.043}^{0}$ mm	IT	5	超差0.01 mm扣2.5分		
			Ra	3	降级不得分		
4	长度	70 mm±0.05 mm	IT	2	超差不得分		
			Ra	1	降级不得分		
		60 mm±0.05 mm	IT	2	超差不得分		
			Ra	1	降级不得分		

续表

序号	考核项目	考核内容及要求		配分	评分标准	检测结果	得分
4	长度	50±0.05 mm	IT	2	超差不得分		
			Ra	1	降级不得分		
		40±0.05 mm	IT	2	超差不得分		
			Ra	1	降级不得分		
		30±0.05 mm	IT	2	超差不得分		
			Ra	1	降级不得分		
5	锥度	1:10	C	6	超差酌情扣分		
			Ra	4	降级不得分		
		1:5	C	6	超差酌情扣分		
			Ra	4	降级不得分		
6	倒角	C1	IT	0.5	超差不得分		
			Ra	0.5	降级不得分		
7	安全文明生产	（1）着装规范，刀具、工具、量具归类摆放整齐； （2）工件装夹、刀具安装规范； （3）正确使用量具； （4）工作场所卫生、设备保养到位		10	每违反一条酌情扣2~4分，扣完为止		

六、机床维护与保养

（1）清除切屑、擦拭机床，使机床与周围环境保持清洁状态。
（2）检查润滑油、切削液的状态，及时添加或更换。
（3）依次关掉机床操作面板上的电源和总电源。
（4）机床如有故障，应立即报修。
（5）填写设备使用记录。

📖 任务评价

一、操作现场评价

填写现场记录表，见附录一。

二、任务学习自我评价

填写任务学习自我评价表，见附录二。

📖 任务总结

本任务以3个外圆柱面和2个外圆锥面组成的简单阶梯轴零件数控车削加工为载体，介绍了刀尖圆弧半径补偿指令 G41、G42、G40 和外圆锥面零件加工质量的分析方法。通过学习 G41、G42、G40 指令并结合 G71、G70 指令在数控车削加工中的应用，学生应掌握简单外圆锥面零件的数控车削加工方法，学会分析圆锥面加工中常见问题的产生原因，并提出解决方法。

思考与练习

1. 锥度 C 的含义是什么？计算公式是什么？
2. 已知锥度 $C=1:5$，$D=45$ mm，圆锥长度 $L=50$ mm，求小端直径 d。
3. 莫氏圆锥有几种？分别是哪几种？哪种最小？哪种最大？莫氏圆锥的号数不同，圆锥的尺寸和锥度会怎样？
4. 米制圆锥有几种？分别是哪几种？米制圆锥的号码表示什么含义？
5. 圆锥面加工固定循环指令（G90）的功能是什么？画图说明。
6. 圆锥面加工固定循环指令（G90）的格式是什么？
7. 游标万能角度尺的读数有哪三个步骤？
8. 涂色法检验锥度有哪三个步骤？
9. 外圆粗车复合循环（G71）指令的格式是什么？各行各字母含义表示什么？
10. 外圆粗车复合循环（G71）指令的使用说明有哪些？
11. 精车循环（G70）指令的格式是什么？各字母含义表示什么？
12. 精车循环（G70）指令的使用说明有哪些？
13. 实现刀尖圆弧半径补偿功能的准备工作有哪三步？
14. 数控车刀刀尖半径常用的有哪几种？一般情况下，粗加工、半精加工和精加工时，数控车车刀刀尖半径分别如何选择？
15. 如何判断刀尖圆弧半径补偿方向？
16. 刀尖圆弧半径补偿（刀补）的过程分为哪三步？
17. G42、G41、G40 指令使用过程中，有哪些使用说明？
18. 在使用刀尖圆弧半径补偿功能时，要注意哪两点？
19. 外圆锥加工后产生锥度不符合要求或产生双曲线误差，其产生的原因是什么？如何预防和解决？
20. 利用 G90 指令编写题图 4-1 所示零件的数控车加工程序。

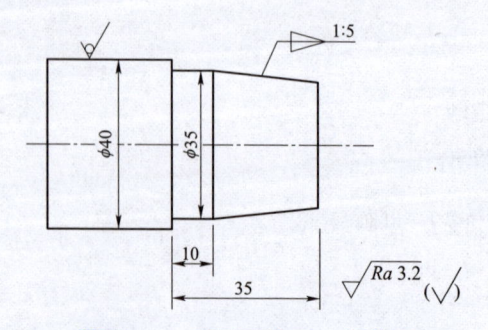

题图 4-1 项目四练习 20 零件图

21. 利用 G71、G70 指令编写题图 4-2 所示零件的数控车加工程序。

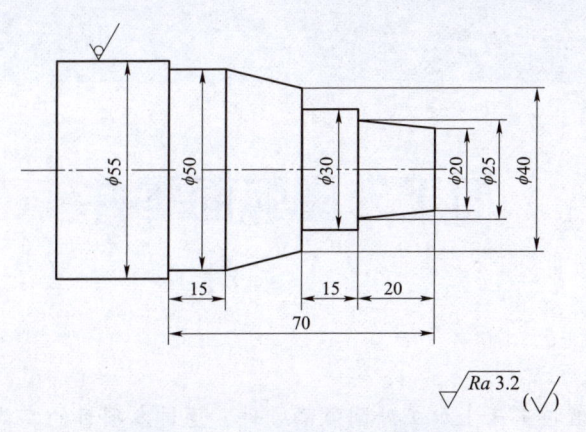

题图 4-2　项目四练习 21 零件图

22. 利用刀尖圆弧半径补偿指令编写题图 4-3 所示零件的数控车加工程序。

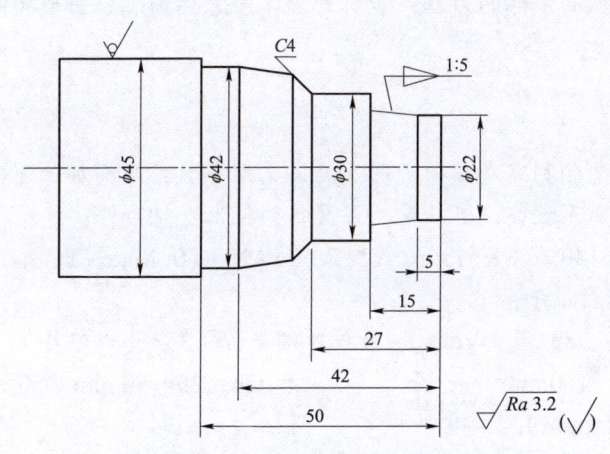

题图 4-3　项目四练习 22 零件图

项目五

加工外圆弧面零件

▶ 项目需求

本项目主要是在数控车床上加工外圆弧面零件，通过本项目的实施，学生应掌握 G02、G03、G73 等数控指令的格式及应用方法，特别是 G02、G03 中基点的计算；掌握数控车削加工外圆弧面零件的方法；掌握非单调增大零件的加工方法；掌握外圆弧面零件的检测方法；会合理选择加工外圆弧面零件的刀具；能对外圆弧面零件加工中出现的问题进行分析并提出预防措施和解决方法。

▶ 项目工作场景

根据项目需求，为顺利完成本项目的实施，需配备数控车削加工理实一体化教室和数控仿真机房，同时还需以下设备，工、量、刃具作为技术支持条件：

1. 数控车床 CK6140 或 CK6136（数控系统 FANUC 0i Mate-TC）；
2. 刀架扳手、卡盘扳手；
3. 数控外圆车刀（80°菱形刀片）、数控外圆车刀（35°菱形刀片）、垫刀片；
4. 游标卡尺（0~150 mm）、千分尺（0~25 mm，25~50 mm，50~75 mm）、半径样板（$R1$~7 mm，$R7.5$~15 mm）；
5. 毛坯材料为 $\phi55$ mm×130 mm（45 钢）。

▶ 方案设计

如图 5-0-1 所示，为顺利完成加工外圆弧面零件项目以及径向尺寸非单调增大零件项目的学习，本项目设计了一个需要二次装夹的零件，分成两个任务，任务一主要是通过学习 G02、G03 指令，加工一个有圆弧面的径向尺寸单调增大的零件段；任务二主要是通过学习 G73 指令，加工径向尺寸非单调增大的零件段，从而完成整个零件的加工。项目的任务设计由浅入深，学生在这两个任务的实施过程中，能初步掌握圆弧面零件的加工，同时也培养学生拥有一定数控加工工艺分析方法及数控车刀具选择的能力。

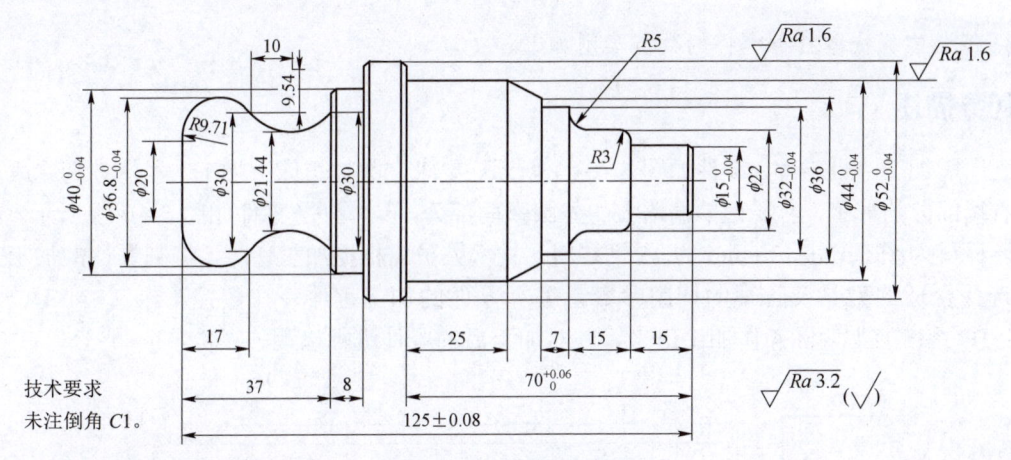

图 5-0-1 外圆弧面零件

相关知识和技能

1. 圆弧插补指令 G02、G03。
2. 复合圆弧基点的计算。
3. 仿形切削粗车复合循环指令 G73。
4. 二次装夹零件加工工艺的确定。
5. 非单调增大零件加工刀具的选择。
6. 走刀路线的确定。
7. 外圆弧面零件的检测方法。
8. 外圆弧面零件加工质量的分析。
9. 数控加工刀具卡片和数控加工工艺卡片的填写。
10. 外圆弧面零件的数控车削加工与检测。

任务一 加工外圆弧面零件（一）

任务目标

知识目标

1. 掌握外圆弧面加工工艺知识。
2. 掌握 G02、G03 指令格式及应用。
3. 了解复合圆弧的基点计算方法。
4. 掌握圆弧面零件的检测方法。
5. 掌握外圆弧面零件数控加工方案的制定方法。

技能目标

1. 能灵活运用 G02、G03 指令对外圆弧面零件加工进行编程。
2. 能根据所加工的零件正确选择加工设备，确定装夹方案，选择刀具、量具，确定工艺路线，正确填写数控加工刀具卡片、数控加工工艺卡片。

3. 能独立完成本任务零件的数控车削加工。

📖 任务描述

工厂需加工一批零件，零件如图 5-0-1 所示，要求在数控车床上加工。本任务为完成该零件右端部分的加工，右端为单调增大的外圆弧面部分，具体任务零件如图 5-1-1 所示。已知毛坯材料为 $\phi 55$ mm×130 mm 的 45 钢棒料，技术人员需根据加工任务，编制零件的加工工艺，选择合适的刀具及合理的切削参数，编写零件的加工程序，在数控车床（FANUC 0i Mate-TC 系统）上实际操作加工出来，并对加工后的零件进行检测、评价。

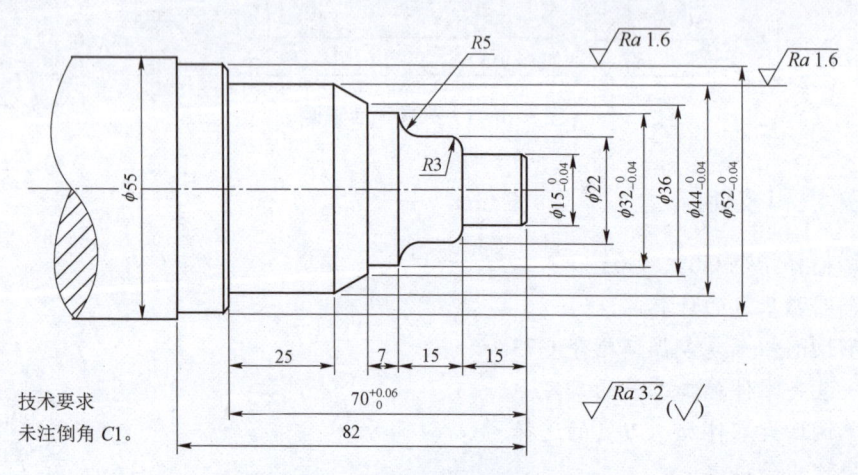

图 5-1-1 外圆弧面零件（一）

📖 知识准备

一、外圆弧面加工工艺知识

1. 加工外圆弧面零件刀具

加工外圆弧面零件时要考虑加工过程中圆弧的变化，如图 5-1-2 所示类型零件，在刀具的选择中就要考虑到刀具切削时是否会和已加工表面发生干涉，从而影响到加工进程。对于此类零件的加工，一般选择刀片角度较小的刀具进行切削，以防止车刀副后刀面与工件已加工表面发生干涉。一般主偏角取 93°，刀尖角取 35°，以保证刀尖位于刀具的最前端，避免刀具过切削，在外圆弧面加工时通常使用 MVJNR 型车刀。

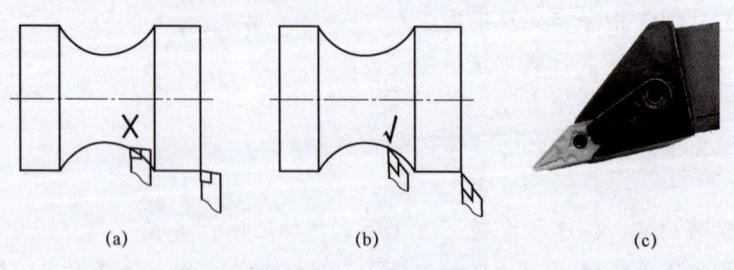

图 5-1-2 刀具选择
（a）MCLNR 型车刀；（b）MVJNR 型车刀；（c）MVJNR 型车刀外形

2. 外圆弧面加工方法

（1）凸圆弧面车削方法。精车凸圆弧面沿着轮廓面进行；粗车凸圆弧面时，由于各部分余量不等，需采用相应的车削路径，主要有车锥法、移圆法、车圆法、台阶车削法等，如图 5-1-3 所示。

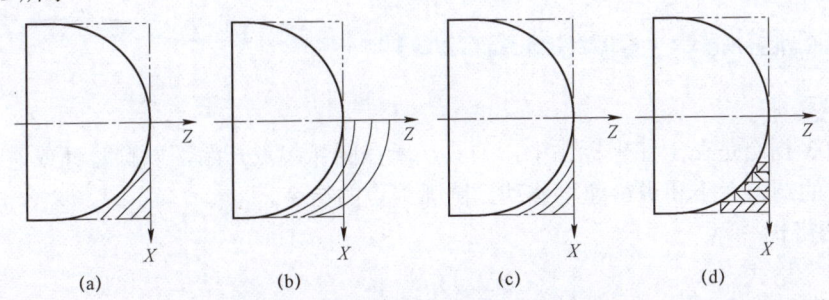

图 5-1-3　车削凸圆弧的加工路线
(a) 车锥法；(b) 移圆法；(c) 车圆法；(d) 台阶车削法

① 车锥法。车锥法是指根据加工余量，采用圆锥分层切削的方法将加工余量去除，再进行圆弧的精加工，如图 5-1-3（a）所示。但要注意确定车圆锥时的起点和终点，若确定不好，则可能损坏圆弧表面，也可能使余量留得太大。采用这种加工路线时，加工效率高，但计算麻烦。

② 移圆法。移圆法是指根据加工余量，采用相同的圆弧半径，渐进地向机床的某一轴方向移动，最终将圆弧加工出来，如图 5-1-3（b）所示。采用这种加工路线时，编程简单，但若处理不当会导致较多的空行程。

③ 车圆法。车圆法是指在圆心不变的基础上，根据加工余量，采用大小不等的圆弧半径，最终将圆弧加工出来，如图 5-1-3（c）所示。此方法在加工小圆弧时走刀路线短、数值计算简单、编程方便，在圆弧半径较小时常采用，但在加工大圆弧时空行程较长。

④ 台阶车削法。台阶车削法是指先根据圆弧面加工出多个台阶，再车削圆弧轮廓，如图 5-1-3（d）所示。这种加工方法在复合固定循环中被广泛应用。

（2）凹圆弧面车削方法。精车凹圆弧面沿着轮廓面进行；粗车时，由于各部分余量不等，需采用相应车削路径。凹圆弧粗车常采用等径圆弧法、同心圆弧法、梯形法、三角形法等，如图 5-1-4 所示。

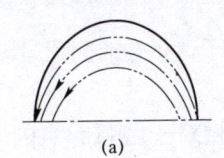

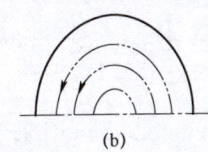

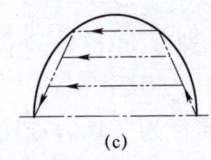

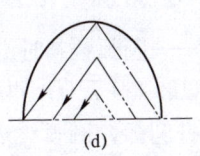

图 5-1-4　车削凹圆弧的加工路线
(a) 等径圆弧法；(b) 同心圆弧法；(c) 梯形法；(d) 三角形法

① 等径圆弧法。等径圆弧法即等径不同心的车削方法，每车削一刀，向 $-X$ 方向进一个 a_p。编程时数值计算简单，但是走刀路线较长，切削量不均匀，如图 5-1-4（a）所示。

② 同心圆弧法。同心圆弧法即不等径、同心的车削方法。编程时走刀路线短，切削量均匀，如图 5-1-4（b）所示。

③ 梯形法。梯形法即用车刀走梯形的方法车削去除圆弧余量，如图 5-1-4（c）所示。其特点是：切削力分布合理，切削效率最高。

④ 三角形法。三角形法即用三角形走刀的方法去除圆弧余量，如图 5-1-4（d）所示。其特点是：走刀路线较同心圆弧形式长，但比梯形、等径圆弧形式短。

二、圆弧插补指令（G02/G03 或 G2/G3）

1. 指令功能

G02/G03 指令是在工件坐标系中，刀具从所在圆弧起点开始，以顺时针或逆时针圆弧方式、以给定的圆弧大小和进给速度移动到圆弧终点的指令。

2. 指令格式

（1）指令格式一。

G02/G03　X(U)＿＿ Z(W)＿＿ R＿＿ F＿＿；

程序中，G02——顺时针圆弧插补；

G03——逆时针圆弧插补；

X＿，Z＿——目标点（圆弧终点）的绝对坐标值；

U＿，W＿——目标点（圆弧终点）的增量坐标值；

R＿——工件单边圆弧的半径；

F＿——圆弧插补时进给速度，单位为 mm/r 或者 mm/min，取决于该指令前面程序段的设置。

例：G02 X60 Z100 R30 F0.2；

顺时针圆弧，圆弧终点坐标为（$X60$，$Z100$），圆弧半径为 30 mm，加工此圆弧的进给速度为 0.2 mm/r。

（2）指令格式二。

G02/G03　X(U)＿＿ Z(W)＿＿ I＿＿ K＿＿ F＿＿；

程序中，G02——顺时针圆弧插补；

G03——逆时针圆弧插补；

X＿，Z＿——目标点（圆弧终点）的绝对坐标值；

U＿，W＿——目标点（圆弧终点）的增量坐标值；

I＿，K＿——圆弧的圆心相对于起点的增量坐标，I 是 X 方向值（半径量）、K 是 Z 方向值；

F＿——圆弧插补时进给速度，单位为 mm/r 或者 mm/min，取决于该指令前面程序段的设置。

例：G02 X60 Z100 I40 K10 F0.2；

顺时针圆弧，圆弧终点坐标为（$X60$，$Z100$），圆弧圆心坐标相对于圆弧起点的增量在 X 向为 40 mm（半径量），Z 向为 10 mm，加工此圆弧的进给速度为 0.2 mm/r。

图 5-1-5 所示为圆弧插补指令的参数定义。

3. 指令使用说明

（1）圆弧顺、逆的方向判断。圆弧插补顺逆方向的判断方法是：处在圆弧所在平面（如 ZX 平面）的另一根轴（Y 轴）的正方向看该圆弧，起点到终点运动轨迹为顺时针使用 G02 指令，逆时针使用 G03 指令。在判断圆弧的顺逆方向时，一定要注意刀架的位置及 Y 轴的方向，如图 5-1-6 所示。

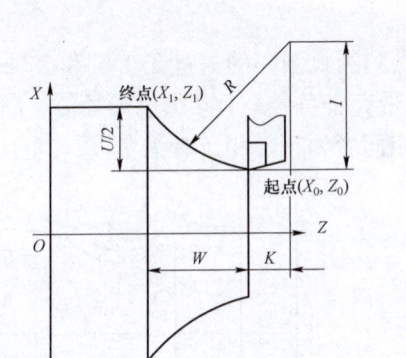

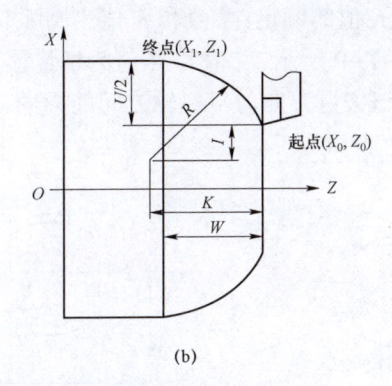

图 5-1-5 圆弧插补指令的参数定义
(a) G02；(b) G03

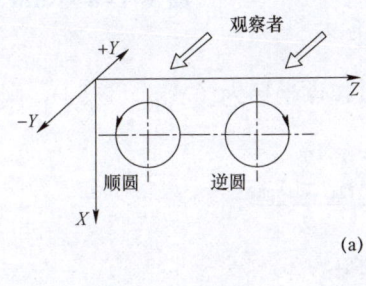

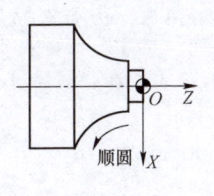

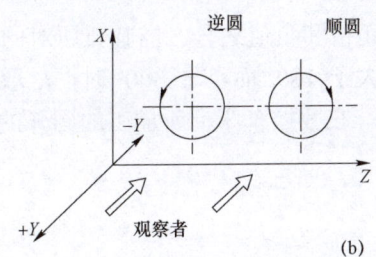

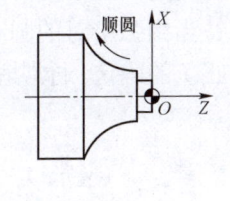

图 5-1-6 前后置刀架数控车床圆弧判断方法
(a) 前置刀架数控车床圆弧判断方法；(b) 后置刀架数控车床圆弧判断方法

后置刀架数控车床（刀架在操作人员对面）的圆弧判断方法如图 5-1-6（b）所示，按右手直角笛卡儿坐标系原则，假想的 Y 轴正方向指向操作人员，方向由操作人员向前正视判断，顺时针用 G02，逆时针用 G03。

前置刀架数控车床（刀架在操作人员同侧）的圆弧判断方法如图 5-1-6（a）所示，按右手直角笛卡儿坐标系原则，假想的 Y 轴正方向背向操作人员，方向由面向操作人员方向看进行判别，顺时针用 G02，逆时针用 G03；若人为操作人员向前正视的方向，则圆弧插补方向应相反，即顺时针为 G03，逆时针为 G02。

圆弧插补顺逆方向的判断示意图如图 5-1-7 所示。

从上面描述可以看出，同一零件不管是采用前置刀架数控车床还是后置刀架数控车床车削，判别方法不一样，但圆弧结果是一致的，不会因为所采用机床不同而造成判断结果不一致的情形，通常可不考虑前置或后置刀架，一律按零件图上半部分为基准判别圆弧插补方向，如图 5-1-8 所示。

(2) I、K 值的确定。I 值和 K 值为圆弧起点到圆弧圆心的矢量在 X 轴和 Z 轴方向上的投影，如图 5-1-9 所示。I 值和 K 值为增量值，带有正负号，且 I 值为半径值。I 值和 K 值的正负取决于该矢量方向与坐标轴方向的异同，相同者为正，相反者为负。

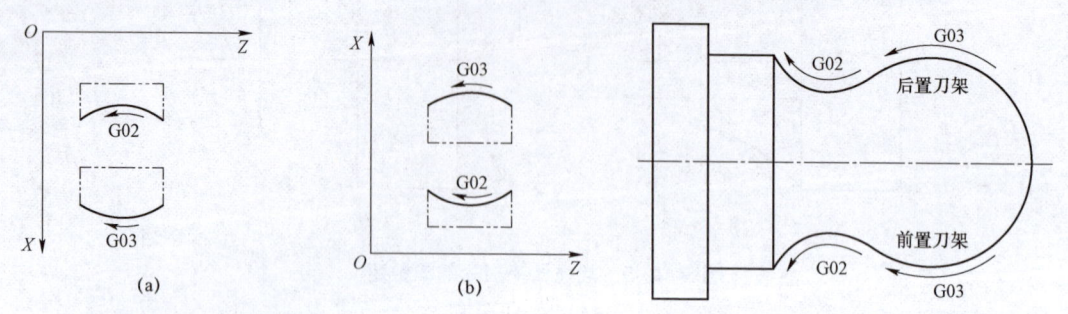

图 5-1-7 圆弧顺逆方向的判别示意
(a) 前置刀架数控车床；(b) 后置刀架数控车床

图 5-1-8 G02/G03 方向判断方法

若已知圆心坐标为 $(X_{圆心}, Z_{圆心})$，圆弧起点坐标为 $(X_{起点}, Z_{起点})$，则 I 值和 K 值的计算公式为

$$I = \frac{X_{圆心} - X_{起点}}{2} \tag{5-1}$$

$$K = Z_{圆心} - Z_{起点} \tag{5-2}$$

(3) 圆弧半径的确定。圆弧半径 R 有正值和负值之分。当圆弧所对的圆心角小于或等于 180°时，R 取正值；当圆弧所对的圆心角大于 180°而小于 360°时，R 取负值，图 5-1-10 所示为圆弧半径 R 正负的确定。通常情况下，在数控车床上所加工的圆弧的圆心角小于 180°。

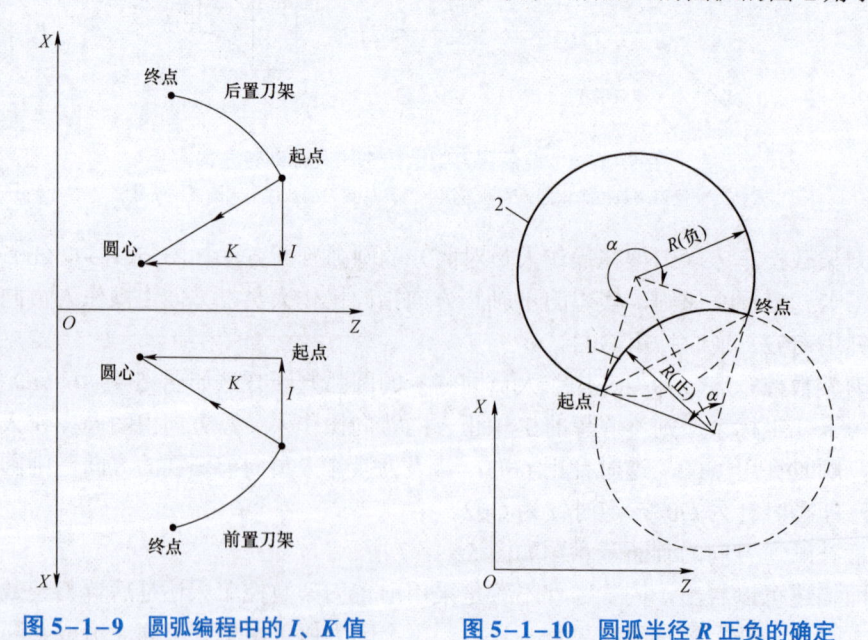

图 5-1-9 圆弧编程中的 I、K 值

图 5-1-10 圆弧半径 R 正负的确定

(4) 到圆弧中心的距离不用 I、K 指令，可以用圆弧半径 R 指令指定。当 I、K 和 R 同时被指定时，R 指令优先，I、K 无效。

（5）圆弧在多个象限时，该指令可连续执行。

（6）使用圆弧半径 R 指令时，指令圆心角小于 180°圆弧。

（7）R 值必须等于或大于起点到终点距离的一半，如果终点不在用 R 指令定义的圆弧上，系统会产生报警。

（8）圆心角接近于 180°圆弧，当用 R 指定时，圆弧中心位置的计算会出现误差，此时可用 I、K 指令指定圆弧中心。

（9）当 I 值或 K 值为 0 时，I0 或 K0 可以省略。

（10）G02/G03 为模态有效代码，一经使用持续有效，直到被同组 G 代码（G01，G02，G03，…）取代为止。

注意

（1）数控车削的圆弧面轮廓编程，在实际应用中可以利用数控车床的加工对称性，将前置刀架数控车床转换成后置刀架数控车床来处理。在编程读图时，仅通过上半部分图形来进行顺时针/逆时针的判别。

（2）圆心坐标在圆弧插补时不得省略，除非用其他格式指令编程。

4. 编程实例

【例 5.1.1】如图 5-1-11（a）所示，刀具从 A 点（X50，Z-15）到 B 点（X70，Z-25）为顺时针圆弧段，程序段如下。

（1）R 方式编程为

G02 X70 Z-25 R10 F0.2;　　　　绝对坐标编程，用 R 指定圆心位置
G02 U20 W-10 R10 F0.2;　　　　增量坐标编程，用 R 指定圆心位置

（2）I、K 方式编程为

G02 X70 Z-25 I10 K0 F0.2;　　　绝对坐标编程，用 I、K 指定圆心位置
G02 U20 W-10 I10 K0 F0.2;　　　增量坐标编程，用 I、K 指定圆心位置

【例 5.1.2】如图 5-1-11（b）所示，刀具从 A 点（X40，Z-10）到 B 点（X65.06，Z-21.86）为逆时针圆弧段，图上没有给出圆弧半径大小，故其程序段如下。

G03 X65.06 Z-21.86 I-6.14 K-19.03 F0.2;绝对坐标编程，用 I、K 指定圆心位置
G03 U25.06 W-11.86 I-6.14 K-19.03 F0.2;增量坐标编程，用 I、K 指定圆心位置

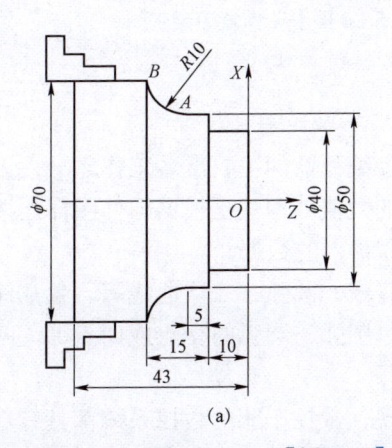

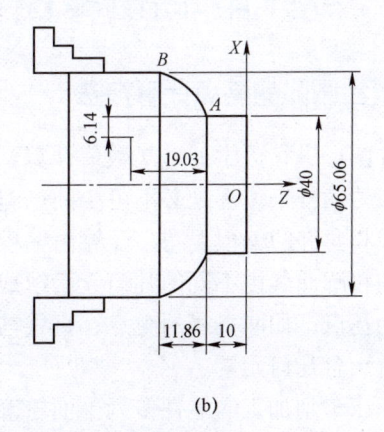

图 5-1-11 ［例 5.1.1］和［例 5.1.2］图（后置刀架）

【例5.1.3】如图5-1-12（a）所示，刀尖从圆弧起点A移动至终点B，圆弧插补的程序段如下。

（1）R方式编程为

G02 X60 Z-30 R12 F0.15;　　绝对坐标编程，用R指定圆心位置
G02 U24 W-12 R12 F0.15;　　增量坐标编程，用R指定圆心位置

（2）I、K方式编程为

G02 X60 Z-30 I12 F0.15;　　绝对坐标编程，用I、K指定圆心位置
G02 U24 W-12 I12 F0.15;　　增量坐标编程，用I、K指定圆心位置

【例5.1.4】如图5-1-12（b）所示，刀尖从圆弧起点A移动至终点B，圆弧插补的程序段如下。

（1）R方式编程为

G03 X60 Z-25 R10 F0.15;　　绝对坐标编程，用R指定圆心位置
G03 U20 W-10 R10 F0.15;　　增量坐标编程，用R指定圆心位置

（2）I、K方式编程为

G03 X60 Z-25 K-10 F0.15;　　绝对坐标编程，用I、K指定圆心位置
G03 U20 W-10 K-10 F0.15;　　增量坐标编程，用I、K指定圆心位置

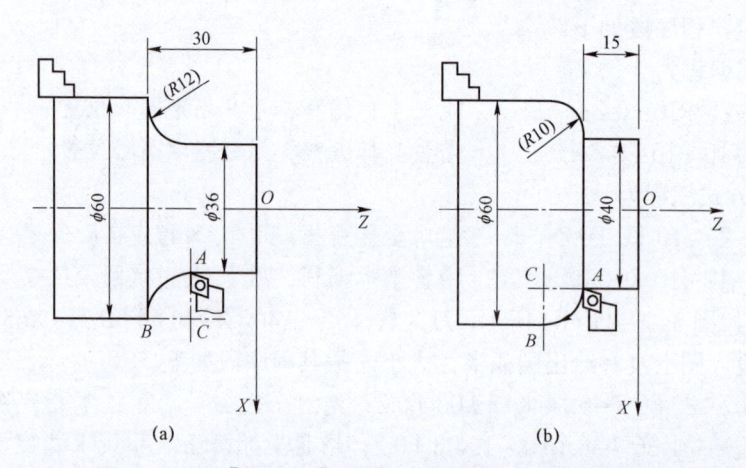

图5-1-12　[例5.1.3]和[例5.1.4图]（前置刀架）

三、复合圆弧的基点计算方法

对零件图形进行数学处理（数值计算）是数控编程前的主要准备工作之一，无论是手工编程还是自动编程来说都是必不可少的。编程前的数值处理就是根据零件图样，按照已确定的加工路线和允许的编程误差，计算出编程时所需输入的数据。

零件的轮廓曲线由不同的几何元素组成，如直线、圆弧、二次曲线等。各几何元素间的连接点称为基点，如两直线的交点、直线与圆弧、圆弧与圆弧的交点或切点等。两个相邻基点间只能有一个几何元素。

数控车床车削加工的零件多为平面轮廓，而现代数控车床的数控系统都具有直线插补和圆弧插补功能，所以本任务只介绍平面零件轮廓相关计算方法，而立体型面的数值计算可参

阅有关书籍。

一般基点的计算可根据图样给定条件运用几何法、解析几何法、三角函数法求得。为了提高工作效率，降低出错率，有效的途径是利用计算机辅助完成坐标数据的计算。

【例 5.1.5】对于图纸中未标注交点的复合圆弧，需要通过数学的方法来计算其基点坐标。

如图 5-1-13 所示，R10、R15 两圆弧相切，其中 A（X50，Z-11.34）为 R10 圆弧起点、C（X60，Z-56）为 R15 圆弧终点，B 点为切点，在图上未标注其他具体尺寸，而 B 点在圆弧编程中必须用到，这种情况下，可通过求解两圆的方程来得到 B 点的数值，计算方法如下。

在工件坐标系中分别列出两圆方程，通过求解方程得到交点数值，注意方程所在坐标系为 XOZ 坐标系。

R10 所在圆方程为

$$(Z+20)^2+(X-20)^2=10^2$$

R15 所在圆方程为

$$(Z+41.32)^2+(X-33.06)^2=15^2$$

联立方程解出

$$X=25.22（半径量），Z=-28.52$$

则 B 点坐标为（X50.44，Z-28.52）。

两外圆弧面加工程序如下：
G00 X50 Z2；
G01 X50 Z-11.34 F0.1；
G03 X50.44 Z-28.52 R10；
G02 X60 Z-56 R15；

四、圆弧面零件的检测

为了保证含圆弧零件的外形和尺寸的正确，可根据不同的精度要求选用样板、游标卡尺或千分尺来测量。

精度要求不高的外圆弧面可以用半径样板（俗称 R 规）、专用样板检测。检测时，样板中心对准工件中心，根据透光间隙，判别圆弧表面与样板的吻合程度，并根据样板与工件间的间隙大小来修整圆弧面，最终使样板与工件曲面轮廓全部重合即可，如图 5-1-14 所示。

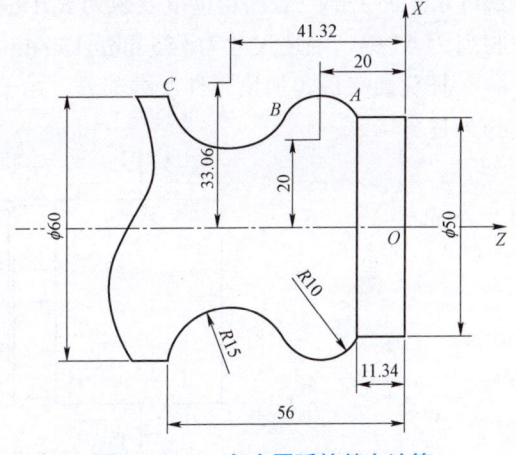

图 5-1-13 复合圆弧的基点计算

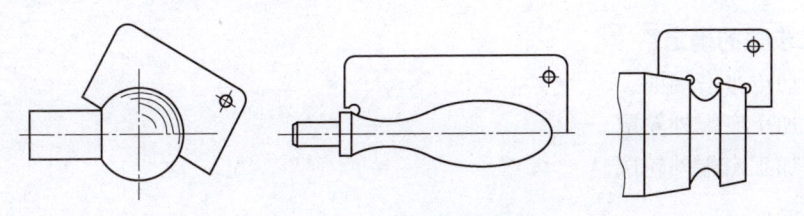

图 5-1-14 样板检测圆弧面

精度要求较高的外圆弧面除用样板检测其外形外，还须用游标卡尺或千分尺通过被测表面的中心，并多方位地进行测量，如图 5-1-15 所示。

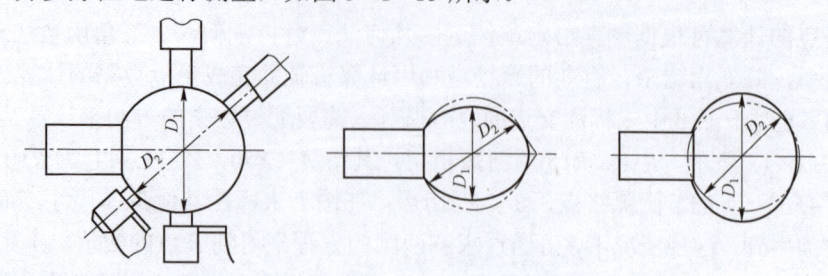

图 5-1-15 千分尺检测圆弧面

📖 任务实施

一、零件图分析（见图 5-1-1）

如图 5-0-1 所示零件属于较复杂的外圆弧面零件。根据零件的形状，本项目零件需要进行两次装夹才能完成加工，本任务是第一次装夹（见图 5-1-16），加工零件右半部分，加工部分为径向尺寸单调增大的台阶轴，其中外圆尺寸为 $\phi 15$ mm、$\phi 32$ mm、$\phi 44$ mm、$\phi 52$ mm，以及长度尺寸为 70 mm 的加工元素有具体公差要求，其余公差均为自由公差；$\phi 52$ mm、$\phi 44$ mm 加工部位表面粗糙度要求为 $Ra 1.6$ μm，其余加工部位表面粗糙度为 $Ra 3.2$ μm；零件材料为 45 钢，毛坯尺寸为 $\phi 55$ mm×130 mm 的棒料，适合在数控车床上加工。

掉头装夹后，加工零件左端部分，由于左端为非单调增大结构，故第二部分的车削内容作为任务二。

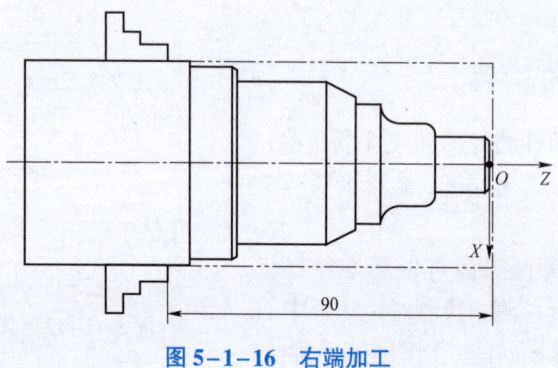

图 5-1-16 右端加工

二、工艺分析

1. 加工步骤的确定

（1）手动车平右端面。
（2）粗加工右端外轮廓。
（3）精加工右端外轮廓。
（4）检测。

2. 数控加工刀具卡片的制定

数控加工刀具卡片见表 5-1-1。

表 5-1-1 数控加工刀具卡片

产品名称或代号		数控车削技术训练实训件		零件名称	外圆弧面零件（一）		零件图号	图 5-1-1
序号	刀具号	刀具名称及规格	数量	加工表面		刀尖半径 R/mm	刀尖方位 T	备注
1	T0101	95°可转位外圆车刀	1	加工端面；粗、精加工外轮廓		0.4	3	
编制		审核		批准			共 1 页	第 1 页

3. 数控加工工艺卡片的制定

数控加工工艺卡片见表 5-1-2。

表 5-1-2 数控加工工艺卡片

单位名称		产品名称或代号		零件名称		零件图号	
×××		数控车削技术训练实训件		外圆弧面零件（一）		图 5-1-1	
工序号	程序编号	夹具名称	夹具编号	使用设备		切削液	车间
	O5001	自定心卡盘		CKA6140（FANUC 系统）		乳化液	数控车间
工步号	工步内容	切削用量			刀具		备注
		主轴转速/(r·min⁻¹)	进给量/(mm·r⁻¹)	背吃刀量/mm	刀具号	刀具名称	
1	车平右端面	800	0.1	1	T0101	95°可转位外圆车刀	手动
2	粗加工外轮廓	800	0.2	1	T0101	95°可转位外圆车刀	自动
3	精加工外轮廓	1 200	0.1	0.5	T0101	95°可转位外圆车刀	自动
编制		审核		批准	年 月 日	共 1 页	第 1 页

三、编制加工程序

以工件精加工后的右端面中心位置作为编程原点，建立工件坐标系，其加工程序单如表 5-1-3 所示。

表 5-1-3 加工程序单

程序段号	加工程序	程序说明
	O5001；	程序名
N10	G21 G97 G99；	公制尺寸编程，主轴转速单位 r/min，进给量单位 mm/r
N20	T0101；	换 1 号刀，调用 1 号刀补
N30	M03 S800；	主轴正转，转速为 800 r/min

续表

程序段号	加工程序	程序说明
N40	G42 G00 X56 Z2;	建立刀具刀尖圆弧半径右补偿,车刀快速定位到粗加工循环起点($X56$,$Z2$)
N50	G71 U1 R0.5;	应用 G71 循环粗加工,每次背吃刀量 1 mm,每次退刀 0.5 mm
N60	G71 P70 Q220 U2 W0.05 F0.2;	精加工轨迹的第一个程序段号为 N70,最后一个程序段号为 N220;精加工余量 X 方向 2 mm,Z 方向 0.05 mm;粗车进给量 0.2 mm/r
N70	G00 X13;	车刀快速定位到加工起点
N80	G01 Z0 F0.1;	车刀直线插补到($X13$,$Z0$),准备加工倒角,设置精车进给量为 0.1 mm/r
N90	G01 X15 Z−1;	加工 $C1$ 倒角
N100	G01 Z−15;	加工 $\phi15$ mm 外圆
N110	G01 X16;	加工 $\phi15$ mm 左边的台阶
N120	G03 X22 Z−18 R3;	加工 $R3$ 圆弧面
N130	G01 Z−25;	加工 $\phi22$ mm 外圆
N140	G02 X32 Z−30 R5;	加工 $R5$ 圆弧面
N150	G01 Z−37;	加工 $\phi32$ mm 外圆
N160	G01 X36;	加工锥面右侧台阶面
N170	G01 X44 Z−45;	加工圆锥面
N180	G01 Z−70;	加工 $\phi44$ mm 外圆
N190	G01 X50;	加工 $\phi52$ mm 右侧台阶面
N200	G01 X52 Z−71;	加工 $C1$ 倒角
N210	G01 Z−82;	加工 $\phi52$ mm 外圆
N220	G01 X56;	描述精加工轨迹的最后一个程序段
N230	G40 G00 X100 Z200;	取消刀具刀尖圆弧半径右补偿,车刀快速退刀到($X100$,$Z200$)的安全位置
N240	M05;	主轴停转
N250	M00;	程序暂停
N260	T0101;	换 1 号刀,调用 1 号刀补
N270	M03 S1200;	主轴正转,转速为 1 200 r/min
N280	G42 G00 X56 Z2;	建立刀具刀尖圆弧半径右补偿,车刀快速定位到精加工循环起点($X56$,$Z2$)
N290	G70 P70 Q220;	精加工右端外轮廓
N300	G40 G00 X100 Z200;	取消刀具刀尖圆弧半径右补偿,车刀快速退刀到($X100$,$Z200$)的安全位置
N310	M30;	程序结束

四、程序校验及加工

（1）根据数控加工刀具卡片要求正确安装数控车刀，并在数控车床上进行对刀操作。

（2）根据已验证的加工程序单将程序输入数控系统，输入完成后要再次检查输入程序是否正确，检查程序要做到严谨、仔细、认真，以免发生错误。

（3）在数控系统中利用图形模拟校验功能，查看所输入程序的走刀轨迹是否正确。

（4）将数控系统置于自动加工运行模式。

（5）调出要加工的程序并将光标移动至程序的开头。

（6）按下"循环启动"按钮，执行自动加工程序。

（7）加工过程中，始终观察刀尖运动轨迹和系统屏幕上的坐标变化情况，右手放在"急停"按钮上，一旦发生异常，立即按下"急停"按钮。

（8）加工完成后，在数控车床上利用相关量具检测工件。

注意

1. 加工工件时，刀具和工件必须夹紧，否则可能会发生事故。
2. 注意工件伸出卡爪的长度，以免刀具与卡盘发生碰撞事故。
3. 程序自动运行前必须将光标调整到程序的开头。

五、完成加工并检测

零件加工完成后，对照表 5-1-4 的相关要求，将检测结果填入表中。

表 5-1-4　数控车工考核评分表

序号	考核项目	考核内容及要求		配分	评分标准	检测结果	得分
1	程序编制	指令正确，程序完整		10	每错一个指令酌情扣 1~2 分，扣完为止		
2	数控车床规范操作	（1）机床准备； （2）正确对刀，建立工件坐标系； （3）正确设置参数		5	每违反一条酌情扣 1~2 分，扣完为止		
3	外圆	$\phi 15_{-0.04}^{\ 0}$ mm	IT	8	超差 0.01 mm 扣 2 分		
			Ra	2	降级不得分		
		$\phi 22$ mm	IT	4	超差不得分		
			Ra	2	降级不得分		
		$\phi 32_{-0.04}^{\ 0}$ mm	IT	8	超差 0.01 mm 扣 2 分		
			Ra	2	降级不得分		
		$\phi 44_{-0.04}^{\ 0}$ mm	IT	8	超差 0.01 mm 扣 2 分		
			Ra	2	降级不得分		
		$\phi 52_{-0.04}^{\ 0}$ mm	IT	8	超差 0.01 mm 扣 2 分		
			Ra	2	降级不得分		

续表

序号	考核项目	考核内容及要求		配分	评分标准	检测结果	得分
4	锥面	$\phi 36$ mm	IT	4	超差不得分		
			Ra	2	降级不得分		
5	圆弧	R3	半径样板检测	3	超差不得分		
			Ra	1	降级不得分		
		R5	半径样板检测	3	超差不得分		
			Ra	1	降级不得分		
6	长度	15 mm	IT	2	超差不得分		
		15 mm	IT	2	超差不得分		
		7 mm	IT	2	超差不得分		
		25 mm	IT	2	超差不得分		
		82 mm	IT	2	超差不得分		
		$70^{+0.06}_{0}$ mm	IT	4	超差不得分		
7	倒角	C1（2处）	IT	1	超差不得分		
8	安全文明生产	（1）着装规范，刀具、工具、量具归类摆放整齐； （2）工件装夹、刀具安装规范； （3）正确使用量具； （4）工作场所卫生、设备保养到位		10	每违反一条酌情扣2~4分，扣完为止		

六、机床维护与保养

（1）清除切屑、擦拭机床，使机床与周围环境保持清洁状态。
（2）检查润滑油、切削液的状态，及时添加或更换。
（3）依次关掉机床操作面板上的电源和总电源。
（4）机床如有故障，应立即报修。
（5）填写设备使用记录。

📖 任务评价

一、操作现场评价

填写现场记录表，见附录一。

二、任务学习自我评价

填写任务学习自我评价表，见附录二。

📖 任务总结

本任务主要以圆弧面台阶轴加工为载体，介绍数控车削编程常用的指令 G02、G03 的应用，学生应掌握常用外圆弧面零件加工车刀的选择方法，掌握外圆弧面零件的检测方法，了解复合圆弧基点的计算方法，学会简单外圆弧面零件的加工方法。

任务二　加工外圆弧面零件（二）

📖 任务目标

知识目标

1. 掌握仿形切削粗车复合循环 G73 指令格式及应用。
2. 了解并掌握掉头加工零件的工艺安排。
3. 掌握外圆弧面零件数控加工方案的制定方法。
4. 掌握对外圆弧面零件加工中出现的问题进行分析的方法。

技能目标

1. 能灵活运用 G73 指令对径向尺寸非单调增大的外圆弧面零件加工进行编程。
2. 能根据所加工的零件正确选择加工设备及刀具、量具，确定装夹方案和工艺路线，正确填写数控加工刀具卡片、数控加工工艺卡片。
3. 能独立完成本任务零件的数控车削加工。

📖 任务描述

工厂需加工一批零件，零件如图 5-0-1 所示，要求在数控车床上加工。本项目的任务一已完成了右端部分加工，本任务需掉头装夹，完成该零件左端部分的加工，左端为径向尺寸非单调增大的外圆弧面部分，具体任务零件如图 5-2-1 所示。已知毛坯为上一任务加工的零件，材质为 45 钢，技术人员需根据加工任务，编制零件的加工工艺，选择合适的刀具及合理的切削参数，编写零件的加工程序，在数控车床（FANUC 0i Mate-TC 系统）上实际操作加工出来，并对加工后的零件进行检测、评价。

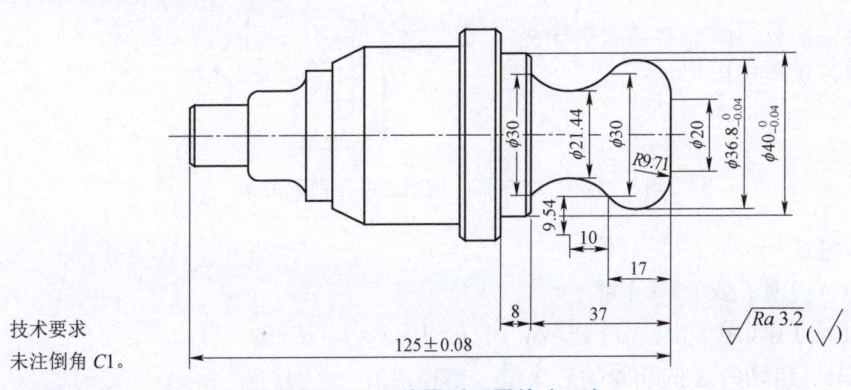

技术要求
未注倒角 C1。

图 5-2-1　外圆弧面零件（二）

📖 知识准备

一、仿形切削粗车复合循环指令（G73）

1. 指令功能

执行 G73 功能时，每一刀的切削路线的轨迹形状都是相同的，只是位置不同（见图 5-2-2 和图 5-2-3）；每走完一刀，就把切削轨迹向工件移近一个位置，逐渐向零件最终形状靠近。该指令应用于经锻造、铸造等粗加工已初步成形的毛坯，以提高加工效率。同时也可以根据 G73 的走刀轨迹，对于径向尺寸非单调增大的外圆零件用此功能来进行粗车加工。

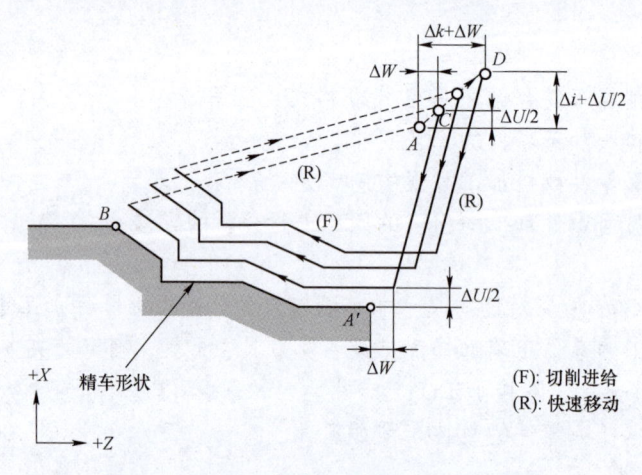

图 5-2-2　G73 指令切削路径（后置刀架）

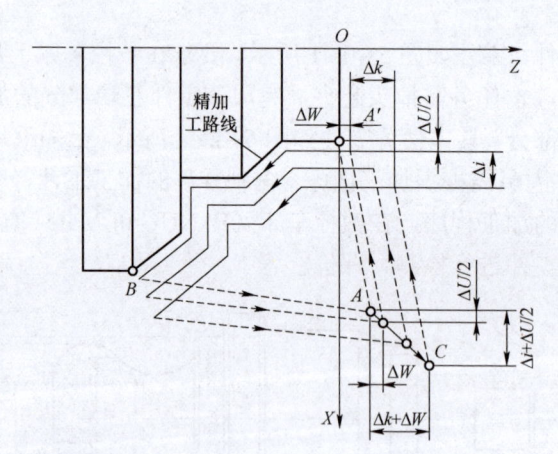

图 5-2-3　G73 指令切削路径（前置刀架）

2. 指令格式

G73 U（Δi）W（Δk）R（d）；
G73 P（ns）Q（nf）U（ΔU）W（ΔW）F（f）S（s）T（t）；

程序中，Δi——粗切时 X 向切除的总余量（半径值）；

　　　　Δk——粗切时 Z 向切除的总余量（当 Δk 为 0 时可省略）；

d——循环次数（加工次数，为整数数值）；
ns——精车加工程序第一个程序段的顺序号；
nf——精车加工程序最后一个程序段的顺序号；
ΔU——在 X 方向加工余量的距离和方向指定；
ΔW——在 Z 方向加工余量的距离和方向指定；
f，s，t——顺序号"ns""nf"之间的程序段中所包含的任何 F、S 和 T 功能都被忽略，而在 G73 程序段中的 F、S 和 T 功能有效。

例：G73 U9 W1.5 R5；
　　G73 P100 Q200 U0.3 W0.05 F0.15；

执行 G73 仿形切削粗车复合循环指令，粗车时 X 方向切除的总背吃刀量（半径量）为 9 mm，粗车时 Z 方向切除的总余量为 1.5 mm，粗车循环次数为 5 次；精车加工第一个程序段的段号为 N100，精车加工最后一个程序段的段号为 N200，X 方向的精车余量（直径量）为 0.3 mm，Z 方向的精车余量为 0.05 mm，粗加工进给量为 0.15 mm/r。

3. 指令使用说明

（1）对于毛坯是棒料的零件来说，Δi 的值可以用 [（毛坯直径−加工端最小直径量）/2] 来确定 [见图 5-2-4（a）]；对于铸件、锻件或已成形的其他毛坯料，Δi 的值取（剩余切除量/2），如图 5-2-4（b）所示。

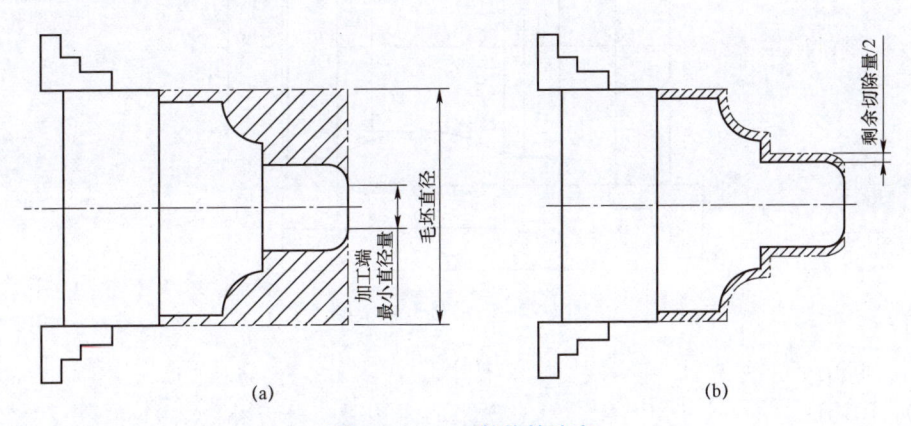

图 5-2-4　Δi 数值的确定
（a）棒料毛坯；（b）铸件、锻件或者已成形的毛坯料

（2）当 Δk 为 0 时，W 可省略不写。
（3）循环次数的数值 d 可以用（Δi/粗车单边切除量）取整数来确定。
（4）循环起点的坐标值可以参考 G71 中起点的方法来确定。
（5）ns、nf、ΔU、ΔW 含义同 G71 中参数含义相同，可参照 G71 设置其数值。
（6）由地址 P 指定的 ns 程序段中，只能用 G00 或 G01 指令，同时后面的地址中 X 轴、Z 轴必须同时存在，否则系统会报警。
（7）循环起点的位置 X 值应不小于工件毛坯的直径，Z 值应离开毛坯端面 2 mm，以免车削返回时发生干涉。粗车循环结束后刀具自动返回循环起点。
（8）在 ns 到 nf 程序段中不能指定下列指令：
① 除 G04 以外的非模态 G 代码；

② 除 G00、G01、G02 和 G03 以外的所有 01 组 G 代码；

③ 06 组 G 代码。

（9）应用 G73 加工棒料毛坯零件时，由于是平移轨迹法加工，会出现很多空刀。因此，要求编程者考虑更为合理的加工工艺方案。

注意

（1）粗加工时 G73 程序段中的 F__、S__、T__有效，而精加工时处于 ns 到 nf 程序段之间的 F__、S__、T__有效。

（2）当用 G73 指令粗加工完工件后，用 G70 来指定精车循环，切除精加工余量。

4. 编程实例

【例 5.2.1】如图 5-2-5 所示，毛坯直径 ϕ50 mm，零件为径向尺寸非单调增大的轮廓类型，故用 G73 编程。通过图纸分析可得知，图中最小尺寸为 ϕ30 mm，根据公式可计算出 Δi=10 mm，取 Δk=0 mm，每次背吃刀量为 1 mm（半径值），则 d=10，程序如下。

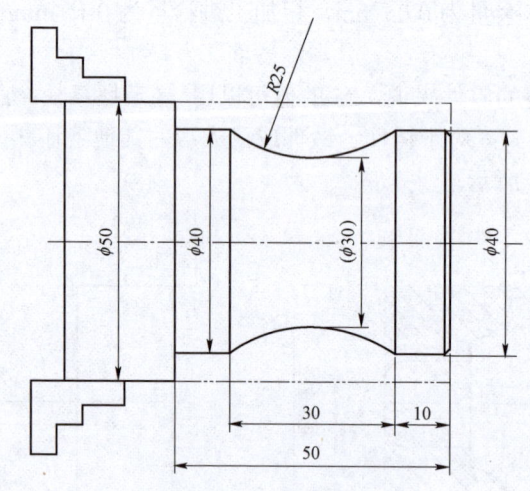

图 5-2-5 [例 5.2.1] 图

```
         O5201                      程序名
N10      T0101;                     选择1号刀及1号刀补
N20      G21 G99;                   公制尺寸（mm），进给量单位为 mm/r
N30      M3 S800;                   主轴正转，转速 800 r/min
N40      G42 G00 X52 Z2;            刀具快速定位至循环起点
N50      G73 U10 R10;               G73仿形切削粗车复合循环
N60      G73 P70 Q130 U1 W0 F0.2;   G73仿形切削粗车复合循环
N70      G00 X38 Z1;                刀具快速定位到加工起点
N80      G01 Z0 F0.1;               车刀直线插补到（X38,Z0），准备加工倒角
N90      X40 Z-1;                   加工倒角
N100     Z-10;                      加工 $\phi$40 mm 外圆
N110     G02 X40 Z-40 R25;          加工 R25 mm 顺时针外圆弧面
N120     G01 Z-50;                  加工 $\phi$40 mm 外圆
```

N130	X52；	加工台阶面
N140	G40 G00 X100 Z200；	快速退刀到（X100，Z200）的安全位置
N150	T0101；	选择1号刀及1号刀补
N160	M03 S1200；	主轴正转，转速1 200 r/min
N170	G42 G00 X52 Z2；	刀具快速定位至循环起点
N180	G70 P70 Q130；	精加工循环
N190	G40 G00 X100 Z200；	快速退刀到（X100，Z200）的安全位置
N200	M30；	程序结束

【例 5.2.2】如图 5-2-6 所示，零件最大直径处为 ϕ50 mm，毛坯为已成形轮廓类型，故用 G73 编程提高加工效率。通过图纸分析可得知，图中切削余量为 2 mm（半径量），取 Δi=2 mm，Δk=0 mm，每次背吃刀量为 1 mm（半径值），则 d=2，程序如下。

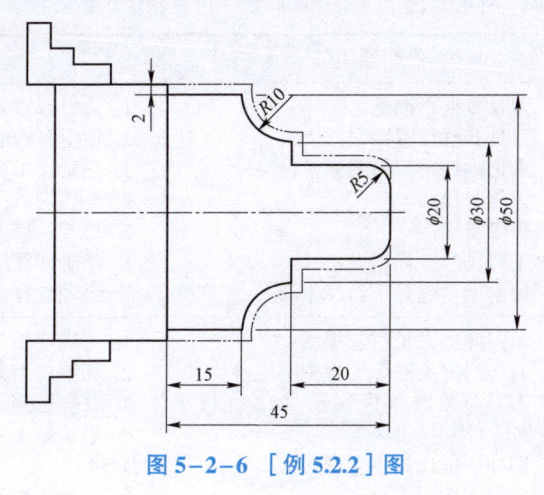

图 5-2-6 ［例 5.2.2］图

	O5202	程序名
N10	T0101；	选择1号刀及1号刀补
N20	G21 G99；	公制尺寸（mm），进给量单位为 mm/r
N30	M3 S800；	主轴正转，转速 800 r/min
N40	G42 G00 X56 Z2；	刀具快速定位至循环起点
N50	G73 U2 R2；	G73仿形切削粗车复合循环
N60	G73 P70 Q140 U1 W0.05 F0.2；	G73仿形切削粗车复合循环
N70	G00 X10 Z1；	刀具快速定位到加工起点
N80	G01 Z0 F0.1；	车刀直线插补到（X10，Z0），准备加工圆弧
N90	G03 X20 Z-5 R5；	加工 R5 mm 逆时针外圆弧面
N100	G01 Z-20；	加工 ϕ20 mm 外圆
N110	X30；	加工台阶面
N120	G02 X50 Z-30 R10；	加工 R10 顺时针外圆弧面
N130	G01 Z-45；	加工 ϕ50 mm 外圆
N140	X56；	加工台阶面
N150	G40 G00 X100 Z200；	快速退刀到（X100，Z200）的安全位置

N160	T0101;	选择1号刀及1号刀补
N170	M03 S1200;	主轴正转，转速1 200 r/min
N180	G42 G00 X56 Z2;	刀具快速定位至循环起点
N190	G70 P70 Q140;	精加工循环
N200	G40 G00 X100 Z200;	快速退刀到（X100，Z200）的安全位置
N210	M30;	程序结束

二、外圆弧面零件加工质量分析

外圆弧面零件在数控车加工过程中会遇到各种加工和质量问题，表5-2-1对外圆弧面加工中常见的问题、产生原因、预防和解决方法进行了分析。

表5-2-1 外圆弧面加工常见的问题、产生原因、预防和解决方法

问题	产生原因	预防和解决方法
圆弧尺寸超差	1. 刀具数据不准确； 2. 刀具补偿设置错误； 3. 未正确使用刀尖圆弧半径补偿； 4. 刀具磨损； 5. 程序错误； 6. 工件尺寸计算错误； 7. 切削用量选择不当产生让刀	1. 调整或重新设定刀具数据； 2. 使用正确的补偿设置； 3. 正确使用刀尖圆弧半径补偿； 4. 更换刀具； 5. 检查、修改加工程序； 6. 正确计算工件尺寸； 7. 合理选择切削用量
表面粗糙度太大	1. 车刀伸出太长引起振动； 2. 刀车刀刀尖高于工件中心； 3. 刀具参数选择不合理，如前角过小或后角过大等； 4. 切削用量选择不合理； 5. 切削液选用不合理	1. 正确安装车刀； 2. 调整车刀刀尖与工件中心等高； 3. 合理选择刀具角度或合理选择刀片； 4. 进给量不宜选择过大，合理选择精加工余量； 5. 选择正确的切削液并充分喷注
切削过程中干涉	1. 刀具参数不正确； 2. 刀具安装不正确； 3. 程序错误	1. 正确选择刀具参数； 2. 正确安装刀具； 3. 检查、修改加工程序
圆弧凹凸方向不对	程序不正确	正确编制程序
加工过程中出现扎刀现象	1. 进给量过大； 2. 工件装夹不合理	1. 降低进给量； 2. 检查工件装夹，增加装夹刚度

📖 任务实施

一、零件图分析（见图5-2-1）

任务一已经完成了零件右端部分的加工，并完成了相应的检测，本任务主要加工零件剩余部分，零件装夹如图5-2-7所示，加工零件左半部分，加工部分为径向尺寸非单调增大的外圆弧面轴，其中$\phi 40$ mm、$\phi 36.8$ mm的加工元素有具体公差要求，其余公差均为自由公差，加工部位表面粗糙度为$Ra3.2$ μm，零件材料为45钢，毛坯为任务一加工结束后的余料，适合在数控车床上加工。

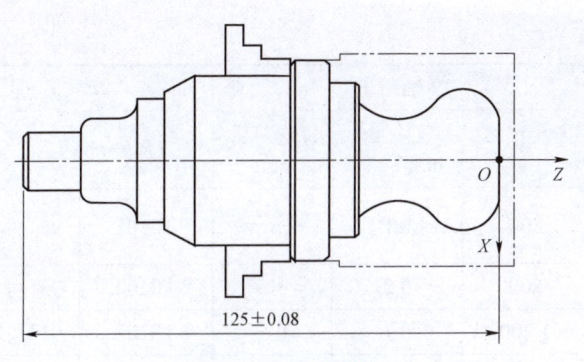

图 5-2-7 左端加工

二、工艺分析

1. 加工步骤的确定

（1）手动车平右端面，并保证零件总长满足公差要求。
（2）粗加工右端外圆弧面轴。
（3）精加工右端外圆弧面轴。
（4）检测。

2. 数控加工刀具卡片的制定

数控加工刀具卡片见表 5-2-2。

表 5-2-2 数控加工刀具卡片

产品名称或代号		数控车削技术训练实训件		零件名称	外圆弧面零件（二）		零件图号	图 5-2-1
序号	刀具号	刀具名称及规格	数量	加工表面	刀尖半径 R/mm	刀尖方位 T	备注	
1	T0101	93°可转位外圆车刀（80°菱形刀片）	1	加工端面	0.4	3	手动	
2	T0202	93°可转位外圆车刀（35°菱形刀片）	1	粗、精加工外轮廓	0.4	3	自动	
编制		审核		批准		共 1 页	第 1 页	

3. 数控加工工艺卡片的制定

数控加工工艺卡片见表 5-2-3。

表 5-2-3 数控加工工艺卡片

单位名称		产品名称或代号		零件名称		零件图号	
×××		数控车削技术训练实训件		外圆弧面零件（二）		图 5-2-1	
工序号	程序编号	夹具名称	夹具编号	使用设备		切削液	车间
	O5002	自定心卡盘		CKA6140（FANUC 系统）		乳化液	数控车间

续表

工步号	工步内容	切削用量 主轴转速/(r·min^{-1})	进给量/(mm·r^{-1})	背吃刀量/mm	刀具 刀具号	刀具名称	备注
1	车平右端面,保证零件总长	800	0.1	1	T0101	95°可转位外圆车刀	手动
2	粗加工外轮廓	800	0.2	1	T0202	93°可转位外圆车刀	自动
3	精加工外轮廓	1 200	0.1	0.5	T0202	93°可转位外圆车刀	自动
编制		审核		批准	年 月 日	共1页	第1页

三、编制加工程序

以工件精加工后的端面中心位置作为编程原点,建立工件坐标系,其加工程序单如表 5-2-4 所示。

表 5-2-4 加工程序单

程序段号	加工程序	程序说明
	O5002;	程序名
N10	G21 G97 G99;	公制尺寸编程,主轴转速单位 r/min,进给量单位 mm/r
N20	T0202;	换 2 号刀,调用 2 号刀补
N30	M03 S800;	主轴正转,转速为 800 r/min
N40	G42 G00 X57 Z2;	建立刀具刀尖圆弧半径右补偿,车刀快速定位到粗加工循环起点(X57,Z2)
N50	G73 U16.78 R17;	Δi=(55-21.44)/2=16.78 mm;Δk=0 mm;d=Δi/1,取整得 17。应用 G73 循环粗加工,X 方向总背吃刀量为 16.78 mm,Z 方向总背吃刀量为 0 mm,共分 17 刀进行粗加工
N60	G73 P70 Q160 U1 W0 F0.2;	精加工轨迹的第一个程序段号为 N70,最后一个程序段号为 N160;精加工余量 X 方向 1 mm,Z 方向 0 mm;粗车进给量为 0.2 mm/r
N70	G00 X20 Z1;	车刀快速定位到加工起点
N80	G01 Z0 F0.1;	车刀直线插补到(X20,Z0),准备加工外圆弧面,设置精车进给量为 0.1 mm/r
N90	G03 X30 Z-17 R9.71;	加工逆时针外圆弧面
N100	G02 X30 Z-37 I9.54 K-10;	加工顺时针外圆弧面
N110	G01 X38;	加工台阶面
N120	X40 Z-38;	加工 C1 倒角
N130	Z-45;	加工 ϕ40 mm 外圆
N140	X50;	加工台阶面
N150	X54 Z-47;	加工倒角(倒角适度延长避免接刀时的翻边毛刺)

续表

程序段号	加工程序	程序说明
N160	X57;	描述精加工轨迹的最后一个程序段
N170	G40 G00 X100 Z200;	取消刀具刀尖圆弧半径右补偿，车刀快速退刀到（X100，Z200）的安全位置
N180	M05;	主轴停转
N190	M00;	程序暂停
N200	T0202;	换2号刀，调用2号刀补
N210	M03 S1200;	主轴正转，转速为1 200 r/min
N220	G42 G00 X57 Z2;	建立刀具刀尖圆弧半径右补偿，车刀快速定位到精加工循环起点（X57，Z2）
N230	G70 P70 Q160;	精加工循环
N240	G40 G00 X100 Z200;	取消刀具刀尖圆弧半径右补偿，车刀快速退刀到（X100，Z200）的安全位置
N250	M30;	程序结束

四、程序校验及加工

（1）根据数控加工刀具卡片要求正确安装数控车刀，并在数控车床上进行对刀操作。

（2）根据已验证的加工程序单将程序输入数控系统，输入完成后要再次检查输入程序是否正确，检查程序要做到严谨、仔细、认真，以免发生错误。

（3）在数控系统中利用图形模拟校验功能，查看所输入程序的走刀轨迹是否正确。

（4）调用1号刀，手动车平端面，并保证零件总长满足公差要求。

（5）将数控系统置于自动加工运行模式。

（6）调出要加工的程序并将光标移动至程序的开头。

（7）按下"循环启动"按钮，执行自动加工程序。

（8）加工过程中，始终观察刀尖运动轨迹和系统屏幕上的坐标变化情况，右手放在"急停"按钮上，一旦发生异常，立即按下"急停"按钮。

（9）加工完成后，在数控车床上利用相关量具检测工件。

注意

（1）加工工件时，刀具和工件必须夹紧，否则可能会发生事故。

（2）手动车削端面时灵活运用相对坐标功能保证零件总长。

（3）换刀加工前将刀架移至远离工件的位置，防止换刀时发生碰撞。

（4）程序自动运行前必须将光标调整到程序的开头。

五、完成加工并检测

零件加工完成后，对照表5-2-5的相关要求，将检测结果填入表中。

表 5-2-5 数控车工考核评分表

序号	考核项目	考核内容及要求		配分	评分标准	检测结果	得分
1	程序编制	指令正确,程序完整		15	每错一个指令酌情扣 1~2 分,扣完为止		
2	数控车床规范操作	(1) 机床准备; (2) 正确对刀,建立工件坐标系; (3) 正确设置参数		5	每违反一条酌情扣 1~2 分,扣完为止		
3	外圆	$\phi 40_{-0.04}^{0}$ mm	IT	8	超差 0.01 mm 扣 2 分		
			Ra	2	降级不得分		
4	圆弧面	$\phi 20$ mm	IT	2	超差不得分		
		$\phi 36.8_{-0.04}^{0}$ mm	IT	8	超差 0.01 mm 扣 2 分		
		$\phi 21.44$ mm	IT	4	超差不得分		
		$\phi 30$ mm	IT	4	超差不得分		
		连续圆弧	样板检测	20	一处不相符扣 10 分		
			Ra	4	降级不得分		
5	长度	125 mm±0.08 mm	IT	6	超差不得分		
		37 mm	IT	4	超差不得分		
		8 mm	IT	4	超差不得分		
6	倒角	C1(2 处)	图纸标注	4	错一处扣 2 分		
7	安全文明生产	(1) 着装规范,刀具、工具、量具归类摆放整齐; (2) 工件装夹、刀具安装规范; (3) 正确使用量具; (4) 工作场所卫生、设备保养到位		10	每违反一条酌情扣 2~4 分,扣完为止		

六、机床维护与保养

(1) 清除切屑、擦拭机床,使机床与周围环境保持清洁状态。
(2) 检查润滑油、切削液的状态,及时添加或更换。
(3) 依次关掉机床操作面板上的电源和总电源。
(4) 机床如有故障,应立即报修。
(5) 填写设备使用记录。

任务评价

一、操作现场评价

填写现场记录表,见附录一。

二、任务学习自我评价

填写任务学习自我评价表，见附录二。

📖 任务总结

本任务主要以一个径向尺寸非单调增大的外圆弧面轴的加工为载体，利用 G73 指令来编程加工，结合项目五任务一的实施，学生应掌握外圆弧面的加工编程，掌握外圆弧面加工刀具的选择及走刀路线的确定，掌握外圆弧面零件的检测方法，能对外圆弧面零件加工中出现的问题进行分析，并找出预防和解决方法。

思考与练习

1. 加工外圆弧零件时，要考虑到刀具切削时会和已加工表面发生干涉，在选择车刀时一般如何选择？
2. 粗车凸圆弧面的方法有哪几种？
3. 粗车凹圆弧面的方法有哪几种？
4. G02/G03　X（U）＿＿Z（W）＿＿R＿＿F＿＿；指令中各字的含义是什么？
5. 圆弧插补顺、逆方向的判断方法是什么？
6. 圆弧编程中，R 有正值和负值之分，如何确定？
7. G02/G03　X（U）＿＿Z（W）＿＿I＿＿K＿＿F＿＿；指令中各字的含义是什么？
8. 用 I、K 格式编写圆弧程序时，I 和 K 值如何确定？其计算公式是什么？
9. 仿形切削粗车复合循环指令（G73）的功能是什么？
10. 仿形切削粗车复合循环指令（G73）的格式是什么？各行各字母含义表示什么？
11. 仿形切削粗车复合循环指令（G73）的使用说明有哪些？
12. 在加工外圆弧零件过程中出现干涉现象，产生的原因是什么？如何预防和解决？
13. 编写题图 5-1 所示零件的数控车加工程序。

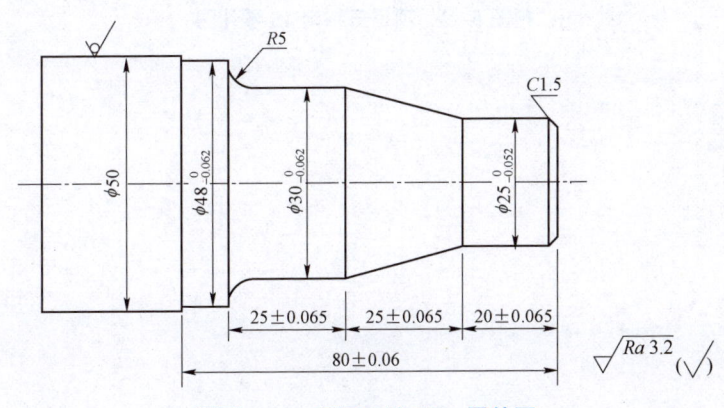

题图 5-1　项目五练习 13 零件图

14. 编写题图 5-2 所示零件的数控车加工程序。

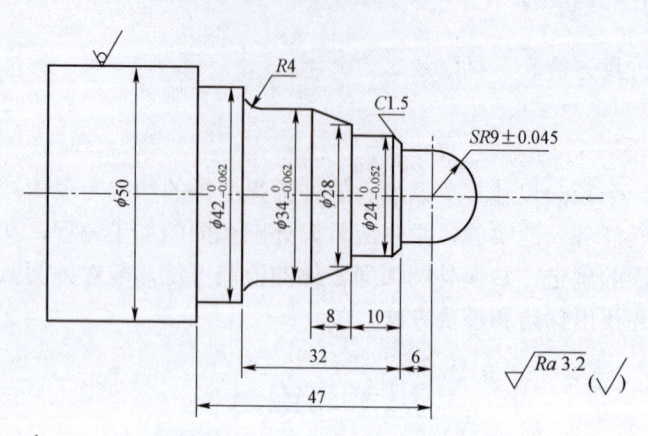

题图 5-2　项目五练习 14 零件图

15. 利用 G73、G70 指令编写题图 5-3 所示零件的数控车加工程序。

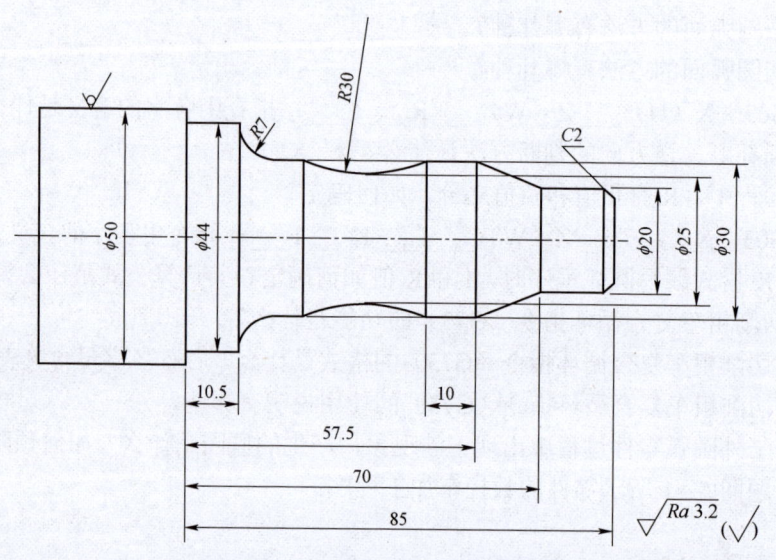

题图 5-3　项目五练习 15 零件图

项目六

加工盘类零件

项目需求

本项目主要是在数控车床上加工盘类零件,通过本项目的实施,学生应掌握 G94、G72 数控指令的格式及应用方法;掌握盘类零件的加工方法;掌握盘类零件的检测方法;掌握盘类零件加工中常见问题的产生原因和解决方法;能识读盘类零件图并根据图纸灵活选择加工指令编程;能对盘类零件进行数控车削加工并检测。

项目工作场景

根据项目需求,为顺利完成本项目的实施,需配备数控车削加工理实一体化教室和数控仿真机房,同时还需以下设备(工、量、刃具作为技术支持条件):

(1)数控车床 CK6140 或 CK6136(数控系统 FANUC 0i Mate–TC);
(2)刀架扳手、卡盘扳手、反爪(一副);
(3)95°可转位外径端面车刀、垫刀片;
(4)游标卡尺(0~150 mm)、深度游标卡尺(0~150 mm)、半径样板(R130 mm、R15 mm、R5 mm);
(5)毛坯材料:ϕ150 mm×70 mm(45 钢)。

方案设计

如图 6–0–1 所示,为顺利完成盘类零件项目的学习,本项目设计了一个需要二次装夹的零件,分成两个任务,任务一主要是通过学习 G94 指令,加工一个简单的外圆柱形盘类零件段;任务二主要是通过学习 G72 指令,加工较复杂的带有圆弧面的零件段,从而完成整个零件的加工。项目的设计由浅入深,学生在这两个任务的实施过程中,能初步掌握盘类零件的加工,同时也拥有了一定的数控加工工艺分析方法及数控车刀具选择的能力。

相关知识和技能

1. G94 指令格式及应用方法。
2. G72 指令格式及应用方法。
3. 盘类零件的加工方法。
4. 盘类零件加工刀具的选择。
5. 盘类零件的检测方法。

图 6-0-1 盘类零件

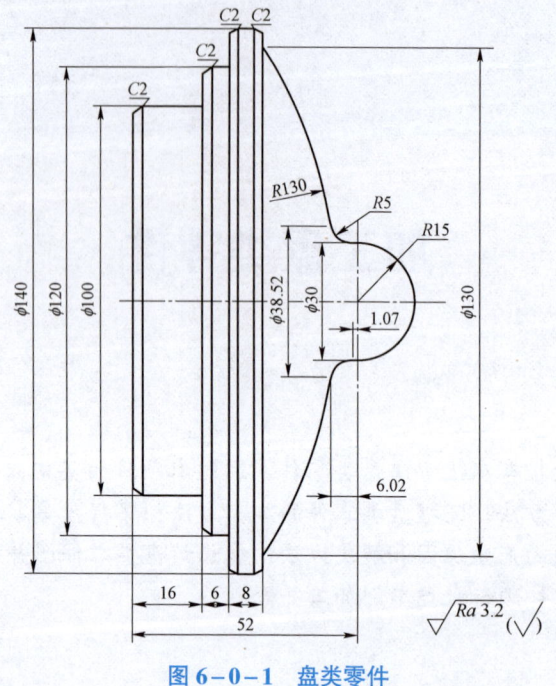

6. 盘类零件加工质量的分析。
7. 数控加工刀具卡片和数控加工工艺卡片的填写。
8. 盘类零件的数控车削加工与检测。

任务一　加工盘类零件（一）

📖 任务目标

知识目标

1. 掌握简单盘类零件加工的工艺知识。
2. 掌握 G94 指令格式及应用。
3. 掌握盘类零件的检测方法。
4. 掌握简单盘类零件数控加工方案的制定方法。

技能目标

1. 能灵活运用 G94 指令对简单盘类零件加工进行编程。
2. 能根据所加工的零件正确选择加工设备，确定装夹方案，选择刀具、量具；确定工艺路线，正确填写数控加工刀具卡片、数控加工工艺卡片。
3. 能独立完成本任务零件的数控车削加工。

📖 任务描述

工厂需加工一批零件，零件如图 6-0-1 所示，要求在数控车床上加工。本任务为完成该零件左端部分的加工如图 6-1-1 所示，左端主要由外圆柱面、外圆锥面等组成。已知毛

坯为 φ150 mm×70 mm 的盘类零件，材料为 45 钢，技术人员需根据加工任务，编制零件的加工工艺，选择合适的刀具及合理的切削参数，编写零件的加工程序，在数控车床（FANUC 0i Mate-TC 系统）上实际操作加工出来，并对加工后的零件进行检测和评价。

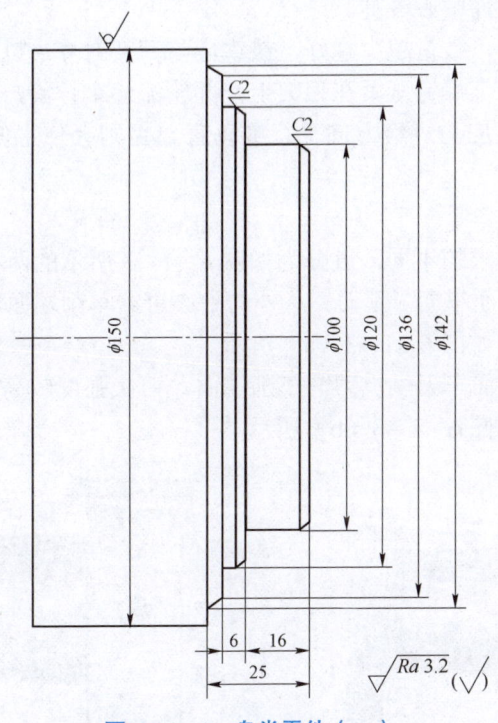

图 6-1-1　盘类零件（一）

📖 知识准备

一、端面加工工艺知识

1. 外径端面车刀

数控外径端面车刀采用可转位刀具，根据工艺要求，外径端面车刀分为正刀和反刀。图 6-1-2 所示为典型的外径端面加工刀具（正刀）。

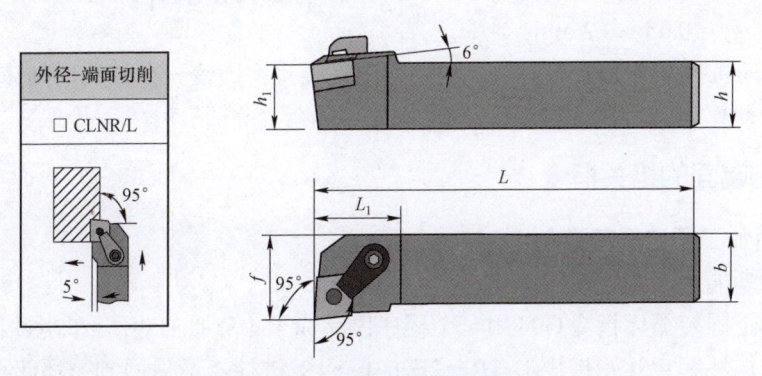

图 6-1-2　可转位外圆端面车刀

2. 外径端面车刀的安装

外径端面车刀的安装要注意以下几点：

（1）车刀装夹在刀架上的伸出部分应尽量短，以增强其刚性。

（2）车刀刀尖应与工件中心等高。

（3）车刀垫铁要平整，数量越少越好，垫铁应与刀架对齐，以防产生振动。

（4）车刀至少要用两个螺钉压紧在刀架上，并轮流逐个拧紧，拧紧力要适当。

（5）车刀刀杆中心线应与进给方向平行或垂直，否则会使主偏角和副偏角的数值发生变化。

3. 端面的加工方法

端面加工按照工艺要求的不同，可分为如图 6-1-3 所示的两种加工方法。

（1）使用 95°外径端面车刀（正刀）从外向中心进给车削端面，适用于加工尺寸较小的平面或一般的台阶端面，如图 6-1-3（a）所示。

（2）使用 95°外径端面车刀（反刀）车削端面，刀头强度较高，适用于车削较大平面，尤其是铸锻件的平面，如图 6-1-3（b）所示。

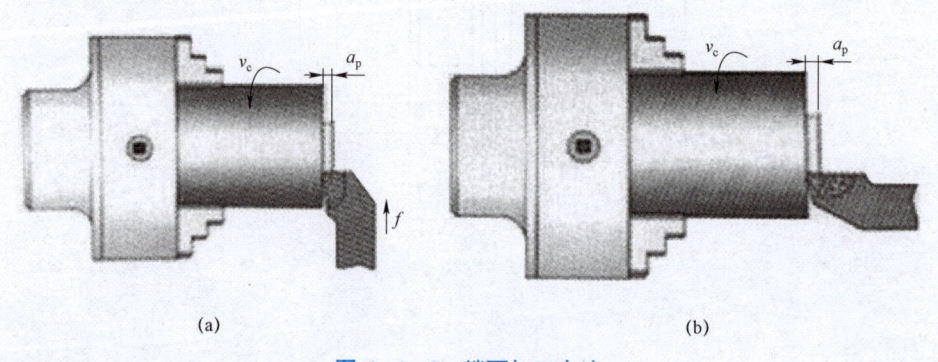

图 6-1-3　端面加工方法

（a）正刀；（b）反刀

注意：由于盘类零件径向尺寸较大，故常采用反爪装夹工件。

4. 车削端面的注意事项

（1）车刀的刀尖应对准工件旋转中心，以免车出的端面中心留有凸台。

（2）偏刀车端面，当背吃刀量较大时，容易扎刀。背吃刀量 a_p 的选择：粗车时 $a_p = 0.5 \sim 3$ mm，精车时 $a_p = 0.05 \sim 0.2$ mm。

（3）端面的直径从外到中心是变化的，切削速度也在改变，在计算切削速度时必须按端面的最大直径计算。

二、车削端面的相关指令

1. 平端面加工固定循环指令（G94）

（1）指令功能。

平端面加工固定循环指令 G94 用一个程序段完成了 4 个加工动作，车削过程如图 6-1-4 所示，刀具从循环起点开始按矩形 1R→2F→3F→4R 进行，最后回到循环起点，其中 1R、4R 表示快速移动，2F、3F 表示按照 F 指定的进给量移动。

① 1R（$A \to B$）：快速进刀（相当于 G00 指令）；
② 2F（$B \to C$）：车削端面进给（相当于 G01 指令）；
③ 3F（$C \to D$）：车削外圆进给（相当于 G01 指令）；
④ 4R（$D \to A$）：快速退刀（相当于 G00 指令）。
（2）指令格式。
G94　X(U)___Z(W)___F___；
程序中，X___，Z___——切削终点的绝对坐标值；
　　　　U___，W___——切削终点的增量坐标值；
　　　　F___——切削进给量。
例：G94 X10 Z-1 F0.1；
切削终点坐标为（X10，Z-1）的平端面加工固定循环，切削进给量为 0.1 mm/r。

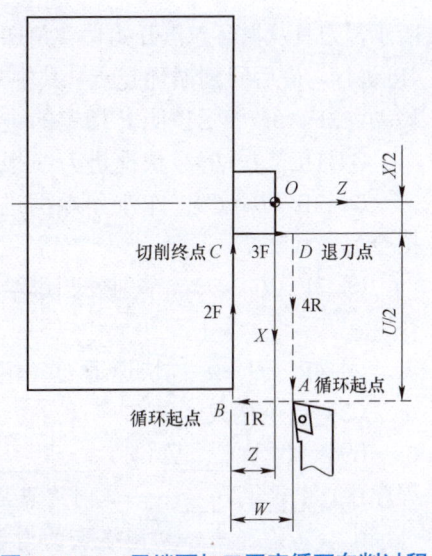

图 6-1-4　平端面加工固定循环车削过程

（3）指令使用说明。
① 平端面加工时，G94 走刀路线为一个封闭的矩形。
② 执行固定循环程序段结束后，刀具回到循环起点。
③ 循环起点的 X 取值应比毛坯尺寸大 1～2 mm，Z 取值一般应距离零件端面 1～2 mm，以保证进刀安全。
④ G94 指令及指令中各参数均为模态值，一经指定就一直有效，在完成固定循环后，可用另一个除 G04 以外的 G 代码（例如 G00）取消其作用。

（4）编程实例。

【例 6.1.1】如图 6-1-5 所示工件，毛坯尺寸为 ϕ80 mm×40 mm，工件右端面已手动车削完成，零件材料为 45 钢，使用 1 号刀（95°可转位外径端面车刀）进行加工，用 G94 指令编制加工程序，程序名为 O6101，其程序如下。

```
O6101;              程序名
T0101;              选择刀具
M03 S800;           主轴正转，转速 800 r/min
G00 X82 Z2;         快速定位固定循环起点（X82，Z2）
G94 X20 Z-2 F0.1;   调用固定循环指令加工平端面第 1 次
    Z-4;            调用固定循环指令加工平端面第 2 次
    Z-6;            调用固定循环指令加工平端面第 3 次
    Z-8;            调用固定循环指令加工平端面第 4 次
G00 X100 Z200;      快速定位到（X100，Z200）的安全位置
M30;                程序结束
```

图 6-1-5　【例 6.1.1】图

2. 斜端面加工固定循环指令（G94）

（1）指令功能。
斜端面加工固定循环指令 G94 用一个程序段完成了 4 个加工动作，车削过程如图 6-1-6

163

所示，刀具从循环起点开始按直角梯形 1R→2F→3F→4R 进行，最后回到循环起点，其中 1R、4R 表示快速移动，2F、3F 表示按照 F 指定的进给量移动。

① 1R（A→B）：快速进刀（相当于 G00 指令）；

② 2F（B→C）：车削斜端面进给（相当于 G01 指令）；

③ 3F（C→D）：车削外圆进给（相当于 G01 指令）；

④ 4R（D→A）：快速退刀（相当于 G00 指令）。

（2）指令格式。

G94 X(U)___Z(W)___R___F___；

程序中，X___，Z___——切削终点的绝对坐标值；

U___，W___——切削终点的增量坐标值；

R___——端面切削起点与切削终点在 Z 方向的坐标增量值，有正负号；

F___——切削进给量。

例：G94 X20 Z-5 R-3 F0.1；

切削终点坐标为（X20，Z-5），端面切削起点与切削终点的在 Z 方向上的差值为-3 的斜端面加工固定循环，切削进给量为 0.1 mm/r。

（3）指令使用说明。

① 斜端面加工时，G94 走刀路线为一个封闭的直角梯形。

② 执行固定循环程序段结束后，刀具回到循环起点。

③ 循环起点的 X 取值应比毛坯尺寸大 1～2 mm，Z 取值一般应距离零件端面 1～2 mm，若需多次切削端面，循环起点 Z 值需根据实际情况计算获得，以保证进刀安全。

④ G94 指令及指令中各参数均为模态值，一经指定就一直有效，在完成固定循环后，可用另一个除 G04 以外的 G 代码（例如 G00）取消其作用。

⑤ 增量坐标编程时，$U=X_C-X_A$，$W=Z_C-Z_A$，有正负号，正负号由计算结果决定。

⑥ $R=Z_{切削起点}-Z_{切削终点}$，即 $R=Z_B-Z_C$，有正负号，正负号由计算结果决定。

⑦ G94 循环的第一步移动必须是 Z 轴单方向移动。

⑧ 在单段方式下，按一次"循环启动"按钮，执行 1R、2F、3F、4R 这四个动作。

（4）编程实例。

【例 6.1.2】如图 6-1-7 所示工件，φ60 mm 外圆已加工完成，工件右端面已手动车削完成，零件材料为 45 钢，使用 1 号刀（95°可转位外径端面车刀）进行加工，用 G94 指令编制加工程序，程序名为 O6102，其程序如下：

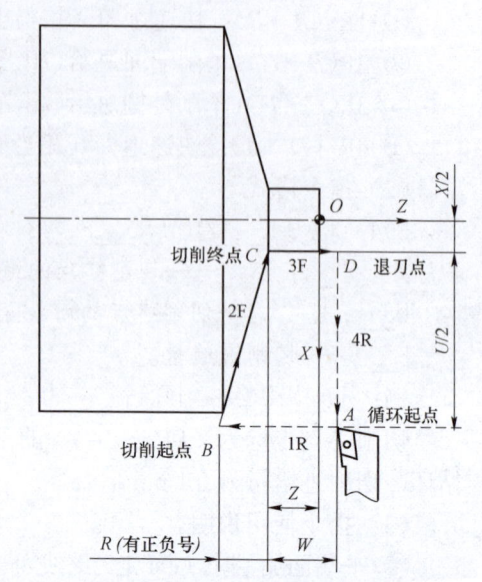

图 6-1-6 斜端面加工固定循环车削过程

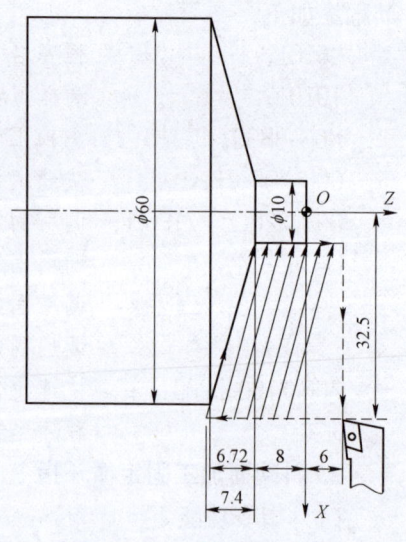

图 6-1-7 【例 6.1.2】图

```
O6102;                          程序名
T0101;                          选择刀具
M03 S800;                       主轴正转，转速 800 r/min
G00 X65 Z6;                     快速定位固定循环起点（X65，Z6）
G94 X10 Z4 R-7.4 F0.1;          调用固定循环指令加工斜端面第 1 次
        Z2;                     调用固定循环指令加工斜端面第 2 次
        Z0;                     调用固定循环指令加工斜端面第 3 次
        Z-2;                    调用固定循环指令加工斜端面第 4 次
        Z-4;                    调用固定循环指令加工斜端面第 5 次
        Z-6;                    调用固定循环指令加工斜端面第 6 次
        Z-8;                    调用固定循环指令加工斜端面第 7 次
G00 X100 Z200;                  快速定位到（X100，Z200）的安全位置
M30;                            程序结束
```

三、盘类零件的检测

盘类零件的检测主要包括外圆、台阶、锥度和圆弧等的检测。精度要求较低时，可用游标卡尺测量；精度要求较高时，通常用外径千分尺、深度千分尺、样板、R 规等进行检测。

📖 任务实施

一、零件图分析（见图 6-1-1）

如图 6-0-1 所示零件属于较复杂的盘类零件。根据零件形状，需要进行两次装夹才能完成加工，本任务是第一次装夹（见图 6-1-8），采用反爪装夹，加工零件左半部分，加工部分为简单盘类形状，其中外圆尺寸为 φ100 mm、φ120 mm、φ136 mm、φ142 mm，长度尺寸 6 mm、16 mm、25 mm 和倒角 C2 均为自由公差，加工部位表面粗糙度为 Ra3.2 μm，零件材料为 45 钢，毛坯尺寸为 φ150 mm×70 mm，适合在数控车床上加工。

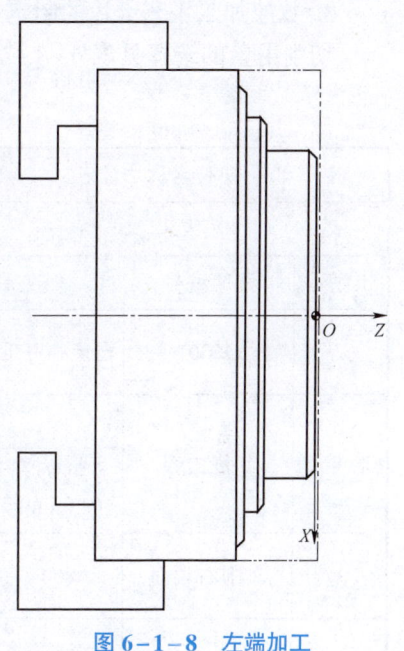

图 6-1-8 左端加工

掉头装夹后，加工零件右端部分，由于右端为较复杂的盘类形状，故右端部分的车削内容作为任务二。

二、工艺分析

1. 加工步骤的确定

（1）手动车削右端面。
（2）粗加工右端外轮廓。
（3）精加工右端外轮廓。

(4) 检测。

2. 数控加工刀具卡片的制定

刀具选择见表 6-1-1。

表 6-1-1　数控加工刀具卡片

产品名称或代号		数控车削技术训练实训件		零件名称	盘类零件（一）		零件图号	图 6-1-1
序号	刀具号	刀具名称及规格	数量	加工表面	刀尖半径 R/mm	刀尖方位 T	备注	
1	T0101	95°可转位外圆端面车刀	1	车削端面，粗、精加工外轮廓	0.4	3		
编制		审核		批准		共 1 页	第 1 页	

3. 数控加工工艺卡片的制定

切削用量的选择见表 6-1-2。

表 6-1-2　数控加工工艺卡片

单位名称		产品名称或代号		零件名称		零件图号	
×××		数控车削技术训练实训件		盘类零件（一）		图 6-1-1	
工序号	程序编号	夹具名称	夹具编号	使用设备		冷却液	车间
	O6001	自定心三爪卡盘（反爪）		CKA6140（FANUC 系统）		乳化液	数控车间
工步号	工步内容	切削用量			刀具		备注
		主轴转速/($r \cdot min^{-1}$)	进给量/($mm \cdot r^{-1}$)	切削深度/mm	刀具号	刀具名称	
1	车削右端面	800	0.1	1	T0101	95°可转位外圆端面车刀	手动
2	粗加工外轮廓	800	0.2	2	T0101	95°可转位外圆端面车刀	自动
3	精加工外轮廓	1 200	0.1	0.2	T0101	95°可转位外圆端面车刀	自动
编制		审核		批准	年 月 日	共 1 页	第 1 页

三、编制加工程序

以工件精加工后的右端面中心位置作为编程原点，建立工件坐标系，其加工程序单如表 6-1-3 所示。

表 6-1-3 加工程序单

程序段号	加工程序	程序说明
	O6001；	程序名
N10	G21 G97 G99；	公制尺寸编程，主轴转速单位 r/min，进给量单位 mm/r
N20	T0101；	换 1 号刀，调用 1 号刀补
N30	M03 S800；	主轴正转，转速为 800 r/min
N40	G00 X152 Z2；	车刀快速定位到加工循环起点（X152，Z2）
N50	G94 X100.2 Z-2 F0.2；	调用平端面加工固定循环指令粗加工 ϕ100 mm 外圆第 1 次
N60	Z-4；	调用平端面加工固定循环指令粗加工 ϕ100 mm 外圆第 2 次
N70	Z-6；	调用平端面加工固定循环指令粗加工 ϕ100 mm 外圆第 3 次
N80	Z-8；	调用平端面加工固定循环指令粗加工 ϕ100 mm 外圆第 4 次
N90	Z-10；	调用平端面加工固定循环指令粗加工 ϕ100 mm 外圆第 5 次
N100	Z-12；	调用平端面加工固定循环指令粗加工 ϕ100 mm 外圆第 6 次
N110	Z-14；	调用平端面加工固定循环指令粗加工 ϕ100 mm 外圆第 7 次
N120	Z-15.8；	调用平端面加工固定循环指令粗加工 ϕ100 mm 外圆第 8 次
N130	G94 X120.2 Z-18；	调用平端面加工固定循环指令粗加工 ϕ120 mm 外圆第 1 次
N140	Z-20；	调用平端面加工固定循环指令粗加工 ϕ120 mm 外圆第 2 次
N150	Z-21.8；	调用平端面加工固定循环指令粗加工 ϕ120 mm 外圆第 3 次
N160	G94 X142.2 Z-24；	调用平端面加工固定循环指令粗加工 ϕ142 mm 外圆第 1 次
N170	Z-24.8；	调用平端面加工固定循环指令粗加工 ϕ142 mm 外圆第 2 次
N180	G00 X100 Z200；	车刀快速退刀到（X100，Z200）的安全位置
N190	M05；	主轴停转
N200	M00；	程序暂停
N210	T0101；	换 1 号刀，调用 1 号刀补
N220	M03 S1200；	主轴正转，转速为 1 200 r/min
N230	G00 X152 Z2；	车刀快速定位到加工循环起点（X152，Z2）
N240	G00 Z-25；	车刀快速定位到切削起点（X152，Z-25）
N250	G01 X142 F0.1；	加工 ϕ150 mm 外圆的右侧台阶面
N260	X136 Z-22；	加工短圆锥面
N270	X120；	加工 ϕ120 mm 外圆的左侧台阶面
N280	Z-18；	加工 ϕ120 mm 外圆
N290	X116 Z-16；	加工 C2 倒角

续表

程序段号	加工程序	程序说明
N300	X100;	加工 ϕ120 mm 外圆的右侧台阶面
N310	Z-2;	加工 ϕ100 mm 外圆
N320	X96 Z0;	加工 C2 倒角
N330	Z2;	离开工件至（X96，Z2）
N340	G00 X100 Z200;	车刀快速退刀到（X100，Z200）的安全位置
N350	M30;	程序结束

四、程序校验及加工

（1）根据数控加工刀具卡片要求正确安装数控车刀，并在数控车床上进行对刀操作。

（2）根据已验证的加工程序单将程序输入数控系统，输入完成后要再次检查输入程序是否正确，检查程序要做到严谨、仔细、认真，以免发生错误。

（3）在数控系统中利用图形模拟校验功能，查看所输入程序的走刀轨迹是否正确。

（4）将数控系统置于自动加工运行模式。

（5）调出要加工的程序并将光标移动至程序的开头。

（6）按下"循环启动"按钮，执行自动加工程序。

（7）加工过程中，始终观察刀尖运动轨迹和系统屏幕上的坐标变化情况，右手放在"急停"按钮上，一旦发生异常，立即按下"急停"按钮。

（8）加工完成后，在数控车床上利用相关量具检测工件。

注意

（1）加工工件时，刀具和工件必须夹紧，否则会发生事故。

（2）注意工件伸出卡爪的长度，以免出现刀具与卡盘发生碰撞事故。

（3）程序自动运行前必须将光标调整到程序的开头。

五、完成加工并检测

零件加工完成后，对照表 6-1-4 的相关要求，将检测结果填入表中。

表 6-1-4 数控车工考核评分表

序号	考核项目	考核内容及要求		配分	评分标准	检测结果	得分
1	程序编制	指令正确，程序完整		20	每错 1 个指令酌情扣 2~4 分，扣完为止		
2	数控车床规范操作	（1）机床准备； （2）正确对刀，建立工件坐标系； （3）正确设置参数		10	每违反一条酌情扣 2~4 分，扣完为止		
3	外圆	ϕ100 mm	IT	8	超差酌情扣分		
			Ra	5	降级不得分		

续表

序号	考核项目	考核内容及要求		配分	评分标准	检测结果	得分
3	外圆	$\phi 120$ mm	IT	8	超差酌情扣分		
			Ra	5	降级不得分		
		$\phi 136$ mm	IT	5	超差酌情扣分		
		$\phi 142$ mm	IT	5	超差酌情扣分		
4	长度	16 mm	IT	3	超差酌情扣分		
		6 mm	IT	3	超差酌情扣分		
		25 mm	IT	3	超差酌情扣分		
5	倒角	C2（2 处）	IT	5	1 处超差扣 2.5 分		
6	端面粗糙度	Ra3.2		10	降级不得分		
7	安全文明生产	（1）着装规范，刀具、工具、量具归类摆放整齐； （2）工件装夹、刀具安装规范； （3）正确使用量具； （4）工作场所卫生、设备保养到位		10	每违反一条酌情扣 2~4 分，扣完为止		

六、机床维护与保养

（1）清除切屑、擦拭机床，使机床与周围环境保持清洁状态。
（2）检查润滑油、冷却液的状态，及时添加或更换。
（3）依次关掉机床操作面板上的电源和总电源。
（4）机床如有故障，应立即报修。
（5）填写设备使用记录。

任务评价

一、操作现场评价

填写现场记录表，见附录一。

二、任务学习自我评价

填写任务学习自我评价表，见附录二。

任务总结

本任务主要以简单盘类零件加工为载体，介绍数控车削编程指令 G94（平端面加工固定循环和斜端面加工固定循环两种形式）的应用，学生应掌握端面加工工艺知识，掌握盘类零件的检测方法，学会简单盘类零件的加工方法。

任务二 加工盘类零件（二）

📖 任务目标

知识目标

1. 掌握端面切削复合循环 G72 指令的格式及应用。
2. 了解并掌握掉头加工零件的工艺安排。
3. 掌握盘类零件数控加工方案的制定方法。
4. 掌握对盘类零件加工中出现的问题进行分析的方法。

技能目标

1. 能灵活运用 G72 指令对较复杂的盘类零件加工进行编程。
2. 能根据所加工的零件正确选择加工设备，确定装夹方案；选择刀具、量具，确定工艺路线；能正确填写数控加工刀具卡片和数控加工工艺卡片。
3. 能独立完成本任务零件的数控车削加工。

📖 任务描述

工厂需加工一批零件，零件如图 6-0-1 所示，要求在数控车床上加工。本项目的任务一已完成了左端部分加工，本任务需掉头装夹，完成该零件右端部分的加工。右端主要由外圆柱面、外圆弧面、倒角等组成，具体任务如图 6-2-1 所示。已知毛坯材料为上一任务加工的零件，材质为 45 钢，技术人员需根据加工任务，编制零件的加工工艺，选择合适的刀具及合理的切削参数，编写零件的加工程序，在数控车床（FANUC 0i Mate-TC 系统）上实际操作加工出来，并对加工后的零件进行检测、评价。

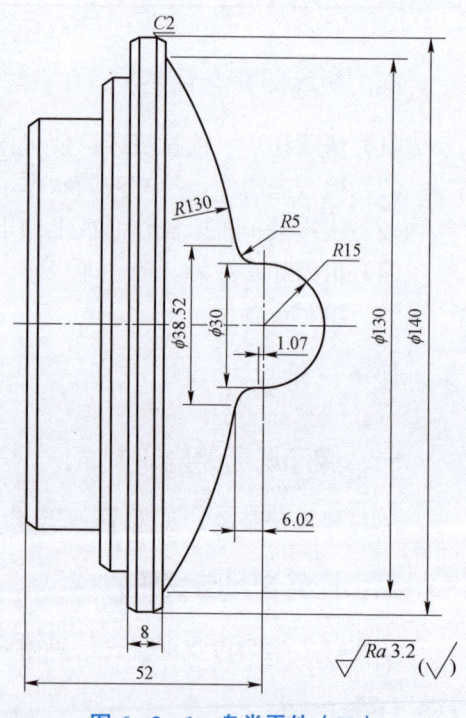

图 6-2-1 盘类零件（二）

📖 知识准备

一、端面切削复合循环指令（G72）

1. 指令功能

该指令一般用于加工端面尺寸较大的零件，即所谓的盘类零件，G72 与 G71 相似，只须指定精加工路线和粗加工的被吃刀量、精车余量和进给量等参数，系统便会自动计算粗加工路线和加工次数，大大简化编程。

在后置刀架中，G72 循环的运动轨迹如图 6-2-2 所示。

（1）刀具从循环起点 A 点退到 C 点，X 方向移动 $\Delta u/2$ 距离，Z 方向移动 Δw 距离。

（2）平行于 AA' 移动 Δd 距离，移动方式由程序号中的 ns 中的代码确定。

（3）采用 G01 切削运动到达轮廓 DE 上。

（4）以 X 轴 45°方向退刀，Z 方向退刀距离为 e。

（5）快速返回到 Z 轴的出发点。

（6）重复第（2）～（5）步骤，直到按工件尺寸已不能进行完整的循环为止。

（7）沿精加工余量轮廓 DE 加工。

（8）从 E 点快速返回到 A 点。

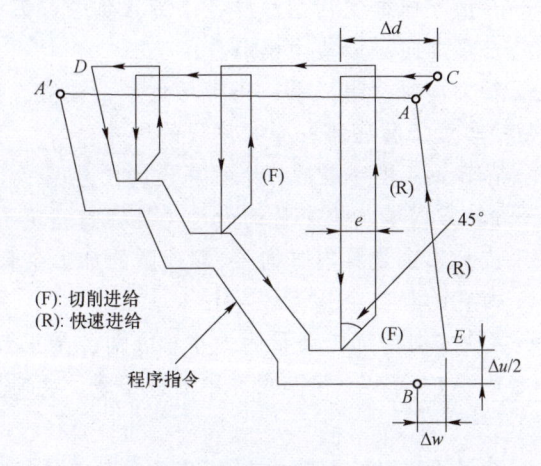

图 6-2-2　G72 端面切削复合循环走刀轨迹图（后置刀架）

在前置刀架中，G72 循环的运动轨迹如图 6-2-3 所示。

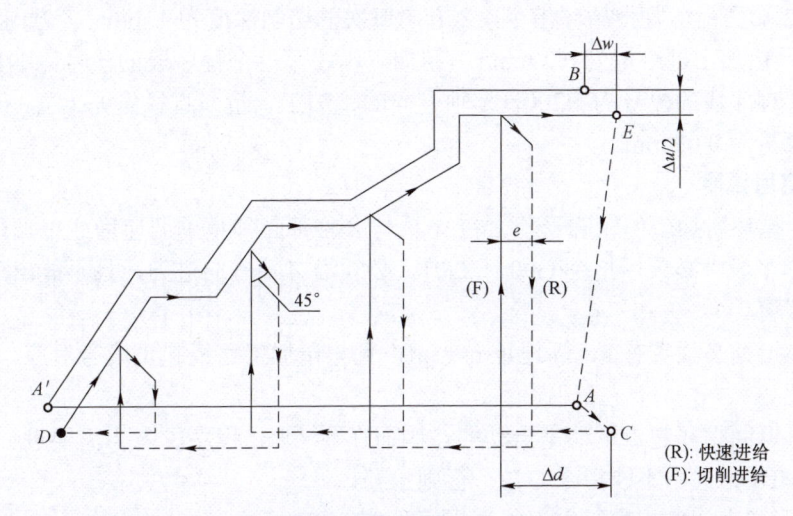

图 6-2-3　G72 端面切削复合循环走刀轨迹图（前置刀架）

2. 指令格式

```
G72 W(Δd)　R(e);
G72 P(ns)　Q(nf)　U(Δu)　W(Δw)　F(f)　S(s)　T(t);
```

```
N (ns) ……;
    F___;
    S___;       用以描述精加工轨迹
    T___;
    ……;
N (nf) ……;
```

程序中：

第一行：W(Δd)——Z 轴方向每次切削深度，不带正负号，刀具的切削方向取决于 A→A' 方向，该值为模态量；

R(e)——Z 轴方向每次退刀量，不带正负号，该值为模态量。

第二行：P(ns)——精车加工程序第一个程序段的段号。

Q(nf)——精车加工程序最后一个程序段的段号。

U(Δu)——X 轴方向精加工余量的大小（直径量指定）和方向，带正负号，该加工余量具有方向性，即外圆的加工余量为"＋"（正号可省略），内孔的加工余量为"－"；

W(Δw)——Z 轴方向精加工余量的大小和方向，带正负号；

F(f) S(s) T(t)——粗车循环中的进给量、主轴转速和刀具功能。

注意

包含在 ns 到 nf 程序段中的 F、S 和 T 功能在 G70 精车时被执行，在执行 G72 端面粗车循环中被忽略。

例：G72 W1 R0.5;
    G72 P100 Q200 U0.3 W0.05 F0.2;

执行 G72 端面粗车复合循环指令，Z 方向每次的切削深度为 1 mm，Z 方向每次的退刀量为 0.5 mm，粗加工进给量为 0.2 mm/r，精加工程序第一个程序段的段号为 N100，精加工程序最后一个程序段的段号为 N200，X 轴方向的精加工余量（直径量）为 0.3 mm，Z 轴方向的精加工余量为 0.05 mm。

3. 指令使用说明

（1）G72 循环所加工的轮廓形状，在 X 轴与 Z 轴都必须是单调递增或单调递减的图形。

（2）ns 程序段中必须用指令 G00 或 G01，必须沿 Z 轴方向进刀，且不能出现 X 坐标字，否则系统会报警。

（3）G72 指令必须带有 P、Q 地址 ns、nf，且与精加工路径起止段号对应，否则不能进行该循环加工。

（4）刀具返回循环起点运动是自动的，因而在 ns 到 nf 程序段中不需要进行编程。

（5）在 MDI 方式中不能指令 G72，否则报警。

（6）ns 到 nf 之间的程序段中不能调用子程序。

（7）ns 到 nf 之间的程序段中不应包含刀尖半径补偿，而应在调用循环前编写刀尖半径补偿，循环结束后应取消半径补偿。

（8）在 ns 到 nf 之间的程序段中不能指定下列指令：

① 除 G04 以外的非模态 G 代码；

② 除 G00、G01、G02 和 G03 以外的所有 01 组 G 代码；

③ 06 组 G 代码；

④ M98/M99。

（8）G72 端面粗加工循环最后一次走刀为 $D \to E \to A$，其加工顺序整体上为自左至右，故刀尖半径补偿判断与圆弧判断结果等与 G71 正好相反。通常加工外轮廓 G72 用 G41 左补偿。

（9）Δu、Δw 精加工余量的正负判断简化示意图如图 6−2−4（后置刀架）和图 6−2−5（前置刀架）所示。

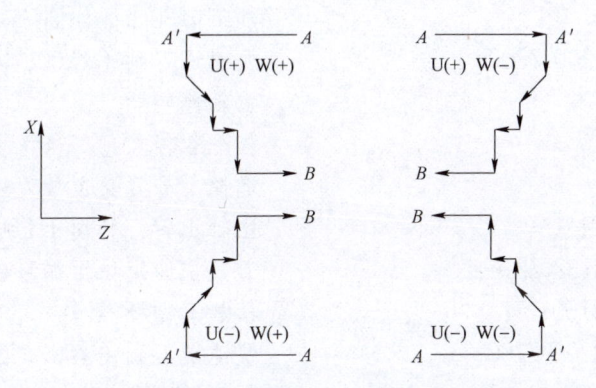

图 6−2−4　Δu、Δw 精加工余量的正负判断简化示意图（后置刀架）

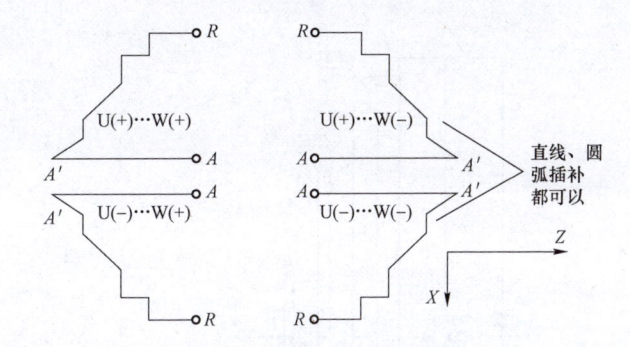

图 6−2−5　Δu、Δw 精加工余量的正负判断简化示意图（前置刀架）

4. 编程实例

【例 6.2.1】如图 6−2−6 所示，毛坯尺寸为 $\phi150$ mm×70 mm，工件右端面已手动车削完成，零件材料为 45 钢，使用 1 号刀（95°可转位外径端面车刀）进行加工，用 G72 指令编制加工程序，程序名为 O6201，其程序如下。

```
    O6201;                        程序名
N10 G21 G99;                      公制尺寸（mm），进给量单位为 mm/r
N20 T0101;                        选择 1 号刀及 1 号刀补
N30 M3 S800;                      主轴正转，转速 800 r/min
N40 G41 G00 X152 Z0.5;            刀具快速定位至循环起点
N50 G72 W1 R0.5;                  G72 端面切削复合循环
N60 G72 P70 Q150 U0.1 W0.3 F0.2;  G72 端面切削复合循环
N70 G00 Z-32;                     刀具快速定位到加工起点
```

N80	G01 X140 F0.1;	加工φ150 mm 右侧端面
N90	G01 Z-25;	加工φ140 mm 外圆
N100	G02 X130 Z-20 R5;	加工R5 mm 圆弧
N110	G01 X100;	加工φ140 mm 右侧端面
N120	G03 X90 Z-15 R5;	加工R5 mm 圆弧
N130	G01 Z-10;	加工φ90 mm 外圆
N140	G01 X30;	加工φ90 mm 右侧端面
N150	G01 Z0.5;	加工φ30 mm 外圆
N160	G40 G00 X200 Z200;	快速退刀到（X200，Z200）的安全位置
N170	M05;	主轴停转
N180	M00;	程序暂停
N190	T0101;	选择1号刀及1号刀刀补
N200	M03 S1200;	主轴正转，转速1 200 r/min
N210	G41 G00 X152 Z2;	刀具快速定位至循环起点
N220	G70 P70 Q150;	精加工循环
N230	G40 G00 X200 Z200;	快速退刀到（X200，Z200）的安全位置
N240	M30;	程序结束

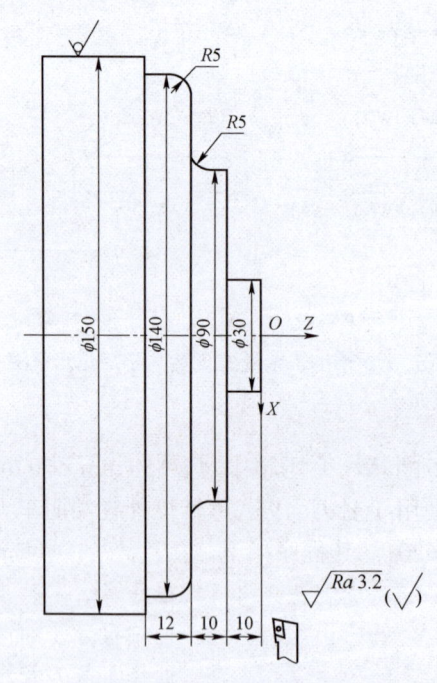

图 6-2-6 【例 6.2.1】图

二、盘类零件加工质量分析

盘类零件在数控车加工过程中会遇到各种加工和质量问题，表6-2-1对盘类零件加工中常见的问题、产生原因、预防和解决方法进行了分析。

表 6-2-1　盘类零件加工常见问题的产生原因和解决方法

问题	产生原因	预防和解决方法
端面加工时长度尺寸超差	1. 刀具参数不准确； 2. 尺寸计算错误； 3. 程序错误	1. 调整或重新设定刀具参数； 2. 正确进行尺寸计算； 3. 检查、修改程序
表面粗糙度值太大	1. 主轴转速过低； 2. 刀尖过高； 3. 切屑形状控制较差； 4. 刀尖处产生积屑瘤； 5. 切削液选用不合理	1. 调整主轴转速； 2. 调整刀尖高度； 3. 选择合理的进刀方式及切深； 4. 选择合适的切削速度； 5. 选择正确的切削液并充分喷注
端面中心处有凸台或凹凸不平	1. 程序错误； 2. 刀尖中心过高或过低； 3. 刀具损坏； 4. 机床主轴配合间隙过大； 5. 切削用量选择不当	1. 检查、修改程序； 2. 调整刀尖中心高度； 3. 更换刀片； 4. 调整机床主轴配合间隙； 5. 合理选择切削用量
台阶处不清根或呈圆角	1. 程序错误； 2. 刀具选择错误； 3. 刀具损坏	1. 检查、修改程序； 2. 正确选择加工刀具； 3. 更换刀片
圆弧或锥度超差	1. 程序错误； 2. 未正确使用刀尖圆弧半径补偿	1. 检查、修改程序； 2. 正确使用刀尖圆弧半径补偿

任务实施

一、零件图分析（见图 6-2-1）

任务一已经完成了零件左端部分的加工，并完成了相应的检测，本任务主要加工零件剩余部分，零件装夹如图 6-2-7 所示，采用正爪装夹，加工零件右半部分。加工部分为较复杂的盘类形状，所有尺寸公差均为自由公差，加工部位表面粗糙度为 $Ra3.2\ \mu m$，零件材料为 45 钢，毛坯为任务一加工结束后的余料，适合在数控车床上加工。

二、工艺分析

1. 加工步骤的确定

（1）手动车右端面，并保证零件总长。
（2）粗加工右端外轮廓。
（3）精加工右端外轮廓。
（4）检测。

2. 数控加工刀具卡片的制定

刀具选择见表 6-2-2。

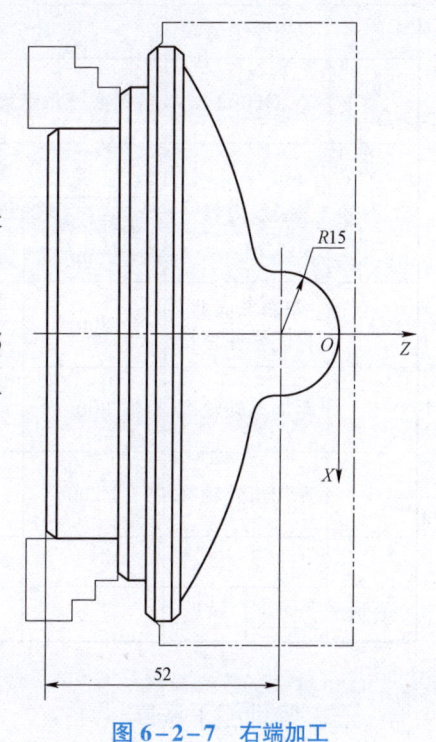

图 6-2-7　右端加工

表6-2-2　数控加工刀具卡片

产品名称或代号	数控车削技术训练实训件	零件名称	盘类零件（二）		零件图号	图6-2-1
序号	刀具号	刀具名称及规格	数量	加工表面	刀尖半径 R/mm	刀尖方位 T	备注
1	T0101	95°可转位外径端面车刀	1	车端面控制总长，粗、精加工外轮廓	0.4	3	
编制		审核		批准		共1页	第1页

3. 数控加工工艺卡片的制定

切削用量的选择见表6-2-3。

表6-2-3　数控加工工艺卡片

	单位名称	产品名称或代号	零件名称	零件图号
	×××	数控车削技术训练实训件	盘类零件（二）	图6-2-1
工序号	程序编号	夹具名称	夹具编号	使用设备	冷却液	车间
	O6002	自定心三爪卡盘（正爪）		CKA6140（FANUC 系统）	乳化液	数控车间
工步号	工步内容	切削用量			刀具		备注
		主轴转速/(r·min⁻¹)	进给量/(mm·r⁻¹)	切削深度/mm	刀具号	刀具名称	
1	车右端面并保证零件总长	800	0.1	1	T0101	95°可转位外径端面车刀	手动
2	粗加工外轮廓	800	0.2	1	T0101	95°可转位外径端面车刀	自动
3	精加工外轮廓	1 200	0.1	0.3	T0101	95°可转位外径端面车刀	自动
编制		审核		批准	年 月 日	共1页	第1页

三、编制加工程序

以工件精加工后的端面中心位置作为编程原点，建立工件坐标系，其加工程序单如表6-2-4所示。

表6-2-4 加工程序单

程序段号	加工程序	程序说明
	O6002;	程序名
N10	G21 G97 G99;	公制尺寸编程,主轴转速单位 r/min,进给量单位 mm/r
N20	T0101;	换1号刀,调用1号刀补
N30	M03 S800;	主轴正转,转速为800 r/min
N40	G41 G00 X152 Z0.5;	建立刀具刀尖圆弧半径左补偿,车刀快速定位到粗加工循环起点（X152,Z0.5）
N50	G72 W1 R0.5;	执行 G72 粗车复合循环指令,Z 方向每次背吃刀量 1 mm,Z 方向每次退刀量 0.5 mm
N60	G72 P70 Q170 U0.1 W0.3 F0.2;	精加工轨迹的第一个程序段号为 N70,最后一个程序段号为 N170；留 X 方向精加工余量（直径量）0.1 mm,Z 方向精加工余量 0.3 mm；粗车进给量为 0.2 mm/r
N70	G00 Z-44;	车刀快速定位到加工起点
N80	G01 X140 F0.1;	车刀直线插补到（X140,Z-44）,准备加工 $\phi 140$ mm 外圆,设置精车进给量为 0.1 mm/r
N90	Z-39;	加工 $\phi 140$ mm 外圆
N100	X136 Z-37;	加工 C2 倒角
N110	X130;	加工 $\phi 140$ mm 外圆右台阶
N120	G02 X38.52 Z-21.02 R130;	加工 R130 mm 圆弧面
N130	G03 X30 Z-16.07 R5;	加工 R5 mm 圆弧面
N140	G01 Z-15;	加工 $\phi 30$ mm 外圆
N150	G02 X0 Z0 R15;	加工 R15 mm 圆弧面
N160	G01 X-1;	沿着 R5 mm 圆弧面切线方向切出至（X-1,Z0）位置
N170	G01 Z0.5;	描述精加工轨迹的最后一个程序段
N180	G40 G00 X200 Z200;	取消刀具刀尖圆弧半径左补偿,车刀快速退刀到（X200,Z200）的安全位置
N190	M05;	主轴停转
N200	M00;	程序暂停
N210	T0101;	换1号刀,调用1号刀补
N220	M03 S1200;	主轴正转,转速为1 200 r/min
N230	G41 G00 X152 Z0.5;	建立刀具刀尖圆弧半径左补偿,车刀快速定位到精加工循环起点（X152,Z0.5）
N240	G70 P70 Q170;	精加工循环
N250	G40 G00 X200 Z200;	取消刀具刀尖圆弧半径左补偿,车刀快速退刀到（X200,Z200）的安全位置
N260	M30;	程序结束

四、程序校验及加工

（1）根据数控加工刀具卡片要求正确安装数控车刀，并在数控车床上进行对刀操作。

（2）根据已验证的加工程序单将程序输入数控系统，输入完成后要再次检查输入程序是否正确，检查程序要做到严谨、仔细、认真，以避免发生错误。

（3）在数控系统中利用图形模拟校验功能，查看所输入程序的走刀轨迹是否正确。

（4）调用 1 号刀，手动车平端面，并保证零件总长满足公差要求。

（5）将数控系统置于自动加工运行模式。

（6）调出要加工的程序并将光标移动至程序的开头。

（7）按下"循环启动"按钮，执行自动加工程序。

（8）加工过程中，始终观察刀尖运动轨迹和系统屏幕上的坐标变化情况，右手放在"急停"按钮上，一旦发生异常，立即按下"急停"按钮。

（9）加工完成后，在数控车床上利用相关量具检测工件。

注意

（1）加工工件时，刀具和工件必须夹紧，否则可能会发生事故。

（2）手动车削端面时灵活运用相对坐标功能，保证零件总长。

（3）换刀加工前将刀架移至远离工件的位置，防止换刀时发生碰撞。

（4）程序自动运行前必须将光标调整到程序的开头。

五、完成加工并检测

零件加工完成后，对照表 6-2-5 的相关要求，将检测结果填入表中。

表 6-2-5 数控车工考核评分表

序号	考核项目	考核内容及要求		配分	评分标准	检测结果	得分
1	程序编制	指令正确，程序完整。		15	每错一个指令酌情扣 1~2 分，扣完为止		
2	数控车床规范操作	（1）机床准备；（2）正确对刀，建立工件坐标系；（3）正确设置参数		5	每违反一条酌情扣 1~2 分，扣完为止		
3	外圆	ϕ140 mm	IT	8	超差酌情扣分		
			Ra	2	降级不得分		
		ϕ130 mm	IT	8	超差酌情扣分		
		ϕ30 mm	IT	8	超差酌情扣分		
			Ra	2	降级不得分		
4	长度	52 mm	IT	4	超差酌情扣分		
		8 mm	IT	6	超差酌情扣分		
5	圆弧	R130 mm	半径样板检测	8	超差酌情扣分		
			Ra	2	降级不得分		

续表

序号	考核项目	考核内容及要求		配分	评分标准	检测结果	得分
5	圆弧	$R15$ mm	半径样板检测	8	超差酌情扣分		
			Ra	2	降级不得分		
		$R5$ mm	半径样板检测	8	超差酌情扣分		
			Ra	2	降级不得分		
6	倒角	$C2$（1 处）		IT	2	超差不得分	
7	安全文明生产	（1）着装规范，刀具、工具、量具归类摆放整齐； （2）工件装夹、刀具安装规范； （3）正确使用量具； （4）工作场所卫生、设备保养到位		10	每违反一条酌情扣 2~4 分，扣完为止		

六、机床维护与保养

（1）清除切屑、擦拭机床，使机床与周围环境保持清洁状态。
（2）检查润滑油、冷却液的状态，及时添加或更换。
（3）依次关掉机床操作面板上的电源和总电源。
（4）机床如有故障，应立即报修。
（5）填写设备使用记录。

任务评价

一、操作现场评价

填写现场记录表，见附录一。

二、任务学习自我评价

填写任务学习自我评价表，见附录二。

任务总结

本任务主要以一个径向尺寸和轴向尺寸均单调增大的、较复杂的盘类零件加工为载体，利用 G72 指令来编程加工，结合项目六任务一的实施，学生应掌握径向尺寸和轴向尺寸均单调增大的盘类零件的加工编程，掌握盘类零件加工刀具的选择及走刀路线的确定，掌握盘类零件的检测方法，能对盘类零件加工中出现的问题进行分析，并找出预防和解决方法。

思考与练习

1. 外径端面车刀的安装要注意哪几点？
2. 端面的加工方法按照工艺要求的不同，可分为哪两种加工方法？

3. 车削端面的注意事项有哪些？
4. 平端面加工固定循环指令（G94）的功能是什么？
5. 平端面加工固定循环指令（G94）的格式是什么？
6. 平端面加工固定循环指令（G94）的使用说明有哪些？
7. 斜端面加工固定循环指令（G94）的功能是什么？
8. 斜端面加工固定循环指令（G94）的格式是什么？
9. 斜端面加工固定循环指令（G94）的使用说明有哪些？
10. 端面切削复合循环指令（G72）的格式是什么？各行各字母的含义表示什么？
11. 端面切削复合循环指令（G72）的使用说明有哪些？
12. 盘类零件加工中出现表面粗糙度值太大的问题，产生的原因是什么？如何预防和解决？
13. 编写题图 6-1 所示零件的数控车加工程序。
14. 编写题图 6-2 所示零件的数控车加工程序。

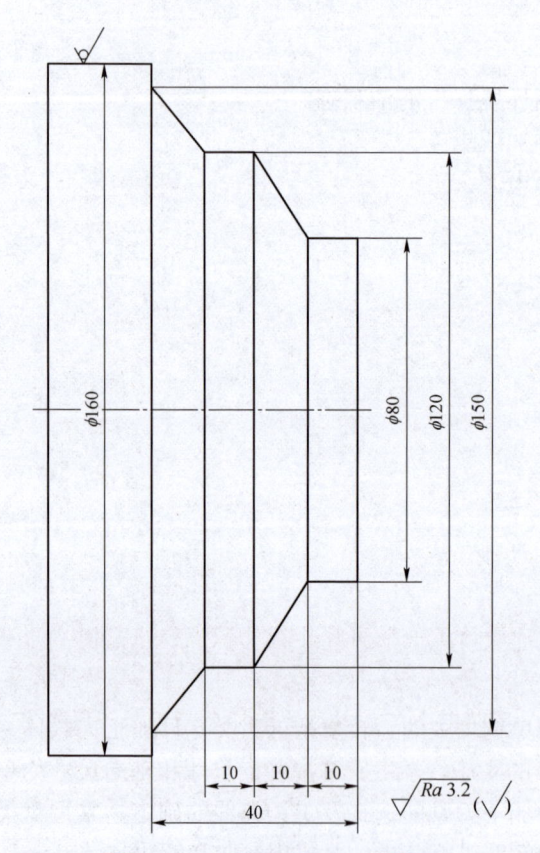

题图 6-1 项目六练习 13 零件图

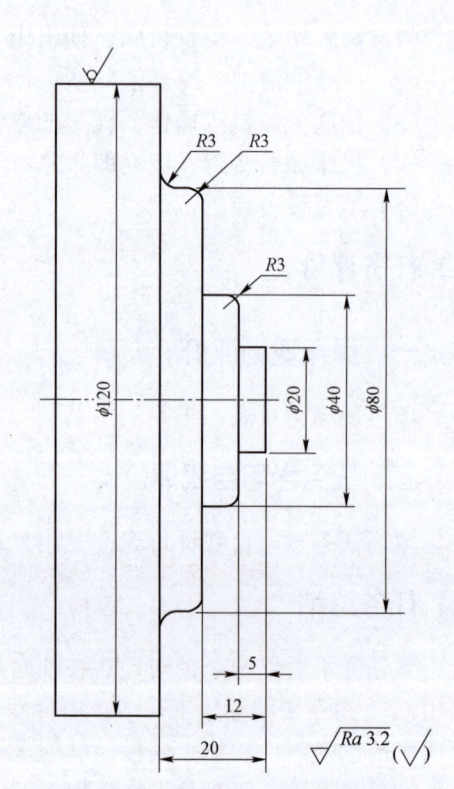

题图 6-2 项目六练习 14 零件图

项目七

加工外沟槽零件

项目需求

本项目主要是在数控车床上加工外沟槽零件，通过本项目的实施，学生应掌握 G04、G75 数控指令的格式及应用方法；掌握外沟槽的加工方法；掌握外沟槽车刀及刀位点的选择；掌握外沟槽的检测方法；掌握外沟槽零件加工中常见问题的产生原因和解决方法；了解切削液的相关知识；能识读外沟槽零件图并根据图纸灵活选择加工指令编程；能对外沟槽类零件进行数控车加工并检测。

项目工作场景

根据项目需求，为顺利完成本项目的实施，需配备数控车削加工理实一体化教室和数控仿真机房，同时还需以下设备，工、量、刃具作为技术支持条件：

1. 数控车床 CK6140 或 CK6136（数控系统 FANUC 0i Mate-TC）；
2. 刀架扳手、卡盘扳手；
3. 95°可转位外圆车刀、数控外沟槽车刀（刀宽 4 mm）、垫刀片；
4. 游标卡尺（0～150 mm）、千分尺（25～50 mm，50～75 mm）、游标万能角度尺、半径样板（$R1$～$R7$ mm）；
5. 毛坯材料为 ϕ55 mm×130 mm（45 钢）。

方案设计

为顺利完成外沟槽零件项目的学习，本项目设计了一个同时具有外窄槽和外宽槽（外沟槽的两种类型）的零件（见图 7-0-1），分成两个任务，分别加工相应沟槽，任务一主要是通过学习 G04 暂停指令掌握其格式和应用方法、窄槽的加工方法、外沟槽车刀刀位点的知识、切削液的相关知识、外沟槽的检测方法；任务二主要是通过学习 G75 径向切槽复合循环指令，掌握外宽槽的切削编程。项目的任务设计由浅入深，学生在这两个任务的实施过程中，能初步掌握外沟槽零件的加工，同时也拥有了一定的数控加工工艺的分析方法及数控车刀具选择的能力。

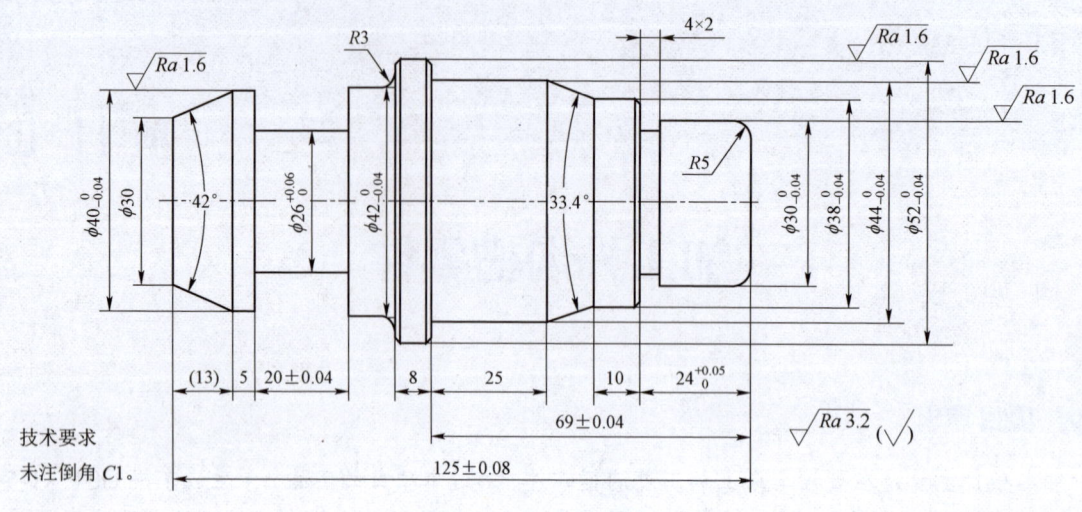

图 7-0-1　外沟槽零件

相关知识和技能

1. G04 暂停指令格式及应用方法。
2. G75 径向切槽复合循环指令格式及应用方法。
3. 外窄槽的加工方法。
4. 数控外沟槽刀的选择。
5. 外沟槽刀刀位点的确定。
6. 切削液相关知识。
7. 外沟槽的检测方法。
8. 外宽槽的加工方法。
9. 外沟槽的走刀路线。
10. 外沟槽加工质量的分析。
11. 数控加工刀具卡片和数控加工工艺卡片的填写。
12. 外沟槽零件的数控车削加工与检测。

任务一　加工外窄槽零件

任务目标

知识目标

1. 掌握窄槽加工的工艺知识。
2. 掌握 G04 指令格式及应用。
3. 了解切削液相关知识。
4. 掌握外沟槽的检测方法。

技能目标

1. 能运用 G01、G04 指令对外窄槽零件加工进行编程。
2. 能根据所加工的零件正确选择加工设备，确定装夹方案，选择刀具、量具，确定工艺路线，正确填写数控加工刀具卡片、数控加工工艺卡片。
3. 能独立完成该任务零件的数控车削加工。

📖 任务描述

工厂需加工一批零件，零件如图 7-0-1 所示，要求在数控车床上加工。本任务为完成该零件右端部分的加工，右端主要由外窄槽、外圆柱面、外圆锥面和外圆弧面等组成，具体任务如图 7-1-1 所示。已知毛坯材料为 $\phi55$ mm×130 mm 的 45 钢棒料，技术人员需根据加工任务，编制零件的加工工艺，选择合适的刀具及合理的切削参数，编写零件的加工程序，在数控车床（FANUC 0i Mate-TC 系统）上实际操作加工出来，并对加工后的零件进行检测、评价。

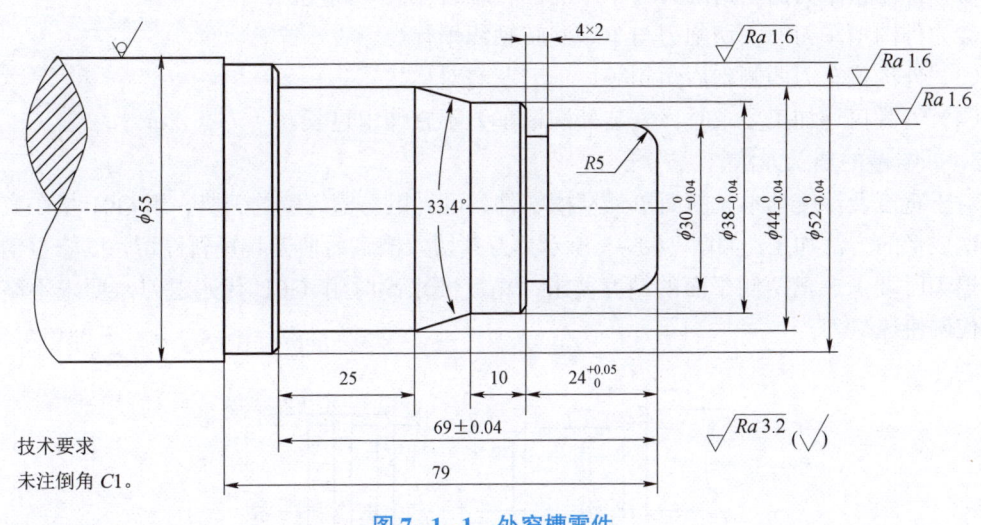

图 7-1-1 外窄槽零件

📖 知识准备

一、窄槽加工工艺知识

1. 外沟槽车刀

数控外沟槽车刀（切槽刀的一种类型）采用可转位刀具，根据外沟槽的尺寸选择相应的刀片宽度，同时要判断当前的车刀背吃刀量是否大于槽深，避免由于刀具背吃刀量不足，导致加工时车刀刀体与被加工零件发生干涉。对于有切断要求的零件，则需要保证刀片伸出长度大于零件切断处半径的数值。图 7-1-2 所示为可转位外沟槽车刀，其中 W 表示切槽刀片宽度，T_{max} 为最大背吃刀量。

MGEHR正刀

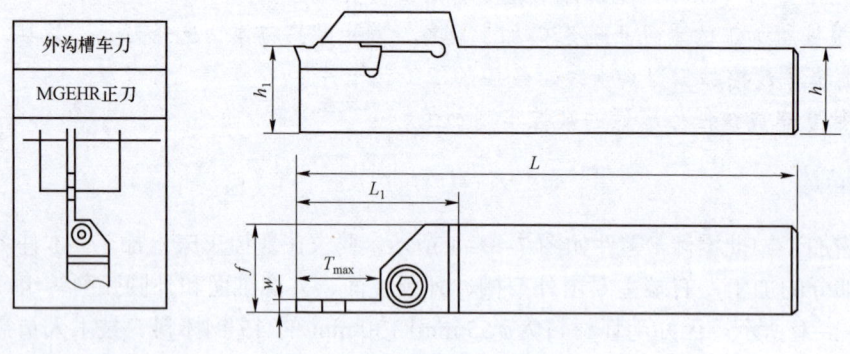

图 7-1-2 可转位外沟槽车刀

2. 外沟槽车刀的安装

外沟槽车刀的安装要注意以下几点：
（1）外沟槽车刀的主切削刃与车床的回转轴线在同一高度。
（2）外沟槽车刀的主切削刃与车床回转轴线平行。
（3）外沟槽车刀两侧副后角相等，车刀左右对称。
（4）刀具可达加工要求时，安装外沟槽车刀不宜伸出过长。

3. 外窄槽的加工方法

对于宽度及深度都不大的简单外窄槽零件，可采用与槽等宽的刀具，用 G01 指令直接切入一次成形的方法加工，如图 7-1-3 所示。刀具切入槽底后使刀具短暂停留，以修整槽底圆度。退刀时要考虑槽两侧平面的精度要求，精度要求高时用 G01 代码退刀，要求不高时用 G00 代码快速退刀。

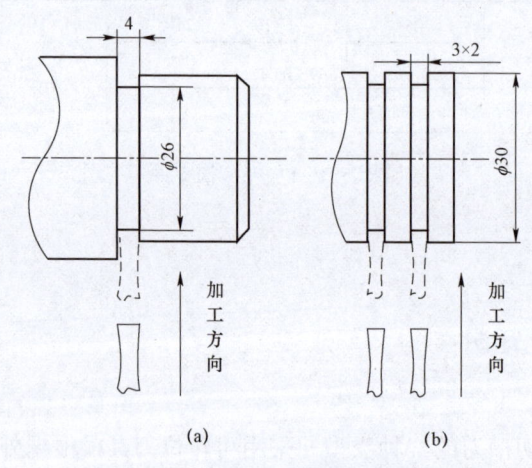

图 7-1-3 典型外窄槽零件及加工
(a) 直径标注；(b) 槽深标注

对于宽度值不大，但深度值较大的深窄槽零件，为了避免车槽过程中由于排屑不畅使刀具前部因压力过大而出现扎刀和折断刀具的现象，应采用分次进刀的方式，刀具在切入工件一定深度后，停止进刀并回退一段距离，以达到断屑和排屑的目的。同时注意，应尽量选择强度较高的刀具。

沟槽类轮廓在零件加工中是常见的一种类型，图 7-1-3 所示为典型的外窄槽零件，在图 7-1-3（a）中外沟槽宽度为 4 mm，槽底直径为 ϕ26 mm；在图 7-1-3（b）中，外沟槽宽度为 3 mm、槽深为 2 mm（半径量）。对于加工此类槽宽较窄的外沟槽，在刀具选择时应使外沟槽车刀刀宽同槽宽相等，通过一次切削加工出该槽，提高加工效率。

4. 外沟槽车刀刀位点的选择

外沟槽刀具在切削时其切削刃为一条直线，切削刃长度为刀片的宽度，在程序编写中只能选择切削刃上的某一点作为工件坐标系中的坐标点，在外沟槽编程中，程序中的坐标点一般选择切槽刀片的左刀尖或右刀尖点，一旦确定好刀位点，在编程和数控车床上对刀时一定要相对应起来，以免在加工时位置尺寸发生误差。

如图 7-1-4 所示，槽刀刀宽为 4 mm，利用不同刀位点编写程序的终点坐标如下：

左刀尖编写外沟槽的终点坐标为：（X24，Z-24）。

右刀尖编写外沟槽的终点坐标为：（X24，Z-20）。

5. 车削外沟槽的注意事项

（1）对刀时，外圆车刀采用试切端面、外圆的方法，外沟槽车刀不能再切端面，否则加工后零件长度尺寸会发生变化。

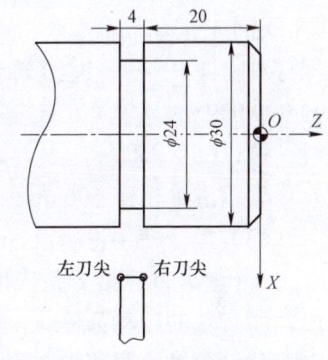

图 7-1-4 刀位点的选择

（2）外沟槽车刀对刀，刀具接近工件时，进给倍率一定要调小，以避免产生撞刀现象。

（3）外沟槽车刀采用左刀尖点作刀位点，编程时刀头宽度应考虑在内。

（4）注意合理安排切槽后的退刀路线，避免刀具与零件发生碰撞，造成车刀及零件的损坏。

（5）切槽时，刀刃宽度、切削速度和进给量都不宜太大。

二、车削窄槽的相关指令

1. 直线插补指令（G01 或 G1）

在数控车床上加工槽，无论是外沟槽还是内沟槽，都可以用 G01 指令直接实现。指令书写格式如下：

G01 X（U）____Z（W）____F____；

2. 进给暂停指令（G04 或 G4）

（1）指令功能。执行 G04 或 G4 指令进给暂停至指定时间后执行下一段程序。该指令可以使刀具做短时间无进给的停顿，以进行光整加工，在车槽（在槽底停顿）、钻镗不通孔（在孔底停顿）时经常使用，也可以用于拐角轨迹控制。由于系统的自动加、减速作用，刀具在拐角处的轨迹并不是直线，如果拐角处的精度要求很严格，其轨迹必须是直线时，可在拐角处使用暂停指令。

（2）指令格式。

① 指令格式一。

G04 X____；

程序中，X___——进给暂停时间，可用带小数点的数，单位为 s，范围是 0.001~99 999.999 s。

例：G04 X0.5

表示进给暂停 0.5 s。

② 指令格式二。

G04 U___；

程序中，U___——进给暂停时间，可用带小数点的数，单位为 s，范围是 0.001~99 999.999 s。

例：G04 U0.5

表示进给暂停 0.5 s。

③ 指令格式三。

G04 P___；

程序中，P___——进给暂停时间，不允许用带小数点的数，单位为 ms，范围是 1~99 999 999 ms。

例：G04 P500

表示进给暂停 500 ms。

（3）指令使用说明。

① 进给暂停指令是应用在程序处理过程中有目的的进给延迟，在程序指定的这段时间内，所有轴的运动都停止，但不影响其他程序指令和功能。超过指定的时间后，控制系统将立即从包含进给暂停指令程序段的下一个程序段重新开始处理程序。

② G04 指令中 P 后面的数值单位为 ms，不能有小数点；X 后面的数值单位为 s，可以有小数点，如 X1.0。

③ G04 指令在前一段程序段的进给速度降到 0 后才开始暂停动作。

④ 如果 G04 指令不指定 P 或 X，G04 在程序中的作用与 G09（停于精确位置）指令功能相同。

⑤ G04 为非模态有效代码。

注意

（1）G04 主要用于加工槽及钻孔时，槽底及孔底停留 3~5 r，使槽底或孔底完全切削。

（2）G04 的应用要根据实际情况合理设置暂停时间，避免刀具在已加工表面停留过长时间而影响到加工表面质量。

（4）编程实例。

【例 7.1.1】如图 7-1-5 所示，编写图中外沟槽的数控车削程序。

刀具选择：选择刀片宽度 4 mm 的刀具一次切削完成，刀具切削起点及刀具运动轨迹如图 7-1-5 所示，切槽加工主轴转速在 S300~S500，进给速度为 F0.05~F0.08，外沟槽车刀在槽底停留 1 s 光整，程序如下：

O7101；	程序名
T0101；	选择刀具
M03 S500；	主轴正转，转速 500 r/min
G00 Z-28；	快速定位到 Z-28 位置
G00 X42；	快速定位到 X42 位置（刀尖高度大于槽两侧最高点位置）
G01 X32 F0.05；	直线插补加工外槽

```
G04 P1000;              暂停 1 000 ms（1 s）光整槽底
G00 X42;                刀具退出已加工外槽
G00 X100 Z200;          快速定位到（X100，Z200）的安全位置
M30;                    程序结束
```

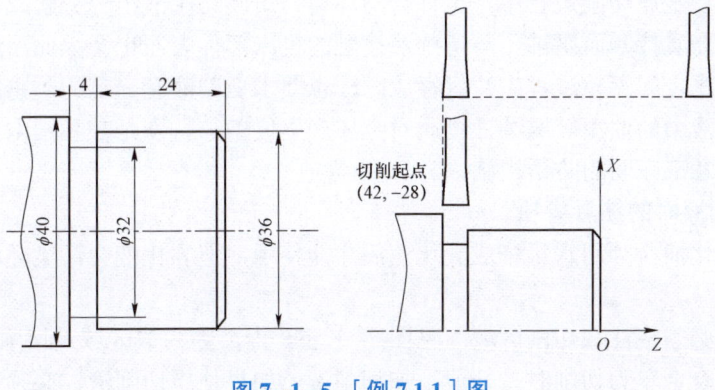

图 7-1-5 ［例 7.1.1］图

三、切削液

切削液是一种在金属切削加工过程中，用来冷却和润滑刀具及加工工件的工业用液体，切削液由多种超强功能助剂经科学复合配制而成，同时具备良好的冷却性能、润滑性能、防锈性能、除油清洗功能、防腐功能和易稀释特性。

1. 切削液的分类

切削液可分为乳化液、半合成切削液和全合成切削液。乳化液、半合成以及全合成切削液的分类通常取决于产品中基础油的类别：乳化液是仅以矿物油作为基础油的水溶性切削液；半合成切削液是既含有矿物油又含有化学合成基础油的水溶性切削液；全合成切削液则是仅使用化学合成基础油（即不含矿物油）的水溶性切削液。

2. 切削液的作用

（1）润滑。切削液在切削过程中有润滑作用，可以减小前刀面与切屑、后刀面与已加工表面间的摩擦，形成部分润滑膜，从而减小切削力、摩擦和功率消耗，降低刀具与工件坯料摩擦部位的表面温度和刀具磨损，改善工件材料的切削加工性能。在磨削过程中，加入磨削液后，磨削液渗入砂轮磨粒—工件及磨粒—磨屑之间形成润滑膜，使界面间的摩擦减小，防止磨粒切削刃磨损和黏附切屑，从而减小磨削力和摩擦热，提高砂轮耐用度以及工件表面质量。

（2）冷却。切削液的冷却作用是通过它和因切削而发热的刀具（或砂轮）、切屑和工件间的对流和汽化作用，把切削热从刀具和工件处带走，从而有效地降低切削温度，减少工件和刀具的热变形，保持刀具硬度，提高加工精度和刀具耐用度。切削液的冷却性能和其导热系数、比热容、汽化热以及黏度（或流动性）有关。水的导热系数和比热容均高于油，因此水的冷却性能要优于油。

（3）清洗。在金属切削过程中，要求切削液有良好的清洗作用，以除去生成的切屑、磨屑以及铁粉、油污和砂粒，防止机床和工件、刀具的沾污，使刀具或砂轮的切削刃口保持锋

利，不致影响切削效果。对于油基切削油，尤其是含有煤油、柴油等轻组分的切削油，黏度越低，清洗能力越强，渗透性和清洗性能就越好。含有表面活性剂的水基切削液，清洗效果较好，因为它能在表面上形成吸附膜，阻止粒子和油泥等黏附在工件、刀具及砂轮上，同时它能渗入到粒子和油泥黏附的界面上，把油泥从界面上分离，随切削液带走，保持界面清洁。

（4）防锈。在金属切削过程中，工件会与环境介质及切削液组分分解或氧化变质而产生的油泥等腐蚀性介质接触而腐蚀，与切削液接触的机床部件表面也会因此而腐蚀。此外，在工件加工后或工序之间流转过程中暂时存放时，也要求切削液有一定的防锈能力，防止环境介质及残存切削液中的油泥等腐蚀性物质对金属产生侵蚀。特别是在我国南方地区的潮湿多雨季节，更应注意工序间的防锈措施。

3. 使用切削液时的注意事项

（1）油状乳化油必须用水稀释成乳化液后才能使用，但乳化液会污染环境，应尽量选用环保型切削液。

（2）切削液必须浇注在切削区域（见图7-1-6）内，因为该区域是切削热源。

（3）用硬质合金车刀切削时，一般不加切削液。如果使用切削液，必须从开始就连续充分地浇注，否则硬质合金刀片会因骤冷而产生裂纹。

（4）控制好切削液的流量。流量太小或断续使用，起不到应有的作用；流量太大，则会造成切削液的浪费。

（5）加注切削液可以采用浇注法和高压冷却法。浇注法［见图7-1-7（a）］是一种简便易行、应用广泛的方法，一般车床均有这种冷却系统。高压冷却法［见图7-1-7（b）］是以较高的压力或较大的流量将切削液喷向切削区的方法，这种方法一般用于半封闭加工或车削难加工材料。

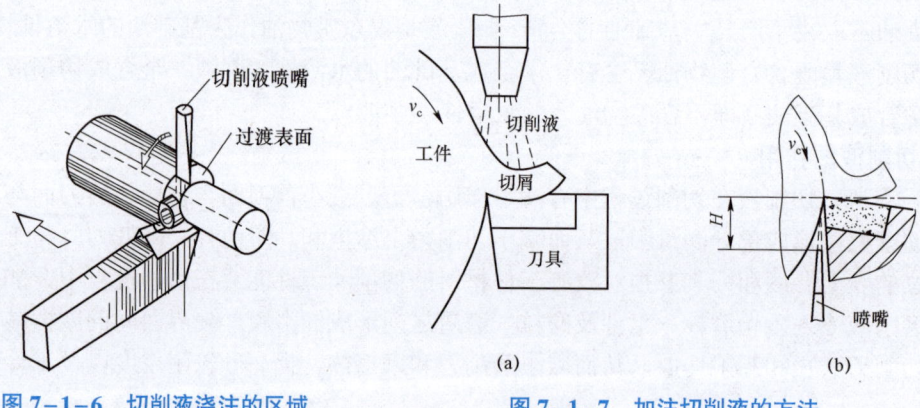

图7-1-6 切削液浇注的区域

图7-1-7 加注切削液的方法
（a）浇注法；（b）高压冷却法

（6）要具备环保意识。对于不能回收或再利用的切削液或润滑油等废液，必须送到当地指定的回收部门或排污地点按规定处理，严禁随地排放而造成污染。

四、外沟槽的检测

外沟槽的尺寸主要有槽的宽度和槽底直径（或槽深）。精度要求低的沟槽，可用金属直尺和卡钳测量，如图7-1-8所示；精度要求较高的外沟槽，通常用千分尺、样板、游标卡尺等测量，如图 7-1-9 所示。

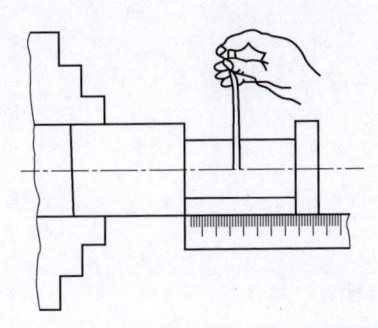

图 7-1-8 用金属直尺、卡钳测量沟槽

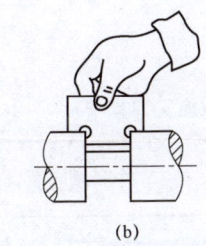

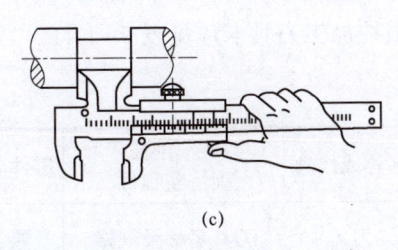

(a)　　　　　　　　　(b)　　　　　　　　　(c)

图 7-1-9 测量较高精度外沟槽的方法

（a）千分尺测量外沟槽直径；（b）样板测量外沟槽宽度；（c）游标卡尺测量外沟槽宽度

任务实施

一、零件图分析（见图 7-1-1）

如图 7-0-1 所示零件形状属于较复杂的回转轴类零件。根据零件的形状，此零件需要进行两次装夹才能完成加工，第一次装夹如图 7-1-10 所示，加工零件右半部分，先加工台阶轴，再单独加工外窄槽，其中外圆尺寸为 $\phi30$ mm、$\phi38$ mm、$\phi44$ mm、$\phi52$ mm，以及长度尺寸为 24 mm 和 69 mm 的加工元素有具体公差要求，其余公差均为自由公差；$\phi30$ mm、$\phi44$ mm、$\phi52$ mm 加工部位表面粗糙度要求为 $Ra1.6$ μm，其余加工部位表面粗糙度为 $Ra3.2$ μm；外窄槽的尺寸为自由公差，槽底表面粗糙度为 $Ra3.2$ μm。零件材料为 45 钢，毛坯为 $\phi55$ mm×130 mm 的棒料，适合在数控车床上加工。

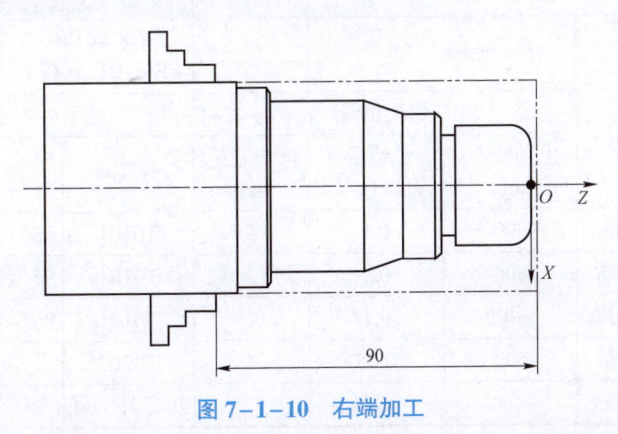

图 7-1-10 右端加工

二、工艺分析

1. 加工步骤的确定

（1）手动车平右端面。

（2）粗加工右端外轮廓。

（3）精加工右端外轮廓。

（4）检测外轮廓相应尺寸。

（5）加工 4 mm×2 mm 外窄槽。

（6）检测外窄槽尺寸。

2. 数控加工刀具卡片的制定

数控加工刀具卡片见表 7-1-1。

表 7-1-1 数控加工刀具卡片

产品名称或代号		数控车削技术训练实训件	零件名称		外窄槽零件		零件图号	图 7-1-1
序号	刀具号	刀具名称及规格	数量		加工表面	刀尖半径 R/mm	刀尖方位 T	备注
1	T0101	95°可转位外圆车刀	1		车平端面，粗、精加工外轮廓	0.4	3	
2	T0202	外沟槽车刀（刀宽 4 mm）	1		4 mm×2 mm 外窄槽	0.4		
编制		审核	批准			共 1 页	第 1 页	

3. 数控加工工艺卡片的制定

数控加工工艺卡片见表 7-1-2。

表 7-1-2 数控加工工艺卡片

	单位名称		产品名称或代号		零件名称		零件图号	
	×××		数控车削技术训练实训件		外窄槽零件		图 7-1-1	
工序号	程序编号		夹具名称	夹具编号	使用设备		切削液	车间
	O7001 O7002		自定心卡盘		CKA6140（FANUC 系统）		乳化液	数控车间
工步号	工步内容		切削用量			刀具		备注
			主轴转速/($r·min^{-1}$)	进给量/($mm·r^{-1}$)	背吃刀量/mm	刀具号	刀具名称	
1	车平右端面		800	0.1	1	T0101	95°可转位外圆车刀	手动
2	粗加工外轮廓		800	0.2	2	T0101	95°可转位外圆车刀	自动
3	精加工外轮廓		1 200	0.1	0.5	T0101	95°可转位外圆车刀	自动
4	加工外窄槽		500	0.05	4	T0202	外沟槽车刀	自动
编制		审核		批准	年 月 日	共 1 页		第 1 页

三、编制加工程序

1. 编写外轮廓加工程序

以工件精加工后的右端面中心位置作为编程原点，建立工件坐标系，其外轮廓加工程序单如表 7-1-3 所示。

表 7-1-3 外轮廓加工程序单

程序段号	加工程序	程序说明
	O7001；	程序名（外轮廓加工程序）
N10	G21 G97 G99；	公制尺寸编程，主轴转速单位 r/min，进给量单位 mm/r
N20	T0101；	换 1 号刀，调用 1 号刀补
N30	M03 S800；	主轴正转，转速为 800 r/min
N40	G42 G00 X56 Z2；	建立刀具刀尖圆弧半径右补偿，车刀快速定位到靠近加工的部位（X56，Z2）
N50	G71 U2 R0.5；	应用 G71 循环粗加工，每次背吃刀量 2 mm，每次退刀 0.5 mm
N60	G71 P70 Q190 U1 W0.05 F0.2；	精加工轨迹的第一个程序段号为 N70，最后一个程序段号为 N190；精加工余量 X 方向 1 mm，Z 方向 0.05 mm；粗车进给量 0.2 mm/r
N70	G00 X20；	车刀快速定位到加工起点
N80	G01 Z0 F0.1；	车刀直线插补到（X20，Z0），准备加工圆弧，设置精车进给量为 0.1 mm/r
N90	G03 X30 Z-5 R5；	加工 R5 mm 逆时针圆弧
N100	G01 Z-24；	加工 ϕ30 mm 外圆
N110	G01 X36；	加工 ϕ38 mm 外圆右台阶
N120	G01 X38 Z-25；	加工 C1 倒角
N130	Z-34；	加工 ϕ38 mm 外圆
N140	X44 Z-44；	加工圆锥
N150	Z-69；	加工 ϕ44 mm 外圆
N160	X50；	加工 ϕ52 mm 外圆右台阶
N170	X52 Z-70；	加工 C1 倒角
N180	Z-79；	加工 ϕ52 mm 外圆
N190	G01 X56；	描述精加工轨迹的最后一个程序段
N200	G40 G00 X100 Z200；	取消刀具刀尖圆弧半径右补偿，车刀快速退刀到（X100，Z200）的安全位置
N210	M05；	主轴停转
N220	M00；	程序暂停

续表

程序段号	加工程序	程序说明
N230	T0101;	换1号刀，调用1号刀补
N240	M03 S1200;	主轴正转，转速为1 200 r/min
N250	G42 G00 X56 Z2;	建立刀具刀尖圆弧半径右补偿，车刀快速定位到靠近加工的部位（X56，Z2）
N260	G70 P70 Q190;	精加工循环
N270	G40 G00 X100 Z200;	取消刀具刀尖圆弧半径右补偿，车刀快速退刀到（X100，Z200）的安全位置
N280	M30;	程序结束

2. 编写外窄槽加工程序

以工件精加工后的右端面中心位置作为编程原点，建立工件坐标系，其外窄槽加工程序单如表7-1-4所示。

表7-1-4　外窄槽加工程序单

程序段号	加工程序	程序说明
	O7002;	程序名（外窄槽加工程序）
N10	G21 G97 G99;	公制尺寸编程，主轴转速单位 r/min，进给量单位 mm/r
N20	T0202;	换2号刀，调用2号刀补
N30	M03 S500;	主轴正转，转速为500 r/min
N40	G00 X40 Z-24;	刀具快速定位至（X40，Z-24）加工起点
N50	G01 X26 F0.05;	直线插补到（X26，Z-24）槽底尺寸
N60	G04 P1000;	刀具在槽底暂停1 000 ms（1 s）
N70	G00 X40;	刀具快速回退至加工起点
N80	G00 X100 Z200;	快速退刀至（X100，Z200）的安全位置
N90	M30;	程序结束

四、程序校验及加工

（1）根据数控加工刀具卡片要求正确安装数控车刀，并在数控车床上进行对刀操作。

（2）根据已验证的加工程序单将程序输入数控系统，输入完成后要再次检查输入程序是否正确，检查程序要做到严谨、仔细、认真，以避免发生错误。

（3）在数控系统中利用图形模拟校验功能，查看所输入程序的走刀轨迹是否正确。

（4）将数控系统置于自动加工运行模式。

（5）调出要加工的程序并将光标移动至程序的开头。

（6）按下"循环启动"按钮，执行自动加工程序。

（7）加工过程中，始终观察刀尖运动轨迹和系统屏幕上的坐标变化情况，右手放在"急停"按钮上，一旦发生异常，立即按下"急停"按钮。

（8）加工完成后，在数控车床上利用相关量具检测工件。

注意

（1）加工工件时，刀具和工件必须夹紧，否则可能会发生事故。

（2）注意工件伸出卡爪的长度，以避免刀具与卡盘发生碰撞事故。

（3）开始程序加工前必须将刀具移至远离工件的位置。

（4）程序自动运行前必须将光标调整到程序的开头。

五、完成加工并检测

零件加工完成后，对照表 7-1-5 的相关要求，将检测结果填入表中。

表 7-1-5　数控车工考核评分表

序号	考核项目	考核内容及要求		配分	评分标准	检测结果	得分
1	程序编制	指令正确，程序完整		10	每错一个指令酌情扣 1~2 分，扣完为止		
2	数控车床规范操作	（1）机床准备； （2）正确对刀，建立工件坐标系； （3）正确设置参数		5	每违反一条酌情扣 1~2 分，扣完为止		
3	外圆	$\phi 30_{-0.04}^{0}$ mm	IT	6	超差 0.01 mm 扣 3 分		
			Ra	2	降级不得分		
		$\phi 38_{-0.04}^{0}$ mm	IT	6	超差 0.01 mm 扣 3 分		
			Ra	2	降级不得分		
		$\phi 44_{-0.04}^{0}$ mm	IT	6	超差 0.01 mm 扣 3 分		
			Ra	2	降级不得分		
		$\phi 52_{-0.04}^{0}$ mm	IT	6	超差 0.01 mm 扣 3 分		
			Ra	2	降级不得分		
4	长度	$24_{0}^{+0.05}$	IT	5	超差不得分		
		69 mm±0.04 mm	IT	5	超差不得分		
		79 mm	IT	4	超差不得分		
		10 mm	IT	4	超差不得分		
		25 mm	IT	4	超差不得分		
5	圆弧	R5 mm	半径样板检测	2	超差不得分		
			Ra	2	降级不得分		
6	圆锥	33.4°	IT	4	超差 0.5° 扣 2 分		
			Ra	2	降级不得分		

续表

序号	考核项目	考核内容及要求		配分	评分标准	检测结果	得分
7	外窄槽	4 mm×2 mm	IT	5	超差不得分		
			Ra	2	降级不得分		
8	倒角	C1（2 处）	IT	4	1 处超差扣 2 分		
9	安全文明生产	（1）着装规范，刀具、工具、量具归类摆放整齐； （2）工件装夹、刀具安装规范； （3）正确使用量具； （4）工作场所卫生、设备保养到位		10	每违反一条酌情扣 2～4 分，扣完为止		

六、机床维护与保养

（1）清除切屑、擦拭机床，使机床与周围环境保持清洁状态。
（2）检查润滑油、切削液的状态，及时添加或更换。
（3）依次关掉机床操作面板上的电源和总电源。
（4）机床若有故障，应立即报修。
（5）填写设备使用记录。

任务评价

一、操作现场评价

填写现场记录表，见附录一。

二、任务学习自我评价

填写任务学习自我评价表，见附录二。

任务总结

本任务主要为加工外窄槽零件，学生应掌握外窄槽加工工艺知识，掌握 G04 指令在车槽加工的应用，了解切削液的分类、作用和使用注意事项，掌握外沟槽的检测方法。

任务二　加工外宽槽零件

任务目标

知识目标

1. 掌握外宽槽的加工方法。
2. 掌握 G75 径向切槽复合循环指令及应用。
3. 掌握对外宽槽零件加工中出现的问题进行分析的方法。

技能目标

1. 能灵活运用 G75 指令对外宽槽进行编程。
2. 能根据所加工的零件正确选择加工设备，确定装夹方案，选择刀具、量具，确定工艺路线，正确填写数控加工刀具卡片、数控加工工艺卡片。
3. 能独立完成本任务零件的数控车削加工。

📖 任务描述

工厂需加工一批零件，零件如图 7-0-1 所示，要求在数控车床上加工。本项目的任务一已完成了右端部分加工，本任务需掉头装夹，完成该零件左端部分的加工，左端主要由外宽槽、外圆柱面、外圆锥面、外圆弧面等组成，具体任务如图 7-2-1 所示。已知毛坯为上一任务加工的零件，材质为 45 钢，技术人员需根据加工任务，编制零件的加工工艺，选择合适的刀具及合理的切削参数，编写零件的加工程序，在数控车床（FANUC 0i Mate-TC 系统）上实际操作加工出来，并对加工后的零件进行检测、评价。

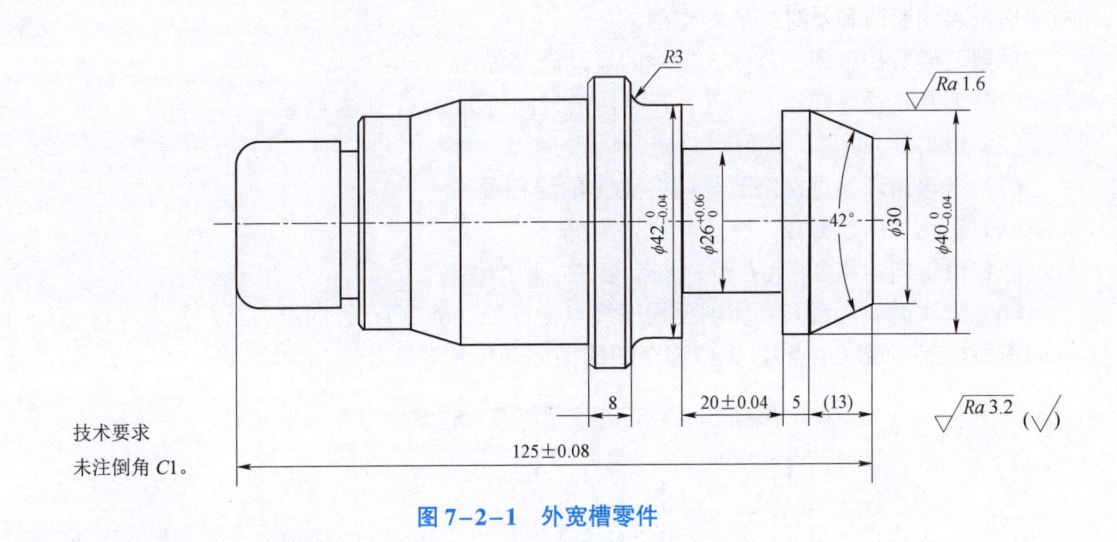

图 7-2-1 外宽槽零件

技术要求
未注倒角 C1。

📖 知识准备

一、外宽槽的加工方法

通常把大于一个切槽刀宽度的槽称为外宽槽（宽槽），宽槽的宽度、深度的精度要求及表面质量要求相对较高。在切削宽槽时常采用排刀的方式进行粗加工[见图 7-2-2（a）]，需要分多次进刀，每次车削轨迹在宽度略有重合，并要留精加工余量；然后用精切槽刀沿槽的一侧切至槽底，精加工槽底至槽的另一侧，再沿侧面退出，对其进行精加工，如图 7-2-2（b）所示。

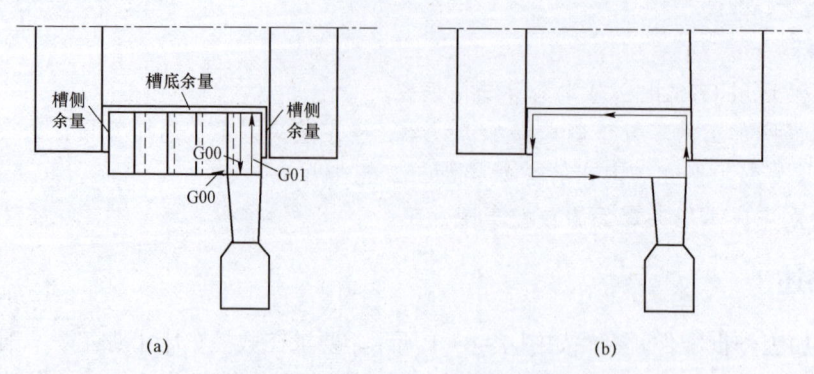

图 7-2-2 宽槽加工的走刀路线

（a）粗加工；（b）精加工

二、径向切槽复合循环（G75）

1. 指令功能

径向切槽复合循环指令用于车削径向环形槽或圆柱面，以及 X 轴啄式钻孔，径向切削时，断续切削起到断屑和及时排屑的作用。

后置刀架数控车床中，G75 指令的运动轨迹如图 7-2-3 所示。

（1）刀具从循环起点（A 点）开始，沿径向进刀 Δi 并到达 C 点。
（2）退刀 e（断屑）并到达 D 点。
（3）按该循环递进切削至径向终点 X 的坐标处。
（4）退到径向起刀点，完成一次切削循环。
（5）沿轴向偏移 Δk 至 F 点，进行第二层切削循环。
（6）依次循环直至刀具切削至程序终点坐标处（B 点），径向退刀至起刀点（G 点），再轴向退刀至起刀点（A 点），完成整个切槽循环动作。

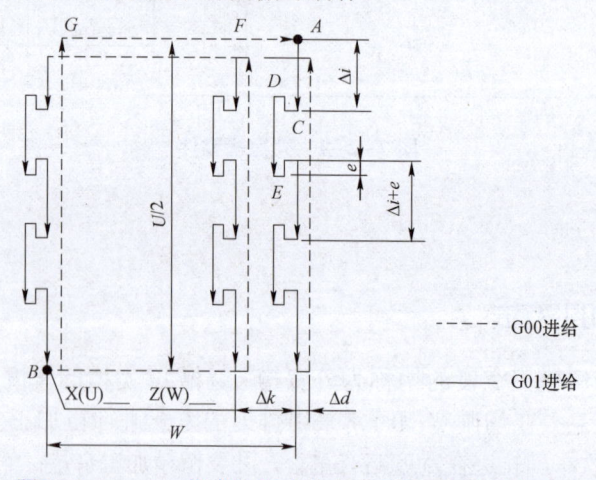

图 7-2-3 G75 指令的运动轨迹（后置刀架数控车床）

前置刀架数控车床中，G75 指令的运动轨迹如图 7-2-4 所示。

程序执行时，刀具快速到达 A 点，从 A 到 C 为切削进给，每切一个 Δi 深度后便快速后退一个 e 的距离以便断屑，最终到达 C 点。在 C 点处，刀具可以横移一个距离 Δd 后退回 A

点，考虑到刀具强度问题一般设定 Δd=0。刀具退回 A 点后，按 Δk 移动一个距离，切槽时 Δk 由切槽刀刀宽确定，要考虑重叠量，在平移到新位置后再次执行上述过程，直至完成全部加工，最后刀具从 B 点快速返回 A 点，循环结束。

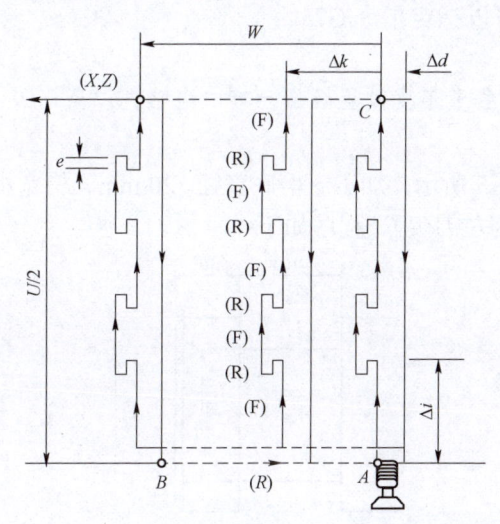

图 7-2-4　G75 指令的运动轨迹（前置刀架数控车床）

2. 指令格式

G75　R(e);
G75　X(U)＿＿＿ Z(W)＿＿＿ P(Δi) Q(Δk) R(Δd) F(f);
程序中，第一行中 R(e)——回退量（X 向）；
第二行中 X＿＿＿，Z＿＿＿——槽底终点绝对坐标；
U＿＿＿，W＿＿＿——槽底终点相对于循环起点的增量坐标；
P(Δi)——X 轴方向每次的背吃刀量（半径值，无符号，单位为 μm）；
Q(Δk)——Z 轴方向的移动量（无符号，单位为 μm）；
R(Δd)——槽底位置 Z 方向的退刀量（总是正值）；
F(f)——进给速度。
例：G75 R0.5;
　　G75 U-6 W-5 P1500 Q2000 F0.1;
执行径向切槽复合循环指令，每次 X 方向的回退量为 0.5 mm；槽底终点相对于循环起点的增量坐标为（U-6，W-5），X 轴方向每次的背吃刀量为 1 500 μm，Z 轴方向的移动量为 2 000 μm，进给速度为 0.1 mm/r。

3. 指令使用说明

（1）回退量（e）模态有效。
（2）回退量（e）大于 X 轴方向每次的背吃刀量（Δi）将发生报警。
（3）Δi、Δk 无符号值，不支持小数点输入，以最小设定单位（μm）编程。
（4）Δk 值小于切槽刀刀宽时，可以车宽槽；Δk 值大于切槽刀刀宽时，可以车等间距的窄槽；Δk 值为 0 时加工一个窄槽。
（5）对于切削单个宽槽，程序中 Δk 值要小于切槽刀刀宽，一般设定为刀宽的 2/3。

（6）最后一次背吃刀量和最后一次 Z 向偏移量均由系统自行计算。

（7）G75 程序段中的 Z（W）值可省略或将 W 值设定为 0，当 W 值设为 0 时，循环执行时刀具仅做 X 向进给而不做 Z 向偏移。

（8）在 MDI 方式下可以指定指令 G75。

注意

R（Δd）值无要求时尽量不要设置数值，可以省略，以免断刀。

4. 编程实例

【例 7.2.1】如图 7-2-5 所示，加工一槽底直径 ϕ20 mm、槽宽 16 mm 的外宽槽，外沟槽刀刀宽为 4 mm（刀位点为左刀尖），程序如下。

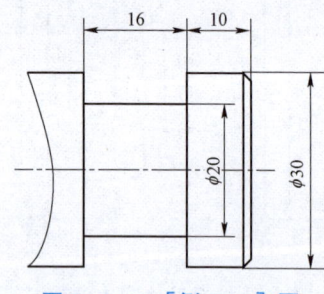

图 7-2-5　[例 7.2.1] 图

```
O7201                                   程序名
N10  T0202;                             选择 2 号刀及 2 号刀补
N20  G21 G99;                           公制尺寸（mm），进给量单位 mm/r
N30  M3 S500;                           主轴正转，转速 500 r/min
N40  G00 X32 Z-14;                      刀具快速定位至加工起点
N50  G75 R0.2;                          G75 径向切槽复合循环
N60  G75 X20 Z-26 P2000 Q3000 R0 F0.05; G75 径向切槽复合循环
N70  G00 X100 Z200;                     快速退刀到（X100，Z200）的安全位置
N80  M30;                               程序结束
```

【例 7.2.2】如图 7-2-6 所示，加工一槽底直径 ϕ32 mm、槽宽 20 mm 的外宽槽，外沟槽刀刀宽为 4 mm（刀位点为左刀尖），程序如下。

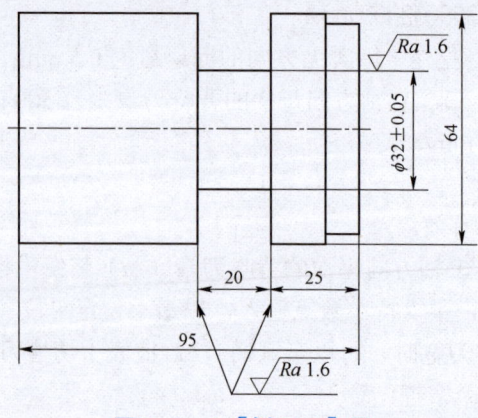

图 7-2-6　[例 7.2.2] 图

O7202	程序名
N10 T0202;	选择2号刀及2号刀补
N20 G21 G99;	公制尺寸（mm），进给量单位 mm/r
N30 M3 S500;	主轴正转，转速 500 r/min
N40 G00 X66 Z-29.2;	刀具快速定位至粗车起点
N50 G75 R0.2;	G75 径向切槽复合循环
N60 G75 X32.2 Z-44.8 P2000 Q3000 F0.05;	G75 径向切槽复合循环
N70 G00 X66 Z-29;	快速定位到精车加工起点
N80 G01 X32 F0.05;	精加工槽右侧面
N90 Z-45;	精加工槽底
N100 X66;	精加工槽左侧面
N110 G00 X100 Z200;	快速退刀到（X100，Z200）的安全位置
N120 M30;	程序结束

【例 7.2.3】如图 7-2-7 所示，利用 G75 指令加工 4 个等距窄槽，外沟槽刀刀宽为 3 mm（刀位点为左刀尖），程序如下。

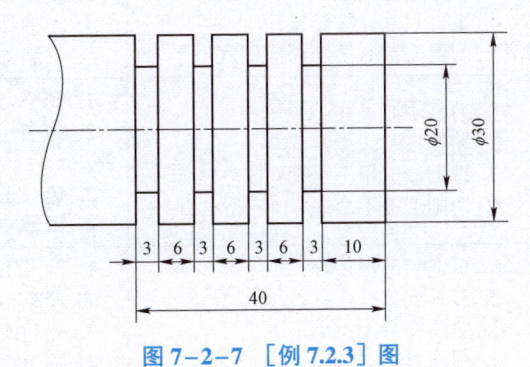

图 7-2-7 ［例 7.2.3］图

O7203	程序名
N10 T0303;	选择3号刀及3号刀补
N20 G21 G99;	公制尺寸（mm），进给量单位 mm/r
N30 M3 S500;	主轴正转，转速 500 r/min
N40 G00 X32 Z-13;	刀具快速定位至切槽起始位置
N50 G75 R0.2;	G75 径向切槽复合循环
N60 G75 X20 Z-40 P2000 Q9000 F0.05;	G75 径向切槽复合循环
N70 G00 X100 Z200;	快速退刀到（X100，Z200）的安全位置
N80 M30;	程序结束

三、外沟槽零件加工质量分析

外沟槽零件在数控车加工过程中会遇到各种加工和质量问题，表 7-2-1 对外沟槽加工中常见的问题、产生原因、预防和解决方法进行了分析。

表 7-2-1　外沟槽加工中常见的问题、产生原因、预防和解决方法

问题	产生原因	预防和解决方法
槽的宽度不正确	1. 刀具参数不正确； 2. 程序错误	1. 调整或重新设定刀具参数； 2. 检查、修改程序
槽的位置不正确	1. 程序错误； 2. 测量错误	1. 检查、修改程序； 2. 正确测量
槽的深度不正确	1. 程序错误； 2. 测量错误	1. 检查、修改程序； 2. 正确测量
槽的侧面呈现凸凹面	1. 刀具安装角度不对称； 2. 刀具两刀尖磨损程度不一	1. 正确安装刀具； 2. 更换刀片
槽的一侧或两个侧面出现小台阶	1. 刀具数据不准确； 2. 程序错误	1. 调整或重新设定刀具数据； 2. 检查、修改加工程序
槽底面倾斜	刀具安装不正确	正确安装刀具
槽的两个侧面倾斜	刀具磨损	重新刃磨刀具或更换刀片
沟槽槽底尺寸超差	1. 刀具数据不准确； 2. 切削用量选择不当产生让刀； 3. 程序错误； 4. 工件尺寸计算错误； 5. 刀具安装时切削刃同槽底不平行	1. 调整或重新设定刀具数据； 2. 合理选择切削用量； 3. 检查、修改加工程序； 4. 正确计算工件尺寸； 5. 安装外沟槽刀具时要装正
槽底粗糙度太大	1. 刀具中心过高； 2. 切屑控制较差； 3. 切削液选用不合理； 4. 切削速度不合理	1. 调整刀具中心高度； 2. 选择合理的进给方式及背吃刀量； 3. 选择正确的切削液并充分喷注； 4. 调整主轴转速
槽底有振纹	1. 工件装夹不正确； 2. 刀具安装不正确； 3. 切削参数不正确； 4. 程序延时过长	1. 检查工件装夹情况，提高装夹刚度； 2. 调整刀具安装位置； 3. 提高或降低切削速度； 4. 缩短程序延时时间
车槽过程中出现扎刀现象，造成刀具断裂	1. 进给量过大； 2. 工件装夹不合理； 3. 切屑堵塞	1. 降低进给量； 2. 检查工件装夹，增加装夹刚度； 3. 采用断屑、排屑方式切入（在 G75 中调整相应 R（e）参数）
车槽开始及加工过程中出现较强的振动，表现为工件和刀具出现共振现象，严重者机床也会一同产生共振，切削不能继续	1. 工件装夹不正确； 2. 刀具安装不正确； 3. 进给速度过低	1. 检查工件装夹情况，提高装夹刚度； 2. 调整刀具安装位置； 3. 提高进给速度

📖 任务实施

一、零件图分析（见图 7-2-1）

本项目任务一已经完成了零件右端部分的加工，并完成了相应的检测，本任务主要加工零件的剩余部分，装夹如图 7-2-8 所示，加工零件左半部分，加工部分为具有外宽槽结构的

轴，其中$\phi 40$ mm、$\phi 42$ mm、宽槽槽底直径$\phi 26$ mm、槽宽 20 mm 以及零件总长 125 mm 的加工元素有具体公差要求，其余公差均为自由公差，$\phi 40$ mm 加工部位表面粗糙度要求为 Ra1.6 μm，其余加工部位表面粗糙度为 Ra3.2 μm，零件材料为 45 钢，毛坯为任务一加工结束后的余料，适合在数控车床上加工。

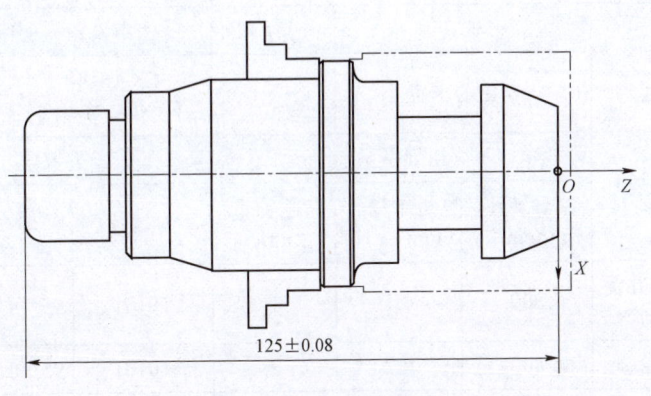

图 7-2-8　左端加工

二、工艺分析

1. 加工步骤的确定

（1）手动车平右端面并保证零件总长。
（2）粗加工右端外轮廓。
（3）精加工右端外轮廓。
（4）检测外轮廓相应尺寸。
（5）加工外宽槽。
（6）检测外宽槽。

2. 数控加工刀具卡片的制定

数控加工刀具卡片见表 7-2-2。

表 7-2-2　数控加工刀具卡片

产品名称或代号		数控车削技术训练实训件		零件名称	外宽槽零件		零件图号	图 7-2-1
序号	刀具号	刀具名称及规格	数量	加工表面	刀尖半径 R/mm	刀尖方位 T	备注	
1	T0101	95°可转位外圆车刀	1	车端面，控制总长，粗、精加工外轮廓	0.4	3		
2	T0202	外沟槽车刀（刀宽 4 mm）	1	粗、精加工外宽槽	0.4	0		
编制		审核		批准		共 1 页	第 1 页	

3. 数控加工工艺卡片的制定

数控加工工艺卡片见表 7-2-3。

表7-2-3 数控加工工艺卡片

单位名称		产品名称或代号		零件名称		零件图号	
×××		数控车削技术训练实训件		外宽槽零件		图7-2-1	
工序号	程序编号	夹具名称	夹具编号	使用设备		切削液	车间
	O7003 O7004	自定心卡盘		CKA6140 （FANUC系统）		乳化液	数控车间
工步号	工步内容	切削用量			刀具		备注
		主轴转速/ (r·min^{-1})	进给量/ (mm·r^{-1})	背吃刀量/ mm	刀具号	刀具名称	
1	车平左端面并保证零件总长	800	0.1	1	T0101	95°可转位外圆车刀	手动
2	粗加工外轮廓	800	0.2	2	T0101	95°可转位外圆车刀	自动
3	精加工外轮廓	1 200	0.1	0.5	T0101	95°可转位外圆车刀	自动
4	加工外宽槽	500	0.05	4	T0202	外沟槽刀	自动
编制		审核		批准	年 月 日	共1页	第1页

三、编制加工程序

1. 编写外轮廓加工程序

以工件精加工控制总长后的端面中心位置作为编程原点，建立工件坐标系，其外轮廓加工程序单如表7-2-4所示。

表7-2-4 外轮廓加工程序单

程序段号	加工程序	程序说明
	O7003;	程序名（外轮廓加工程序）
N10	G21 G97 G99;	公制尺寸编程，主轴转速单位 r/min，进给量单位 mm/r
N20	T0101;	换1号刀，调用1号刀补
N30	M03 S800;	主轴正转，转速为 800 r/min
N40	G42 G00 X56 Z2;	建立刀具刀尖圆弧半径右补偿，车刀快速定位到粗加工循环起点（X56，Z2）
N50	G71 U2 R0.5;	应用 G71 循环粗加工，每次背吃刀量 2 mm，每次退刀 0.5 mm
N60	G71 P70 Q160 U1 W0.05 F0.2;	精加工轨迹的第一个程序段号为 N70，最后一个程序段号为 N160；精加工余量 X 方向 1 mm，Z 方向 0.05 mm；粗车进给量 0.2 mm/r
N70	G00 X30;	车刀快速定位到加工起点
N80	G01 Z0 F0.1;	车刀直线插补到（X30，Z0），准备加工锥面，设置精车进给量为 0.1 mm/r

续表

程序段号	加工程序	程序说明
N90	X40 Z-13;	加工锥面
N100	Z-38;	加工ϕ40 mm 外圆
N110	X42;	加工ϕ42 mm 外圆右台阶
N120	Z-45;	加工ϕ42 mm 外圆
N130	G02 X48 Z-48 R3;	加工 R3 顺时针圆弧
N140	G01 X50;	加工ϕ52 mm 外圆右台阶
N150	X54 Z-50;	加工 C1 倒角
N160	G01 X56;	描述精加工轨迹的最后一个程序段
N170	G40 G00 X100 Z200;	取消刀具刀尖圆弧半径右补偿，车刀快速退刀到(X100,Z200)的安全位置
N180	M05;	主轴停转
N190	M00;	程序暂停
N200	T0101;	换 1 号刀，调用 1 号刀补
N210	M03 S1200;	主轴正转，转速为 1 200 r/min
N220	G42 G00 X56 Z2;	建立刀具刀尖圆弧半径右补偿，车刀快速定位到精加工循环起点（X56,Z2）
N230	G70 P70 Q160;	精加工循环
N240	G40 G00 X100 Z200;	取消刀具刀尖圆弧半径右补偿，车刀快速退刀到(X100,Z200)的安全位置
N250	M30;	程序结束

2. 编写外宽槽加工程序

以工件精加工控制总长后的端面中心位置作为编程原点，建立工件坐标系，其外宽槽加工程序单如表 7-2-5 所示。

表 7-2-5 外宽槽加工程序单

程序段号	加工程序	程序说明
	O7004;	程序名（外宽槽加工程序）
N10	G21 G97 G99;	公制尺寸编程，主轴转速单位 r/min，进给量单位 mm/r
N20	T0202;	换 2 号刀，调用 2 号刀补
N30	M03 S500;	主轴正转，转速为 500 r/min
N40	G00 X44 Z-22.2;	刀具快速定位至粗加工起点
N50	G75 R0.2;	径向切槽复合循环，每次 X 方向回退量为 0.2 mm

续表

程序段号	加工程序	程序说明
N60	G75 X26.2 Z−37.8 P2000 Q3000 F0.05;	径向切槽复合循环，槽底终点的坐标为（X26.2，Z−37.8）；每次 X 方向的进给量为 2 000 μm；Z 方向的每次位移量为 3 000 μm；进给速度为 0.05 mm/r
N70	G00 X44 Z−22;	刀具快速定位至精加工起点
N80	G01 X26.06 F0.05;	精加工槽右侧面
N90	Z−38;	精加工槽底
N100	X44;	精加工槽左侧面
N110	G00 X100 Z200;	快速退刀到（X100，Z200）的安全位置
N120	M30;	程序结束

四、程序校验及加工

（1）根据数控加工刀具卡片要求正确安装数控车刀，并在数控车床上进行对刀操作。

（2）根据已验证的加工程序单将程序输入数控系统，输入完成后要再次检查输入程序是否正确，检查程序要做到严谨、仔细、认真，以免发生错误。

（3）在数控系统中利用图形模拟校验功能，查看所输入程序的走刀轨迹是否正确。

（4）调用 1 号刀，手动车平端面，并保证零件总长满足公差要求。

（5）将数控系统置于自动加工运行模式。

（6）调出要加工的程序并将光标移动至程序的开头。

（7）按下"循环启动"按钮，执行自动加工程序。

（8）加工过程中，始终观察刀尖运动轨迹和系统屏幕上的坐标变化情况，右手放在"急停"按钮上，一旦发生异常，立即按下"急停"按钮。

（9）加工完成后，在数控车床上利用相关量具检测工件。

注意

（1）加工工件时，刀具和工件必须夹紧，否则可能会发生事故。

（2）手动车削端面时灵活运用相对坐标功能保证零件总长。

（3）自动加工前将刀架移至远离工件的位置，防止换刀时发生碰撞。

（4）程序自动运行前必须将光标调整到程序的开头。

五、完成加工并检测

零件加工完成后，对照表 7-2-6 的相关要求，将检测结果填入表中。

表 7-2-6 数控车工考核评分表

序号	考核项目	考核内容及要求	配分	评分标准	检测结果	得分
1	程序编制	指令正确，程序完整	10	每错一个指令酌情扣 1~2 分，扣完为止		

续表

序号	考核项目	考核内容及要求		配分	评分标准	检测结果	得分
2	数控车床规范操作	（1）机床准备； （2）正确对刀，建立工件坐标系； （3）正确设置参数		5	每违反一条酌情扣1～2分，扣完为止		
3	外圆	$\phi 40_{-0.04}^{0}$ mm	IT	8	超差0.01 mm扣4分		
			Ra	2	降级不得分		
		$\phi 42_{-0.04}^{0}$ mm	IT	8	超差0.01 mm扣4分		
			Ra	2	降级不得分		
4	宽槽	$\phi 26_{0}^{+0.06}$ mm	IT	8	超差0.01 mm扣2分		
			Ra	2	降级不得分		
		20 mm±0.04 mm	IT	6	超差0.01 mm扣2分		
5	长度	125 mm±0.08 mm	IT	6	超差不得分		
		8 mm	IT	4	超差不得分		
		5 mm	IT	4	超差不得分		
6	圆弧	R3 mm	R规检测	5	超差不得分		
			Ra	2	降级不得分		
7	圆锥	$\phi 30$ mm	IT	4	超差不得分		
		（13）mm	IT	4	超差不得分		
		42°	IT	6	超差不得分		
			Ra	2	降级不得分		
8	倒角	C1（1处）	IT	2	超差不得分		
9	安全文明生产	（1）着装规范，刀具、工具、量具归类摆放整齐； （2）工件装夹、刀具安装规范； （3）正确使用量具； （4）工作场所卫生、设备保养到位		10	每违反一条酌情扣2～4分，扣完为止		

六、机床维护与保养

（1）清除切屑、擦拭机床，使机床与周围环境保持清洁状态。
（2）检查润滑油、切削液的状态，及时添加或更换。
（3）依次关掉机床操作面板上的电源和总电源。
（4）机床若有故障，应立即报修。
（5）填写设备使用记录。

📖 任务评价

一、操作现场评价

填写现场记录表，见附录一。

二、任务学习自我评价

填写任务学习自我评价表，见附录二。

📖 任务总结

本任务主要为加工外宽槽零件，学生应掌握外宽槽的加工方法，掌握 G75 指令在加工宽槽和等距窄槽中的应用，并能对外宽槽加工中常见的问题、产生原因、预防和解决方法进行分析。

思考与练习

1. 外沟槽车刀的安装要注意哪些方面？
2. 在数控车床上，外窄槽是如何加工的？
3. 车削外沟槽的注意事项有哪些？
4. 用三种指令格式分别表示进给暂停 0.5 s。
5. 切削液有哪四方面的作用？
6. 使用切削液时，应注意哪些事项？
7. 在数控车床上，外宽槽是如何加工的？
8. G75 指令格式是什么？G75 指令中每个字母的含义是什么？
9. G75 指令使用过程中，有哪些使用说明？
10. 槽底表面粗糙度太大产生的原因是什么？如何预防和解决？
11. 编写题图 7-1 所示零件的数控车加工程序。

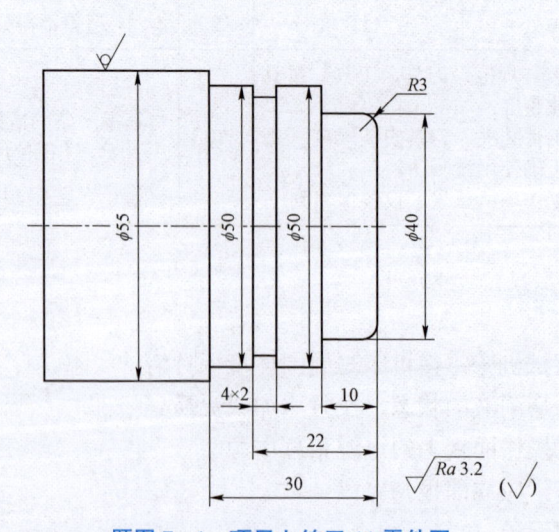

题图 7-1　项目七练习 11 零件图

12. 编写题图 7-2 所示零件的数控车加工程序。

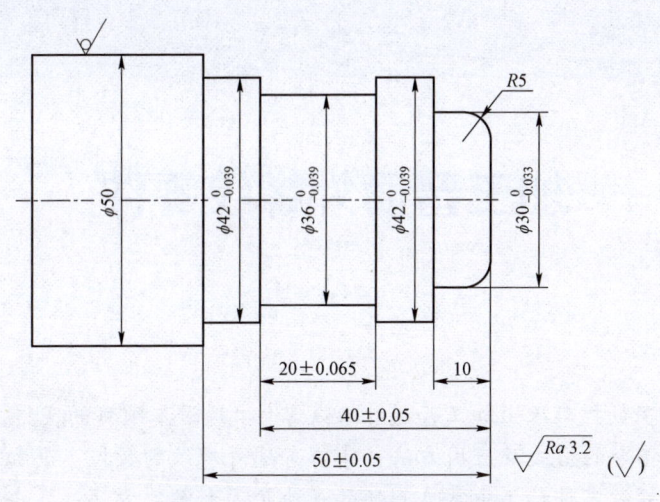

题图 7-2 项目七练习 12 零件图

项目八

加工普通外螺纹零件

➣ 项目需求

本项目主要是在数控车床上加工普通外螺纹零件，通过本项目的实施，学生应掌握 G32、G92、G76 等数控指令的格式及应用方法；掌握普通外螺纹的数控车削加工工艺知识和检测方法；了解普通外螺纹零件加工中常见问题的产生原因和解决方法；学会数控车床加工普通外螺纹零件的方法。

➣ 项目工作场景

根据项目需求，为顺利完成本项目的实施，需配备数控车削加工理实一体化教室和数控仿真机房，同时还需以下设备及工、量、刃具作为技术支持条件：

1. 数控车床 CK6140 或 CK6136（数控系统 FANUC 0i Mate-TC）；
2. 刀架扳手、卡盘扳手；
3. 数控外圆车刀、数控外沟槽车刀（刀宽 3 mm）、数控普通外螺纹车刀、垫刀片；
4. 游标卡尺（0～150 mm）、千分尺（25～50 mm，50～75 mm）、游标万能角度尺、螺纹环规（M30×1.5-6g，M36×3-6g）、半径样板（$R25$～$R50$ mm）；
5. 毛坯材料为 $\phi55$ mm×130 mm（45 钢）。

➣ 方案设计

为顺利完成加工普通外螺纹零件项目的学习，本项目设计了一个需要二次装夹的零件，如图 8-0-1 所示，分成两个任务。任务一主要是通过学习 G32、G92 指令，加工一个具有导程较小的普通外螺纹的零件段（右端）；任务二主要是通过学习 G76 指令，加工一个具有导程较大的普通外螺纹的零件段（左端），从而完成整个零件的加工。项目的任务设计由浅入深，学生在这两个任务的实施过程中，能初步掌握普通外螺纹零件的加工方法，拥有一定的数控加工工艺的分析能力。

➣ 相关知识和技能

1. 等螺距螺纹切削指令 G32。
2. 螺纹切削固定循环指令 G92。
3. 螺纹切削复合循环指令 G76。
4. 普通螺纹基本尺寸的确定。

项目八 加工普通外螺纹零件

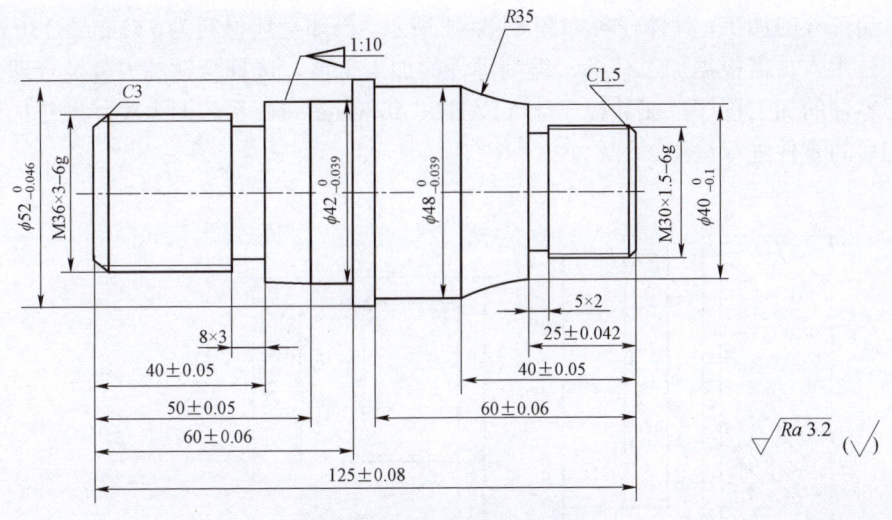

图 8-0-1 普通外螺纹零件

5. 普通螺纹车削加工方法的确定。
6. 普通螺纹车削加工切削用量的选择。
7. 普通螺纹车削加工中螺纹起点与终点的确定。
8. 普通外螺纹加工质量的分析。
9. 螺纹的检测方法。
10. 数控加工刀具卡片和数控加工工艺卡片的填写。
11. 普通外螺纹零件的数控车削加工与检测。

任务一　加工普通外螺纹零件（一）

📖 任务目标

知识目标

1. 掌握 G32（加工普通外螺纹）指令格式及应用。
2. 掌握 G92（加工普通外螺纹）指令格式及应用。
3. 掌握普通外螺纹加工工艺基础知识。
4. 掌握普通外螺纹的检测方法。
5. 掌握普通外螺纹零件数控加工方案的制定方法。

技能目标

1. 能灵活运用 G32、G92 指令对普通外螺纹零件加工进行编程。
2. 能正确填写数控加工刀具卡片、数控加工工艺卡片。
3. 能独立完成本任务零件的加工。

📖 任务描述

工厂需加工一批零件，零件图如图 8-0-1 所示，要求在数控车床上加工。本任务完成

209

该零件右端部分的加工,具体任务如图 8-1-1 所示。已知毛坯材料为 $\phi 55$ mm×130 mm 的 45 钢棒料,技术人员需根据加工任务,编制零件的加工工艺,选择合适的刀具及合理的切削参数,编写零件的加工程序,在数控车床(FANUC 0i Mate-TC 系统)上实际操作加工出来,并对加工后的零件进行检测、评价。

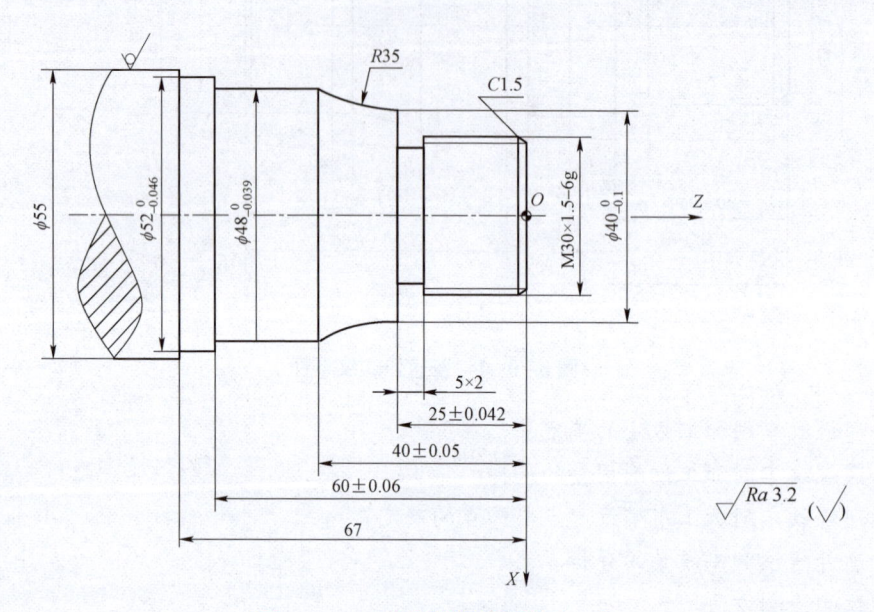

图 8-1-1 普通外螺纹零件(一)

📖 知识准备

一、普通螺纹数控车削加工工艺知识

普通螺纹是机械零件中应用最为广泛的一种三角形螺纹,牙型角为 60°,其分为外螺纹和内螺纹两种。普通螺纹数控车削的加工工艺内容主要包括以下几点:

(1) 螺纹大径、中径、小径以及牙型高度等尺寸的确定;

(2) 螺纹车削加工方法的确定;

(3) 螺纹车削加工切削用量的确定;

(4) 螺纹起点与螺纹终点的确定。

确定合理的数控加工工艺,对编制高效实用的数控加工程序、车削加工出合格的螺纹工件起着至关重要的作用,是数控编程中的重点之一。

1. 普通螺纹基本尺寸确定

普通螺纹的基本尺寸主要包括螺纹大径、螺纹中径、螺纹小径和螺纹牙型高度,它们是编制螺纹数控加工程序和螺纹检测的依据。

普通外螺纹的基本牙型如图 8-1-2 所示,从该图中可以清楚地看到普通螺纹的基本尺寸。

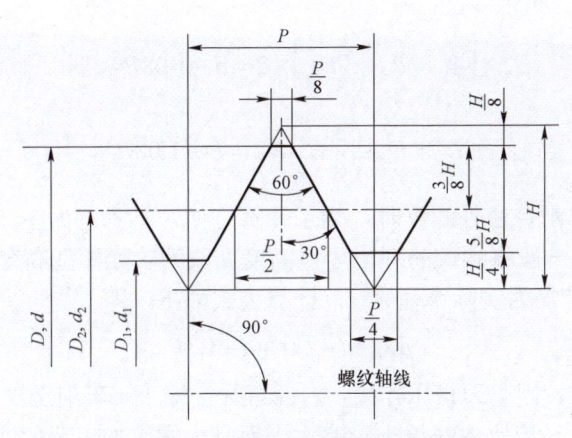

图 8-1-2 普通外螺纹的基本牙型

（1）螺纹大径（D、d）。

螺纹大径是指外螺纹牙顶或内螺纹牙底的直径，其基本尺寸与螺纹公称直径相等。对于内螺纹，螺纹大径是编制螺纹加工程序的依据；而对于外螺纹，螺纹大径是确定螺纹毛坯直径的依据。在螺纹加工前，螺纹大径由车削加工的外圆直径决定，该外圆的实际直径是通过螺纹的大径公差带或借用螺纹中径公差带进行控制的，与螺纹公称直径有一定的差异。确定螺纹大径实际尺寸常用的方法有经验法和计算法。

① 经验法。高速车削普通外螺纹时，由于受车刀挤压后，螺纹大径尺寸膨胀，因此，车螺纹前的外圆直径应比螺纹大径小。当螺距为 1.5～3.5 mm 时，外径一般小于 0.2～0.4 mm。实习中螺纹大径（外径）可以按公式 $d_{外}=d-0.1P$ 计算。

② 计算法。例如，在数控车床上加工 M30×2-6g 普通外螺纹，试计算确定螺纹大径。查普通螺纹偏差值，螺纹大径偏差分别为 $d_{es}=-0.038$ mm，$d_{ei}=-0.208$ mm，则螺纹大径尺寸为 $\phi 30_{-0.208}^{-0.038}$ mm，螺纹大径应在此范围选取，可取为 ϕ29.80 mm，并在螺纹加工前由外圆车削保证。

（2）螺纹中径（D_2、d_2）。

螺纹中径是螺纹尺寸检测的标准和调试螺纹程序的依据。在数控车床上，螺纹的中径是通过控制螺纹车削的高度（由螺纹车刀的刀尖体现）、牙型高度、牙型角和底径来实现的。其理论值计算公式为

$$d_2 = d - \left(\frac{3}{8}H\right) \times 2 = d - 0.645P \qquad (8-1)$$

$$D_2 = D - \left(\frac{3}{8}H\right) \times 2 = D - 0.645P \qquad (8-2)$$

式中　H——螺纹原始三角形高度，$H=0.866P$，mm；
　　　P——螺距，mm。

（3）螺纹小径（D_1、d_1）。

螺纹小径是指普通外螺纹牙底或内螺纹牙顶的直径。对于普通外螺纹，小径是编制螺纹加工程序的依据；对于普通内螺纹，在螺纹加工前，由车削加工的内孔直径来保证。其理论值计算公式为

$$d_1 = d - \left(\frac{5}{8}H\right) \times 2 = d - 1.08P \tag{8-3}$$

$$D_1 = D - \left(\frac{5}{8}H\right) \times 2 = D - 1.08P \tag{8-4}$$

在实际生产中，车削普通外螺纹时，为了计算方便，不考虑如图 8-1-3 所示螺纹车刀的刀尖半径 r 的影响，一般将螺纹的理论牙型高度 h 取为实际牙型高度 $h_1=0.649\,5P≈0.65P$，因而外螺纹小径 d_1 也计算为实际小径 $d_{1计}$，计算公式如下，即

$$d_{1计} = d - 2h_1 \approx d - 1.3P \tag{8-5}$$

车削普通内螺纹时，因车刀挤压作用，内孔直径会缩小（车削塑性材料时较为明显），所以，车削内螺纹前的孔径应比内螺纹小径略大，而且内螺纹加工后的实际顶径允许大于内螺纹小径的基本尺寸。因此，在实际生产中，车普通内螺纹前的孔径可以用下式近似计算。

车削塑性金属内螺纹为

$$D_{孔} \approx D - P \tag{8-6}$$

车削脆性金属内螺纹为

$$D_{孔} \approx D - 1.05P \tag{8-7}$$

（4）螺纹牙型高度（h）。

在编制螺纹加工程序以及车削加工螺纹时，牙型高度是控制螺纹中径以及确定螺纹实际径向终点（指螺纹底径，即内螺纹大径和外螺纹小径）尺寸的重要参数。螺纹牙型高度理论值计算公式为

$$h = \frac{5}{8}H = 0.54P \tag{8-8}$$

由于受螺纹车刀刀尖形状及其尺寸的影响，为了保证螺纹中径达到要求，在编程和车削过程中应根据实际情况对螺纹牙型高度（h）进行调整，计算后得到螺纹底径尺寸。

在实际车削中不考虑图 8-1-3 中螺纹车刀的刀尖半径 r 的影响，一般取螺纹的实际牙型高度 $h_1=0.649\,5P≈0.65P$。

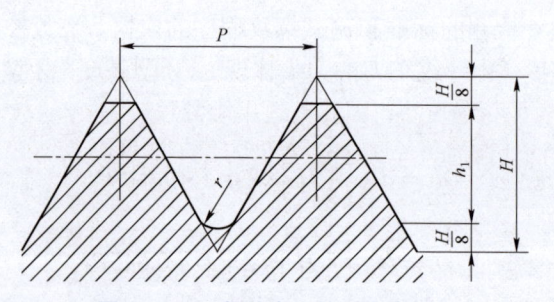

图 8-1-3　螺纹车刀的刀尖半径 r

2. 普通螺纹车削加工方法的确定

在数控车床上加工普通螺纹的进刀方式有直进法、斜进法和左右借刀法 3 种。

（1）直进法。

在每次螺纹切削往复行程后，车刀沿横向（X 方向）进给，这样反复多次切削行程，完成螺纹加工，这种方法称为直进法，如图 8-1-4（a）所示。直进法加工螺纹容易获得精度

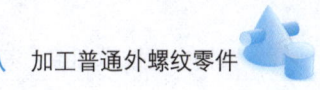

较高的牙型，但刀具两侧刃同时切削工件、切削力较大，而且排屑困难，因此在切削时，两侧切削刃容易磨损，螺纹不易车光，并且容易产生扎刀现象。直进法在切削导程较大的螺纹时，由于背吃刀量较大，刀刃磨损较快，从而易造成螺纹中径误差。因此，直进法适合加工导程较小的三角形螺纹（一般导程<3 mm）和精加工较大导程的螺纹。

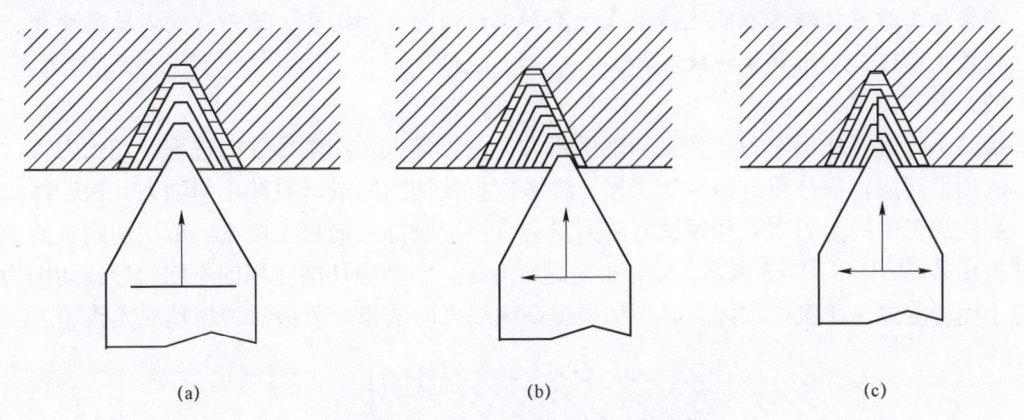

图 8-1-4　普通螺纹车削进刀方式
(a) 直进法；(b) 斜进法；(c) 左右借刀法

（2）斜进法。

在粗车普通螺纹时，为了操作方便，在每次切削往复行程后，车刀除了沿横向（X 方向）进给外，还要沿纵向（Z 方向）做单方向微量进给，这种方法称为斜进法，如图 8-1-4（b）所示。斜进法加工螺纹时，单侧刀刃切削工件，刀刃易磨损，使加工的螺纹面不直，刀尖角易发生变化，从而导致螺纹牙型精度较差。但由于其为单侧刃工作，刀具负载较小，排屑容易，并且背吃刀量为递减式，因此，适用于导程较大（一般导程≥3 mm），精度要求不高的螺纹加工。

（3）左右借刀法。

在每次螺纹切削往复行程后，车刀除了沿横向（X 方向）进给外，还要纵向（Z 方向）做左、右两个方向的微量进给（借刀），这样反复多次完成螺纹加工，这种方法称为左右借刀法，如图 8-1-4（c）所示。应用左右借刀法加工普通螺纹时，切削力小，不易扎刀，切削用量大，牙型精度低，表面粗糙度小，因此其适用于导程较大（一般导程≥3 mm）螺纹的粗、精加工。采用左右借刀法切削时，车刀左、右借刀量不能过大。

对于高精度、大导程的螺纹，可采用两种进刀方式混用的办法，即先采用斜进法或左右借刀法切削进行螺纹粗加工，再用直进法切削进行精加工。

3. 普通螺纹车削加工切削用量的确定

（1）主轴转速 n。

在数控车床上车削加工螺纹，主轴转速 n 受数控系统、螺纹导程 P、驱动电动机的特性、螺纹插补运算速度、尺寸精度、刀具和零件材料等多种因素的影响，而且不同的数控系统，推荐的主轴转速 n 范围也不相同，操作者应在认真阅读说明书后，根据实际加工情况选用合适的主轴转速。对经济型数控车床而言，一般推荐车削螺纹的主轴转速用如下公式计算，即

$$n \leqslant \frac{1\,200}{P} - K \qquad (8-9)$$

式中　P——螺纹的导程，mm；

　　　K——保险系数，一般取 80；

　　　n——主轴转速，r/min。

注意

螺纹加工时主轴转速不能选择恒线速度加工，因为在加工中，随着背吃刀量的变化，转速也将发生变化，从而导致螺纹乱扣。

（2）背吃刀量 a_p。

螺纹车刀属于成形车刀，刀具切削面积大，进给量大，切削螺纹的过程中切削力大，不能一次加工而成，需分粗、精加工工序，经多次重复切削完成，以减小切削力，保证螺纹精度。螺纹加工中的走刀次数和每次背吃刀量会直接影响螺纹的加工质量，每次切削量的分配应依次递减，如图 8-1-5 所示。如若不是这样分配，则会因切削面积的不均匀导致切削力忽大忽小而影响加工质量或损坏刀具。如要提高螺纹表面质量，可最后增加几次光整加工。

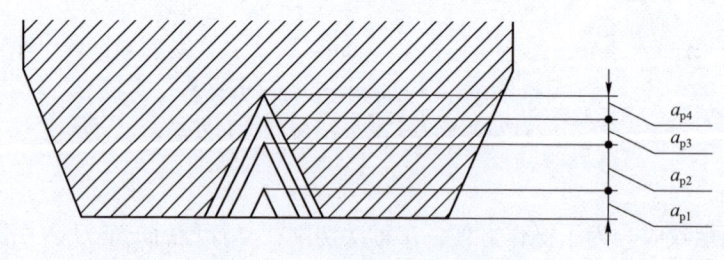

图 8-1-5　螺纹背吃刀量分配图

车削普通螺纹时的进刀次数和背吃刀量可参考表 8-1-1 中常用螺纹加工的进刀次数及分层切削余量。

表 8-1-1　常用螺纹加工的进刀次数及分层切削余量

普通公制螺纹							
导程/mm	1	1.5	2	2.5	3	3.5	4
牙型高度（半径量）/mm	0.649	0.974	1.299	1.624	1.949	2.273	2.598
进刀次数	背吃刀量（直径值）/mm							
第 1 次	0.7	0.8	0.9	1.0	1.2	1.5	1.5
第 2 次	0.4	0.6	0.6	0.7	0.7	0.7	0.8
第 3 次	0.2	0.4	0.6	0.6	0.6	0.6	0.6
第 4 次		0.15	0.4	0.4	0.4	0.6	0.6
第 5 次			0.1	0.4	0.4	0.4	0.4
第 6 次				0.15	0.4	0.4	0.4
第 7 次					0.2	0.2	0.4
第 8 次						0.15	0.3
第 9 次							0.2

注：表中背吃刀量为直径值，走刀次数和背吃刀量根据工件材料及刀具的不同可酌情增减

(3) 进给量 f。

单线螺纹的进给量等于螺距；多线螺纹的进给量等于导程。

4. 螺纹起点与螺纹终点的确定

(1) 螺纹轴向起点和轴向终点。车螺纹时，刀具沿螺纹方向的进给应与工件主轴旋转保持严格的速比关系。刀具从停止状态到达指定进给速度或从指定的进给速度降为零，驱动系统必须有一个过渡过程，即进给速度分为 3 个阶段：起始需要一个升速进刀段；中间有一个正常速度车螺纹段；结束前有一个减速退刀段。因此沿轴向进给的加工长度除保证加工螺纹长度外，还应该增加刀具引入距离 δ_1 和刀具引出距离 δ_2，即升速段和减速段，如图 8-1-6 所示。

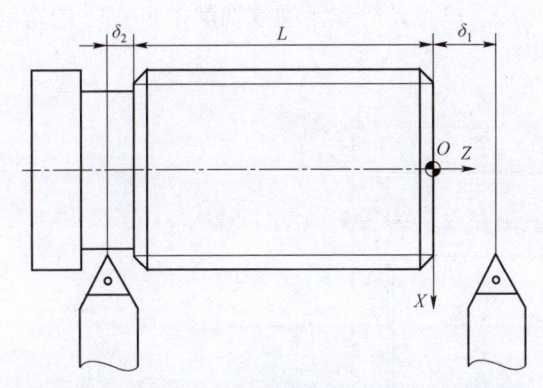

图 8-1-6 车螺纹时刀具的引入距离和引出距离

在实际生产中，δ_1 和 δ_2 的取值大小不仅与数控机床特性有关，而且与螺纹的导程和精度有关。

① 一般情况下，刀具引入距离 δ_1 取 $2P\sim 3P$，为 $2\sim 5$ mm，螺纹导程越大、精度越高，δ_1 取值越大。

② 一般情况下，刀具引出距离 $\delta_2=P$，为 $1\sim 3$ mm，螺纹导程越大、精度越高，δ_2 取值越大。

③ 若螺纹退尾处没有退刀槽，则 $\delta_2=0$，此时，该螺纹的收尾形状由数控系统的功能确定，一般按 45°退刀收尾。

④ 有退刀槽的工件，刀具引出距离 δ_2 要小于退刀槽的宽度，一般取退刀槽宽度的一半。

注意

直进法车削螺纹时，螺纹轴向起点（Z 值）一定不能在多次切削时变化，否则会使螺纹乱扣。

(2) 螺纹径向起点和径向终点。普通外螺纹加工时，径向起点由螺纹的大径确定（编程的大径尺寸 d），径向终点由螺纹的小径确定（编程的小径尺寸 d_1）。背吃刀量在编程大径确定后，就取决于小径的大小，所以在确定小径尺寸时，要考虑螺纹表面粗糙度的要求。

内螺纹加工时，径向起点则由螺纹的小径确定（编程的小径尺寸 D_1），径向终点由螺纹的大径确定（编程的大径尺寸 D）。

注意

螺纹径向起点与径向终点是指生成螺纹的起点与终点，而不是加工螺纹时刀具的起点与终点,刀具的起点与终点还要考虑稍微离开工件些,以免损坏刀具。

二、等螺距螺纹切削指令（G32）

1. 指令功能

G32 指令可以加工以下各种等螺距螺纹:圆柱螺纹、圆锥螺纹、单线螺纹、多线螺纹。它和 G01 指令的根本区别在于:它能使刀具在沿直线移动的同时,使刀具的移动和主轴保持同步,即主轴转一周,刀具移动一个导程;而使用 G01 指令时刀具的移动和主轴的旋转位置不同步,用来加工螺纹时会产生乱牙现象。

加工圆柱螺纹的走刀路线如图 8-1-7 所示,A 点是螺纹加工的起刀点,B 点是等螺距螺纹切削指令 G32 的切削起点,C 点是等螺距螺纹切削指令 G32 的切削终点,D 点是 X 方向退刀的终点。

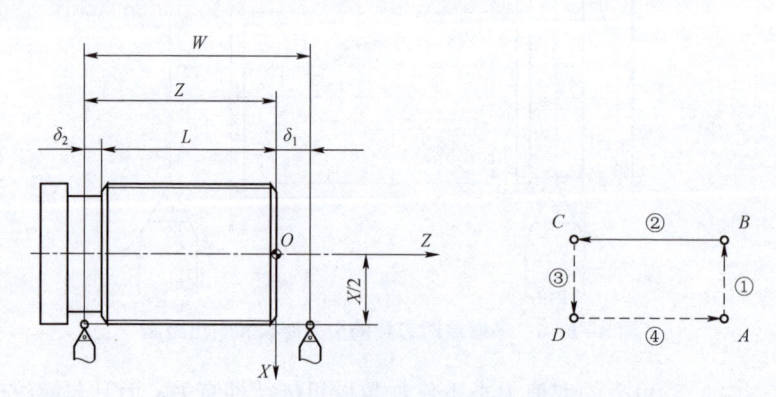

图 8-1-7 加工圆柱螺纹的走刀路线

G32 指令与 G00 指令结合完成螺纹的车削。

（1）$A \rightarrow B$：G00 沿 X 方向进刀；
（2）$B \rightarrow C$：G32 车螺纹；
（3）$C \rightarrow D$：G00 沿 X 方向退刀；
（4）$D \rightarrow A$：G00 沿 Z 方向退刀。

注意

只有 $B \rightarrow C$ 段采用 G32 指令进行螺纹切削,其他 3 段均采用 G00 指令辅助走刀。

2. 指令格式

G32　X（U）___ Z（W）___ F___；

程序中,X___,Z___——螺纹切削终点的绝对坐标值；

U___,W___——螺纹切削终点相对螺纹切削起点的坐标增量值；

F___——螺纹导程。

例：G32　X29　Z-25　F1.5；

从当前点（螺纹切削起点）等螺距螺纹切削到螺纹终点（X29,Z-25）,螺纹导程为 1.5 mm。

3. 指令使用说明

（1）G32 为等螺距螺纹切削指令,属于模态指令。

（2）X（U）___、Z（W）___为螺纹终点坐标,可以用绝对形式 X___、Z___或相对形式

U__、W___，也可以两种形式混用。

（3）用 G32 编写螺纹加工程序时，车刀的切入、切出和返回均要编入程序。

（4）螺纹切削是沿着同样的刀具轨迹从粗加工到精加工重复进行。因为螺纹切削是在主轴上的位置编码器输出一转信号时开始的，所以螺纹切削是从固定点开始且刀具在工件上轨迹不变而重复切削。主轴速度从粗车到精车必须保持恒定，否则螺纹导程不正确。

（5）车螺纹不要使用恒线速指令，要使用 G97 指令。此时，主轴倍率选择无效（固定在100%）。

（6）如果使用的系统主轴速度倍率有效，在螺纹切削过程中也不要改变倍率，以保证正确的导程。

（7）装在主轴上的位置编码器实时地读取主轴转速，并转换为刀具的进给量，单位为 mm/r。

（8）在螺纹切削期间进给速度倍率开关无效（固定在100%）。

（9）在螺纹切削过程中，进给暂停功能无效。

4. 编程实例

【例 8.1.1】如图 8-1-8 所示的普通外圆柱螺纹零件，螺纹的大径已车至 ϕ29.8 mm，4 mm×2 mm 的退刀槽已加工完成，使用 3 号普通外螺纹车刀进行螺纹加工，程序名为 O8101，用 G32 指令编写螺纹加工程序。

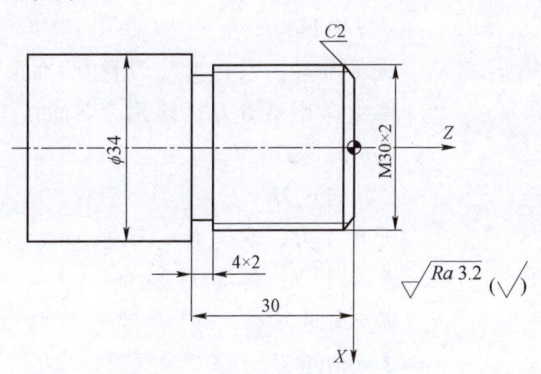

图 8-1-8 ［例 8.1.1］图

（1）螺纹加工尺寸计算。

螺纹的实际牙型高度为 h=0.65×2=1.30（mm）。

螺纹实际小径为 d_1=d−1.3P=30−1.30×2=27.40（mm）。

升速进刀段和减速退刀段分别取 δ_1=5 mm，δ_2=2 mm。

（2）确定背吃刀量。

双边背吃刀量为 2.60 mm，分 5 刀切削，每次的背吃刀量（直径量）依次为 0.9 mm、0.6 mm、0.6 mm、0.4 mm 和 0.1 mm。为提高螺纹表面质量，最后增加 1 次完整加工。

（3）加工程序如下。

O8101;	程序名
G21 G97 G99;	参数初始化（公制尺寸、恒转速、转进给）
T0303;	调用 3 号刀具及 3 号刀具补偿

M03 S500;	设定主轴转向和转速（主轴正转，转速为500 r/min）
G00 X32 Z5;	刀具快速移动至螺纹加工起点（X32，Z5）
X29.10;	自螺纹大径30 mm进第1刀，双边背吃刀量0.9 mm
G32 Z-28 F2;	螺纹车削第1刀，螺距为2 mm
G00 X32;	X方向退刀
Z5;	Z方向退刀
X28.50;	进第2刀，双边背吃刀量0.6 mm
G32 Z-28 F2;	螺纹车削第2刀，螺距为2 mm
G00 X32;	X方向退刀
Z5;	Z方向退刀
X27.90;	进第3刀，双边背吃刀量0.6 mm
G32 Z-28 F2;	螺纹车削第3刀，螺距为2 mm
G00 X32;	X方向退刀
Z5;	Z方向退刀
X27.50;	进第4刀，双边背吃刀量0.4 mm
G32 Z-28 F2;	螺纹车削第4刀，螺距为2 mm
G00 X32;	X方向退刀
Z5;	Z方向退刀
X27.40;	进第5刀，双边背吃刀量0.1 mm
G32 Z-28 F2;	螺纹车削第5刀，螺距为2 mm
G00 X32;	X方向退刀
Z5;	Z方向退刀
X27.40;	光车1刀，双边背吃刀量0 mm
G32 Z-28 F2;	光车1刀，螺距为2 mm
G00 X32;	X方向退刀
Z5;	Z方向退刀
G00 X100 Z200;	刀具快速移动至安全位置（X100，Z200）
M30;	程序结束，光标返回程序开头

三、螺纹切削循环指令（G92）

1. 指令功能

G92指令为螺纹固定循环指令，可循环加工圆柱螺纹和锥螺纹。循环加工圆柱螺纹的指令，其应用方式与G90外圆循环指令有类似之处。

加工圆柱螺纹的固定循环走刀路线如图8-1-9所示。刀具从循环起点（起刀点A）至快速返回循环起点（起刀点A）的4个轨迹段自动循环。在编程加工时，只需一句指令，刀具便可加工完成4个轨迹的工作环节，这样大幅优化了程序编制。

G92指令主要完成了以下4步动作。

(1) A→B：快速进刀（相当于G00指令）；

(2) B→C：螺纹车削（相当于G32指令）；

(3) $C \rightarrow D$：快速退刀（相当于 G00 指令）；
(4) $D \rightarrow A$：快速返回（相当于 G00 指令）。

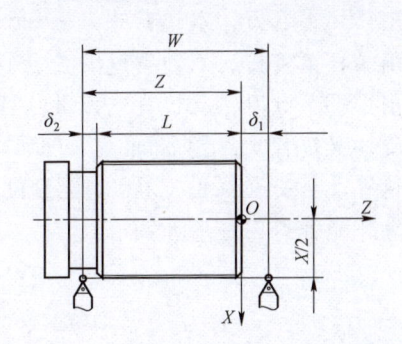

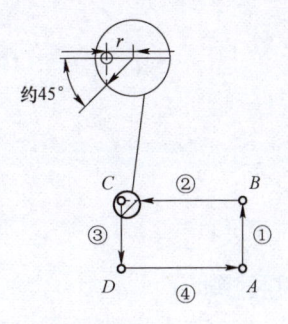

图 8-1-9 加工圆柱螺纹的固定循环走刀路线

2. 指令格式

G92 X(U)__ Z(W)__ F__；

程序中，X__，Z__——螺纹切削终点的绝对坐标值；

U__，W__——螺纹切削终点相对于循环起点的坐标增量值；

F__——螺纹导程。

例：G92 X29 Z-25 F1.5；

螺纹切削终点坐标为（X29，Z-25）的圆柱面螺纹切削固定循环，螺纹导程为 1.5 mm。

3. 指令使用说明

（1）G92 为螺纹切削循环指令，属于模态指令。

（2）G92 指令用于单一循环加工螺纹，其循环路线与单一形状固定循环 G90 基本相同，只是 F 后边的进给量改为了导程值。

（3）X（U）__、Z（W）__为螺纹终点坐标，可以绝对形式 X__、Z__或相对形式 U__、W__，也可以是两种形式混用。

（4）从螺纹粗加工到精加工，主轴的转速必须保持一常数。

（5）在螺纹加工中不能使用恒定线速度控制。

（6）在螺纹切削循环期间，按下进给暂停按钮时，刀具立即按斜线回退，先回到 X 轴起点，再回到 Z 轴起点。在回退期间，不能进行另外的进给暂停。

4. 编程实例

【例 8.1.2】如图 8-1-8 所示的普通外圆柱螺纹零件，螺纹的大径已车至 ϕ 29.8 mm，4 mm× 2 mm 的退刀槽已加工完成，使用 3 号普通外螺纹车刀进行螺纹加工，程序名为 O8102，用 G92 指令编制该螺纹的加工程序。

编制的程序如下：

O8102；	程序名
G21 G97 G99；	参数初始化（公制尺寸、恒转速、转进给）
T0303；	调用 3 号刀具及 3 号刀具补偿
M03 S500；	设定主轴转向和转速（主轴正转，转速为 500 r/min）
G00 X32 Z5；	刀具快速移动至螺纹加工起点（X32，Z5）

```
G92 X29.1 Z-28 F2;           螺纹车削循环第1刀,双边背吃刀量0.9 mm,导程2 mm
X28.5;                        螺纹车削循环第2刀,双边背吃刀量0.6 mm
X27.9;                        螺纹车削循环第3刀,双边背吃刀量0.6 mm
X27.5;                        螺纹车削循环第4刀,双边背吃刀量0.4 mm
X27.4;                        螺纹车削循环第5刀,双边背吃刀量0.1 mm
X27.4;                        光车1刀,双边背吃刀量0 mm
G00 X100 Z200;                刀具快速移动至安全位置(X100,Z200)
M30;                          程序结束,光标返回程序开头
```

四、螺纹的检测

车削螺纹时,应根据不同的质量要求和生产批量的大小,相应地选择不同的检测方法。常见的检测方法有单项测量法和综合测量法。

1. 单项测量法

(1)螺纹顶径的测量。螺纹顶径是指外螺纹的大径或内螺纹的小径,公差较大,可用游标卡尺或千分尺测量。

(2)螺距(或导程)的测量。螺距一般可用金属直尺或游标卡尺测量。如果螺距较小,可先量10个螺距,然后用总长除以10得出一个螺距的大小;如果螺距较大,可以只量2~4个螺距,然后取其平均值得出一个螺距的大小,如图8-1-10(a)所示。

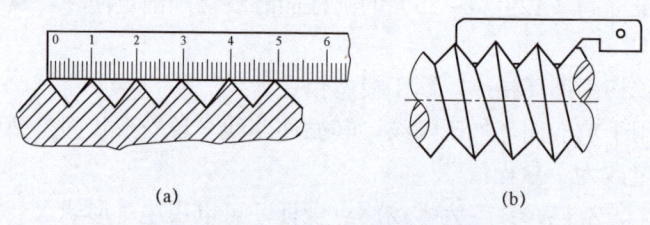

图8-1-10 螺距(或导程)的测量
(a)用金属直尺测量;(b)用螺纹样板测量

螺距还可以用螺纹样板检测。螺纹样板(见图8-1-11)又称螺距规或牙规,有米制和英制两种。测量时将螺纹样板中的钢片沿着通过工件轴线的方向嵌入螺旋槽中,若完全吻合,则说明被测螺距(或导程)是正确的,如图8-1-10(b)所示。

(3)牙型角的测量。一般螺纹的牙型角可用螺纹样板[见图8-1-10(b)]或牙型角样板(见图8-1-12)来检测。

图8-1-11 螺纹规

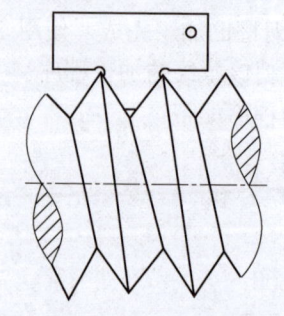

图8-1-12 用牙型角样板检测

（4）螺纹中径的测量。

① 用螺纹千分尺测量螺纹中径。

普通外螺纹的中径可以直接使用螺纹千分尺进行测量，螺纹千分尺的形状和结构如图 8-1-13 所示。

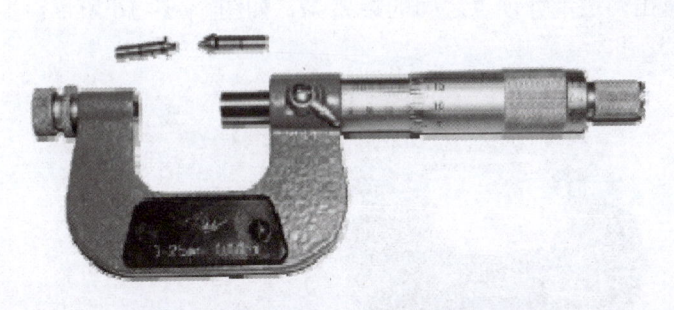

图 8-1-13　螺纹千分尺的形状和结构

螺纹千分尺是测量普通外螺纹中径的一种专用的螺旋测微量具，其结构和使用方法与一般千分尺相似。所不同的是，螺纹千分尺配有牙型角为 60°和 55°两套适用于不同牙型角和不同螺距的测量头，测量头的一端为 V 形，另一端为圆锥形，测量前，可以根据测量的需要选择合适的一套测量头，然后分别插入千分尺的测杆和砧座的孔内，测量时，两端的测量头分别与螺纹牙型的凸起和沟槽相吻合，如图 8-1-14 所示。值得注意的是，每一对测头只能用来测量一定螺距的螺纹，更换测量头时须校正螺纹千分尺的零位。具体测量步骤如下。

a. 根据被测螺纹的螺距，选取一对测量头。

b. 擦净仪器和被测螺纹，装上测量头并校正螺纹千分尺的零位。

c. 将被测螺纹放入两测量头之间，找正中径部位。

d. 分别在同一截面相互垂直的两个方向上测量螺纹中径，取它们的平均值作为螺纹的实际中径。

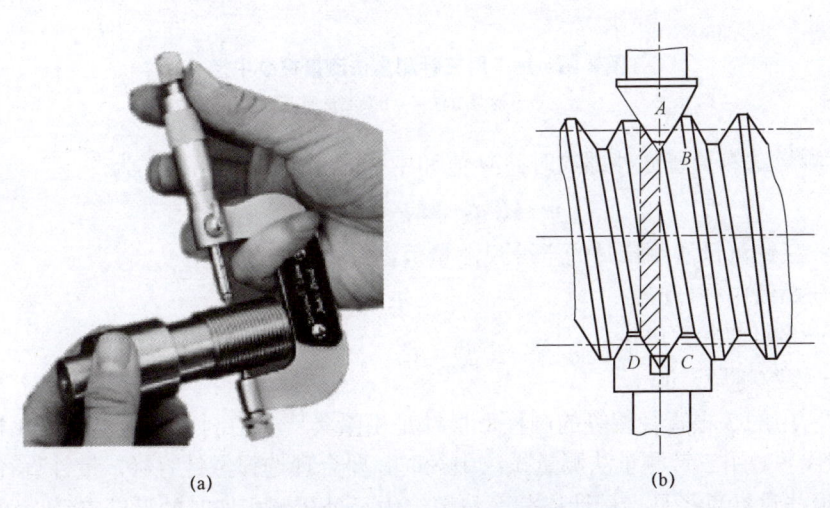

(a)　　　　　　　　　　　　(b)

图 8-1-14　用螺纹千分尺测量螺纹中径
（a）测量方法；（b）测量原理

螺纹千分尺的误差较大，为 0.1 mm 左右，一般用来测量精度不高、螺距（或导程）为 0.4～6 mm 的普通螺纹中径。

② 用三针测量法测量螺纹中径。三针测量法是测量普通外螺纹中径的一种比较精密的测量方法。测量时，将 3 根直径相等的量针放在螺纹两侧相对应的螺旋槽内，用公法线千分尺（见图 8-1-15）量出两边量针顶点之间的距离 M，如图 8-1-16 所示。根据 M 值可以计算出螺纹中径的实际尺寸。

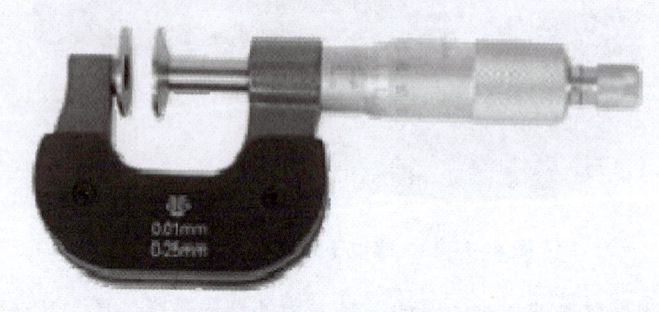

图 8-1-15　公法线千分尺

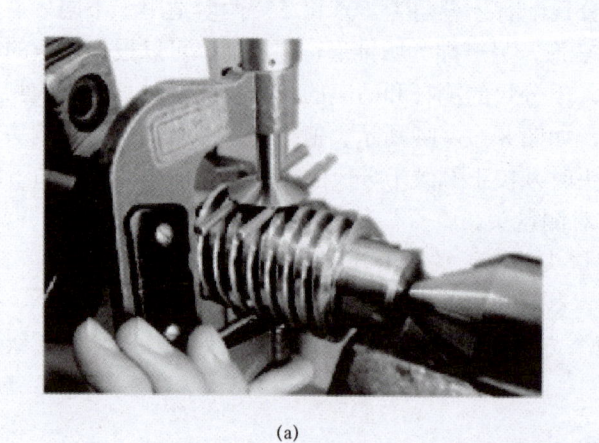

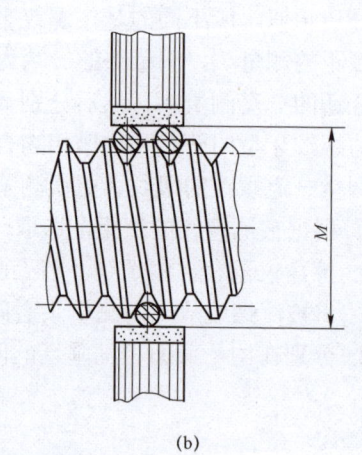

图 8-1-16　用三针测量法测量螺纹中径
(a) 测量方法；(b) 测量原理

用三针测量法测量普通外螺纹时，M 值和中径 d_2 的计算简化公式为

$$M = d_2 + 3d_D - 0.866P$$

式中，M——三针测量法测量时的千分尺测量值，mm；

　　　d_2——螺纹中径，mm；

　　　d_D——量针直径，mm；

　　　P——螺纹螺距，mm。

测量时所用的 3 根直径相等的圆柱形量针是由量具厂专门制造的，也可用 3 根新直柄麻花钻的柄部代替。用三针测量法测量螺纹中径时，要合理选择量针直径，量针直径 d_D 不能太大或太小。最佳量针直径是指量针横截面与螺纹中径处牙侧相切时的量针直径，如图 8-1-17 (a) 所示，普通外螺纹测量时量针的最佳直径计算简化公式为 $d_D = 0.577P$；最小量针直径不能沉没在齿谷中，如图 8-1-17 (b) 所示，普通外螺纹测量时量针直径的最小值计算简化公

式为 d_D=0.505P；最大量针直径不能放在齿顶上，应与测量面脱离，如图 8-1-17（c）所示，普通外螺纹测量时量针直径的最大值计算简化公式为 d_D=1.01P。选用量针时，应尽量接近最佳值，以便获得较高的测量精度。

三针测量法适用于精度高、螺旋升角小于 4°的螺纹工件测量。

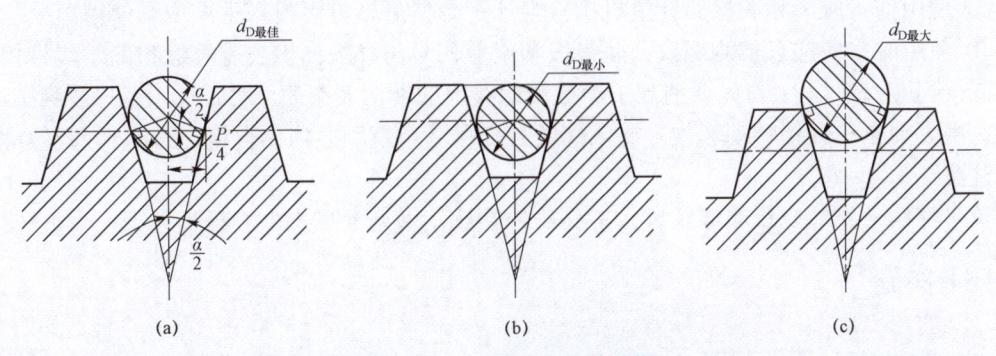

图 8-1-17 量针直径的选择
（a）最佳量针直径；（b）最小量针直径；（c）最大量针直径

注意

当螺纹升角大于 4°时，用三针测量法测量螺纹中径会产生较大的测量误差，测量值应进行修正，修正公式可在有关手册中查得。

2. 综合测量法

综合测量法是采用极限量规对螺纹的基本要素（螺纹大径、中径和螺距）同时进行综合测量的一种测量方法。螺纹量规（见图 8-1-18）包括螺纹塞规［见图 8-1-18（a）］和螺纹环规［见图 8-1-18（b）］，螺纹塞规用来检测内螺纹，螺纹环规用来检测外螺纹。通常按被测对象的最大和最小两个极限尺寸将量规做成通规（T）和止规（Z），在使用中要注意区分，不能弄错。检测时，当通规全部拧入，止规不能拧入时，说明螺纹各基本要素符合要求；出现其他情况，则说明螺纹不合格。

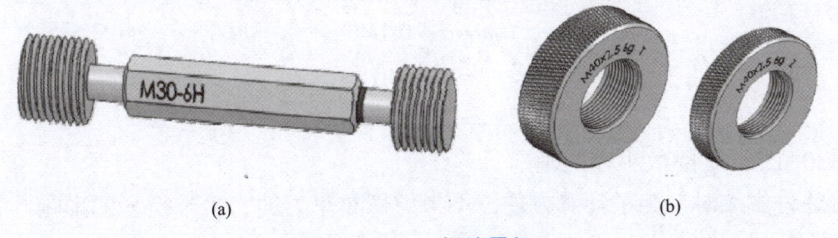

图 8-1-18 螺纹量规
（a）螺纹塞规；（b）螺纹环规

用螺纹量规综合检查普通螺纹，首先对螺纹的直径、螺距、牙型和表面粗糙度进行检查，然后用螺纹环规或螺纹塞规检测螺纹的精度，量规检测螺纹的具体操作步骤如下。

（1）通规 T。

① 使用前：应经相关检验计量机构检验计量合格后，方可投入生产现场使用。

② 使用时：应注意被测螺纹公差等级及偏差代号与环规标识的公差等级、偏差代号相同（如 M12×1.5-6h 与 M12×1.5-5g 两种环规外形相同，其螺纹公差带不相同，错用后将产生批量不合格品）。

③ 检验测量过程：首先要清理干净被测螺纹上的油污及杂质，然后在环规与被测螺纹对正后，用大拇指与食指转动环规，使其在自由状态下旋合，通过螺纹全部长度判定合格，否则为不合格。

（2）止规 Z。

① 使用前：应经相关检验计量机构检验计量合格后，方可投入生产现场使用。

② 使用时：应注意被测螺纹公差等级和偏差代号与环规标识公差等级和偏差代号相同。

③ 检验测量过程：首先要清理干净被测螺纹上的油污及杂质，然后在环规与被测螺纹对正后，用大拇指与食指转动环规，旋入螺纹长度在 2 个螺距之内为合格，否则判为不合格。

注意

使用螺纹量规综合检测螺纹时，不要硬拧量规，以免量规严重磨损。

📖 任务实施

一、零件图分析（见图 8-1-1）

如图 8-1-1 所示零件属于简单的轴类零件。加工部分包括 2 个外圆柱面、1 个圆弧面、1 个沟槽、1 个倒角和 1 个螺纹。查相关资料，2 个外圆尺寸 $\phi 52_{-0.046}^{0}$ mm、$\phi 48_{-0.039}^{0}$ mm 公差等级均为 IT8 级；长度尺寸 25 mm±0.042 mm、40 mm±0.05 mm、60 mm±0.06 mm 公差等级均为 IT10 级，尺寸 67 mm 为自由公差；圆弧部分的尺寸 $R35$ mm 为自由公差，$\phi 40_{-0.1}^{0}$ mm 公差等级为 IT10 级；沟槽尺寸 5 mm×2 mm 为自由公差；倒角 $C1.5$ 为自由公差；螺纹 M30×1.5-6g 的顶径和中径的公差带代号为 6 g。加工部位表面粗糙度要求均为 $Ra3.2$ μm，零件材料为 45 钢，毛坯尺寸为 $\phi 55$ mm×130 mm，适合在数控车床上加工。

1. 车削 M30×1.5-6g 螺纹相关工艺尺寸的确定

（1）车削 M30×1.5-6g 螺纹前外圆直径尺寸的确定。

车削普通外螺纹时，由于受车刀挤压后螺纹大径尺寸膨胀，因此，车螺纹前的外圆直径应比螺纹大径小。实习中，外径可以按公式 $d_{计}=d-0.1P$ 计算，即有

$$d_{计} = d - 0.1P$$
$$= 30 - 0.1 \times 1.5$$
$$= 29.85（mm）$$

（2）M30×1.5-6g 螺纹小径的确定。

车削普通外螺纹时，为了计算方便，不考虑螺纹车刀的刀尖半径 r 的影响，外螺纹实际小径 $d_{1计}$ 计算如下，即

$$d_{1计} = d - 1.3P$$
$$= 30 - 1.3 \times 1.5$$
$$= 28.05（mm）$$

2. M30×1.5-6g 螺纹加工方法的确定

M30×1.5-6g 螺纹的导程为 1.5 mm，顶径和中径的公差带代号为 6g，表面粗糙度要求为 $Ra3.2$ μm，可以采用直进法的进刀方式加工该螺纹。

3. M30×1.5-6g 螺纹切削用量的确定

（1）主轴转速 n。根据相关资料查得车削螺纹的推荐主轴转速，用以下公式计算，即

$$n \leq \frac{1\,200}{P} - K$$

$$n \leq \frac{1\,200}{1.5} - 80$$

$$n \leq 720 \text{ r/min}$$

因此，综合各方面因素确定主轴转速，选取为 600 r/min。

（2）背吃刀量 a_p 与进刀次数。查表 8-1-1 得，导程为 1.5 的普通螺纹的牙深为 0.974 mm（半径量），进刀次数 4 次，背吃刀量（直径量）依次是：0.8 mm、0.6 mm、0.4 mm、0.15 mm。

（3）进给量 f。M30×1.5-6g 螺纹为单线螺纹，它的进给量就是它的螺距，即 f=1.5 mm。

4. 刀具引入距离 δ_1 和刀具引出距离 δ_2 的确定

根据相关规定，刀具引入距离 δ_1 取 2P～3P，刀具引出距离 δ_2=P，并综合各方面因素考虑确定 δ_1=5 mm、δ_2=2.5 mm。

二、工艺分析

1. 加工步骤的确定

（1）手动车平右端面。
（2）粗加工右端外轮廓及台阶。
（3）精加工右端外轮廓及台阶。
（4）加工沟槽。
（5）加工 M30×1.5-6g 外螺纹。
（6）检测。

2. 数控加工刀具卡片的制定

数控加工刀具卡片见表 8-1-2。

表 8-1-2 数控加工刀具卡片

产品名称或代号		数控车削技术训练实训件		零件名称	普通外螺纹零件（一）		零件图号	图 8-1-1
序号	刀具号	刀具名称及规格	数量	加工表面		刀尖半径 R/mm	刀尖方位 T	备注
1	T0101	95°可转位外圆车刀	1	加工右端面，粗、精加工外轮廓		0.4	3	
2	T0202	外沟槽车刀（刀宽 3 mm）	1	加工外沟槽				
3	T0303	外螺纹车刀	1	加工外螺纹				
编制		审核		批准			共 1 页	第 1 页

3. 数控加工工艺卡片的制定

数控加工工艺卡片见表 8-1-3。

表8-1-3 数控加工工艺卡片

单位名称		产品名称或代号	零件名称	零件图号
×××		数控车削技术训练实训件	普通外螺纹零件（一）	图8-1-1
工序号	程序编号	夹具名称	夹具编号	使用设备	切削液	车间
	O8001	自定心卡盘		CKA6140（FANUC系统）	乳化液	数控车间
工步号	工步内容	切削用量			刀具		备注
		主轴转速/(r·min^{-1})	进给量/(mm·r^{-1})	背吃刀量/mm	刀具号	刀具名称	
1	车平右端面	800	0.1	1	T0101	95°可转位外圆车刀	手动
2	粗加工右端外轮廓及台阶	800	0.2	2	T0101	95°可转位外圆车刀	自动
3	精加工右端外轮廓及台阶	1 200	0.1	0.5	T0101	95°可转位外圆车刀	自动
4	加工外沟槽	600	0.05	3	T0202	外沟槽车刀（刀宽3 mm，左刀尖对刀）	自动
5	加工外螺纹	600	1.5	第1次 0.4 mm；第2次 0.3 mm；第3次 0.2 mm；第4次 0.075 mm；第5次 0 mm	T0303	外螺纹车刀	自动
编制		审核		批准		年 月 日	共1页	第1页

三、编制加工程序

以工件精加工后的右端面中心位置作为编程原点，建立工件坐标系，其加工程序单如表8-1-4所示。

表8-1-4 加工程序单

程序段号	加工程序	程序说明
	O8001;	程序名
N10	G21 G97 G99;	公制尺寸编程，主轴转速单位r/min，进给量单位mm/r
N20	T0101;	换1号刀，调用1号刀补

续表

程序段号	加工程序	程序说明
N30	M03 S800;	主轴正转，转速为 800 r/min
N40	G42 G00 X56 Z2;	建立刀具刀尖圆弧半径右补偿，车刀快速定位到靠近加工的部位（X56，Z2）
N50	G71 U2 R0.5;	应用 G71 循环粗加工，每次背吃刀量 2 mm，每次退刀 0.5 mm
N60	G71 P70 Q160 U1 W0.05 F0.2;	精加工轨迹的第一个程序段号为 N70，最后一个程序段号为 N160；精加工余量 X 方向 1 mm，Z 方向 0.05 mm；粗车进给量 0.2 mm/r
N70	G00 X26.85;	描述精加工轨迹的第一个程序段
N80	G01 Z0 F0.1;	靠近轮廓起点，设置精车进给量为 0.1 mm/r
N90	X29.85 Z−1.5;	车 C1.5 倒角
N100	Z−25;	车削外螺纹大径
N110	X40;	车圆弧右侧的台阶
N120	G02 X48 Z−40 R35;	车 R35 mm 圆弧
N130	G01 Z−60;	车 ϕ48 mm 外圆
N140	X52;	车 ϕ52 mm 右侧台阶
N150	Z−67;	车 ϕ52 mm 外圆
N160	X56;	描述精加工轨迹的最后一个程序段
N170	G40 G00 X100 Z200;	取消刀具刀尖圆弧半径右补偿，车刀快速退刀到（X100，Z200）的安全位置
N180	M05;	主轴停转
N190	M00;	程序暂停
N200	T0101;	换 1 号刀，调用 1 号刀补
N210	M03 S1200;	主轴正转，转速为 1 200 r/min
N220	G42 G00 X56 Z2;	建立刀具刀尖圆弧半径右补偿，车刀快速定位到靠近加工的部位（X56，Z2）
N230	G70 P70 Q160;	精加工外轮廓
N240	G40 G00 X100 Z200;	取消刀具刀尖圆弧半径右补偿，车刀快速退刀到（X100，Z200）的安全位置
N250	M05;	主轴停转
N260	M00;	程序暂停
N270	T0202;	换 2 号刀，调用 2 号刀补
N280	M03 S600;	主轴正转，转速为 600 r/min

续表

程序段号	加工程序	程序说明
N290	G00 X42 Z−23;	车刀快速定位到靠近沟槽的部位（X42，Z−23）
N300	G75 R0.5;	应用 G75 指令循环加工，每次 X 方向退刀量 0.5 mm
N310	G75 X26 Z−25 P2000 Q2500 F0.05;	车槽加工终点坐标为（X26，Z−25），每次 X 方向进刀量 2 mm，Z 方向移动量为 2.5 mm，进给量为 0.05 mm/r
N320	G00 X100 Z200;	车刀快速退刀到（X100，Z200）的安全位置
N330	M05	主轴停转
N340	M00;	程序暂停
N350	T0303	换 3 号刀，调用 3 号刀补
N360	M03 S600;	主轴正转，转速为 600 r/min
N370	G00 X32 Z5;	车刀快速定位到靠近螺纹加工循环起点（X32，Z5）
N380	G92 X29.2 Z−22.5 F1.5;	螺纹车削循环第 1 刀，X 方向切削量为 0.8 mm，螺距 1.5 mm
N390	X28.6;	第 2 刀，X 方向切削量为 0.6 mm
N400	X28.2;	第 3 刀，X 方向切削量为 0.4 mm
N410	X28.05;	第 4 刀，X 方向切削量为 0.15 mm
N420	X28.05;	光刀，X 方向切削量为 0 mm
N430	G00 X100 Z200;	车刀快速退刀到（X100，Z200）的安全位置
N440	M05;	主轴停转
N450	M30;	程序结束

四、程序校验及加工

（1）根据数控加工刀具卡片要求正确安装数控车刀，并在数控车床上进行对刀操作。

（2）根据已验证的加工程序单将程序输入数控系统，输入完成后要再次检查输入程序是否正确，检查程序要做到严谨、仔细、认真，以避免发生错误。

（3）在数控系统中利用图形模拟校验功能，查看所输入程序的走刀轨迹是否正确。

（4）将数控系统置于自动加工运行模式。

（5）调出要加工的程序并将光标移动至程序的开头。

（6）按下"循环启动"按钮，执行自动加工程序。

（7）加工过程中，始终观察刀尖运动轨迹和系统屏幕上的坐标变化情况，右手放在"急停"按钮上，一旦发生异常，立即按下"急停"按钮。

（8）加工完成后，在数控车床上利用相关量具检测工件。

注意

（1）加工工件时，刀具和工件必须夹紧，否则可能会发生事故。

（2）注意工件伸出卡爪的长度，以避免刀具与卡盘发生碰撞事故。
（3）程序自动运行前必须将光标调整到程序的开头。

五、完成加工并检测

零件加工完成后，对照表8-1-5的相关要求，将检测结果填入表中。

表8-1-5 数控车工考核评分表

序号	考核项目	考核内容及要求		配分	评分标准	检测结果	得分
1	程序编制	指令正确，程序完整		20	每错一个指令酌情扣2~4分，扣完为止		
2	数控车床规范操作	（1）机床准备； （2）正确对刀，建立工件坐标系； （3）正确设置参数		10	每违反一条酌情扣2~4分，扣完为止		
3	外圆	$\phi 52_{-0.046}^{0}$ mm	IT	4	超差0.01 mm扣2分		
			Ra	2	降级不得分		
		$\phi 48_{-0.039}^{0}$ mm	IT	4	超差0.01 mm扣2分		
			Ra	2	降级不得分		
4	圆弧	R35	IT	2	超差不得分		
			Ra	2	降级不得分		
		$\phi 40_{-0.1}^{0}$ mm	IT	2	超差不得分		
5	长度	25 mm±0.042 mm	IT	2	超差不得分		
			Ra	1	降级不得分		
		40 mm±0.05 mm	IT	2	超差不得分		
			Ra	1	降级不得分		
		60 mm±0.06 mm	IT	2	超差不得分		
			Ra	1	降级不得分		
		67 mm	IT	2	超差不得分		
			Ra	1	降级不得分		
6	沟槽	5 mm×2 mm	IT	2	超差不得分		
			Ra	1	降级不得分		
7	倒角	C1.5	IT	1	超差不得分		
			Ra	1	降级不得分		
8	螺纹	M30×1.5-6g	螺纹环规综合检测	20	超差不得分		
			Ra	5	降级不得分		
9	安全文明生产	（1）着装规范，刀具、工具、量具归类摆放整齐； （2）工件装夹、刀具安装规范； （3）正确使用量具； （4）工作场所卫生、设备保养到位		10	每违反一条酌情扣2~4分，扣完为止		

六、机床维护与保养

（1）清除切屑、擦拭机床，使机床与周围环境保持清洁状态。
（2）检查润滑油、切削液的状态，及时添加或更换。
（3）依次关掉机床操作面板上的电源和总电源。
（4）机床若有故障，应立即报修。
（5）填写设备使用记录。

任务评价

一、操作现场评价

填写现场记录表，见附录一。

二、任务学习自我评价

填写任务学习自我评价表，见附录二。

任务总结

本任务主要以 2 个外圆柱面、1 个外圆弧面、1 个外沟槽、1 个倒角和 1 个外螺纹组成的阶梯轴零件的数控车削加工为载体，介绍了等螺距螺纹切削指令 G32、螺纹切削循环指令 G92、普通螺纹数控车削加工工艺知识和螺纹的检测方法。通过学习 G92 螺纹切削循环指令在数控车削加工中的应用，掌握普通外螺纹零件的数控车削加工方法。

任务二　加工普通外螺纹零件（二）

任务目标

知识目标

1. 掌握 G76（加工普通外螺纹）指令的格式及应用。
2. 掌握普通外螺纹零件加工质量分析的方法。
3. 掌握普通外螺纹零件数控加工方案的制定方法。

技能目标

1. 能灵活运用 G76 指令对普通外螺纹零件车削加工进行编程。
2. 能正确填写数控加工刀具卡片、数控加工工艺卡片。
3. 能独立完成本任务零件的加工。

任务描述

工厂需加工一批零件，零件图如图 8-0-1 所示，要求在数控车床上加工。本项目的任务一已完成了右端部分加工，本任务需掉头装夹，完成该零件左端部分的加工，具体任务如图 8-2-1 所示。已知毛坯材料为上一任务完成加工的零件，材质为 45 钢，技术人员需根据加工任务，编制零件的加工工艺，选用合适的刀具及合理的切削参数，编写零件的加工程序，在数控车床（FANUC 0i Mate-TC 系统）上实际操作加工出来，并对加工后的零件进行检测、评价。

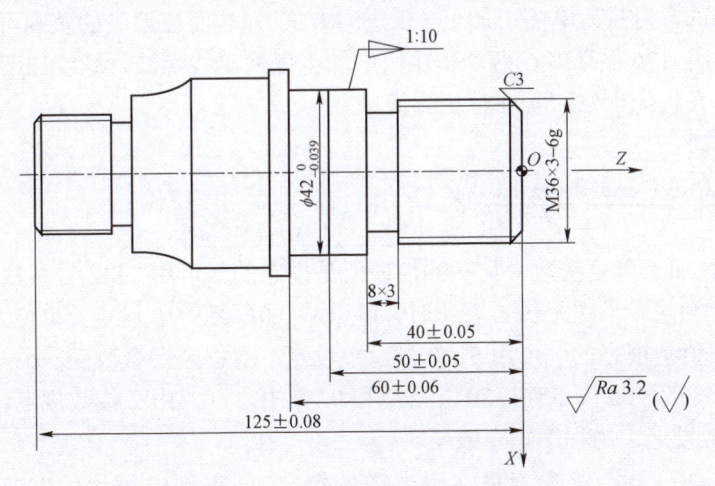

图 8-2-1 普通外螺纹零件（二）

📖 知识准备

一、螺纹切削复合循环（G76）

1. 指令功能

G76 螺纹切削复合循环指令，是多次自动循环切削螺纹的一种编程加工方式，程序简捷，可节省程序计算和编制时间。利用螺纹切削复合循环功能，只要编写出螺纹的底径值（对于外螺纹为螺纹小径，对于内螺纹为螺纹大径）、螺纹 Z 向终点位置、牙深及第 1 次背吃刀量等加工参数，就能自动进行螺纹加工，车削过程中，除第 1 次背吃刀量外，其余各次背吃刀量自动计算。

G76 指令加工轨迹如图 8-2-2（a）所示，以直螺纹（i 值为 0）为例，刀具从循环起点 A 点处，以 G00 方式沿 X 向进给至螺纹牙顶 X 坐标处（B 点，该点 X 坐标值＝牙底直径+2k），

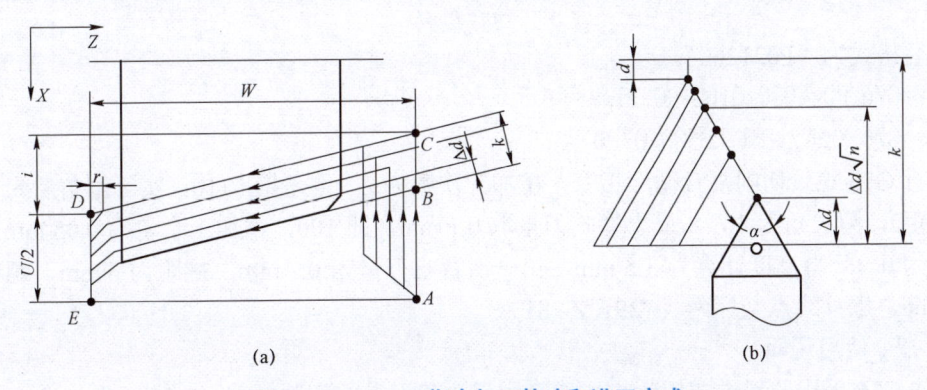

图 8-2-2 G76 指令加工轨迹和进刀方式
（a）加工轨迹；（b）进刀方式

然后沿牙型角方向进给[见图 8-2-2（b）]，X 向背吃刀量为Δd，再以螺纹切削方式切削至离 Z 向终点为 r 处，倒角退刀至 D 点，再 X 向退刀至 E 点，并返回 A 点，准备第 2 刀切削循环。如此分层切削循环，直至循环结束。如图 8-2-2（b）所示，螺纹深度方向的进刀是沿牙型角方向进刀的，刀具为单侧刃加工（斜进刀方式），从而使刀尖的负载可以减轻，避免出现啃刀现象。使用 G76 循环能在两个程序段中加工任何单线螺纹，螺纹加工的程序段占总程序很少的部分，在机床上修改程序也更为简单。

2. 指令格式

G76 P_(m)_(r)_(α)_Q_(Δd_{min})_R_(d)_；
G76 X(U)__ Z(W)__ R_(i)_P_(k)_Q_(Δd)_F_(L)_；

程序中，m——精加工重复次数（1~99），该值是模态的，可用 5142 号参数设定，由程序指令改变；r——倒角量，当螺距由 L 表示时，可以从 0.0L 到 9.9L 设定，单位为 0.1L（两位数：从 00 到 99），该值是模态的，可用 5130 号参数设定，由程序指令改变；α——刀尖角度，刀尖角度可以选择 80°、60°、55°、30°、29°和 0°其中之一，由 2 位数规定，该值是模态的，可用 5143 号参数设定，由程序指令改变。

Q（Δd_{min}）——最小背吃刀量（用半径值指定），车削中每次的背吃刀量为 $\Delta d\sqrt{n}-\Delta d\sqrt{n-1}$，当自动计算到小于这个极限值时，锁定为这个值，该值是模态的，可用 5140 号参数设定，用程序指令改变，单位为 μm；

R（d）——精加工余量（用半径量指定），该值是模态的，可用 5141 号参数设定，用程序指令改变，单位为 mm。

X__、Z__——螺纹切削终点绝对坐标，X 为直径值，单位为 mm；

U__、W__——螺纹切削终点增量坐标，单位为 mm。

R（i）——螺纹半径差，如果 i=0，可以进行普通圆柱螺纹切削。

P（k）——螺纹牙型高度，该值用半径值规定，单位为 μm。

Q（Δd）——第 1 刀背吃刀量（半径值），单位为 μm。

F（L）——螺纹导程，单位为 mm。

通常由程序指令改变 m、r 和α，并用地址 P 同时指定。例如，当 m=2，r=1.2L（L 是螺距）时，α=60°，指定为

$$P\underset{m}{02}\underset{r}{12}\underset{\alpha}{60}$$

指令书写格式为"P021260"。

例：G76 P021030 Q100 R0.05；
　　G76 X29 Z-81 P3500 Q700 F6；

执行 G76 螺纹切削复合循环指令，精加工次数为 2，倒角量取 10，实际倒角量为一个导程（螺距），刀尖角为 30°，最小背吃刀量取 0.1 mm，即 100，精加工余量为 0.05 mm，螺纹半径差为 0，牙型高度计算为 3.5 mm，第一次背吃刀量为 0.7 mm，螺距为 6 mm，螺纹小径为 29 mm，螺纹终点坐标为（X29，Z-81）。

3. 指令使用说明

(1) G76 采用的斜进式切削方式，有利于改善刀具的切削条件。

(2) 采用 G76 指令加工时，要选择与螺纹截面现状相同、角度一致的螺纹刀具。

(3) 调用循环前，刀具应处于循环起点位置，车外螺纹时，X 坐标应大于螺纹大径；车内螺纹时，X 坐标应小于螺纹小径；Z 方向须保证有合理的刀具引入距离 δ_1。

(4) 车削螺纹时，必须设置合理的刀具引入距离 δ_1 和刀具引出距离 δ_2，即升速段和减速段，这样可避免因车刀升、降速而影响螺距的稳定。

(5) 本循环方式下，第一次背吃刀量为 Δd，第 n 次的背吃刀量为 $\Delta d\sqrt{n}$，相邻两次背吃刀量差为 ($\Delta d\sqrt{n} - \Delta d\sqrt{n-1}$)，因此相邻两次的背吃刀量按递减规律逐步减小，当该数值小于 Δd_{min} 时锁定为 Δd_{min}。

(6) Q (Δd_{min})、P_(k) 和 Q (Δd) 均不可带有小数点。

(7) 由于 G76 指令较为复杂，不易记忆，故应用时须参阅编程说明书，以防程序出错。

(8) 车削螺纹期间的进给速度倍率、主轴速度倍率无效（固定 100%）。

(9) 车削螺纹期间不要使用恒线速度控制，而要使用 G97。

(10) 因受机床结构及数控系统的影响，车削螺纹时的主轴转速有一定的限制。

(11) 螺纹复合循环切削过程中，按下"进给暂停"按钮时，就如同在螺纹切削终点的倒角一样，刀具立即快速退回，返回至该时刻的循环起点。当按下"循环启动"按钮时，螺纹切削复合循环恢复。

注意

G76 指令加工螺纹的方法一般适用于大螺距螺纹加工。由于此种方法排屑容易，刀刃加工工况较好，故在螺纹精度要求不是很高的情况下，此加工方法更为方便（可以一次成形）。在加工较高精度的螺纹时，可采用两步加工完成，即先用 G76 加工方法进行粗车，然后用 G32、G92 加工方法精车。但要注意刀具起始点要准确，否则容易产生"乱牙"，造成零件报废。

4. 编程实例

【例 8.2.1】如图 8-2-3 所示工件，螺纹外径已车至 ϕ29.8 mm，零件材料为 45 钢，使用 3 号刀（外螺纹车刀）进行加工，用 G76 指令编制螺纹加工程序，程序名为 O8201，其加工程序如下。

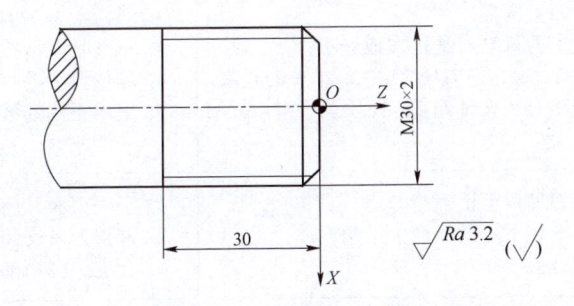

图 8-2-3 ［例 8.2.1］图

(1) 螺纹加工尺寸计算。

螺纹的实际牙型高度为 h=0.65×2=1.30（mm）。

螺纹的实际小径为 d_1=d-1.3P=30-1.30×2=27.40（mm）。

升速进刀段取 δ_1=5 mm。

(2) 确定切削用量。

主轴转速选取为 400 r/min，第一次的背吃刀量为 0.45 mm，进给量为 2 mm/r。

（3）确定 G76 指令中的相关参数。

第一行的相关参数为：精车重复次数 $m=2$，螺纹尾倒角量 $r=1.1L$，刀尖角度 $\alpha=60°$，表示为 P021160；最小背吃刀量 $\Delta d_{min}=0.1$ mm，单位换算成 μm，表示为 Q100；精加工量（半径值）$d=0.05$ mm，表示为 R0.05。

第二行的相关参数为：螺纹切削终点坐标 $X=27.4$ mm，$Z=-30$ mm；螺纹部分的半径差 $i=0$，R0 省略；螺纹高度 $k=0.65P=1.3$ mm，单位换算成 μm，表示为 P1300；第 1 次背吃刀量 Δd 取 0.45 mm，单位换算成 μm，表示为 Q450；螺纹螺距 $f=2$ mm，表示为 F2。

（4）加工程序如下。

O8201;	程序名
G21 G97 G99;	参数初始化（公制尺寸、恒转速、转进给）
T0303;	调用 3 号刀具及 3 号刀具补偿
M03 S400;	设定主轴转向和转速（主轴正转，转速为 400 r/min）
G00 X32 Z5;	刀具快速移动至螺纹加工循环起点（X32，Z5）
G76 P021160 Q100 R0.05;	螺纹切削复合循环
G76 X27.4 Z-30 P1300 Q450 F2;	螺纹切削复合循环
G00 X100 Z200;	刀具快速移动至安全位置（X100，Z200）
M30;	程序结束，光标返回程序开头

二、普通外螺纹零件加工质量分析

车削普通螺纹常见的问题、产生原因、预防和解决方法见表 8-2-1。

表 8-2-1　车削普通螺纹常见的问题、产生原因、预防和解决方法

问题	产生原因	预防和解决方法
尺寸不正确	1. 车外螺纹前的直径不对； 2. 车刀刀尖磨损； 3. 螺纹车刀背吃刀量过大或过小； 4. 螺纹有毛刺，造成尺寸增大或缩小的假象； 5. 螺纹车刀装夹时偏斜，使牙型不对，影响尺寸	1. 根据计算尺寸车削外圆，测量准确； 2. 经常检查车刀并及时修磨； 3. 车削时严格控制螺纹车刀背吃刀量； 4. 测量前去毛刺； 5. 采用正确的装夹方法
牙型角或牙型半角不正确	1. 车刀刀尖角不正确； 2. 车刀安装不正确，产生半角误差； 3. 车刀磨损	1. 正确刃磨并用螺纹角度样板仔细校对； 2. 调整刀具安装角度； 3. 合理选择切削用量和及时修磨车刀
螺纹牙顶呈刀口状	1. 刀具角度选择错误； 2. 螺纹外径尺寸过大； 3. 车螺纹时背吃刀量过大	1. 选择正确的刀具； 2. 检查并选择合适的工件外径尺寸； 3. 减小背吃刀量
螺纹牙型过平	1. 刀具中心错误； 2. 车螺纹时背吃刀量不够； 3. 刀具牙型角度过小； 4. 螺纹外径尺寸过小	1. 选择合适的刀具并调整刀具中心高度； 2. 计算并增大背吃刀量； 3. 修磨螺纹车刀； 4. 检查并选择合适的工件外径尺寸

续表

问题	产生原因	预防和解决方法
牙型底部圆弧过大	1. 刀具选择错误； 2. 刀具磨损严重	1. 选择正确的刀具； 2. 重新刃磨或更换刀片
螺纹牙型底部过宽	1. 刀具选择错误； 2. 刀具磨损严重； 3. 螺纹有乱牙现象	1. 选择正确的刀具； 2. 重新刃磨或更换刀片； 3. 检查加工程序中有无导致乱牙的原因；检查主轴脉冲编码器是否松动、损坏；检查Z轴丝杠是否有窜动现象
表面粗糙度达不到要求	1. 车刀切削部分粗糙度大，不符合图样要求； 2. 切削用量选择不当； 3. 切屑流出方向不对； 4. 产生积屑瘤拉毛螺纹侧面； 5. 刀柄刚性不足产生振动； 6. 车床刚性差； 7. 刀具中心过高； 8. 切削液选用不合理	1. 车刀切削部分的表面粗糙度值应比加工表面低2～3级； 2. 选择合适的切削用量； 3. 硬质合金车刀高速车削螺纹时，最后一刀的吃刀量要大于0.1 mm，使切屑垂直于工件轴线流出； 4. 避开产生积屑瘤的切削速度范围； 5. 刀杆不宜伸出过长，并选粗刀杆； 6. 调整好间隙，减少切削用量； 7. 调整刀具中心高度； 8. 选择合适的切削液并充分浇注
扎刀或顶弯工件	1. 刀柄刚性差或刀柄伸出过长； 2. 刀尖低于工件中心过大，切削部分与螺纹表面接触面积大或进给量不均匀； 3. 工件刚性差，而切削用量又选得较大； 4. 车刀磨损过大	1. 选用刚性好的刀柄，装刀时不宜伸出过长； 2. 尽量使刀尖通过工件中心； 3. 减少切削用量或采用左右借刀法； 4. 经常检查车刀并及时修磨
螺纹乱扣	1. 加工程序不正确； 2. 中途换刀或卸下工件重新车削； 3. 刀具磨损过快； 4. 主轴转速过高，编码器质量不稳定； 5. 伺服系统滞后效应； 6. 数控系统故障	1. 检查、修改加工程序； 2. 重新对刀； 3. 正确选择螺纹车刀； 4. 合理选择主轴转速； 5. 增大切削螺纹时升速进刀段、降速退刀段的长度； 6. 排除数控系统故障

📖 任务实施

一、零件图分析（见图 8-2-1）

如图 8-2-1 所示零件为掉头装夹加工的轴类零件。加工部分包括 1 个外圆柱面、1 个圆锥面、1 个沟槽、1 个倒角和 1 个螺纹。查相关资料，外圆尺寸 $\phi 42_{-0.039}^{0}$ mm 公差等级为 IT8 级；长度尺寸 40 mm±0.05 mm、50 mm±0.05 mm、60 mm±0.06 mm、125 mm±0.08 mm，公差等级均为 IT10 级；圆锥部分的锥度 1:10 为自由公差；沟槽尺寸 8 mm×3 mm 为自由公差；倒角 C3 为自由公差；螺纹 M36×3-6g 的顶径和中径的公差带代号为 6g。加工部位表面粗糙度要求均为 Ra3.2 μm，零件材料为 45 钢，毛坯为上一任务完成加工后的零件，掉头加工，适合在数控车床上加工。

1. 锥度 1:10 的圆锥小端直径尺寸计算

圆锥小端直径可根据式（4-4）计算，即

$$d = D - CL$$
$$= 42 - \frac{1}{10} \times (50 - 40)$$
$$= 41 \text{（mm）}$$

经过计算得出,圆锥小端直径为 $\phi 41$ mm。

2. 车削 M36×3-6g 螺纹相关工艺尺寸的确定

(1) 车削 M36×3-6g 螺纹前外圆直径尺寸的确定。

车削普通外螺纹时,由于受车刀挤压后,螺纹大径尺寸膨胀,因此,车螺纹前的外圆直径应比螺纹大径小。实习中,外径可以按公式 $d_{计} = d - 0.1P$ 计算,即

$$d_{计} = d - 0.1P$$
$$= 36 - 0.1 \times 3$$
$$= 35.70 \text{（mm）}$$

查 GB/T 197—2018《普通螺纹公差》得,M36×3-6g 外螺纹的大径上偏极限差为 -0.048 mm,外螺纹 6 级公差为 0.375 mm,螺纹大径尺寸要求应为 $\phi 36_{-0.423}^{-0.048}$ mm。

综合各方面因素,确定车螺纹前的外圆直径加工至 $\phi 35.70$ mm。

(2) 车 M36×3-6g 螺纹小径的确定。

车削普通外螺纹时,为了计算方便,不考虑螺纹车刀的刀尖半径 r 的影响,外螺纹实际小径 $d_{1计}$ 的计算为

$$d_{1计} = d - 1.3P$$
$$= 36 - 1.3 \times 3$$
$$= 32.10 \text{（mm）}$$

3. 车削 M36×3-6g 螺纹加工方法的确定。

M36×3-6g 螺纹的导程为 3 mm,顶径和中径的公差带代号为 6g,表面粗糙度要求为 $Ra3.2$ μm,可以采用斜进刀的方式加工该螺纹。

4. 车削 M36×3-6g 螺纹切削用量的确定

(1) 主轴转速 n。

根据相关资料推荐车削螺纹的主轴转速,用以下公式计算,即

$$n \leqslant \frac{1\,200}{P} - K$$
$$n \leqslant \frac{1\,200}{3} - 80$$
$$n \leqslant 320 \text{ r/min}$$

因此,综合各方面因素确定主轴转速选取为 300 r/min。

(2) 背吃刀量 a_p 与进刀次数。

查表 8-1-1,导程为 3 的普通螺纹的牙深为 1.949 mm(半径量),第 1 次的背吃刀量(直径量)为 1.2 mm,剩余每次背吃刀量和次数根据 G76 指令的规则执行。

(3) 进给量 f。

M30×3-6g 螺纹为单线螺纹,它的进给量就是它的螺距,即 $f=3$ mm。

5. 车削 M36×3-6g 螺纹刀具引入距离 δ_1 和刀具引出距离 δ_2 的确定

根据相关规定，刀具引入距离 δ_1 取 $2P\sim3P$，刀具引出距离 $\delta_2=P$，并综合各方面因素考虑确定：$\delta_1=8$ mm，$\delta_2=4$ mm。

二、工艺分析

1. 加工步骤的确定

（1）掉头找正装夹，手动车削右端面，确保零件总长尺寸。
（2）粗加工右端外轮廓及台阶。
（3）精加工右端外轮廓及台阶。
（4）加工沟槽。
（5）加工 M36×3-6g 外螺纹。
（6）检测。

2. 数控加工刀具卡片的制定

数控加工刀具卡片见表 8-2-2。

表 8-2-2 数控加工刀具卡片

产品名称或代号	数控车削技术训练实训件	零件名称	普通外螺纹零件（二）		零件图号	图 8-2-1
序号	刀具号	刀具名称及规格	数量	加工表面	刀尖半径 R/mm	刀尖方位 T	备注
1	T0101	95°可转位外圆车刀	1	加工右端面；粗、精加工外轮廓	0.4	3	
2	T0202	外沟槽车刀（刀宽3 mm）	1	加工外沟槽			
3	T0303	外螺纹车刀	1	加工外螺纹			
编制		审核		批准		共 1 页	第 1 页

3. 数控加工工艺卡片的制定

数控加工工艺卡片见表 8-2-3。

表 8-2-3 数控加工工艺卡片

单位名称		产品名称或代号		零件名称	零件图号
×××		数控车削技术训练实训件		普通外螺纹零件（二）	图 8-2-1
工序号	程序编号	夹具名称	夹具编号	使用设备	切削液	车间
	O8002	自定心卡盘		CKA6140（FANUC 系统）	乳化液	数控车间

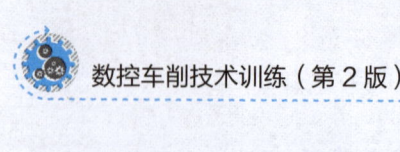

续表

工步号	工步内容	切削用量			刀具		备注
		主轴转速/(r·min^{-1})	进给量/(mm·r^{-1})	背吃刀量/mm	刀具号	刀具名称	
1	车平右端面,控制总长	800	0.1	1	T0101	95°可转位外圆车刀	手动
2	粗加工右端外轮廓及台阶	800	0.2	2	T0101	95°可转位外圆车刀	自动
3	精加工右端外轮廓及台阶	1 200	0.1	0.5	T0101	95°可转位外圆车刀	自动
4	加工外沟槽	600	0.05	3	T0202	外沟槽车刀(左刀尖对刀,刀宽3 mm)	自动
5	加工外螺纹	300	3	第1次0.6 mm;以后每次背吃刀量按G76指令规则确定	T0303	外螺纹车刀	自动
编制		审核		批准	年 月 日	共1页	第1页

三、编制加工程序

以工件精加工后的右端面中心位置作为编程原点,建立工件坐标系,其加工程序单如表8-2-4所示。

表8-2-4 加工程序单

程序段号	加工程序	程序说明
	O8002	程序名
N10	G21 G97 G99;	公制尺寸编程,主轴转速单位r/min,进给量单位mm/r
N20	T0101;	换1号刀,调用1号刀补
N30	M03 S800;	主轴正转,转速为800 r/min
N40	G42 G00 X56 Z2;	建立刀具刀尖圆弧半径右补偿,车刀快速定位到靠近加工的部位(X56,Z2)
N50	G71 U2 R0.5;	应用G71循环粗加工,每次背吃刀量2 mm,每次退刀量0.5 mm
N60	G71 P70 Q140 U1 W0.05 F0.2;	精加工轨迹的第一个程序段号为N70,最后一个程序段号为N140;精加工余量X方向1 mm,Z方向0.05 mm;粗车进给量0.2 mm/r
N70	G00 X29.7;	描述精加工轨迹的第一个程序段

238

续表

程序段号	加工程序	程序说明
N80	G01 Z0 F0.1；	靠近轮廓起点，设置精车进给量为 0.1 mm/r
N90	X35.7 Z－3；	车 C3 倒角
N100	Z－40；	车削外螺纹大径
N110	X41；	车圆锥右侧的台阶
N120	G01 X42 Z－50；	车锥度 1:10 的圆锥
N130	G01 Z－60；	车 $\phi 42$ mm 外圆
N140	X56；	描述精加工轨迹的最后一个程序段
N150	G40 G00 X100 Z200；	取消刀具刀尖圆弧半径右补偿，车刀快速退刀到（X100，Z200）的安全位置
N160	M05；	主轴停转
N170	M00；	程序暂停
N180	T0101；	换 1 号刀，调用 1 号刀补
N190	M03 S1200；	主轴正转，转速为 1 200 r/min
N200	G42 G00 X56 Z2；	建立刀具刀尖圆弧半径右补偿，车刀快速定位到靠近加工的部位（X56，Z2）
N210	G70 P70 Q140；	精加工外轮廓
N220	G40 G00 X100 Z200；	取消刀具刀尖圆弧半径右补偿，车刀快速退刀到（X100，Z200）的安全位置
N230	M05；	主轴停转
N240	M00；	程序暂停
N250	T0202；	换 2 号刀，调用 2 号刀补
N260	M03 S600；	主轴正转，转速为 600 r/min
N270	G00 X44 Z－35；	车刀快速定位到靠近沟槽的部位（X44，Z－35）
N280	G75 R0.5；	应用 G75 车槽复合循环加工，每次 X 方向退刀量 0.5 mm
N290	G75 X30 Z－40 P2000 Q2500 F0.05；	车槽加工终点坐标为（X30，Z－40），每次 X 方向进刀量 2 000 μm，Z 方向每次的移动量为 2 500 μm，进给量为 0.05 mm/r
N300	G00 X100 Z200；	车刀快速退刀到（X100，Z200）的安全位置
N310	M05；	主轴停转
N320	M00；	程序暂停
N330	T0303；	换 3 号刀，调用 3 号刀补
N340	M03 S300；	主轴正转，转速为 300 r/min
N350	G00 X44 Z8；	车刀快速定位到靠近螺纹加工循环起点（X44，Z8）

续表

程序段号	加工程序	程序说明
N360	G76 P010060 Q100 R0.05;	应用G76螺纹复合循环加工，精加工重复次数1次，倒角量为0.0P（0 mm），刀尖角度为60°，最小背吃刀量为100 μm（半径量），精加工量为0.05 mm（半径量）
N370	G76 X32.1 Z-36 P1950 Q600 F3;	螺纹加工终点坐标为（X32.1，Z-36），螺纹的牙高为1 950 μm（半径量），第1刀的背吃刀量为600 μm（半径量），螺纹导程为3 mm
N380	G00 X100 Z200;	车刀快速退刀到（X100，Z200）的安全位置
N390	M05;	主轴停转
N400	M30;	程序结束

四、程序校验及加工

（1）根据数控加工刀具卡片要求正确安装数控车刀，并在数控车床上进行对刀操作。

（2）根据已验证的加工程序单将程序输入数控系统，输入完成后要再次检查输入程序是否正确，检查程序要做到严谨、仔细、认真，以免发生错误。

（3）在数控系统中利用图形模拟校验功能，查看所输入程序的走刀轨迹是否正确。

（4）调用1号车刀，手动车平端面，并保证零件总长满足公差要求。

（5）将数控系统置于自动加工运行模式。

（6）调出要加工的程序并将光标移动至程序的开头。

（7）按下"循环启动"按钮，执行自动加工程序。

（8）加工过程中，始终观察刀尖运动轨迹和系统屏幕上的坐标变化情况，右手放在"急停"按钮上，一旦发生异常，立即按下"急停"按钮。

（9）加工完成后，在数控车床上利用相关量具检测工件。

注意

（1）加工工件时，刀具和工件必须夹紧，否则可能会发生事故。

（2）注意工件伸出卡爪的长度，以避免刀具与卡盘发生碰撞事故。

（3）程序自动运行前必须将光标调整到程序的开头。

五、完成加工并检测

零件加工完成后，对照表8-2-5的相关要求，将检测结果填入表中。

表8-2-5 数控车工考核评分表

序号	考核项目	考核内容及要求	配分	评分标准	检测结果	得分
1	程序编制	指令正确，程序完整	20	每错一个指令酌情扣2~4分，扣完为止		
2	数控车床规范操作	（1）机床准备；（2）正确对刀，建立工件坐标系；（3）正确设置参数	10	每违反一条酌情扣2~4分，扣完为止		

续表

序号	考核项目	考核内容及要求		配分	评分标准	检测结果	得分
3	外圆	$\phi 42_{-0.039}^{0}$ mm	IT	8	超差0.01 mm扣2分		
			Ra	2	降级不得分		
4	圆锥	锥度1:10	IT	6	超差不得分		
			Ra	2	降级不得分		
5	长度	40 mm±0.05 mm	IT	2	超差不得分		
			Ra	1	降级不得分		
		50 mm±0.05 mm	IT	2	超差不得分		
			Ra	1	降级不得分		
		60 mm±0.06 mm	IT	2	超差不得分		
			Ra	1	降级不得分		
		125 mm±0.08 mm	IT	2	超差不得分		
			Ra	1	降级不得分		
6	沟槽	8 mm×3 mm	IT	2	超差不得分		
			Ra	1	降级不得分		
7	倒角	C3	IT	1	超差不得分		
			Ra	1	降级不得分		
8	螺纹	M36×3-6g	螺纹环规综合检测	20	超差不得分		
			Ra	5	降级不得分		
9	安全文明生产	（1）着装规范，刀具、工具、量具归类摆放整齐； （2）工件装夹、刀具安装规范； （3）正确使用量具； （4）工作场所卫生、设备保养到位		10	每违反一条酌情扣2~4分，扣完为止		

六、机床维护与保养

（1）清除切屑、擦拭机床，使机床与周围环境保持清洁状态。

（2）检查润滑油、切削液的状态，及时添加或更换。

（3）依次关掉机床操作面板上的电源和总电源。

（4）机床若有故障，应立即报修。

（5）填写设备使用记录。

📖 任务评价

一、操作现场评价

填写现场记录表，见附录一。

二、任务学习自我评价

填写任务学习自我评价表，见附录二。

📖 任务总结

本任务主要是以 1 个外圆柱面、1 个外圆锥面、1 个外沟槽、1 个倒角和 1 个外螺纹组成的阶梯轴零件数控车削加工为载体，介绍了螺纹切削复合循环指令 G76 和普通外螺纹零件加工质量分析的方法。通过学习螺纹切削复合循环 G76 指令在数控车削加工中的应用，学生应掌握普通外螺纹零件的数控车削加工方法。

思考与练习

1. 确定外螺纹大径实际尺寸常用的方法有哪两种？实习中，外螺纹大径（外径）可以按什么公式计算？
2. 螺纹小径（外径）的理论计算公式是什么？实际生产中，车削普通外螺纹时，为了计算方便，不考虑螺纹车刀的刀尖半径 r 的影响，其外螺纹小径 d_1 也计算为实际小径 $d_{1计}$，$d_{1计}$ 计算公式是什么？
3. 在数控车床上加工普通螺纹的进刀方式有哪三种？
4. 在经济型数控车床上车削加工螺纹，一般推荐车削螺纹的主轴转速用什么公式计算？
5. 在数控车床上车削螺纹时，一般情况下，刀具引入距离 δ_1 取多少？刀具引出距离 δ_2 取多少？
6. G32 指令格式是什么？G32 指令中每个字母的含义是什么？
7. G32 指令使用过程中，有哪些使用说明？
8. G92 指令格式是什么？G92 指令中每个字母的含义是什么？
9. G92 指令使用过程中，有哪些使用说明？
10. 采用螺纹环规对普通外螺纹进行检测时，什么情况说明螺纹各基本要素符合要求？什么情况说明螺纹不合格？
11. G76 指令格式是什么？G76 指令中每个字母的含义是什么？
12. G76 指令使用过程中，有哪些使用说明？
13. 在数控车床上车削螺纹时出现尺寸不正确的问题，产生的原因是什么？如何预防和解决？
14. 在数控车床上车削螺纹时出现螺纹乱扣的问题，产生的原因是什么？如何预防和解决？
15. 编写题图 8-1 所示零件的数控车加工程序。

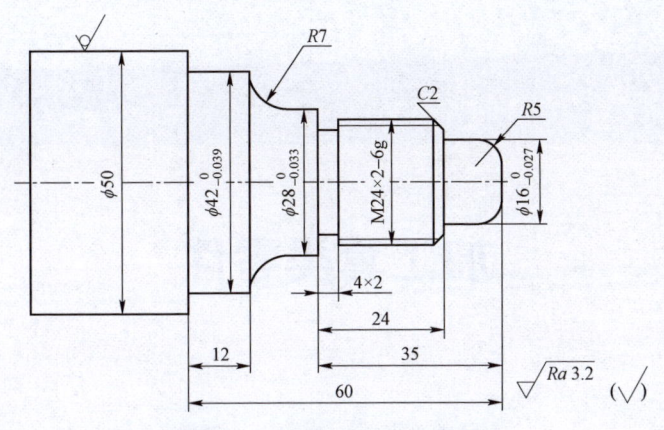

题图 8-1 项目八练习 15 零件图

16. 编写题图 8-2 所示零件的数控车加工程序（螺纹编程采用 G76 指令）。

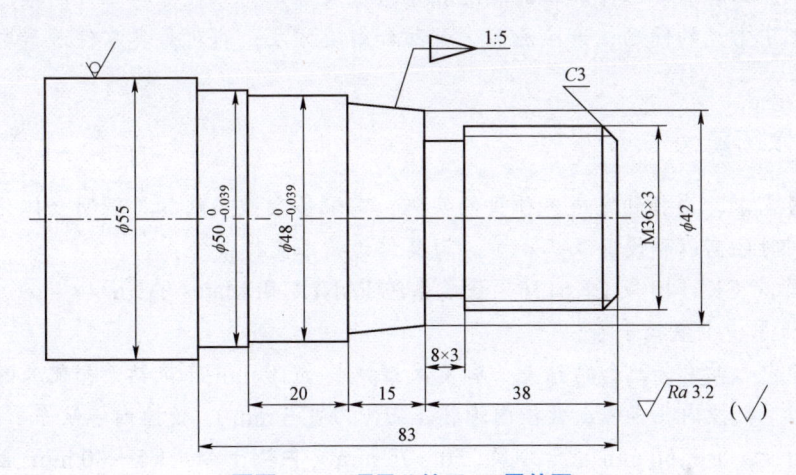

题图 8-2 项目八练习 16 零件图

项目九

加工套类零件

▶ 项目需求

本项目主要是在数控车床上加工套类零件，通过本项目的实施，学生应掌握套类零件的加工工艺知识；掌握套类零件加工的相关指令格式及应用；掌握套类零件的检测方法；了解套类零件加工中常见的问题、产生原因、预防和解决方法；能对套类零件进行数控车加工并检测。

▶ 项目工作场景

根据项目需求，为顺利完成本项目的实施，需配备数控车削加工理实一体化教室和数控仿真机房，同时还需以下设备及工、量、刃具作为技术支持条件：

1. 数控车床 CK6140 或 CK6136（数控系统 FANUC 0i Mate-TC）；
2. 刀架扳手、卡盘扳手等；
3. A3.15 中心钻（含配套的钻夹头和莫氏锥柄）、ϕ19 mm 麻花钻（含配套的莫氏锥柄）、数控外圆车刀、数控内孔车刀、数控内沟槽车刀（刀宽 3 mm）、数控内螺纹车刀、垫刀片等；
4. 游标卡尺（0～150 mm）、千分尺（50～75 mm）、内测千分尺（5～30 mm, 25～50 mm）、M36×1.5-6H 螺纹塞规、内径百分表（18～35 mm）等；
5. 毛坯材料为：ϕ55 mm×55 mm（45 钢）。

▶ 方案设计

为顺利完成加工套类零件项目的学习，本项目设计了两个任务，任务一主要是运用 G71、G70 指令对径向尺寸单调减小的简单套类零件进行编程，加工比较简单的套类零件；任务二主要是运用 G71、G70、G41、G42、G40、G92、G01、G02、G03 等指令对较复杂的套类零件进行编程，加工含有内圆弧、内沟槽、内螺纹等元素的较复杂套类零件。项目的任务设计由浅入深，学生在这两个任务实施过程中，能深入掌握 FANUC 0i Mate-TC 数控系统车削套类零件的编程指令和应用技巧，培养数控加工工艺的分析能力，提高使用 FANUC 0i Mate-TC 数控系统的操作技能水平。

▶ 相关知识和技能

1. 车削套类零件（内孔、内沟槽、内螺纹）的工艺知识。
2. 车削套类零件（内孔、内沟槽、内螺纹）的相关指令。

3. 套类零件（内孔、内沟槽、内螺纹）的检测。
4. 套类零件（内孔、内沟槽、内螺纹）的加工质量分析。
5. 数控加工刀具卡片和数控加工工艺卡片的填写。
6. 套类零件的数控车削加工与检测。

任务一　加工套类零件（一）

📖 任务目标

知识目标
1. 掌握车削内孔的工艺知识。
2. 掌握车削内孔的相关指令格式及应用。
3. 掌握内孔加工零件的检测方法。
4. 掌握内孔数控车削加工质量分析的方法。
5. 掌握简单套类零件数控加工方案的制定方法。

技能目标
1. 能灵活运用 G71、G70 指令对套类零件加工进行编程。
2. 能根据所加工的零件正确选择加工设备，确定装夹方案，选择刀具、量具，确定工艺路线，正确填写数控加工刀具卡片、数控加工工艺卡片。
3. 能独立完成本任务零件的数控车削加工并检测。

📖 任务描述

工厂需加工一批零件，零件如图 9-1-1 所示，要求在数控车床上加工。已知毛坯材料为 $\phi 55$ mm×55 mm 的 45 钢棒料，技术人员需根据加工任务，编制零件的加工工艺，选择合适的刀具及合理的切削参数，编写零件的加工程序，在数控车床（FANUC 0i Mate-TC 系统）上实际操作加工出来，并对加工后的零件进行检测、评价。

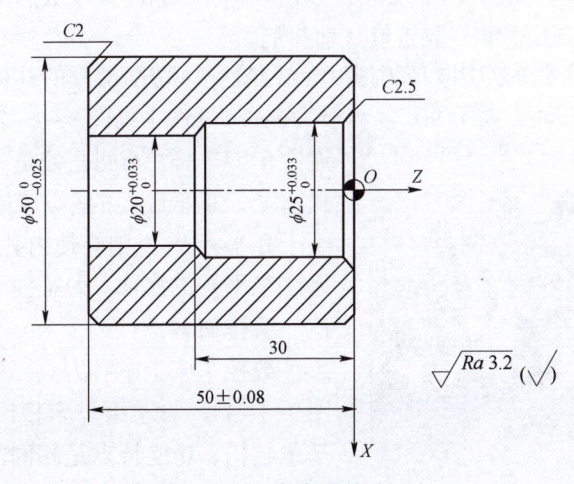

图 9-1-1　套类零件（一）

📖 知识准备

实际生产中对于孔的加工往往采用铸造、锻造或钻削产生毛坯孔（数控实习中在数控车床上手工钻孔），然后在此基础上通过车削，达到规定的尺寸精度和表面粗糙度等要求。因此，车孔是常用的孔加工方法之一，既可以作为粗加工，也可以作为精加工，加工范围很广。一般通过车孔以后，精度可达到 IT7～IT8，表面粗糙度值可达 $Ra1.6$～$Ra3.2\ \mu m$，精细车削可达到更小（$Ra0.8\ \mu m$），另外车孔还可以用来修正孔的直线度。

一、车削内孔的工艺知识

1. 内孔车刀的种类

根据不同的加工情况，内孔车刀可分为通孔车刀和盲孔车刀两种，如图 9-1-2 所示。

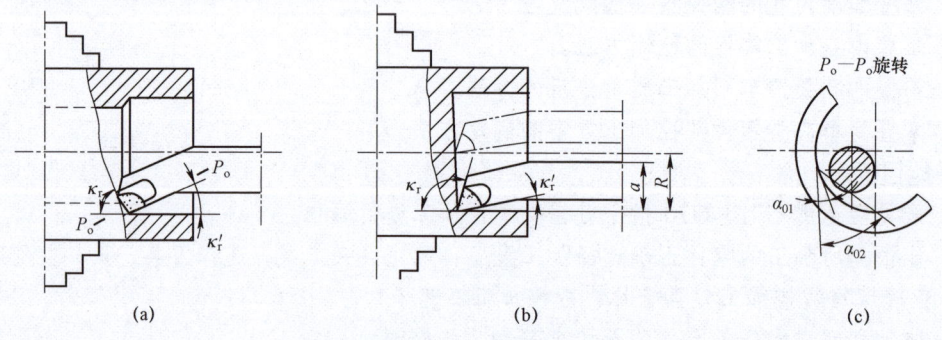

图 9-1-2 内孔车刀
（a）通孔车刀；（b）盲孔车刀；（c）两个后角

（1）通孔车刀。通孔车刀刀尖形状与 75°外圆强力车刀基本相似。因为刀具安装时受孔深的影响，刀杆伸出较长，刀具刚性差。通孔车刀切削部分的几何形状如图 9-1-2（a）所示，为了减小径向切削抗力，防止车孔时振动，主偏角 κ_r 应取得大些，一般在 60°～75°之间，副偏角 κ_r' 一般为 15°～30°。为了防止内孔车刀后刀面和孔壁的摩擦又不使后角磨得太大，一般磨成两个后角，如图 9-1-2（c）所示 α_{01} 和 α_{02}，其中 α_{01} 取 6°～12°，α_{02} 取 30°左右。为了便于排屑，刃倾角 λ_s 取正值（前排屑）。

（2）盲孔车刀。盲孔车刀用来车削盲孔或台阶孔，切削部分的几何形状基本上与 90°外圆偏刀相似，它的主偏角 κ_r 大于 90°，一般为 92°～95°[见图 9-1-2（b）]，后角的要求和通孔车刀一样。不同之处是盲孔车刀刀尖在刀杆的最前端，车平底孔的车刀刀尖到刀杆外端的距离 a 小于孔半径 R，否则会使内孔车刀与孔壁发生碰撞，无法车平孔的底面。为了便于排屑，刃倾角 λ_s 取负值（后排屑）。

数控车床上车孔刀具一般采用可转位车刀（见图 9-1-3），与通用车床相比一般无本质区别，其基本结构、功能特点是相同的。但数控车床的加工工序是自动完成的，因此对可转位车刀的要求又高

图 9-1-3 机夹可转位内孔车刀

于通用车床所使用的刀具。

2. 内孔车刀的安装

内孔车刀安装得正确与否，将直接影响车削情况及孔的精度，所以在安装时一定要注意以下几点。

（1）刀尖应与工件中心等高或稍高。如果装夹低于中心，由于切削力的作用，容易将刀柄压弯，刀尖下移而产生扎刀现象，并导致孔径扩大。

（2）刀柄伸出刀架不宜过长，一般比被车削的孔长 5～6 mm。

（3）刀柄要平行于工件轴线，否则车削时刀柄容易碰到内孔表面。

（4）盲孔车刀装夹时，内孔车刀的主刀刃应与孔底面形成的角度为 3°～5°。

3. 车内孔的关键技术

车内孔的关键技术主要是解决内孔车刀的刚性和排屑问题。

（1）增加内孔车刀刚性。增加内孔车刀的刚性可采取以下措施。

① 尽量增加刀柄的截面积。通常内孔车刀的刀尖位于刀柄的上面，这样刀柄的截面积较小，还不到孔截面积的 1/4；若使内孔车刀的刀尖位于刀杆的中心线上，那么刀柄在孔中的截面积可大幅地增加。

② 尽可能缩短刀杆的伸出长度，以增加车刀刀柄的刚性，减小切削过程中的振动，此外还可将刀柄上下两个平面做成互相平行，这样就能很方便地根据孔深调节刀柄伸出的长度。

③ 选用不同的刀杆材料。用高速钢或硬质合金制作的刀杆刚性较好，深孔加工时可以选用硬质合金刀杆。

（2）控制切屑的排出方向。控制切屑排出方向的办法，即正确选择刀具刃倾角以控制切屑的流出方向。

精车孔时要求切屑流向待加工表面（前排屑），一般采用正刃倾角的内孔车刀；加工盲孔时，应采用负的刃倾角，使切屑从孔口排出。

（3）充分加注切削液。切削液有润滑、冷却、清洗、防锈等作用，孔加工时应充分加注切削液，以减少工件的热变形，提高零件的表面质量。

（4）合理选择刀具几何参数和切削用量。孔加工时由于加工空间狭小，刀具刚性不足，所以刀具一般比较锋利，且切削用量（背吃刀量和进给量）比外圆加工时要选得小些。

4. 车内孔的注意事项

（1）内孔车刀安装时要正，刀杆基本与导轨平行，刀尖与工件中心要对齐（特别是车内圆锥工件时），刀杆不能伸出太长，满足加工要求即可。

（2）内孔车刀对刀时，要确定进刀方向和退刀方向是否正确。

（3）精车台阶孔、直通孔时应保持车刀锋利，以防止产生锥形。

（4）车台阶孔、直通孔时应注意排屑问题，否则会因切屑阻塞造成刀具扎刀而将台阶孔、直通孔车废。

（5）控制内轮廓尺寸时，刀具磨损量的修改与外圆加工正好相反。

（6）车内孔前，应先检查内孔车刀是否与工件发生干涉。

（7）钻孔之前先用中心钻钻出引导孔。

（8）钻内孔时要浇注充足的切削液。

（9）测量内孔时要找出最小孔径，同时注意内径百分表的使用方法。

二、车削内孔的相关指令

1. 直线插补指令（G01）

在数控车床上加工孔时，无论是车削圆柱孔还是车削圆锥孔，都可以采用 G01 指令直接实现。指令书写格式如下：

G01 X(U)___ Z(W)___ F___;

【例 9.1.1】图 9-1-4 所示为台阶孔零件，预钻通孔直径为 $\phi65$ mm，使用 G01 指令编制孔的精加工程序，见表 9-1-1。

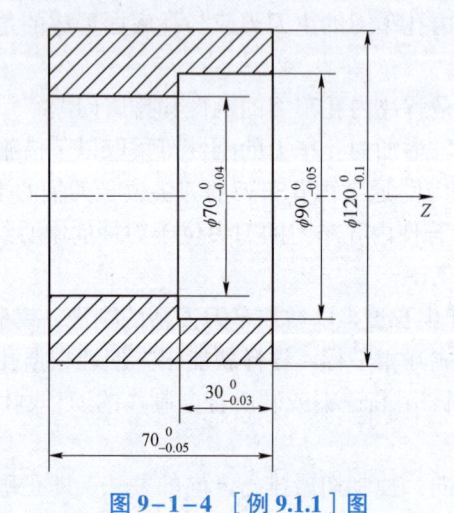

图 9-1-4 ［例 9.1.1］图

表 9-1-1 ［例 9.1.1］加工程序

程　　序	说　　明
O0001；	程序名
N10 M03 S500 T0101；	主轴以 500 r/min 的转速正转，选择 1 号刀及 1 号刀补
N20 G00 X60.0 Z10.0；	快速移到定刀点
N30 X90.0 Z2.0；	移到精车起刀点
N40 G01 Z-30.0 F0.1；	加工 $\phi90_{-0.05}^{0}$ mm 的内孔
N50 X70.0；	修整长度尺寸 $30_{-0.03}^{0}$ mm
N60 Z-71.0；	加工 $\phi70_{-0.04}^{0}$ mm 的内孔
N70 X68.0；	退刀
N80 G00 Z10.0；	快速退刀
N90 G00 X150.0；	快速退刀
N100 M30；	程序结束并返回程序头

2. 外圆（内孔）单一形状固定循环（G90）

（1）加工直孔。使用单一形状固定循环指令 G90 加工内孔时，要判断进刀轨迹是否正确，主要看循环起始点的定刀位置（加工内孔时定刀点直径小于零件的最小内孔直径），指令书写格式如下：

G90 X(U)___ Z(W)___ F___;

G90 指令（加工直孔）的运动轨迹如图 9-1-5 所示。

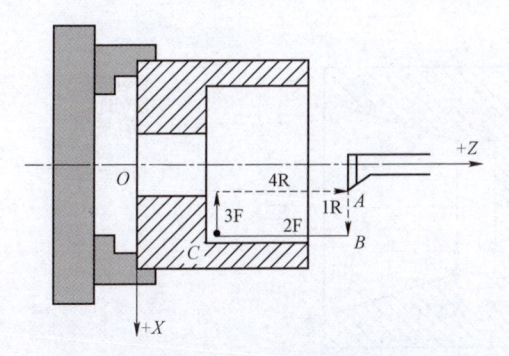

R：快速进给
F：切削进给
A：循环起点
B：切削起点
C：切削终点

图 9-1-5　G90 指令（加工直孔）运动轨迹

【例 9.1.2】图 9-1-6 所示为台阶孔零件，预钻通孔直径为 ϕ20 mm，使用 G90 指令编制孔的精加工程序，见表 9-1-2。

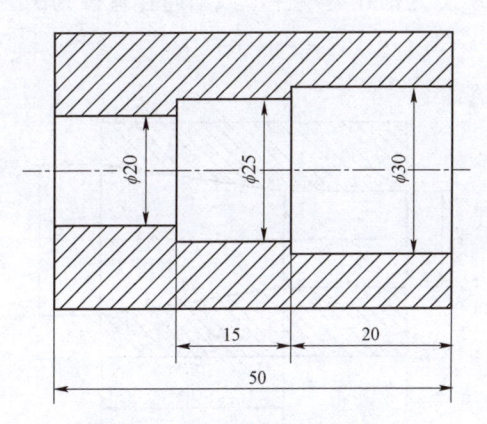

图 9-1-6　[例 9.1.2] 图

表 9-1-2　[例 9.1.2] 加工程序

程　　序	说　　明
O0001;	程序名
N10 M03 S500 T0101;	以 500 r/min 的转速启动主轴正转，选择 1 号刀及 1 号刀补
N20 G00 X19.0 Z2.0;	快速移到循环起始点
N30 G90 X25.0 Z-35.0 F0.1;	加工 ϕ25 mm 的内孔
N40 X30.0 Z-20.0;	加工 ϕ30 mm 的内孔
N50 G00 X100.0 Z100.0;	退刀
N60 M30;	程序结束并返回程序头

（2）加工锥孔。使用单一形状固定循环指令 G90 还可以加工带锥度的内孔，粗车后为精车留有一定的精车余量，指令书写格式如下：

G90 X(U)____ Z(W)____ R____ F____；

G90 指令（加工锥孔）的运动轨迹如图 9-1-7 所示。

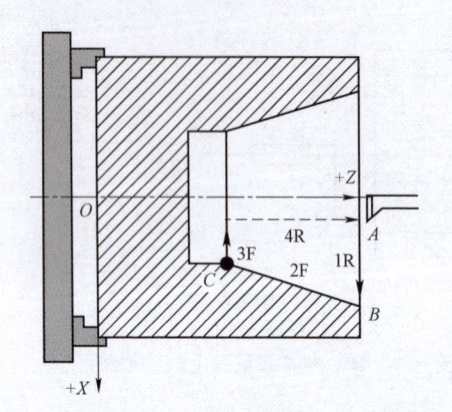

图 9-1-7　G90 指令（加工锥孔）运动轨迹

【例 9.1.3】图 9-1-8 所示为锥孔类零件，预钻通孔直径为 ϕ25 mm，使用 G90 指令编制锥孔的加工程序，见表 9-1-3。

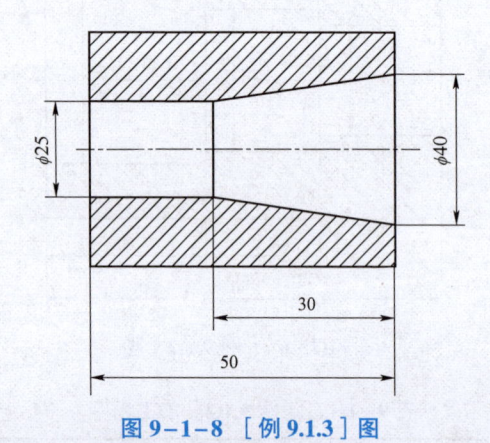

图 9-1-8　[例 9.1.3] 图

表 9-1-3　[例 9.1.3] 加工程序

程　　序	说　　明
O0001；	程序名
N10 M03 S500 T0101；	主轴以 500 r/min 的转速正转，选择 1 号刀及 1 号刀补
N20 G00 X23.0 Z2.0；	快速移到循环起始点
N30 G90 X25.0 Z-30.0 R2.5 F0.1；	背吃刀量为 2.5 mm，循环加工
N40 R5.0；	

续表

程　　序	说　　明
N50 R7.5;	
N60 R8.0;	背吃刀量为 0.5 mm
N70 G00 X100.0 Z100.0;	快速退刀
N80 M30;	程序结束并返回程序头

3. 内孔粗车复合循环（G71）

G71 指令适用于加工径向尺寸单调增大或单调减小，需多次走刀才能完成加工的内径粗加工。指令书写格式如下：

G71 U（Δd）R（e）;
G71 P（ns）Q（nf）U（ΔU）W（ΔW）F（f）S（s）T（t）;

说明：G71 的切削方式可以是外圆，也可以是内孔，其方式决定于 ΔU 的正负号。ΔU 表示 X 方向的精加工余量和方向。如果该值是负值，说明余量是留在负方向的，车孔时刚好符合该要求。

4. 精车循环（G70）

指令书写格式如下：

G70 P（ns）Q（nf）;

【例 9.1.4】 图 9-1-9 所示为孔类零件，预钻通孔直径为 ϕ21 mm，使用 G71、G70 指令编制台阶孔的加工程序，见表 9-1-4。

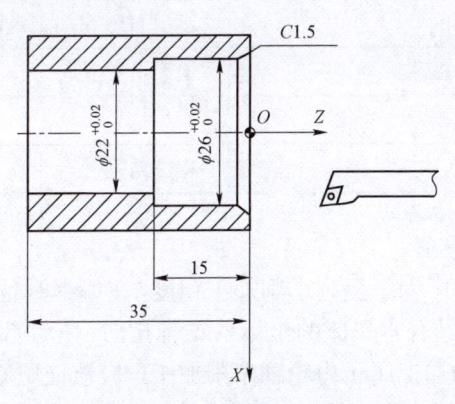

图 9-1-9 ［例 9.1.4］图

表 9-1-4 ［例 9.1.4］加工程序

程　　序	说　　明
O0001;	程序名
M03 S500;	主轴正转，转速 500 r/min
T0101;	选择 1 号刀
G00 X20 Z2;	快速定位

续表

程　　序	说　　明
G71 U1 R0.5；	运用 G71 粗加工内轮廓
G71 P10 Q20 U−0.5 W0.1 F0.2；	
N10 G00 X29；	内轮廓程序
G01 Z0 F0.1；	
X26 Z−1.5；	
Z−15；	
X22；	
Z−36；	
N20 X20；	
G00 Z200；	Z 轴退刀
X200；	X 轴退刀
M05；	主轴停转
M00；	程序暂停
M03 S900；	主轴正转，转速 900 r/min
T0101；	选择 1 号刀
G00 X20 Z2；	快速定位
G70 P10 Q20；	运用 G70 精加工内轮廓
G00 Z200；	退刀至安全点
X200；	
M30；	程序结束

5. 车孔加工编程注意事项

（1）G42 与 G41 的使用。为了提高车削加工精度，在编程时也加入了刀尖圆弧半径补偿。前面针对外圆车削加工，再结合本车床的坐标系 X 轴指向，使用 G42 刀尖圆弧半径补偿指令。而在本任务学习中，工件的加工属于内轮廓车削加工，应该使用 G41 作为刀尖圆弧半径补偿指令。否则，不但起不到刀尖圆弧半径补偿作用，反而会进一步加大误差。

（2）G71 参数的改变。G71 P__ Q__ U__ W__ F__，前面已经提到，U 和 W 后面跟的数字分别代表工件在 X 轴和 Z 轴方向的精加工余量。由于本任务中工件加工属于内轮廓车削加工，工件加工过程中的径向尺寸不是越加工越小，而是越加工越大，因此在编程时，U 后面跟的数字代表的精加工余量和方向，应取负值。

（3）循环起点的确定。循环起点选择一定要在底孔以内，如工作任务底孔直径为 $\phi20$ mm，循环起点 X 向选择在 $\phi18$ mm。

（4）换刀点的确定。车直通孔时，刀具的轴线与工件的轴线应保持平行。由于刀杆伸出较长，故设置换刀点时一定要远离工件，以免换刀时刀具与工件碰撞。

（5）加工工艺路线的确定。车台阶孔、直通孔时的进给路线与车削外圆相似，仅是 X 方向的进给方向相反。另外在退刀时，径向的移动量不能太大，以免刀杆与内孔相碰。内轮廓加工时刀具回旋空间小，刀具进、退刀量和方向与车外轮廓时有较大区别，编程时必须仔细计算进、退刀量。

（6）退刀时的注意事项。由于本次任务是内轮廓车削加工，内孔车刀要进入工件内孔进行车削，退刀时，一定要让刀具先从 Z 向退出，再沿 X 向退刀。反之，就会造成撞刀的严重事故。

三、内孔加工零件的检测

内孔加工零件的检测项目主要包括孔径的测量、几何公差的测量等。

孔径的测量可采用游标卡尺、内卡钳、塞规、内测千分尺、内径千分尺、三爪内径千分尺和内径千分表等。

测量孔径的量具都可以测量工件的形状精度，在生产中常用内径千分表来测量。

1. 孔径的测量

（1）游标卡尺。游标卡尺有普通游标卡尺、带表游标卡尺、数显游标卡尺等，其中带表游标卡尺测量读数方便，精度高，具体使用方法见项目三任务一中的介绍。

（2）内卡钳。在孔口试切削对刀或位置狭小时，使用内卡钳显得灵活方便，用内卡钳测量孔径示意图如图 9-1-10 所示。内卡钳与千分尺配合使用也能测量出精度较高（IT7~IT8）的孔径。

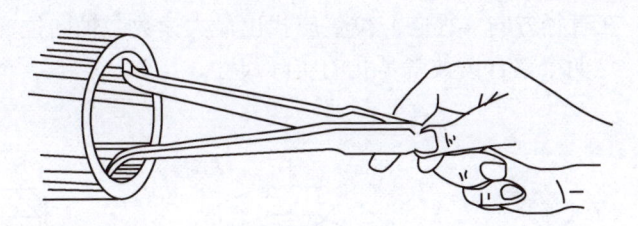

图 9-1-10 用内卡钳测量孔径示意图

（3）塞规。塞规的形状和用塞规检验孔径如图 9-1-11 所示，塞规通端的基本尺寸等于孔的下极限尺寸 L_{min}，止端的基本尺寸等于孔的上极限尺寸 L_{max}。用塞规检验孔径时，若通端进入工件的孔内，而止端不能进入，说明工件孔径合格。测量盲孔时，为了排除孔内的空气，常在塞规的外圆上开有通气槽或在轴心处轴向钻出通气孔。

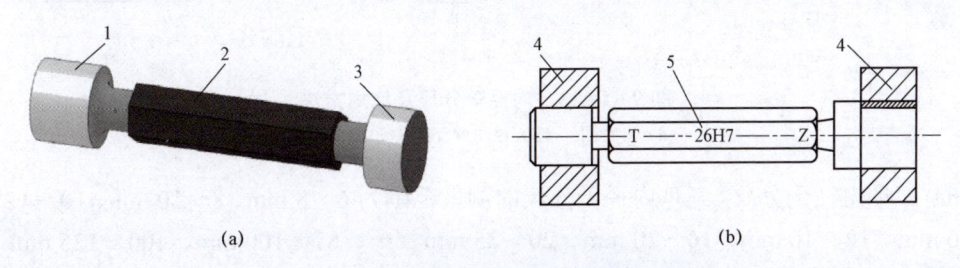

(a)　　　(b)

图 9-1-11 塞规的形状和用塞规检验孔径

(a) 塞规的形状；(b) 用塞规检验孔径

1—通端；2—手柄；3—止端；4—工件；5—孔径

（4）内测千分尺。内测千分尺的测量范围有 5~30 mm 和 25~50 mm 等多种规格，内测千分尺的分度值为 0.01 mm。

测量精度较高、深度较小的孔径时，可采用内测千分尺，如图 9-1-12 所示。这种千分尺刻线方向与普通千分尺相反，当微分筒顺时针旋转时，活动量爪向右移动，测量值增大，此时用固定量爪和活动量爪即可测量出工件的孔径尺寸。

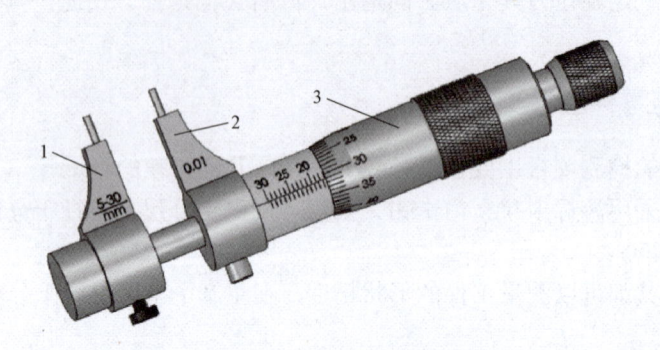

图 9-1-12 内测千分尺

1—固定量爪；2—活动量爪；3—微分筒

（5）内径千分尺。内径千分尺的测量范围有 50~250 mm、50~600 mm、100~1 500 mm 等多种规格，其分度值为 0.01 mm。

测量大于 $\phi50$ mm 的精度较高、深度较大的孔径时，可采用内径千分尺。此时，内径千分尺应在孔内摆动，在直径方向（径向）位置应找出最大读数，轴向位置应找出最小读数，如图 9-1-13 所示。这两个重合读数就是孔的实际尺寸。

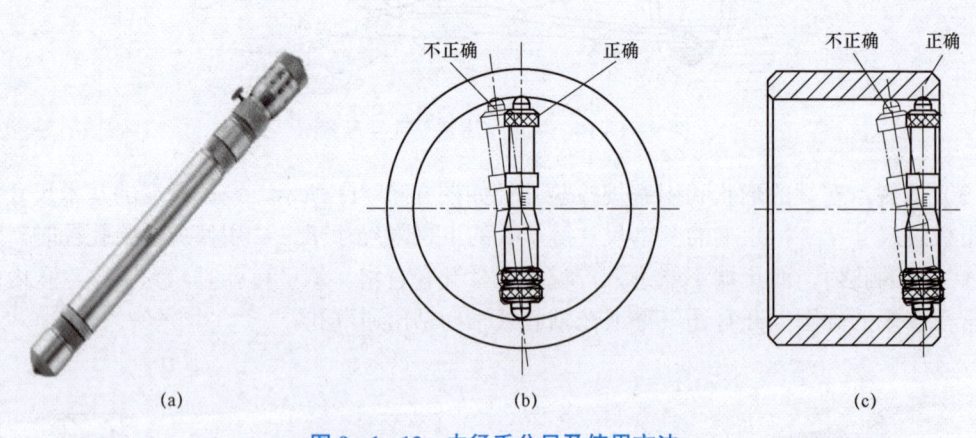

图 9-1-13 内径千分尺及使用方法

(a) 实物图；(b) 径向位置；(c) 轴向位置

（6）三爪内径千分尺。三爪内径千分尺的测量范围为 6~8 mm、8~10 mm、10~12 mm、12~16 mm、12~16 mm、16~20 mm、20~25 mm、…、87~100 mm、100~125 mm 等，其分度值为 0.01 mm 或 0.005 mm。

三爪内径千分尺用于测量 $\phi6$~$\phi100$ mm 的精度较高、深度较大的孔径，其外形如图 9-1-14 所示。它的三个测量爪在很小幅度的摆动下，能自动地定位在孔径的直径位置，此时的读数即为孔的实际尺寸。

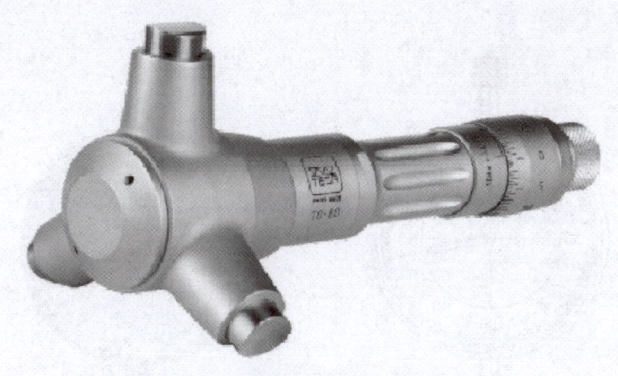

图9-1-14 三爪内径千分尺外形

（7）百分表。常用的百分表有钟式和杠杆式两种，如图9-1-15所示。

① 钟式百分表。钟式百分表表面上的分度值为 0.01 mm，测量范围为 0～3 mm、0～5 mm、0～10 mm 等。

钟式百分表的结构如图9-1-15（a）所示，大分度盘的分度值为0.01 mm，沿圆周共有100个格。当大指针沿大分度盘转过一周时，小指针转1格，测头移动1 mm，因此小分度盘的分度值为1 mm。

测量时，测头移动的距离等于小指针的读数加上大指针的读数。

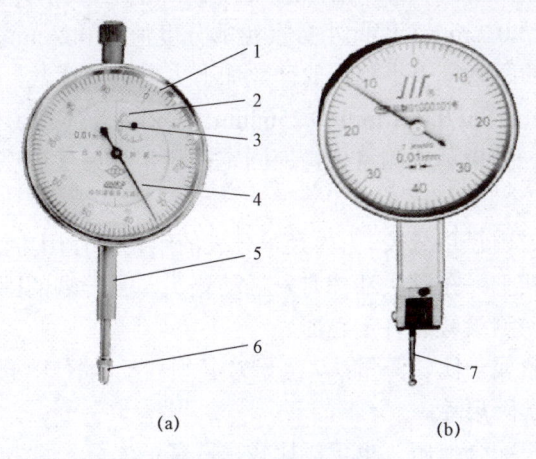

图9-1-15 百分表
（a）钟式；（b）杠杆式
1—大分度盘；2—小分度盘；3—小指针；4—大指针；5—测量杆；6—测头；7—球面测杆

② 杠杆式百分表。杠杆式百分表体积较小，球面测杆可以根据测量需要改变位置，尤其是对小孔的测量或当钟式百分表放不进去或测量杆无法垂直于工件被测表面时，杠杆式百分表就显得十分灵活、方便。

杠杆式百分表表面上的分度值为0.01 mm，测量范围为0～0.8 mm，如图9-1-15（b）所示。

（8）千分表。千分表的测量范围为 0～1 mm、0～2 mm、0～3 mm、0～5 mm 等，其分

度值有 0.001 mm、0.002 mm、0.005 mm 共 3 种，如图 9-1-16 所示。显然千分尺适用于更高精度的测量。

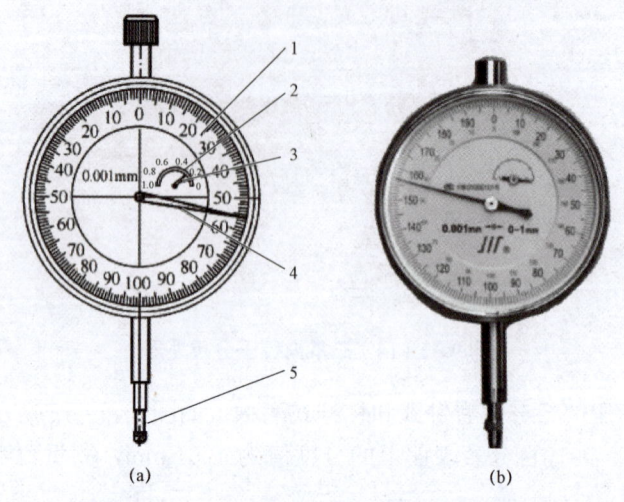

图 9-1-16　分度值为 0.001 mm 的千分表
(a) 结构；(b) 实物图
1—大分度盘；2—小分度盘；3—小指针；4—大指针；5—测头

如图 9-1-16 所示，千分表的外形结构与钟式百分表相似，只是分度盘的分度值不同。千分表大分度盘的分度值为 0.001 mm，沿圆周共有 200 格。当大指针沿大分度盘转过一周时，小指针转 1 格，测头移动 0.2 mm，因此小分度盘的分度值为 0.2 mm。

测量时，测头移动的距离等于小指针的读数加上大指针的读数。如图 9-1-16（a）所示的千分表的读数为 0.2 mm+56×0.001 mm=0.256 mm。

百分表和千分表是一种指示式测量仪，应固定在测架或磁性表座上使用，测量前应转动罩壳使表的长指针对准"0"刻线。

（9）内径千分表（或内径百分表）。内径千分表的结构及使用方法如图 9-1-17 所示，它是将千分表装夹在测架上，在测头端部有一活动测头，另一端的固定测头可根据孔径的大小更换。为了便于测量，测头旁装有定心器。

使用内径千分表测量属于比较测量法，测量时必须摆动内径千分表［见图 9-1-17（c）］，所得的最小尺寸即孔的实际尺寸。

内径千分表与千分尺配合使用，也可以比较出孔径的实际尺寸。

（10）数显百分表。数显百分表是新型的钟式百分表，用数字计数器计数和读数，如图 9-1-18 所示。

数显百分表可在其测量范围内任意给定位置，按动表体上的置零按钮使显示屏上的读数置零，然后直接读出被测工件尺寸的正、负偏差值；保持按钮可以使其正、负偏差值保持不变。

数显百分表的测量范围有 0～12.7 mm、0～25.4 mm 等，精度为 0.01 mm。数显百分表的特点是体积小、质量小、功耗小、测量速度快、结构简单，便于实现机电一体化，且对环境要求不高。

2. 形状精度的测量

在数控车床上加工的圆柱孔，一般仅测量孔的圆度和圆柱度（通过测量孔的锥度）两项形状误差。

（1）圆度误差的测量。当孔的圆度要求不是很高时，在生产现场可用内径千分表（或百分表）在孔的圆周的各个方向去测量，测量结果的最大值与最小值之差的一半即为圆度误差。

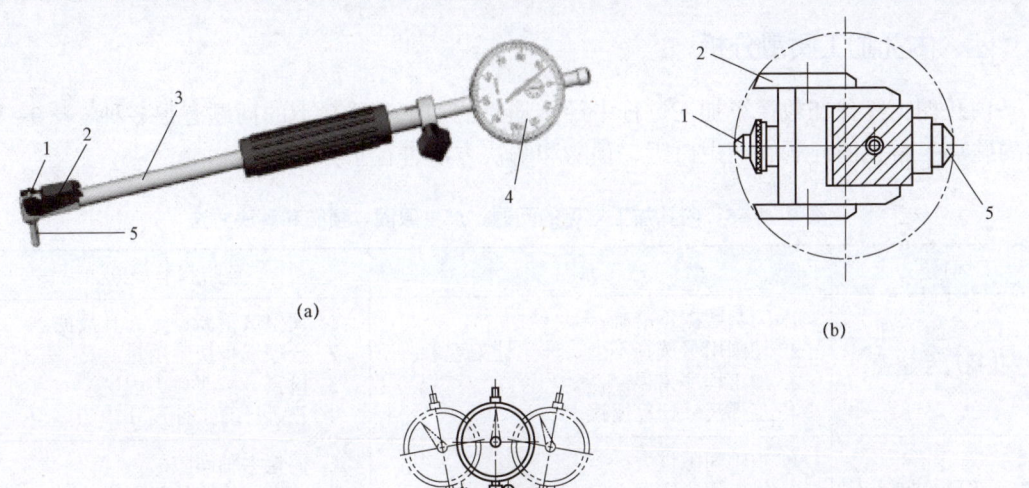

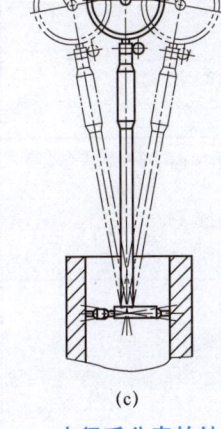

图 9-1-17　内径千分表的结构及使用方法
（a）内径千分表；（b）孔中测量情况；（c）内径千分表的使用方法
1—活动测头；2—定心器；3—测杆；4—千分表；5—固定测头

图 9-1-18　数显百分表
1—显示屏；2—表体；3—置零钮；4—保持钮；5—米英制转换钮

(2)圆柱度误差的测量。在生产现场，一般用内径千分表（或内径百分表）来测量孔的圆柱度，只要在孔的全长上取前、后、中几点，比较其测量值，其最大值与最小值之差的一半即为孔全长上的圆柱度误差。

四、内孔加工质量分析

内孔加工零件在数控车加工过程中经常遇到的加工和质量上的问题有很多种，表9-1-5对内孔加工常见的问题、产生原因、预防和解决方法进行了分析。

表9-1-5　内孔加工常见的问题、产生原因、预防和解决方法

问题	产生原因	预防和解决方法
孔径尺寸超差	1. 刀具数据不准确； 2. 切削用量选择不当，产生让刀现象； 3. 加工程序错误； 4. 工件尺寸计算错误	1. 调整或重新设定刀具数据； 2. 合理选择切削用量； 3. 检查、修改加工程序； 4. 正确计算工件尺寸
内孔形状精度达不到要求	1. 主轴间隙过大； 2. 加工程序错误； 3. 装夹时把工件夹扁； 4. 车刀磨损	1. 调整主轴间隙； 2. 检查、修改加工程序； 3. 正确装夹工件； 4. 修磨车刀
内孔端面相互位置精度达不到要求	1. 中滑板导轨与主轴中心线不垂直； 2. 主轴径向窜动； 3. 刀具磨损，切削力增大； 4. 加工程序错误	1. 调整机床； 2. 调整主轴； 3. 修磨、更换刀具； 4. 检查、修改加工程序
内孔表面粗糙度达不到要求	1. 车刀磨损； 2. 切削速度选用不当； 3. 切削液选用不当； 4. 产生积屑瘤； 5. 刀具中心过高； 6. 被切屑划伤	1. 修磨车刀； 2. 合理选择切削用量； 3. 合理选择切削液； 4. 选择合适的切削速度； 5. 正确装夹车刀； 6. 合理排屑

📖 任务实施

一、零件图分析（见图9-1-1）

如图9-1-1所示零件属于简单的套类零件。其加工部分包括1个外圆柱面、2个内圆柱面、4个倒角。查相关资料，外圆尺寸$\phi 50_{-0.025}^{0}$ mm公差等级为IT7级；2个内孔的尺寸$\phi 20_{0}^{+0.033}$ mm、$\phi 25_{0}^{+0.033}$ mm公差等级为IT8级；长度尺寸50 mm±0.08 mm公差等级为IT11级，尺寸30 mm为自由公差；2个倒角C2.5和2个倒角C2均为自由公差。加工部位表面粗糙度要求均为Ra3.2 μm，零件材料为45钢，毛坯尺寸为$\phi 55$ mm×55 mm，适合在数控车床上加工。

二、工艺分析

1. 加工步骤的确定

（1）手动车平左端面。

（2）粗加工左端外轮廓。

（3）精加工左端外轮廓。

（4）掉头找正装夹工件，手动车平右端面，控制总长。

（5）粗加工右端外轮廓。

（6）精加工右端外轮廓。

（7）手动在右端面钻A3.15中心孔。

（8）手动钻ϕ19 mm的通孔。

（9）粗加工内孔轮廓。

（10）精加工内孔轮廓。

（11）检测。

2. 数控加工刀具卡片的制定

数控加工刀具卡片见表9-1-6。

表9-1-6 数控加工刀具卡片

产品名称或代号		数控车削技术训练实训件		零件名称	套类零件（一）		零件图号	图9-1-1
序号	刀具号	刀具名称及规格	数量	加工表面	刀尖半径 R/mm	刀尖方位 T	备注	
1		A3.15中心钻	1	右端面上点钻				
2		ϕ19 mm麻花钻	1	钻ϕ19 mm通孔				
3	T0101	95°可转位外圆车刀	1	加工端面，粗、精加工外轮廓	0.4	3		
4	T0303	内孔车刀	1	粗、精加工内轮廓	0.4	2		
编制		审核		批准		共1页	第1页	

3. 数控加工工艺卡片的制定

数控加工工艺卡片见表9-1-7。

表9-1-7 数控加工工艺卡片

单位名称		产品名称或代号		零件名称		零件图号	
×××		数控车削技术训练实训件		套类零件（一）		图9-1-1	
工序号	程序编号	夹具名称	夹具编号	使用设备		切削液	车间
	O9001	自定心卡盘		CKA6140（FANUC系统）		乳化液	数控车间
工步号	工步内容	切削用量			刀具		备注
		主轴转速/(r·min^{-1})	进给量/(mm·r^{-1})	背吃刀量/mm	刀具号	刀具名称	
1	车平左端面	800	0.1	1	T0101	95°可转位外圆车刀	手动

259

续表

单位名称		产品名称或代号		零件名称		零件图号	
×××		数控车削技术训练实训件		套类零件（一）		图9-1-1	
工序号	程序编号	夹具名称	夹具编号	使用设备		切削液	车间
	O9001	自定心卡盘		CKA6140（FANUC系统）		乳化液	数控车间
工步号	工步内容	切削用量			刀具		备注
		主轴转速/(r·min^{-1})	进给量/(mm·r^{-1})	背吃刀量/mm	刀具号	刀具名称	
2	粗加工左端外轮廓	800	0.2	1	T0101	95°可转位外圆车刀	自动
3	精加工左端外轮廓	1 200	0.1	0.5	T0101	95°可转位外圆车刀	自动
4	掉头车平右端面，控制总长	800	0.1	1	T0101	95°可转位外圆车刀	手动
5	粗加工右端外轮廓	800	0.2	1	T0101	95°可转位外圆车刀	自动
6	精加工右端外轮廓	1 200	0.1	0.5	T0101	95°可转位外圆车刀	自动
7	钻A3.15中心孔	1 200	0.03			A3.15中心钻	手动
8	钻ϕ19 mm的通孔	500	0.05			ϕ19 mm麻花钻	手动
9	粗加工内孔轮廓	600	0.15	1	T0303	内孔车刀	自动
10	精加工内孔轮廓	1 000	0.1	0.5	T0303	内孔车刀	自动
编制		审核		批准		年 月 日	共1页 第1页

三、编制加工程序

1. 车削加工外轮廓程序（略）

2. 车削加工内轮廓程序

以工件精加工后的右端面中心位置作为编程原点，建立工件坐标系，其加工程序单如表9-1-8所示。

表 9-1-8　加工程序单

程序段号	加工程序	程序说明
	O9001；	程序名（内孔加工程序）
N10	G21 G97 G99；	公制尺寸编程，主轴转速单位 r/min，进给量单位 mm/r
N20	T0303；	换 3 号刀，调用 3 号刀补
N30	M03 S600；	主轴正转，转速为 600 r/min
N40	G41 G00 X18.5 Z2；	建立刀具刀尖圆弧半径左补偿，车刀快速定位到靠近加工的部位（X18.5，Z2）
N50	G71 U1 R0.5；	应用 G71 循环粗加工，每次背吃刀量 1 mm，每次退刀量 0.5 mm
N60	G71 P70 Q130 U－1 W0.05 F0.15；	精加工轨迹的第一个程序段号为 N70，最后一个程序段号为 N130；精加工余量 X 负方向 1 mm，Z 方向 0.05 mm；粗车进给量为 0.15 mm/r
N70	G00 X30；	描述精加工轨迹的第一个程序段
N80	G01 Z0 F0.1；	靠近轮廓起点，设置精车进给量为 0.1 mm/r
N90	X25 Z－2.5；	车 C2.5 倒角
N100	Z－27.5；	车 ϕ25 mm 内孔
N110	X20 Z－30；	车 C2.5 倒角
N120	Z－52；	车 ϕ20 mm 内孔
N130	X18.5；	描述精加工轨迹的最后一个程序段
N140	G40 G00 X100 Z200；	取消刀具刀尖圆弧半径左补偿，车刀快速退刀到（X100，Z200）的安全位置
N150	M05；	主轴停转
N160	M00；	程序暂停
N170	T0303；	换 3 号刀，调用 3 号刀补
N180	M03 S1000；	主轴正转，转速为 1 000 r/min
N190	G41 G00 X18.5 Z2；	建立刀具刀尖圆弧半径左补偿，车刀快速定位到靠近加工的部位（X18.5，Z2）
N200	G70 P70 Q130；	精加工内轮廓
N210	G40 G00 X100 Z200；	取消刀具刀尖圆弧半径左补偿，车刀快速退刀到（X100，Z200）的安全位置
N220	M05；	主轴停转
N230	M30；	程序结束

四、程序校验及加工

（1）根据数控加工刀具卡片要求正确安装数控车刀，并在数控车床上进行对刀操作。

（2）根据已验证的加工程序单将程序输入数控系统，输入完成后要再次检查输入程序是否正确，检查程序要做到严谨、仔细、认真，以免发生错误。

（3）在数控系统中利用图形模拟校验功能，查看所输入程序的走刀轨迹是否正确。

（4）将数控系统置于自动加工运行模式。

（5）调出要加工的程序并将光标移动至程序的开头。

（6）按下"循环启动"按钮，执行自动加工程序。

（7）加工过程中，始终观察刀尖运动轨迹和系统屏幕上的坐标变化情况，右手放在"急停"按钮上，一旦发生异常，立即按下"急停"按钮。

（8）加工完成后，在数控车床上利用相关量具检测工件。

注意

（1）加工工件时，刀具和工件必须夹紧，否则可能会发生事故。

（2）注意工件伸出卡爪的长度，以避免刀具与卡盘发生碰撞事故。

（3）程序自动运行前必须将光标调整到程序的开头。

五、完成加工并检测

零件加工完成后，对照表9-1-9的相关要求，将检测结果填入表中。

表9-1-9 数控车工考核评分表

序号	考核项目	考核内容及要求		配分	评分标准	检测结果	得分
1	程序编制	指令正确，程序完整		20	每错一个指令酌情扣2～4分，扣完为止		
2	数控车床规范操作	（1）机床准备； （2）正确对刀，建立工件坐标系； （3）正确设置参数		10	每违反一条酌情扣2～4分，扣完为止		
3	外圆	$\phi 50_{-0.025}^{0}$ mm	IT	8	超差0.01 mm扣2分		
			Ra	2	降级不得分		
4	内孔	$\phi 25_{0}^{+0.033}$ mm	IT	10	超差0.01 mm扣2分		
			Ra	5	降级不得分		
		$\phi 20_{0}^{+0.033}$ mm	IT	10	超差0.01 mm扣2分		
			Ra	5	降级不得分		
5	长度	50 mm±0.08 mm	IT	4	超差不得分		
			Ra	2	降级不得分		
		30 mm	IT	4	超差不得分		
6	倒角	C2（2处）	IT	3	1处超差扣1.5分		
			Ra	2	降级不得分		
7	倒角	C2.5（2处）	IT	3	1处超差扣1.5分		
			Ra	2	降级不得分		

续表

序号	考核项目	考核内容及要求	配分	评分标准	检测结果	得分
8	安全文明生产	（1）着装规范，刀具、工具、量具归类摆放整齐； （2）工件装夹、刀具安装规范； （3）正确使用量具； （4）工作场所卫生、设备保养到位	10	每违反一条酌情扣2～4分，扣完为止		

六、机床维护与保养

（1）清除切屑、擦拭机床，使机床与周围环境保持清洁状态。
（2）检查润滑油、切削液的状态，及时添加或更换。
（3）依次关掉机床操作面板上的电源和总电源。
（4）机床若有故障，应立即报修。
（5）填写设备使用记录。

任务评价

一、操作现场评价

填写现场记录表，见附录一。

二、任务学习自我评价

填写任务学习自我评价表，见附录二。

任务总结

本任务主要以两个内圆柱面组成的简单阶梯孔套类零件的数控车削加工为载体，介绍了车削内孔的工艺知识、车削内孔的相关指令格式及应用、内孔加工零件的检测方法、内孔数控车削加工质量分析的方法。通过学习内孔加工的相关指令在数控车削加工中的应用，学生应掌握简单套类零件的数控车削加工方法。

任务二　加工套类零件（二）

任务目标

知识目标

1. 掌握内沟槽加工的工艺知识。
2. 掌握内沟槽加工的编程指令及应用。
3. 掌握内沟槽的检测方法。
4. 掌握内沟槽加工的质量分析方法。

5. 掌握内螺纹加工的工艺知识。
6. 掌握内螺纹加工的编程指令及应用。
7. 掌握内螺纹的检测方法。
8. 掌握内螺纹加工的质量分析方法。
9. 掌握套类零件加工方案的制定方法。

技能目标

1. 能灵活运用指令对套类零件内轮廓加工、内沟槽加工、内螺纹加工进行编程。
2. 能正确填写数控加工刀具卡片、数控加工工艺卡片。
3. 能独立完成本任务零件的加工。

📖 任务描述

加工一批零件，零件如图 9-2-1 所示，要求在数控车床上加工。从节约耗材及成本方面考虑，毛坯材料为上一任务完成加工后的零件，材质为 45 钢，技术人员需根据加工任务，编制零件的加工工艺，选择合适的刀具及合理的切削参数，编写零件的加工程序，在数控车床（FANUC 0i Mate–TC 系统）上实际操作加工出来，并对加工后的零件进行检测、评价。

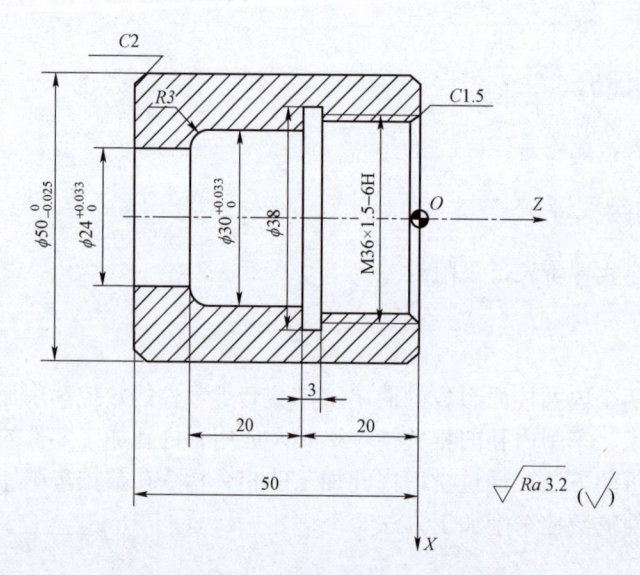

图 9-2-1 套类零件（二）

📖 知识准备

一、内沟槽加工工艺知识

常见的内沟槽有退刀槽、密封槽、轴向定位槽、储油槽和油气通道槽等。

1. 内沟槽加工刀具

内沟槽车刀的刀杆与内孔车刀一样，其切削部分又类似于外圆切槽刀，只是刀具的后刀面呈圆弧状，目的是避免与孔壁相碰。

数控加工中，常用焊接式和机夹式内沟槽车刀，刀片材料一般为硬质合金或硬质合金涂层刀片。机夹式内沟槽车刀如图 9-2-2 所示。

2. 内沟槽车刀的安装

内沟槽车刀的安装要注意以下几点。

（1）保证刀头伸出长度大于槽深，刀柄伸出长度也不要过长，以免在加工中出现振动。

（2）内沟槽车刀的主切削刃与回转轴线应保持平行。

（3）刀尖应与内孔轴线等高或略高，约高出 $0.01d$（d 为工件加工内槽的直径）。

图 9-2-2　机夹式内沟槽车刀

3. 内沟槽的加工方法

内沟槽的切削方法与车外沟槽方法相似，对于宽度比较小的内沟槽，可以将内沟槽车刀宽度磨至与槽宽相等，用直进法一次车削完成。对于宽度较大的内沟槽，则采用排刀法分几次完成。内沟槽加工有一定难度，主要原因是刀具刚度差，切削条件差。但一般内沟槽的加工精度和表面质量要求不高，所以编程难度较小。影响内沟槽加工精度的主要因素是刀具的选用和对刀问题。

（1）宽度较小和要求不高的内沟槽，可以用主切削刃宽度等于槽宽的内沟槽车刀，采用直进法一次进给车出，如图 9-2-3 所示。

（2）精度要求较高或较宽的内沟槽，可采用直进法分几次车出。粗车时，槽侧和槽底应留精车余量，然后根据槽宽、槽深要求进行精车，如图 9-2-4 所示。

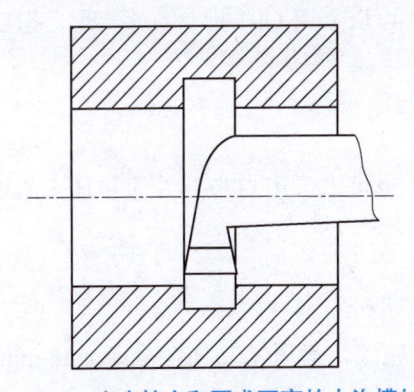

图 9-2-3　宽度较小和要求不高的内沟槽加工　　图 9-2-4　精度较高或较宽的内沟槽加工

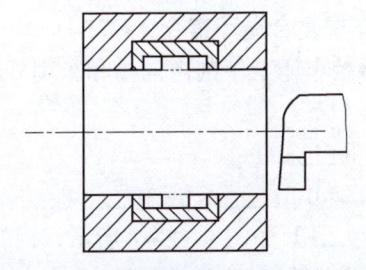

（3）深度浅、宽度大的内沟槽，可采用特殊角度的镗孔刀先车出内凹槽，再用内沟槽车刀车出两侧面，如图 9-2-5 所示。

4. 车削内沟槽的注意事项

（1）刀具悬伸应尽可能短，主切削刃宽度不能太宽，否则易产生振动（内沟槽车刀本身刚性较差）。

（2）刀头长度应略大于槽的深度，并且主切削刃到刀杆侧面距离 a 应小于工件孔径 D，如图 9-2-6 所示。

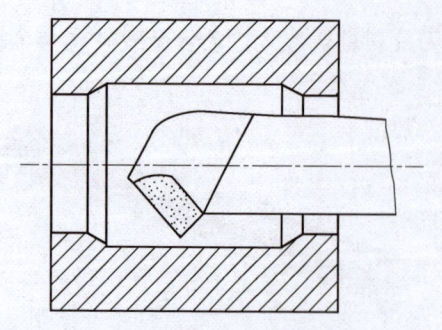

图 9-2-5 深度浅、宽度大的内沟槽加工　　　图 9-2-6 车削内沟槽示意

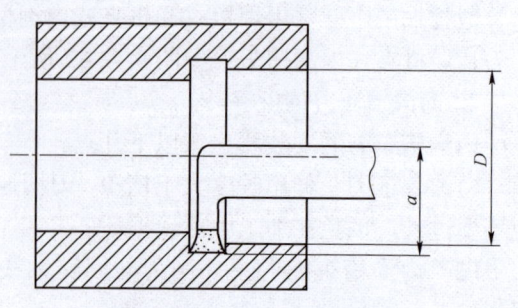

（3）刀片切削刃尽可能接近工件中心，特别是加工小直径零件时，刀片切削刃不要高于工件中心线 0.2 mm。

（4）车削内沟槽前，应先检查内沟槽车刀是否会与工件发生干涉。

（5）车削内沟槽与车削外沟槽的切削用量选择大致相同。但由于内孔加工刀具的限制，切槽过程中根据刀具的强度，切削用量一般选取外沟槽切削用量的 30%～70%，尽量以保证切削稳定为原则选择切削用量。

（6）车削内沟槽过程中，为了解决内沟槽车刀刀头面积小、散热条件差，易产生高温而降低刀片切削性能，甚至造成焊接式刀片脱落的问题，可以选择冷却性较好的乳化液作为切削液进行喷注，使刀具充分冷却。

二、车削内沟槽的相关指令

1. 直线插补指令（G01）

在数控车床上车削内沟槽和车削外沟槽一样，可以采用 G01 指令直接实现。指令书写格式如下：

G01 X(U)＿＿ Z(W)＿＿ F＿＿＿；

2. 车槽复合循环指令（G75）

在数控车床上车削内沟槽和车削外沟槽一样，也可以采用 G75 指令直接加工宽槽。指令书写格式如下：

G75 R＿＿＿；
G75 X(U)＿＿＿ Z(W)＿＿＿ P＿＿＿ Q＿＿＿ F＿＿＿；

【例 9.2.1】如图 9-2-7 所示，内轮廓已加工完成，运用 G75 指令加工 ϕ28 mm×10 mm 内沟槽，加工程序见表 9-2-1。

表 9-2-1　例 9.2.1 加工程序

程　　序	说　　明
O9201；	程序名
M03 S600；	主轴正转，转速 600 r/min
T0202；	选择 2 号内沟槽车刀，刀宽 3 mm
G00 X17 Z5；	快速定位到孔口

续表

程　　序	说　　明
Z-25；	快速定位到加工内沟槽的循环起点
G75 R0.5；	应用 G75 循环加工内沟槽
G75 X28 W7 P2000 Q2500 F0.03；	
G00 Z100；	退刀
X100；	
M05；	主轴停转
M30；	程序结束

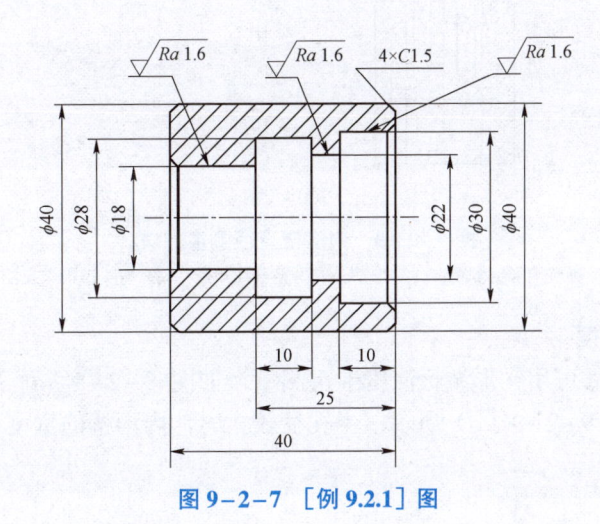

图 9-2-7　［例 9.2.1］图

3. 内沟槽加工编程注意事项

（1）车内沟槽时，X 轴退刀方向与车外沟槽退刀方向正好相反，且须防止刀背面碰撞到工件。

（2）加工内沟槽时，进刀采用从孔中心先沿 $-Z$ 方向进刀，后沿 $+X$ 方向进刀；退刀时先沿 $-X$ 方向少量退刀，后沿 $+Z$ 方向退刀。为防止干涉，$-X$ 方向退刀时的退刀量必须计算。

（3）车内沟槽时，换刀点设置的要求与车削台阶孔相似。刀具在换刀过程中不能与工件外圆表面相碰，且刀具在加工完后退回换刀点时不能与工件内表面相碰。

三、内沟槽的检测

1. 测量内沟槽直径

内沟槽的直径一般用弹簧内卡钳测量，如图 9-2-8（a）所示，测量时，先将弹簧内卡钳收缩，放入内沟槽，再调整卡钳螺母，使卡脚与槽底表面接触，测出内沟槽直径，然后将内卡钳收缩取出，恢复到原来尺寸，最后用游标卡尺或外径千分尺测出内卡钳的张开尺寸；当内沟槽的直径精度要求较高时，可用带千分表内径量规测量，如图 9-2-8（b）所示；当内沟槽直径较大时，可用弯脚游标卡尺测量，如图 9-2-8（c）所示。

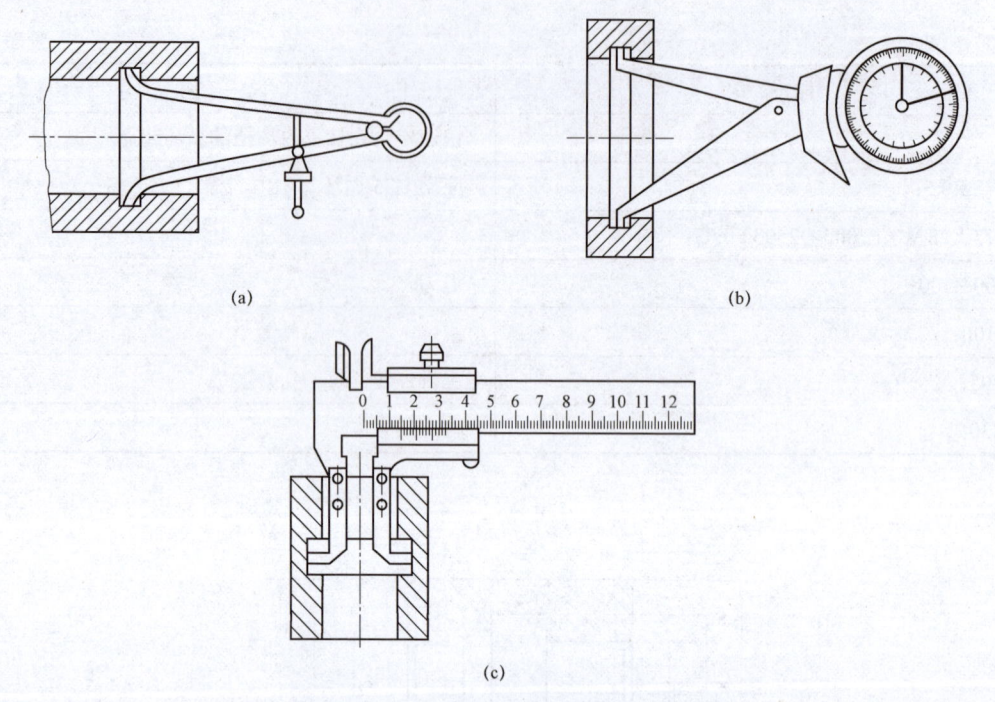

图 9-2-8　内沟槽直径测量方法

(a)弹簧内卡钳测量；(b)带千分表内径量规测量；(c)弯头游标卡尺测量

2. 测量内沟槽宽度

内沟槽的轴向尺寸可用钩形游标深度卡尺测量，如图 9-2-9（a）所示；内沟槽的宽度可用样板测量，如图 9-2-9（b）所示；当孔径较大时，内沟槽的宽度可用游标卡尺测量，如图 9-2-9（c）所示。

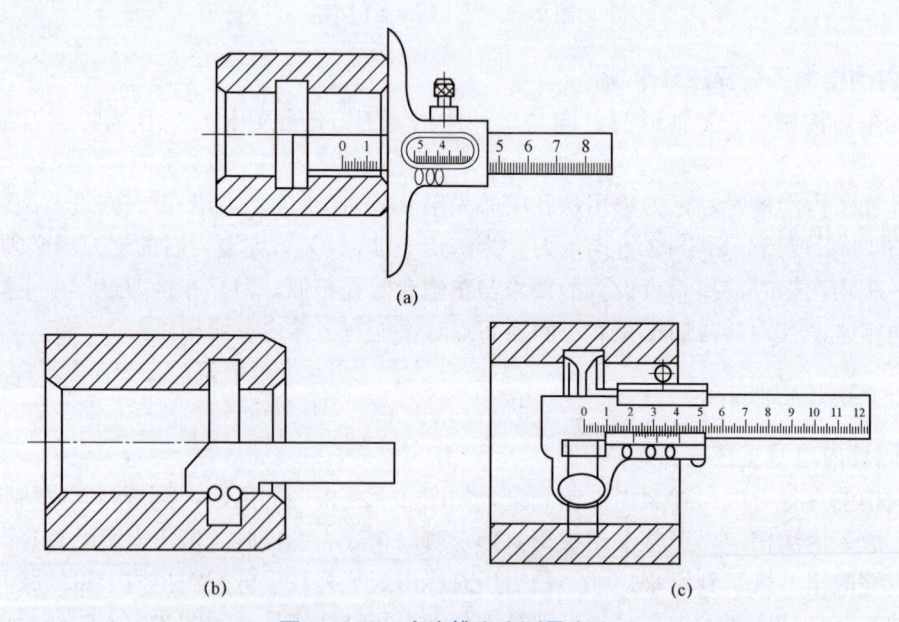

图 9-2-9　内沟槽宽度测量方法

（a）钩形游标深度卡尺测量；（b）样板测量；（c）游标卡尺测量

四、内沟槽加工质量分析

数控车床上加工内沟槽时经常遇到的加工误差有多种,其常见的问题、产生原因、预防和解决方法见表 9–2–2。

表 9–2–2　内沟槽加工常见的问题、产生原因、预防和解决方法

问题	产生原因	预防和解决方法
槽的宽度不正确	1. 刀具参数不准确; 2. 加工程序错误	1. 调整或重新设定刀具数据; 2. 检查、修改加工程序
槽的位置不正确	1. 加工程序错误; 2. 测量错误	1. 检查、修改加工程序; 2. 正确测量
槽的深度不正确	1. 加工程序错误; 2. 测量错误	1. 检查、修改加工程序; 2. 正确测量
槽的侧面呈现凸凹面	1. 刀具安装角度不对称; 2. 刀具两刀尖磨损不对称	1. 正确安装刀具; 2. 更换刀片
槽底出现振动,留有振纹	1. 工件装夹不合理; 2. 刀具安装不合理; 3. 切削参数设置不合理; 4. 程序延时太长	1. 正确装夹工件,保证刚度; 2. 调整刀具安装位置; 3. 调整切削速度和合理选择进给量; 4. 缩短程序延时时间
车槽过程中出现扎刀现象,造成刀具断裂	1. 进给量过大; 2. 切屑阻塞	1. 减小进给量; 2. 采用断、退屑方式切入

五、内螺纹加工工艺知识

1. 内螺纹加工刀具

内螺纹车刀除了其刀刃形状应具有外螺纹车刀的几何形状特点外,还应具备内孔车刀的特点。

在数控车床上车削普通内螺纹一般选用精密级机夹可转位不重磨螺纹车刀,刀片的材质为硬质合金或硬质合金涂层,使用时要根据螺纹的螺距选择刀片的型号。数控普通内螺纹车刀如图 9–2–10 所示。

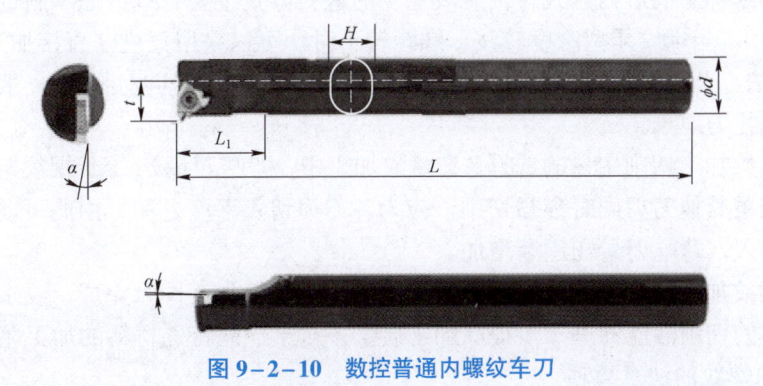

图 9–2–10　数控普通内螺纹车刀

2. 内螺纹车刀的安装

内螺纹车刀的安装要注意以下几点：

(1) 选择车刀时注意其牙型角与所加工螺纹一致。

(2) 保证刀尖位置与车床主轴的回转轴线等高。

(3) 螺纹车刀刀尖角的角平分线与回转轴线垂直，可以使用对刀样板装刀。

(4) 为保证内螺纹长度，内螺纹车刀左侧刃与刀架左侧面的距离应比螺纹有效长度大5～10 mm，同时刀头加上刀杆后的径向长度应比螺纹底孔直径小3～5 mm。

3. 内螺纹的加工方法

车削内螺纹的方法和车削外螺纹的方法基本相同，但进刀、退刀方向正好与车削外螺纹相反。车削内螺纹时（尤其是直径较小的螺纹），由于刀柄细长、刚性差、切屑不宜排出、切削液不易注入及不便于观察等，故比车削外螺纹要困难得多。

(1) 普通内螺纹切削数值计算。

① 车内螺纹前孔底直径的计算。车内螺纹前孔底直径计算公式如表9-2-3所示。由于高速车削挤压引起螺纹牙尖膨胀变形，考虑螺纹的公差要求和螺纹切削过程中对小径的挤压作用，内螺纹的孔应车到最大极限尺寸。

表 9-2-3 车内螺纹前孔底直径计算公式

材料类型	孔径计算公式
塑性材料	$D_孔=D-P$
脆性材料	$D_孔=D-1.05P$

② 内螺纹的底径。内螺纹的底径即大径，取螺纹的公称直径D，该直径大小为内螺纹切削终点处的X坐标值。

③ 内螺纹中径。在数控车床上，螺纹的中径是通过螺纹的削平高度（由螺纹车刀的刀尖体现）、牙型高度、牙型角和底径来综合控制的。

④ 螺纹实际牙型高度。不考虑螺纹刀尖r的影响，螺纹实际牙型高度计算公式为

$$h = H - 2\left(\frac{H}{8}\right) = 0.649\ 5P \approx 0.65P \tag{9-1}$$

(2) 内螺纹加工的进刀方式。内螺纹加工的进刀方式主要有直进法和斜进法两种。

① 直进法。当螺纹牙型深度较浅、螺距较小时，可以采用直进法直接加工。

② 斜进法。当螺纹牙型深度较深、螺距较大时，可分数次切削进给，一般采用斜进法加工，避免出现扎刀现象。

(3) 内螺纹加工切削用量的选择。在螺纹加工中，背吃刀量a_p等于螺纹车刀切入工件表面的深度，如果其他刀刃同时参与切削，应为各刀刃切入深度之和。由此可以看出随着螺纹车刀的每次切入，背吃刀量在逐渐增加。

(4) 内螺纹加工切削液的选择。螺纹加工多为粗、精加工同时完成，要求精度较高，因此，选用合适的切削液能够进一步提高加工质量，对于一些特殊材料的加工尤为重要。

4. 车削内螺纹的注意事项

(1) 安装内螺纹车刀，车刀刀尖要对准工件旋转中心，装得过高，车削时易产生振动；

装得过低，刀头下部会与工件发生碰撞。

（2）车削前，应调整内孔车刀与内螺纹车刀，以防刀体、刀杆与内孔发生干涉。

（3）螺纹刀的螺旋升角也要合理选择，避免刀具后角与工件发生干涉。

（4）数控车削内螺纹时，从粗车到精车，主轴的转速必须是恒定的；当主轴速度发生变化时，螺纹切削会出现乱牙现象。

六、车削内螺纹的相关指令

1. 等螺距螺纹切削指令（G32）

在数控车床上车削内螺纹和车削外螺纹一样，可以采用 G32 指令直接实现。指令书写格式如下：

G32 X(U)___ Z(W)___ F___；

2. 螺纹切削循环指令（G92）

在数控车床上车削内螺纹和车削外螺纹一样，也可以采用 G92 指令直接实现。指令书写格式如下：

G92 X(U)___ Z(W)___ F___；

【例 9.2.2】如图 9-2-11 所示，工件的内螺纹底孔和倒角已加工完成，运用 G92 指令直进法加工内螺纹，加工程序见表 9-2-4。

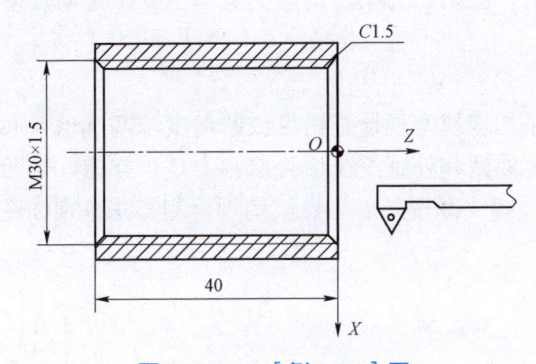

图 9-2-11 ［例 9.2.2］图

表 9-2-4 ［例 9.2.2］程序

程　　序	说　　明
O0001；	程序名
M03 S600；	启动主轴，转速 600 r/min
T0101；	选择 1 号刀
G00 X25.0 Z5.0；	快速定位
G92 X28.8 Z-42.0 F1.5；	螺纹车削第 1 刀
X29.1；	第 2 刀
X29.4；	第 3 刀
X29.7；	第 4 刀

续表

程　　序	说　　明
X30.0;	第 5 刀
G00 Z200.0;	快速退刀
X200.0;	
M30;	程序结束

3. 螺纹切削复合循环指令（G76）

在数控车床上车削内螺纹和车削外螺纹一样，还可以采用 G76 指令直接实现。指令书写格式如下：

G76 P____ Q____ R____;
G76 X(U)____ Z(W)____ R____ P____ Q____ F____;

4. 内螺纹加工编程注意事项

（1）内螺纹加工使用的指令与外螺纹加工相同（用 G32、G92、G76 指令），但要注意内螺纹加工时直径方向（X 方向）的进给与外螺纹相反。

（2）使用内螺纹循环时，循环起点 X 坐标应比内孔直径的 X 坐标略小 0.5～2 mm。

（3）在确定换刀点时，应防止刀架转动时刀具与工件、尾座发生碰撞。

七、内螺纹的检测

内螺纹的检测通常采用螺纹塞规检查内螺纹的精度，塞规也有通端和止端，用螺纹塞规检测属于综合检测，检测原则和外螺纹在检验原则上是一样的，当通端能通过而止端不能通过时，说明精度符合要求。螺纹塞规外形与螺纹塞规检测方法分别如图 9-2-12 和图 9-2-13 所示。

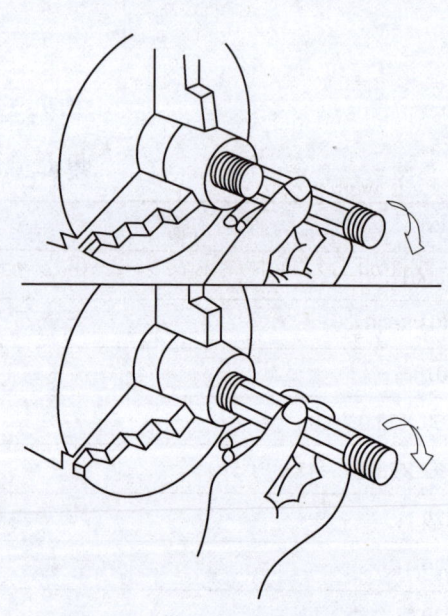

图 9-2-12　螺纹塞规外形　　　　图 9-2-13　螺纹塞规检测方法

八、内螺纹加工质量分析

数控车床上加工螺纹时遇到的加工误差有多种,其常见的问题、产生原因、预防和解决办法见表8-2-1,具体到内螺纹上见表9-2-5。

表9-2-5 内螺纹加工常见的问题、产生原因、预防和解决方法

问 题	产生原因	预防和解决方法
内螺纹超差或产生振纹	1. 车床主轴间隙过大; 2. 加工程序错误; 3. 刀柄伸出的长度过长	1. 调整车床主轴间隙; 2. 检查、修改加工程序; 3. 调整刀具伸出长度

📖 任务实施

一、零件图分析(见图9-2-1)

如图9-2-1所示零件属于较复杂的套类零件。其加工部分包括2个内圆柱面、1个内圆弧面、1个内沟槽、1个倒角和1个内螺纹。查相关资料,2个内孔的尺寸$\phi 30^{+0.033}_{0}$ mm、$\phi 24^{+0.033}_{0}$ mm 公差等级为 IT8 级;圆弧尺寸 $R3$ mm 为自由公差;内沟槽直径尺寸 $\phi 38$ mm、槽宽尺寸 3 mm 均为自由公差;$C1.5$ 倒角为自由公差;内螺纹 M36×1.5-6H 的中径和顶径公差带代号为 6H。加工部位表面粗糙度要求均为 $Ra3.2$ μm,零件材料为 45 钢,毛坯为上一任务完成加工后的零件,适合在数控车床上加工。

二、工艺分析

1. 加工步骤的确定

(1)找正、装夹工件,粗加工内轮廓。
(2)精加工内轮廓。
(3)加工内沟槽。
(4)加工内螺纹。
(5)检测。

2. 数控加工刀具卡片的制定

数控加工刀具卡片见表9-2-6。

表9-2-6 数控加工刀具卡片

产品名称或代号	数控车削技术训练实训件	零件名称	套类零件(二)	零件图号	图9-2-1
序号	刀具号	刀具名称及规格	数量	加工表面	刀尖半径 R/mm	刀尖方位 T	备注
1	T0101	内孔车刀	1	粗、精加工内轮廓	0.4	2	
2	T0202	内沟槽车刀(刀宽3 mm)	1	加工内沟槽			

续表

产品名称或代号	数控车削技术训练实训件	零件名称	套类零件（二）	零件图号	图9-2-1
序号	刀具号	刀具名称及规格	数量	加工表面	刀尖半径 R/mm	刀尖方位 T	备注
3	T0303	内螺纹车刀	1	加工内螺纹			
编制		审核		批准		共1页	第1页

3. 数控加工工艺卡片的制定

数控加工工艺卡片见表9-2-7。

表9-2-7 数控加工工艺卡片

单位名称		产品名称或代号		零件名称	零件图号
×××		数控车削技术训练实训件		套类零件（二）	图9-2-1
工序号	程序编号	夹具名称	夹具编号	使用设备	切削液	车间
	O9002	自定心卡盘		CKA6140（FANUC系统）	乳化液	数控车间
工步号	工步内容	切削用量			刀具		备注
		主轴转速/(r·min^{-1})	进给量/(mm·r^{-1})	背吃刀量/mm	刀具号	刀具名称	
1	粗加工内轮廓	600	0.15	1	T0101	内孔车刀	自动
2	精加工内轮廓	1 000	0.1	0.5	T0101	内孔车刀	自动
3	加工内沟槽	600	0.03	3	T0202	内沟槽车刀（左刀尖对刀，刀宽3 mm）	自动
4	加工内螺纹	600	1.5	第1次 0.3 mm；第2次 0.2 mm；第3次 0.1 mm；第4次 0.1 mm；第5次 0.1 mm；第6次 0.1 mm；第7次 0.075 mm；第8次 0 mm	T0303	内螺纹车刀	自动
编制		审核		批准		年 月 日	共1页	第1页

三、编制加工程序

以工件精加工后的右端面中心位置作为编程原点，建立工件坐标系，其加工程序单如表9-2-8所示。

表 9-2-8 加工程序单

程序段号	加工程序	程序说明
	O9002；	程序名
N10	G21 G97 G99；	公制尺寸编程，主轴转速单位 r/min，进给量单位 mm/r
N20	T0101；	换 1 号刀，调用 1 号刀补
N30	M03 S600；	主轴正转，转速为 600 r/min
N40	G41 G00 X19.5 Z2；	建立刀具刀尖圆弧半径左补偿，车刀快速定位到靠近加工的部位（X19.5，Z2）
N50	G71 U1 R0.5；	应用 G71 循环粗加工，每次背吃刀量 1 mm，每次退刀量 0.5 mm
N60	G71 P70 Q150 U-1 W0.05 F0.15；	精加工轨迹的第一个程序段号为 N70，最后一个程序段号为 N150；精加工余量 X 负方向 1 mm，Z 方向 0.05 mm；粗车进给量为 0.15 mm/r
N70	G00 X37.5；	描述精加工轨迹的第一个程序段
N80	G01 Z0 F0.1；	靠近轮廓起点，设置精车进给量为 0.1 mm/r
N90	X34.5 Z-1.5；	车 C1.5 倒角
N100	Z-20；	车内螺纹底孔（ϕ34.5 mm）
N110	X30；	加工台阶面
N120	Z-37；	车 ϕ30 mm 内孔
N130	G03 X24 Z-40 R3；	车 R3 mm 圆弧
N140	G01 Z-52；	车 ϕ24 mm 内孔
N150	X19.5；	径向退刀
N160	G40 G00 X100 Z200；	取消刀具刀尖圆弧半径左补偿，车刀快速退刀到（X100，Z200）的安全位置
N170	M05；	主轴停转
N180	M00；	程序暂停
N190	T0101；	换 1 号刀，调用 1 号刀补
N200	M03 S1000；	主轴正转，转速为 1 000 r/min
N210	G41 G00 X19.5 Z2；	建立刀具刀尖圆弧半径左补偿，车刀快速定位到靠近加工的部位（X19.5，Z2）
N220	G70 P70 Q150；	精加工内轮廓
N230	G40 G00 X100 Z200；	取消刀具刀尖圆弧半径左补偿，车刀快速退刀到（X100，Z200）的安全位置
N240	M05；	主轴停转
N250	M00；	程序暂停

续表

程序段号	加工程序	程序说明
N260	T0202;	换2号刀，调用2号刀补
N270	M03 S600;	主轴正转，转速为600 r/min
N280	G00 X29 Z5;	快速定位到孔口位置（X29，Z5）
N290	Z−20;	快速定位到靠近车内沟槽的部位（X29，Z−20）
N300	G01 X38 F0.03;	车内沟槽至ϕ38 mm
N310	G04 X0.2;	槽底停留0.2 s
N320	G00 X29;	X方向快速退出加工的槽
N330	Z5;	快速退出到孔口位置（X29，Z5）
N340	G00 X100 Z200;	车刀快速退刀到（X100，Z200）的安全位置
N350	M05;	主轴停转
N360	M00;	程序暂停
N370	T0303;	换3号刀，调用3号刀补
N380	M03 S600;	主轴正转，转速为600 r/min
N390	G00 X29 Z5;	快速定位到内螺纹加工循环起点（X29，Z5）
N400	G92 X34.65 Z−18.5 F1.5;	内螺纹切削循环第1刀，螺距1.5 mm
N410	X35.05;	内螺纹切削循环第2刀
N420	X35.25;	内螺纹切削循环第3刀
N430	X35.45;	内螺纹切削循环第4刀
N440	X35.65;	内螺纹切削循环第5刀
N450	X35.85;	内螺纹切削循环第6刀
N460	X36;	内螺纹切削循环第7刀
N470	X36;	内螺纹切削循环第8刀
N480	G00 X100 Z200;	车刀快速退刀到（X100，Z200）的安全位置
N490	M05;	主轴停转
N500	M30;	程序结束

四、程序校验及加工

（1）根据数控加工刀具卡片要求正确安装数控车刀，并在数控车床上进行对刀操作。

（2）根据已验证的加工程序单将程序输入数控系统，输入完成后要再次检查输入程序是否正确，检查程序要做到严谨、仔细、认真，以免发生错误。

（3）在数控系统中利用图形模拟校验功能，查看所输入程序的走刀轨迹是否正确。

（4）将数控系统置于自动加工运行模式。

（5）调出要加工的程序并将光标移动至程序的开头。

（6）按下"循环启动"按钮，执行自动加工程序。

（7）加工过程中，始终观察刀尖运动轨迹和系统屏幕上的坐标变化情况，右手放在"急停"按钮上，一旦发生异常，立即按下"急停"按钮。

（8）加工完成后，在数控车床上利用相关量具检测工件。

注意

1. 加工工件时，刀具和工件必须夹紧，否则可能会发生事故。
2. 注意工件伸出卡爪的长度，以避免刀具与卡盘发生碰撞事故。
3. 程序自动运行前必须将光标调整到程序的开头。

五、完成加工并检测

零件加工完成后，对照表9-2-9的相关要求，将检测结果填入表中。

表9-2-9 数控车工考核评分表

序号	考核项目	考核内容及要求		配分	评分标准	检测结果	得分
1	程序编制	指令正确，程序完整		20	每错一个指令酌情扣2~4分，扣完为止		
2	数控车床规范操作	（1）机床准备； （2）正确对刀，建立工件坐标系； （3）正确设置参数		10	每违反一条酌情扣2~4分，扣完为止		
3	内孔	$\phi 30^{+0.033}_{0}$ mm	IT	8	超差0.01 mm扣2分		
			Ra	2	降级不得分		
		$\phi 24^{+0.033}_{0}$ mm	IT	8	超差0.01 mm扣2分		
			Ra	2	降级不得分		
4	圆弧	R3 mm	IT	2	超差不得分		
			Ra	2	降级不得分		
5	沟槽	$\phi 38$ mm	IT	1	超差不得分		
			Ra	1	降级不得分		
		3 mm	IT	2	超差不得分		
			Ra	1	降级不得分		
6	长度	20 mm	IT	2	超差不得分		
		20 mm	IT	2	超差不得分		
7	内螺纹	M36×1.5-6H	螺纹塞规综合检测	20	超差不得分		
			Ra	5	降级不得分		
8	倒角	C1.5	IT	1	超差不得分		
			Ra	1	降级不得分		
9	安全文明生产	（1）着装规范，刀具、工具、量具归类摆放整齐； （2）工件装夹、刀具安装规范； （3）正确使用量具； （4）工作场所卫生、设备保养到位		10	每违反一条酌情扣2~4分，扣完为止		

六、机床维护与保养

（1）清除切屑、擦拭机床，使机床与周围环境保持清洁状态。
（2）检查润滑油、切削液的状态，及时添加或更换。
（3）依次关掉机床操作面板上的电源和总电源。
（4）机床若有故障，应立即报修。
（5）填写设备使用记录。

任务评价

一、操作现场评价

填写现场记录表，见附录一。

二、任务学习自我评价

填写任务学习自我评价表，见附录二。

任务总结

本任务主要以内孔、内圆弧、内沟槽、内螺纹组成的较复杂孔套类零件的数控车削加工为载体，介绍了车削内沟槽和内螺纹的工艺知识、车削内沟槽和内螺纹的相关指令格式及应用、内沟槽和内螺纹的检测方法、内沟槽和内螺纹数控车削加工质量分析的方法。通过学习内沟槽、内螺纹加工的相关指令在数控车削加工中的应用，学生应掌握较复杂套类零件的数控车削加工方法。

思考与练习

1. 内孔车刀安装时要注意哪几点？
2. 车内孔的关键技术主要是解决哪两个问题？
3. G71 指令编程加工内孔时，X 方向的精加工余量设置要注意什么？
4. 内孔加工时出现孔径尺寸超差问题，产生的原因是什么？如何预防和解决？
5. 内沟槽车刀的安装要注意哪几点？
6. 对于宽度较小和要求不高的内沟槽，采用何种加工方法？
7. 对于精度要求较高或较宽的内沟槽，采用何种加工方法？
8. 车削内沟槽时要注意哪些方面？
9. 内沟槽加工编程时要注意哪些方面？
10. 内沟槽加工时出现槽的位置不正确问题，产生的原因是什么？如何预防和解决？
11. 内螺纹车刀的安装要注意哪几点？
12. 车内螺纹前，对于塑性材料和脆性材料孔底直径如何分别确定？
13. 内螺纹加工的进刀方式有哪两种？
14. 车削内螺纹时要注意哪些方面？

15. 内螺纹加工编程时要注意哪些方面？
16. 内螺纹是如何检测的？
17. 内螺纹加工时出现超差或产生振纹问题，产生的原因是什么？如何预防和解决？
18. 编写题图 9-1 所示零件的数控车加工程序（毛坯 ϕ55 mm×28 mm，毛坯上已预钻了 ϕ20 mm 通孔）。

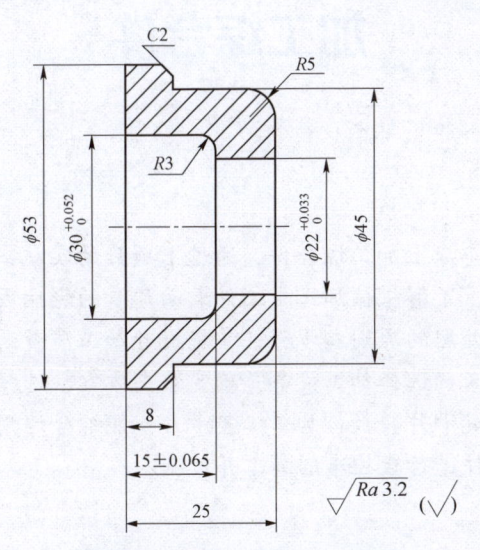

题图 9-1 项目九练习 18 零件图

19. 编写题图 9-2 所示零件的数控车加工程序（毛坯 ϕ45 mm×48 mm，毛坯上已预钻了 ϕ25 mm 通孔）。

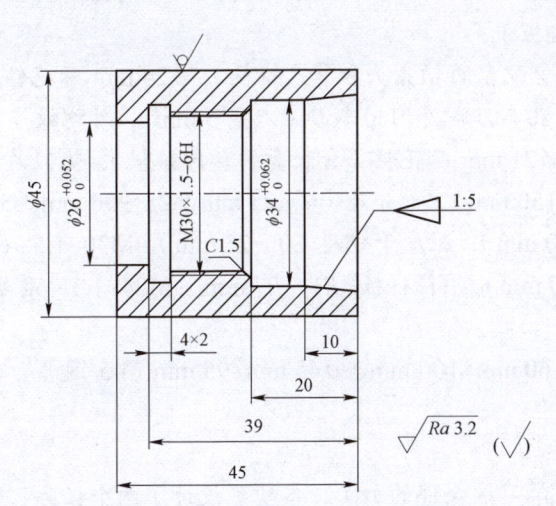

题图 9-2 项目九练习 19 零件图

项目十

加工综合件

项目需求

本项目主要是在数控车床上加工综合件,通过本项目的实施,学生应了解机械零件数控加工尺寸精度的获得方法;了解机械加工中工件表面质量的影响因素;掌握数控加工工艺分析的方法及数控加工工艺处理的原则和步骤;掌握提升加工质量的方法和提高加工效率的技巧;能根据所加工的零件正确选择加工设备,确定装夹方案,选择刀具、量具,确定工艺路线,正确填写数控加工刀具卡片、数控加工工艺卡片;能综合运用数控车加工编程指令对综合件进行编程,并对综合件进行数控车削加工并检测。

项目工作场景

根据项目需求,为顺利完成本项目的实施,需配备数控车削加工理实一体化教室和数控仿真机房,同时还需以下设备、工、量、刃具作为技术支持条件:

1. 数控车床 CK6140 或 CK6136(数控系统 FANUC 0i Mate-TC);
2. 刀架扳手、卡盘扳手;
3. A3.15 中心钻(含配套的钻夹头和莫氏锥柄)、$\phi 24$ mm 麻花钻(含配套的莫氏锥柄)、数控外圆车刀、数控内孔车刀、外沟槽车刀(刀宽 3 mm)、外螺纹车刀、内沟槽车刀(刀宽 2 mm)、内螺纹车刀、$\phi 21$ mm 麻花钻(含配套的莫氏锥柄)、垫刀片等;
4. 游标卡尺(0~150 mm)、千分尺(0~25 mm,25~50 mm,50~75 mm)、内测千分尺(5~30 mm,25~50 mm)、深度千分尺(0~25 mm)、M30×1.5-6g 螺纹环规、内径百分表(18~35 mm,35~50 mm)、半径样板(R1~R7 mm)、M24×1.5-6g 螺纹环规、M24×1.5-6H 螺纹塞规等;
5. 毛坯材料为:$\phi 60$ mm×100 mm、$\phi 45$ mm×95 mm(45 钢)。

方案设计

为了进一步地深入学习综合件的加工,本项目设计了两个任务,任务一主要是通过前面所学习各种基本指令,加工简单综合零件;任务二主要通过前面所学习的各种循环指令,加工外圆、外沟槽、外螺纹、内孔、内沟槽、内螺纹等元素组成的较复杂综合件。项目的任务设计使学生在这两个任务实施过程中,能进一步掌握 FANUC 0i Mate-TC 数控系统车削综合件的编程指令和应用技巧,培养数控加工工艺的分析能力,提高使用 FANUC 0i Mate-TC 数控系统的操作技能水平。

项目十　加工综合件

◈ 相关知识和技能

1. 数控加工工艺分析的方法。
2. 数控加工工艺处理的原则和步骤。
3. 机械零件数控加工尺寸精度的获得方法。
4. 机械加工中工件表面质量的影响因素。
5. 提升加工质量的方法。
6. 提高加工效率的技巧。
7. 综合件的加工工艺分析。
8. 数控加工刀具卡片和数控加工工艺卡片的填写。
9. 综合件的加工程序的编写。
10. 综合件的数控车削加工与检测。

任务一　加工综合件（一）

📖 任务目标

知识目标

1. 掌握数控加工工艺分析的方法。
2. 掌握数控加工工艺处理的原则和步骤。
3. 掌握简单综合件加工工艺分析的方法。
4. 掌握综合运用数控指令加工综合件的方法。

技能目标

1. 能综合运用数控车削加工编程指令对简单综合件进行编程。
2. 能根据所加工的零件正确选择加工设备，确定装夹方案，选择刀具、量具，确定工艺路线，正确填写数控加工刀具卡片、数控加工工艺卡片。
3. 能对简单综合件进行数控车加工并检测。

📖 任务描述

工厂要加工一个综合件，零件如图 10-1-1 所示，要求在数控车床上加工。已知毛坯材料为 $\phi60\ mm×100\ mm$ 的 45 钢棒料，技术人员需根据加工任务，编制零件的加工工艺，选用合适的刀具及合理的切削参数，编写零件的加工程序，在数控车床（FANUC 0i Mate-TC 系统）上实际操作加工出来，并对加工后的零件进行检测、评价。

📖 知识准备

数控加工工艺路线设计与通用机床加工工艺路线设计的主要区别在于：数控加工工艺路线设计往往不是指从毛坯到成品的整个工艺过程，而仅仅是对几道数控加工工序或工艺过程的具体描述。由于数控加工工序一般都穿插于零件加工的整个工艺过程中，因此应注意与普通加工工艺的衔接。

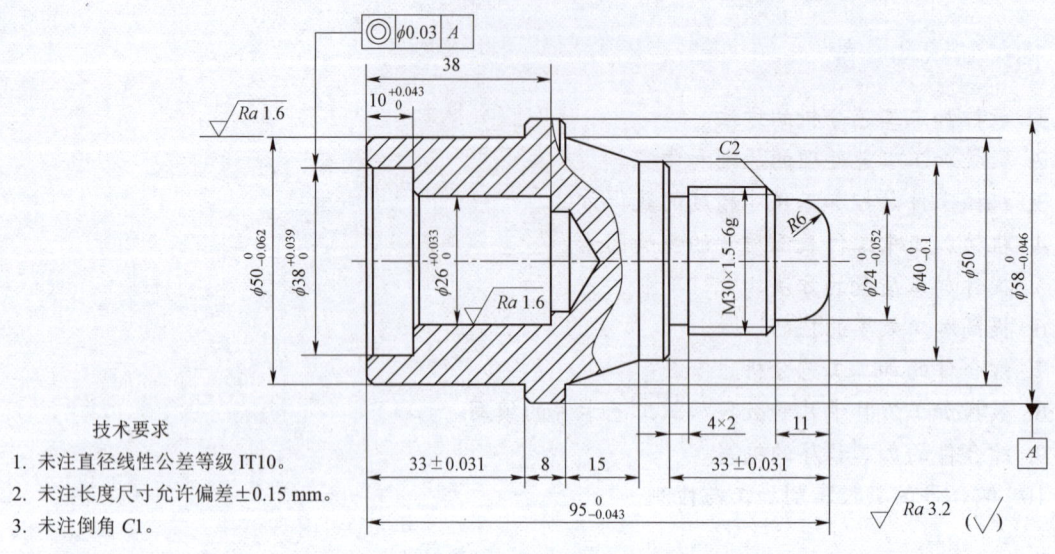

图 10-1-1 综合件（一）

掌握好数控加工中的工艺处理环节，除了应该掌握比普通机床加工更为详细和复杂的工艺规程外，还应具有扎实的普通加工工艺基础知识，对数控车床加工中工艺方案制定的各个方面要有比较全面的了解。在数控车床的加工中，造成加工失误或质量、效益不尽如人意的主要原因就是对工艺处理考虑不周。因此，必须充分掌握数控加工工艺编制的原则与方法。

一、数控加工工艺分析及处理

数控加工工艺分析及处理是加工程序编制工作中较为复杂而又非常重要的环节之一，在填写加工程序单之前，必须对零件的加工工艺性进行周到、缜密的分析，以便正确、合理地选择机床、刀具、夹具等工艺装备，正确设计工序内容和刀具的加工路线，合理确定切削用量的参数。

1. 机床的合理选用

在数控车床加工零件时，一般有以下两种情况：第一种情况，有零件图样和毛坯，要选择适合加工该零件的数控机床；第二种情况，已经有了数控机床，要选择适合在该机床上加工的零件。

无论哪种情况，考虑的因素主要有毛坯材料和种类、零件轮廓形状复杂程度、尺寸大小、加工精度、零件数量、热处理要求等。因此，在根据工作任务合理选择机床时要注意以下 3 个方面的问题：

（1）要保证加工零件的技术要求，以便于加工出合格的产品；

（2）有利于提高生产效率；

（3）尽可能降低生产成本（加工费用）。

2. 数控加工零件工艺性分析

数控加工零件工艺性分析涉及面很广泛，在此仅从数控加工的可能性和方便性两方面加以分析。

（1）零件图样尺寸应符合便于编程的原则。

① 零件图上尺寸标注方法应适应数控加工的特点。在数控加工零件图上，应以同一基准引注尺寸或直接给出坐标尺寸。这种标注方法既便于编程，也便于尺寸之间的相互协调，在保持设计基准、工艺基准、测量基准与编程原点设置的一致性方面具有较高的便利性。

由于零件设计人员一般在尺寸标注时较多地考虑装配等使用特性方面的问题，而不得不采用局部分散的标注方法，这样就会给工序安排与数控加工带来许多不便。但是，数控加工精度和重复定位精度都很高，不会产生较大的累积误差而破坏使用特性。因此，可将局部的分散标注法改为从同基准引注尺寸或直接给出坐标尺寸的标注法。

② 构成零件轮廓的几何元素的条件应充分。在手工编程时要计算基点或节点坐标。因此，在分析零件图样时要分析几何元素的给定条件是否充分。例如，圆弧与直线、圆弧与圆弧在图样上相切，但根据图上给出的尺寸计算相切条件时，则发现以上元素变成了相交或相离状态。由此例可知，由于构成零件几何元素条件的不充分，使编程无法下手。遇到这种情况，应与零件设计者协商解决。

（2）零件各加工部位结构工艺性应符合数控加工特点。

① 零件的内腔及外形最好采用统一的几何类型和尺寸。这样可以减少刀具规格和换刀次数，使编程方便、生产效率提高。

② 内槽圆角的大小决定着刀具直径的大小，因此内槽圆角半径不应过小。零件工艺性的好坏与被加工轮廓的形状、连接圆弧半径的大小等有关。

③ 应采用统一的定位基准。在数控加工中，若没有统一的定位基准，会因工件的重新装夹而导致加工后的两个面上轮廓位置及尺寸不协调。因此，为避免产生上述问题，保证两次装夹加工后其相对位置的准确性，应采用统一的定位基准。

此外，数控加工零件工艺性分析还应分析所要求的零件加工精度、尺寸公差等是否可以得到保证，有无引起矛盾的多余尺寸或影响工序安排的封闭尺寸等。

3. 加工方法的选择与加工方案的确定

（1）加工方法的选择。加工方法的选择原则是保证加工表面的加工精度和表面粗糙度的要求。由于获得同一级精度及表面粗糙度的加工方法一般有许多，因而在实际选择时，要结合零件的形状、尺寸大小和热处理要求等全面考虑。

（2）加工方案的确定。比较精密的零件常常是通过粗加工、半精加工和精加工逐步完成加工的。对这些表面仅仅根据质量要求选择相应的最终加工方法是不够的，还应正确地确定从毛坯到最终成形的加工方案。

4. 工序的划分

（1）数控加工工序的划分。根据数控加工的特点，数控加工工序的划分一般可按下列方法进行。

① 以一次装夹、加工作为一道工序。这种方法适合于加工内容较少的工件，加工完毕即达到待检状态。

② 以同一把刀具加工的内容划分工序。有些工件虽然能在一次装夹中加工出很多待加工表面，但因程序太长可能会受到某些限制，如控制系统的内存容量限制、机床连续工作时间的限制（如一道工序在一个工作班内不能结束）等。此外，程序太长会增加错误及导致检索困难。因此，每道工序的内容不可太多。

③ 以加工部位划分工序。对于加工内容较多的工件，可按其结构特点将加工部位分成几

个部分，如内腔、外形等，并将每一部分的加工作为一道工序。

④ 以粗、精加工划分工序。对于精加工后易产生变形的工件，由于粗加工后可能产生的变形需要进行校正，故一般来说，凡要进行粗、精加工的都要将工序分开。

(2) 工序顺序的安排。工序顺序的安排应根据零件的结构和毛坯状况，以及定位与夹紧的需要来考虑。一般应按以下原则安排工序顺序。

① 上道工序的加工不能影响下道工序的定位与夹紧，中间穿插有通用机床加工工序的也应综合考虑。

② 先进行内腔加工，后进行外形加工。

③ 以相同定位、夹紧方式或同一把刀具加工的工序最好连续加工，以减少重复定位次数和换刀次数等。

(3) 数控加工工序与普通加工工序的衔接。数控加工工序前、后一般都穿插有其他普通加工工序，如衔接得不好就容易产生矛盾。因此，在熟悉整个加工工艺内容的同时，要清楚数控加工工序与普通加工工序各自的技术要求、加工目的和加工特点。例如：要不要留加工余量，留多少余量；定位面与孔的精度要求及几何公差；对校形工序的技术要求；对毛坯的热处理要求等。这样才能使各工序相互满足加工需要，且质量目标及技术要求明确，交接、验收有依据。

二、数控加工工艺处理的原则和步骤

1. 工艺处理的一般原则

数控加工工艺的分析及处理工作所涉及的因素很多，所需知识面较广，因此数控机床操作人员应具有同级工艺员的水平，才能适应数控编程工作的需要。

工艺处理的一般原则是：因地制宜，总结经验，灵活运用，考虑周全。

(1) 因地制宜。根据本单位的技术力量，数控设备的种类、分布与数量，以及操作者的技术素质等实际条件，力求工艺处理过程简单易行，并能满足加工的需要。

(2) 总结经验。在普通机床加工过程中积累较多工艺经验的基础上，探索、总结数控加工的工艺经验。例如，深孔钻削、细长轴车削等工艺经验对数控加工仍具有指导意义。

(3) 灵活运用。不同操作者在同一台普通机床上加工同一个零件，可以凭借自己的技能采取不同的工序、工步达到图样要求。在数控编程过程中，不同的编程者仍可通过不同的处理途径达到相同的加工目的。如何使其工艺处理环节更加合理、先进，这就要求编程者必须灵活运用有关工艺处理知识和经验，不断丰富自己的工艺处理能力，具体问题具体分析，提高应变能力。

(4) 考虑周全。制定加工工艺是一项十分缜密的工作，必须一丝不苟。数控加工是自动化加工，不能随意进行中途停顿和调整，所以必须对加工过程的每个细节都给予充分考虑。例如，在加工不通螺纹孔的中途，要判断其孔内是否已经塞满了切屑；钻深孔时，应安排分几段慢钻、快退工艺才能有效解决散热及排屑等问题。

2. 工艺处理的步骤

(1) 图样分析。图样分析的目的在于全面了解零件轮廓及精度等各项技术要求，为下一步骤的进行提供依据。在图样分析过程中，还可以同时进行一些编程尺寸的简单换算，如增量尺寸、绝对尺寸、中值尺寸及尺寸链计算等。在数控编程实践中，常常对零件要求的尺寸进行中值计算，将其作为编程的尺寸依据。

（2）工艺分析。工艺分析的目的在于分析工艺可能性和工艺优化性。工艺可能性是指考虑采用数控加工的基础条件是否具备，能否经济控制其加工精度等；工艺优化性主要指针对机床（或数控系统）的功能等要求能否尽量减少刀具种类及零件装夹次数，以及切削用量等参数的选择能否适应高速度、高精度的加工要求等。

（3）工艺准备。工艺准备是工艺处理工作中不可忽视的重要环节。它包括机床操作编程手册、标准刀具和通用夹具样本及切削用量表等资料的准备，机床（或数控系统）的选型和机床有关精度及技术参数（如综合机械间隙等）的测定，刀具的预调（对刀），补偿方案的指定，以及外围设备（如自动编程系统、自动排屑装置等）的准备工作。

（4）工艺设计。在完成上述步骤的基础上，完成其工艺设计（构思）工作，如选取零件的定位基准、确定夹具方案、划分工序和工步、选取刀具和量具、确定切削用量等。

（5）实施编程。将工艺设计的构思通过加工程序单表达出来，并通过程序校验来验证其工艺处理（含数值计算）的结果是否符合加工要求，是否为最佳方案。

任务实施

一、零件图分析（见图 10-1-1）

如图 10-1-1 所示零件属于形状简单的综合件。零件表面由圆柱、圆弧、外圆锥、内孔、外沟槽、外螺纹等元素组成。零件材料为 45 钢，毛坯尺寸为 $\phi 60$ mm×100 mm 的棒料，无热处理要求，适合在数控车床上加工。

二、工艺分析

1. 加工步骤的确定

（1）手动车平左端面。

（2）手动钻中心孔。

（3）手动钻 $\phi 24$ mm 孔，孔深 40 mm。

（4）粗加工左端外轮廓至 $\phi 58$ mm×43 mm 处。

（5）精加工左端外轮廓至 $\phi 58$ mm×43 mm 处。

（6）粗加工内轮廓。

（7）精加工内轮廓至尺寸要求。

（8）掉头找正装夹（夹 $\phi 50$ mm 外圆），手动车平右端面控制总长至尺寸要求。

（9）粗加工右端外轮廓。

（10）精加工右端外轮廓至尺寸要求。

（11）切 4 mm×2 mm 槽至尺寸要求。

（12）加工外螺纹至尺寸要求。

（13）检测。

2. 数控加工刀具卡片的制定

数控加工刀具卡片见表 10-1-1。

表10-1-1　数控加工刀具卡片

产品名称或代号		数控车削技术训练实训件	零件名称	综合件（一）		零件图号	图10-1-1
序号	刀具号	刀具名称及规格	数量	加工表面	刀尖半径 R/mm	刀尖方位 T	备注
1		A3.15 中心钻	1	左端面上点钻			
2		ϕ24 mm 麻花钻	1	钻ϕ24 mm 盲孔			
3	T0101	外圆车刀	1	粗、精车左端和右端外轮廓	0.4	3	
4	T0202	内孔车刀	1	粗、精车左端内轮廓	0.4	2	加工完内孔后卸下该刀
5	T0303	外沟槽车刀（刀宽3 mm）	1	加工退刀槽			待卸下内孔车刀后，再安装外沟槽车刀和外螺纹车刀
6	T0404	外螺纹车刀（60°）	1	加工外螺纹			
编制		审核		批准		共1页	第1页

3. 数控加工工艺卡片的制定

数控加工工艺卡片见表10-1-2。

表10-1-2　数控加工工艺卡片

单位名称		产品名称或代号		零件名称	零件图号
×××		数控车削技术训练实训件		综合件（一）	图10-1-1
工序号	程序编号	夹具名称	夹具编号	使用设备	切削液	车间
	O1001～O1005	自定心卡盘		CKA6140（FANUC 系统）	乳化液	数控车间

工步号	工步内容	切削用量			刀具		备注
		主轴转速/(r·min^{-1})	进给量/(mm·r^{-1})	背吃刀量/mm	刀具号	刀具名称	
1	车平左端面	800	0.1	1	T0101	外圆车刀	手动
2	钻中心孔	1 200	0.03			A3.15 中心钻	手动
3	钻ϕ24 mm 盲孔	500	0.05			ϕ24 mm 麻花钻	手动
4	粗加工左端外轮廓	800	0.2	2	T0101	外圆车刀	自动

续表

单位名称			产品名称或代号		零件名称	零件图号	
×××			数控车削技术训练实训件		综合件（一）	图 10-1-1	
工序号	程序编号		夹具名称	夹具编号	使用设备	切削液	车间
	O1001~O1005		自定心卡盘		CKA6140（FANUC 系统）	乳化液	数控车间
工步号	工步内容	切削用量			刀具		备注
		主轴转速/(r·min^{-1})	进给量/(mm·r^{-1})	背吃刀量/mm	刀具号	刀具名称	
5	精加工左端外轮廓	1 200	0.1	0.5	T0101	外圆车刀	自动
6	粗加工左端内孔轮廓	600	0.15	1	T0202	内孔车刀	自动
7	精加工左端内孔轮廓	1 000	0.1	0.5	T0202	内孔车刀	自动
8	掉头找正装夹，车平右端面，控制总长	800	0.1	1	T0101	外圆车刀	手动
9	粗加工右端外轮廓	800	0.2	2	T0101	外圆车刀	自动
10	精加工右端外轮廓	1 200	0.1	0.5	T0101	外圆车刀	自动
11	车退刀槽	600	0.05	3	T0303	外沟槽车刀	自动
12	车外螺纹	600	1.5	第 1 次 0.4 mm；第 2 次 0.3 mm；第 3 次 0.2 mm；第 4 次 0.075 mm；第 5 次 0 mm	T0404	外螺纹车刀	自动
编制		审核		批准	年 月 日	共 1 页	第 1 页

三、编制加工程序

1. 编写左端外轮廓加工程序

以工件加工后的端面中心位置作为编程原点，建立工件坐标系，其左端外轮廓加工程序单如表 10-1-3 所示。

表 10-1-3 左端外轮廓加工程序单

程序段号	加工程序	程序说明
	O1001；	程序名（左端外轮廓加工程序）
N10	G21 G97 G99；	公制尺寸编程，主轴转速单位 r/min，进给量单位 mm/r

续表

程序段号	加工程序	程序说明
N20	T0101;	调用外圆车刀
N30	M03 S800;	主轴正转,转速为 800 r/min
N40	G00 X61 Z2;	车刀快速定位到靠近加工的部位（X61,Z2）
N50	G71 U2 R1;	应用 G71 循环粗加工,每次背吃刀量 2 mm,每次退刀量 1 mm
N60	G71 P70 Q140 U1 W0.05 F0.2;	精加工轨迹的第一个程序段号为 N70,最后一个程序段号为 N140;精加工余量 X 方向 1 mm, Z 方向 0.05 mm;粗车进给量 0.2 mm/r
N70	G0 X48;	描述精加工轨迹的第一个程序段
N80	G1 Z0 F0.1;	靠近轮廓起点,设置精车进给量为 0.1 mm/r
N90	G1 X50 Z−1;	车 C1 倒角
N100	G1 Z−33;	车 ϕ50 mm 外圆
N110	G1 X56;	车 ϕ50 mm 右侧台阶
N120	G1 X58 Z−34;	车 C1 倒角
N130	G1 Z−43;	车 ϕ58 mm 外圆
N140	G1 X62;	描述精加工轨迹的最后一个程序段
N150	G0 X100 Z200;	快速退刀到（X100,Z200）的安全位置
N160	M5;	主轴停转
N170	M0;	程序暂停
N180	M3 S1200;	主轴正转,转速为 1 200 r/min
N190	T0101;	调用外圆车刀
N200	G0 X61 Z2;	车刀快速定位到靠近加工的部位（X61,Z2）
N210	G70 P70 Q140;	精加工左端外轮廓
N220	G0 X100 Z200;	快速退刀到（X100,Z200）的安全位置
N230	M30;	程序结束

2. 编写左端内轮廓加工程序

以工件加工后的端面中心位置作为编程原点,建立工件坐标系,其左端内轮廓加工程序单如表 10-1-4 所示。

表 10-1-4 左端内轮廓加工程序单

程序段号	加工程序	程序说明
	O1002;	程序名（左端内轮廓加工程序）
N10	G21 G97 G99;	公制尺寸编程,主轴转速单位 r/min,进给量单位 mm/r
N20	T0202;	调用内孔车刀

续表

程序段号	加工程序	程序说明
N30	M03 S600;	主轴正转，转速为 600 r/min
N40	G00 X23.5 Z2;	车刀快速定位到靠近加工的部位（X23.5，Z2）
N50	G71 U1 R0.5;	应用 G71 循环粗加工，每次背吃刀量 1 mm，每次退刀 0.5 mm
N60	G71 P70 Q140 U-1 W0.05 F0.15;	精加工轨迹的第一个程序段号为 N70，最后一个程序段号为 N140；精加工余量 X 负方向 1 mm，Z 方向 0.05 mm；粗车进给量为 0.15 mm/r
N70	G0 X40;	描述精加工轨迹的第一个程序段
N80	G1 Z0 F0.1;	靠近轮廓起点，设置精车进给量为 0.1 mm/r
N90	G1 X38 Z-1;	车 C1 倒角
N100	G1 Z-10;	车 ϕ38 mm 内孔
N110	G1 X28;	车 ϕ38 mm 内孔右侧台阶
N120	G1 X26 Z-11;	车 C1 倒角
N130	G1 Z-38;	车 ϕ26 mm 内孔
N140	G1 X23.5;	描述精加工轨迹的最后一个程序段
N150	G0 X100 Z200;	快速退刀到（X100，Z200）的安全位置
N160	M5;	主轴停转
N170	M0;	程序暂停
N180	M3 S1000;	主轴正转，转速为 1 000 r/min
N190	T0202;	调用内孔车刀
N200	G0 X23.5 Z2;	车刀快速定位到靠近加工的部位（X23.5，Z2）
N210	G70 P70 Q140;	精加工左端内轮廓
N220	G0 X100 Z200;	快速退刀到（X100，Z200）的安全位置
N230	M30;	程序结束

3. 编写右端外轮廓加工程序

掉头装夹，车平右端面控制总长，以工件加工后的右端面中心位置作为编程原点，建立工件坐标系，其右端外轮廓加工程序单如表 10-1-5 所示。

表 10-1-5 右端外轮廓加工程序单

程序段号	加工程序	程序说明
	O1003;	程序名（右端外轮廓加工程序）
N10	G21 G97 G99;	公制尺寸编程，主轴转速单位 r/min，进给量单位 mm/r
N20	T0101;	调用外圆车刀

续表

程序段号	加工程序	程序说明
N30	M03 S800;	主轴正转，转速为 800 r/min
N40	G42 G00 X61 Z2;	建立刀具刀尖圆弧半径右补偿，车刀快速定位到靠近加工的部位（X61，Z2）
N50	G71 U2 R1;	应用 G71 循环粗加工，每次背吃刀量 2 mm，每次退刀量 1 mm
N60	G71 P70 Q200 U1 W0.05 F0.2;	精加工轨迹的第一个程序段号为 N70，最后一个程序段号为 N200；精加工余量 X 方向 1 mm，Z 方向 0.05 mm；粗车进给量 0.2 mm/r
N70	G0 X12;	描述精加工轨迹的第一个程序段
N80	G1 Z0 F0.1;	靠近轮廓起点，设置精车进给量为 0.1 mm/r
N90	G3 X24 Z−6 R6;	车 R6 mm 圆弧
N100	G1 Z−11;	车 ϕ24 mm 外圆
N110	G1 X25.8;	车 ϕ24 mm 外圆左侧台阶
N120	G1 X29.8 Z−13;	车 C2 倒角
N130	G1 Z−33;	车外螺纹大径
N140	G1 X38;	车 ϕ40 mm 外圆右侧台阶
N150	G1 X40 Z−34;	车 C1 倒角
N160	G1 Z−39;	车 ϕ40 mm 外圆
N170	G1 X50 Z−54;	车锥面
N180	G1 X56;	车 ϕ58 mm 外圆右侧台阶
N190	G1 X60 Z−56;	车 C1 倒角
N200	G1 X61;	描述精加工轨迹的最后一个程序段
N210	G40 G0 X100 Z200;	取消刀具刀尖圆弧半径右补偿，车刀快速退刀到（X100，Z200）的安全位置
N220	M5;	主轴停转
N230	M0;	程序暂停
N240	M3 S1200;	主轴正转，转速为 1 200 r/min
N250	T0101;	调用外圆车刀
N260	G42 G00 X61 Z2;	建立刀具刀尖圆弧半径右补偿，车刀快速定位到靠近加工的部位（X61，Z2）
N270	G70 P70 Q200;	精加工右端外轮廓
N280	G40 G0 X100 Z200;	取消刀具刀尖圆弧半径右补偿，车刀快速退刀到（X100，Z200）的安全位置
N290	M30;	程序结束

4. 编写外沟槽加工程序

以工件加工后的右端面中心位置作为编程原点，建立工件坐标系，其外沟槽加工程序单如表 10-1-6 所示。

表 10-1-6　外沟槽加工程序单

程序段号	加工程序	程序说明
	O1004；	程序名（外沟槽加工程序）
N10	G21 G97 G99；	公制尺寸编程，主轴转速单位 r/min，进给量单位 mm/r
N20	T0303；	调用外沟槽车刀（刀宽 3 mm）
N30	M03 S600；	主轴正转，转速为 600 r/min
N40	G00 X42 Z5；	车刀快速定位到靠近工件的部位（X42，Z5）
N50	G0 Z-32.9；	车刀快速运动至 Z-32.9
N60	G1 X26.1 F0.05；	切槽加工至 X26.1
N70	G0 X32；	车刀快速运动至 X32
N80	G0 Z-32；	车刀快速运动至 Z-32
N90	G1 X26；	切槽加工 X26
N100	G4 X0.2；	刀具暂停 0.2 s
N110	G1 Z-33；	精车槽底
N120	G4 X0.2；	刀具暂停 0.2 s
N130	G1 X42；	精车沟槽左侧面到 X42
N140	G0 X100 Z200；	车刀快速退刀到（X100，Z200）的安全位置
N150	M30；	程序结束

5. 编写外螺纹加工程序

以工件加工后的右端面中心位置作为编程原点，建立工件坐标系，其外螺纹加工程序单如表 10-1-7 所示。

表 10-1-7　外螺纹加工程序单

程序段号	加工程序	程序说明
	O1005；	程序名（外螺纹加工程序）
N10	G21 G97 G99；	公制尺寸编程，主轴转速单位 r/min，进给量单位 mm/r
N20	T0404；	调用外螺纹车刀（60°）
N30	M03 S600；	主轴正转，转速为 600 r/min
N40	G00 X32 Z5；	车刀快速定位到螺纹加工循环起点（X32，Z5）

续表

程序段号	加工程序	程序说明
N50	G92 X29.2 Z-31 F1.5;	螺纹车削循环第1刀，X方向切削量0.8 mm，螺距1.5 mm
N60	X28.6;	螺纹车削循环第2刀，X方向切削量0.6 mm
N70	X28.2;	螺纹车削循环第3刀，X方向切削量0.4 mm
N80	X28.05;	螺纹车削循环第4刀，X方向切削量0.15 mm
N90	X28.05;	光刀，X方向切削量0 mm
N100	G0 X100 Z200;	车刀快速退刀到（X100，Z200）的安全位置
N110	M30;	程序结束

四、程序校验及加工

（1）根据数控加工刀具卡片要求正确安装数控车刀，并在数控车床上进行对刀操作。

（2）根据已验证的加工程序单将程序输入数控系统，输入完成后要再次检查输入程序是否正确，检查程序要做到严谨、仔细、认真，以免发生错误。

（3）在数控系统中利用图形模拟校验功能，查看所输入程序的走刀轨迹是否正确。

（4）将数控系统置于自动加工运行模式。

（5）调出要加工的程序并将光标移动至程序的开头。

（6）按下"循环启动"按钮，执行自动加工程序。

（7）加工过程中，始终观察刀尖运动轨迹和系统屏幕上的坐标变化情况，右手放在"急停"按钮上，一旦发生异常，立即按下"急停"按钮。

（8）加工完成后，在数控车床上利用相关量具检测工件。

注意

（1）加工工件时，刀具和工件必须夹紧，否则可能会发生事故。

（2）注意工件伸出卡爪的长度，以避免刀具与卡盘发生碰撞事故。

（3）程序自动运行前必须将光标调整到程序的开头。

五、完成加工并检测

零件加工完成后，对照表10-1-8的相关要求，将检测结果填入表中。

表10-1-8 数控车工考核评分表

序号	考核项目	考核内容及要求	配分	评分标准	检测结果	得分
1	程序编制	指令正确，程序完整	20	每错一个指令酌情扣2～4分，扣完为止		
2	数控车床规范操作	（1）机床准备； （2）正确对刀，建立工件坐标系； （3）正确设置参数	10	每违反一条酌情扣2～4分，扣完为止		

续表

序号	考核项目	考核内容及要求		配分	评分标准	检测结果	得分
3	外圆	$\phi 58_{-0.046}^{0}$ mm	IT	3	超差不得分		
			Ra	1	降级不得分		
		$\phi 50_{-0.062}^{0}$ mm	IT	3	超差不得分		
			Ra	1	降级不得分		
		$\phi 40_{-0.1}^{0}$ mm	IT	3	超差不得分		
			Ra	1	降级不得分		
		$\phi 24_{-0.052}^{0}$ mm	IT	3	超差不得分		
			Ra	1	降级不得分		
4	锥面	$\phi 50$ mm	IT	2	超差不得分		
		15 mm	IT	1	超差不得分		
			Ra	1	降级不得分		
5	圆弧	R6 mm	IT	2	超差不得分		
			Ra	1	降级不得分		
6	长度	33 mm±0.031 mm	IT	2	超差不得分		
		8 mm	IT	1	超差不得分		
		33 mm±0.031 mm	IT	2	超差不得分		
		11 mm	IT	1	超差不得分		
		$95_{-0.043}^{0}$ mm	IT	2	超差不得分		
7	外沟槽	4 mm×2 mm	IT	2	超差不得分		
			Ra	1	降级不得分		
8	外螺纹	M30×1.5－6g	螺纹环规综合检测	6	超差不得分		
			Ra	2	降级不得分		
9	内孔	$\phi 38_{0}^{+0.039}$ mm	IT	3	超差不得分		
			Ra	1	降级不得分		
		$10_{0}^{+0.043}$ mm	IT	2	超差不得分		
		$\phi 26_{0}^{+0.033}$ mm	IT	3	超差不得分		
			Ra	1	降级不得分		
		38 mm	IT	1	超差不得分		
10	同轴度	◎ $\phi 0.03$ mm A		3.5	超差不得分		

续表

序号	考核项目	考核内容及要求		配分	评分标准	检测结果	得分
11	倒角	C2（1处）	IT	0.5	超差不得分		
		C1（6处）	IT	3	1处超差扣0.5分		
12	安全文明生产	（1）着装规范，刀具、工具、量具归类摆放整齐； （2）工件装夹、刀具安装规范； （3）正确使用量具； （4）工作场所卫生、设备保养到位		10	每违反一条酌情扣2~4分，扣完为止		

六、机床维护与保养

（1）清除切屑、擦拭机床，使机床与周围环境保持清洁状态。
（2）检查润滑油、切削液的状态，及时添加或更换。
（3）依次关掉机床操作面板上的电源和总电源。
（4）机床若有故障，应立即报修。
（5）填写设备使用记录。

任务评价

一、操作现场评价

填写现场记录表，见附录一。

二、任务学习自我评价

填写任务学习自我评价表，见附录二。

任务总结

本任务以加工一个综合件为载体，综合运用数控车加工编程指令对简单综合件进行编程，学生应掌握综合件数控加工工艺分析的方法和数控加工工艺处理的原则和步骤；能根据所加工的零件正确选择加工设备，确定装夹方案，选择刀具、量具，确定工艺路线，正确填写数控加工刀具卡片、数控加工工艺卡片；学会简单综合件数控车削加工及检测的方法。

任务二　加工综合件（二）

任务目标

知识目标

1. 了解机械零件数控加工尺寸精度的获得方法。
2. 了解机械加工中工件表面质量的影响因素。

3. 掌握提升加工质量的方法。
4. 掌握提高加工效率的技巧。
5. 掌握综合运用数控指令加工综合件的方法。

技能目标
1. 能综合分析零件图样，制定相应的加工工艺。
2. 能灵活运用各种指令编制一般综合件的数控车削加工程序。
3. 能正确填写数控加工刀具卡片、数控加工工艺卡片。
4. 能独立熟练操作数控车床加工零件。

📖 任务描述

工厂需加工一个综合件，零件如图 10-2-1 所示，要求在数控车床上加工。已知毛坯材料为 $\phi 45$ mm×95 mm 的 45 钢棒料，技术人员需根据加工任务，编制零件的加工工艺，选用合适的刀具，选择合理的切削参数，编写零件的加工程序，在数控车床（FANUC 0i Mate-TC 系统）上实际操作加工出来，并对加工后的零件进行检测、评价。

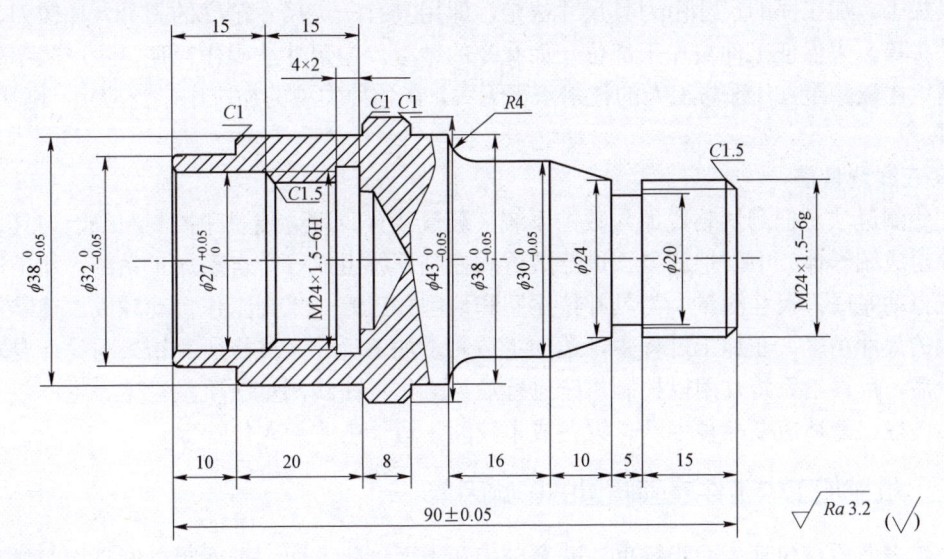

技术要求
未注倒角 C0.5。

图 10-2-1 综合件（二）

📖 知识准备

一、机械零件数控加工尺寸精度的获得方法

1. 试切法

先试切出很小部分加工表面，测量试切所得的尺寸，按照系统要求进行刀具补偿值的录入，然后通过程序调用刀具切削刃相对工件的位置，进行首件试切，再测量。如此经过两三次试切和测量，当被加工尺寸达到要求后，再进行批量加工。试切法通过"试切—测量—首

件加工—调整—再切削"这一过程完成零件的加工。试切法达到的精度比较高，不需要工艺工装的支持，但费时（需做多次调整、试切、测量和计算）、效率低、依赖于工人的技术水平和计量器具的精度、质量不稳定，所以只用于单件小批量生产。

2. 调整法

预先用样件或标准件调整好机床、夹具、刀具和工件基准的相对位置，用以保证工件的尺寸精度。因为尺寸事先调整到位，所以加工时不用再试切，尺寸可以自动获得，并在一批零件加工过程中保持不变，这就是调整法。调整法的实质是利用机床上的定程装置或对刀装置或预先调整好的刀架，使刀具相对于机床或夹具达到一定的位置精度，然后加工一批工件。这种方法需要通过对刀仪确定刀具相对于机床基准的位置，再确定夹具相对于刀具、机床基准的相对位置，然后将标准的毛坯（半成品）定位夹紧于夹具上进行加工。大批量生产中需要对刀具、夹具精度进行适当检测与调整。调整法比试切法的加工精度稳定性好，有较高的生产率，量具、量仪的要求高，常用于成批和大量生产。

3. 定尺寸法

用刀具的相应尺寸来保证工件被加工部位尺寸的方法称为定尺寸法。它是利用标准尺寸的刀具加工，加工面的尺寸由刀具尺寸决定，即用具有一定尺寸精度的刀具（如铰刀、扩孔钻和钻头等）来保证工件被加工部位（如孔）的精度。定尺寸法操作简便，生产效率较高，加工精度比较稳定，几乎与工人的技术水平无关，在各种类型的加工中广泛应用，例如钻孔、铰孔等。

4. 在线测量法

在线测量法是把测量装置加入数控系统（测量装置、进给装置和控制系统、刀具、夹具和工件组成统一体）中，把测量、进给装置和控制系统组成一个自动加工系统，加工过程依靠系统自动完成；尺寸测量、刀具补偿调整和切削加工等一系列工作自动完成，使零件达到所要求的尺寸精度。在加工过程中，边加工边测量加工尺寸，并将所测结果与设计要求的尺寸比较后，反馈给系统，用以控制机床进行后续操作。在线测量法质量稳定、生产效率高、加工柔性好、能适应多品种生产、设备成本较高，适于企业无人化管理。

二、机械加工中工件表面质量的影响因素

加工表面质量包括表面粗糙度、残余应力和表面硬化方面。表面粗糙度是构成加工表面几何特征的基本单元。用金属切削刀具加工工件表面时，影响表面质量的因素有很多。从工艺的角度考虑，影响工件表面质量的因素主要与切削刀具、工件材质、工艺系统刚性及切削参数等相关。

1. 与切削刀具有关的因素

从几何的角度考虑，刀具的形状与几何角度（特别是刀尖圆弧半径、主偏角、副偏角）和切削用量中的进给量等对表面质量有较大影响。从切削过程的物理实质考虑，刀具的刃口圆角及后面的挤压与摩擦使金属材料发生塑性变形，严重恶化了表面质量。切削加工时的振动，使工件表面粗糙度参数值增大。工件在刀具挤压与摩擦作用下不可避免地产生残余应力和表面硬化。

2. 与工件材质有关的因素

在加工塑性材料而形成带状切屑时，在前刀面上容易形成硬度很高的积屑瘤。它可以代

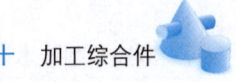

替前刀面和切削刃进行切削，使刀具的几何角度、背吃刀量发生变化。积屑瘤的轮廓很不规则，因而使工件表面上出现深浅和宽窄都不断变化的刀痕。有些积屑瘤嵌入工件表面，更增大了表面粗糙度。

3. 与加工机床和刀具等工艺系统刚性有关的因素

切削加工时的振动使工件表面粗糙度增大。

4. 与切削参数有关的因素

切削参数的改变直接影响了切削力、切削温度、刀具工作角度和加工中的振动频率，进而影响了工件表面质量。

这些影响因素是互相作用的，通过调节，综合考虑，可以适当规避加工缺陷的产生。

三、提升加工质量的方法

1. 制定科学合理的零件加工工艺规程

具体来说，应当尽可能保证工艺流程短、定位精确，且所选择的定位基准要与设计基准尽量重合，如不重合，需要选择质量高的面作为基准，必要时添补工艺凸台或工艺孔，以此来保证加工质量。

2. 合理选择切削参数

保证切削参数设置的合理性能够抑制积屑瘤的形成，降低残留面积的高度，有利于提升质量。切削参数主要包括刀具角度、背吃刀量、进给速度及切削速度等。例如，对于塑性材料的加工来说，应选择较大前角的刀具，以此来减小切削力和切削变形，从而抑制积屑瘤的形成。

3. 合理选择切削液

合理的切削液能够优化和改善工件与刀具之间的摩擦系数，从而降低切削力，降低切削温度，减轻刀具对工件的磨损，这对于提升工件质量有着重要的作用。

4. 合理选择零件表面最终加工方法和加工工序

最终加工工序在零件表面上会留下残余应力，残余应力过大会影响零件的使用性能，因此，在选择加工方法和工序的过程中，应对零件表面工作条件和可能出现的破坏形式进行全面考虑。

四、提高加工效率的技巧

（1）加工过程中有些步骤可以省略。如加工零件左端外圆后，掉头加工右端时，由于使用同一把外圆车刀车削，所以该刀的 X 向可以不对刀，而且该刀具在加工左侧时已经补偿过误差了，能保证加工精度。

（2）为了便于程序调试，各个加工程序尽量分开编程。这样程序短小精悍，不容易出错，出了错也容易查找、修改。

（3）编完一个程序后，马上进行程序图形模拟，而且在模拟时可以打开"程序控制"中的"空运行"及"程序测试"开关，以加快模拟速度，保证模拟安全。用此种方法模拟后，加工形状基本无问题，只要再复核程序中的进给量即可。

（4）利用程序的后台编辑功能，在机床加工前一工序时，可以同时编辑后一工序的程序，以节省时间。

（5）对于有些把握不太大的加工，可以边观察，边调整倍率。

（6）在编程中注意一些小细节，也可以节省时间。比如在粗加工内孔后，退刀要适当远一点，以便于用内径量表测量，如果刀架停的过近，则要在手动状态下调整刀架位置，多做一些不必要的动作。

📖 任务实施

一、零件图分析（见图 10-2-1）

如图 10-2-1 所示零件属于较复杂的综合件。零件主要由外圆柱、外圆弧、外圆锥、外沟槽、外螺纹、内孔、内沟槽、内螺纹等元素组成。相对于项目九任务一，在内轮廓加工中增加了内沟槽、内螺纹的加工，难度适当增加。零件材料为45钢，毛坯尺寸为 $\phi 45$ mm×95 mm 的棒料，无热处理和硬度要求，适合在数控车床上加工。

二、工艺分析

1. 加工步骤的确定

（1）手动车平左端面。
（2）手动钻中心孔。
（3）手动钻 $\phi 21$ mm 孔，孔深 32 mm。
（4）粗加工左端外轮廓至 $\phi 43$ mm×40 mm 处。
（5）精加工左端外轮廓至 $\phi 43$ mm×40 mm 处。
（6）粗加工左端内轮廓。
（7）精加工左端内轮廓至尺寸要求。
（8）切 4 mm×2 mm 内沟槽至尺寸要求。
（9）加工内螺纹至尺寸要求。
（10）掉头找正装夹（夹 $\phi 38$ mm 外圆），手动车平右端面控制总长至尺寸要求。
（11）粗加工右端外轮廓。
（12）精加工右端外轮廓至尺寸要求。
（13）切外螺纹退刀槽（ $\phi 20$ mm×5 mm）至尺寸要求。
（14）加工外螺纹至尺寸要求。
（15）检测。

2. 数控加工刀具卡片的制定

数控加工刀具卡片见表 10-2-1。

表 10-2-1　数控加工刀具卡片

产品名称或代号		数控车削技术训练实训件		零件名称	综合件（二）		零件图号	图 10-2-1
序号	刀具号	刀具名称及规格	数量	加工表面		刀尖半径 R/mm	刀尖方位 T	备注
1		A3.15 中心钻	1	左端面上点钻				
2		$\phi 21$ mm 麻花钻	1	钻 $\phi 21$ mm 盲孔				

续表

产品名称或代号	数控车削技术训练实训件	零件名称	综合件（二）		零件图号	图10-2-1
序号	刀具号	刀具名称及规格	数量	加工表面	刀尖半径 R/mm	刀尖方位 T	备注
3	T0101	外圆车刀	1	粗、精车左端和右端外轮廓	0.4	3	加工完左端外轮廓后，先卸下该刀，待掉头加工时，再安装该刀
4	T0202	内孔车刀	1	粗、精车左端内轮廓	0.4	2	加工完左端外轮廓后，卸下外圆车刀，再安装内孔车刀、内沟槽车刀、内螺纹车刀。加工完内腔后，卸下这3把刀具
5	T0303	内沟槽车刀（刀宽2 mm）	1	加工内退刀槽			
6	T0404	内螺纹车刀	1	加工内螺纹			
7	T0303	外沟槽车刀（刀宽3 mm）	1	加工外退刀槽			待卸下加工内腔的3把刀具后，再安装外圆车刀、外沟槽车刀和外螺纹车刀
8	T0404	外螺纹车刀（60°）	1	加工外螺纹			
编制		审核		批准		共1页	第1页

3. 数控加工工艺卡片的制定

数控加工工艺卡片见表10-2-2。

表10-2-2 数控加工工艺卡片

单位名称		产品名称或代号		零件名称		零件图号	
×××		数控车削技术训练实训件		综合件（二）		图10-2-1	
工序号	程序编号	夹具名称	夹具编号	使用设备		切削液	车间
	O1021～O1027	自定心卡盘		CKA6140（FANUC系统）		乳化液	数控车间
工步号	工步内容	切削用量			刀具		备注
		主轴转速/ (r·min^{-1})	进给量/ (mm·r^{-1})	背吃刀量/ mm	刀具号	刀具名称	
1	车平左端面	800	0.1	1	T0101	外圆车刀	手动
2	钻中心孔	1 200	0.03			A3.15 中心钻	手动
3	钻ϕ21 mm盲孔	500	0.05			ϕ21 mm 麻花钻	手动

续表

单位名称			产品名称或代号		零件名称	零件图号
×××			数控车削技术训练实训件		综合件（二）	图10-2-1
工序号	程序编号		夹具名称	夹具编号	使用设备	切削液	车间
	O1021~O1027		自定心卡盘		CKA6140（FANUC 系统）	乳化液	数控车间
工步号	工步内容	切削用量			刀具		备注
		主轴转速/(r·min^{-1})	进给量/(mm·r^{-1})	背吃刀量/mm	刀具号	刀具名称	
4	粗加工左端外轮廓	800	0.2	2	T0101	外圆车刀	自动
5	精加工左端外轮廓	1 200	0.1	0.5	T0101	外圆车刀	自动
6	粗加工左端内孔轮廓	600	0.15	1	T0202	内孔车刀	自动
7	精加工左端内孔轮廓	1 000	0.1	0.5	T0202	内孔车刀	自动
8	加工内沟槽	600	0.05	2	T0303	内沟槽车刀	自动
9	加工内螺纹	600	1.5	第1次 0.4 mm；第2次 0.3 mm；第3次 0.2 mm；第4次 0.075 mm；第5次 0 mm	T0404	内螺纹车刀	自动
10	掉头找正装夹，车平右端面，控制总长	800	0.1	1	T0101	外圆车刀	手动
11	粗加工右端外轮廓	800	0.2	2	T0101	外圆车刀	自动
12	精加工右端外轮廓	1 200	0.1	0.5	T0101	外圆车刀	自动
13	车退刀槽	600	0.05	3	T0303	外沟槽车刀	自动
14	车外螺纹	600	1.5	第1次 0.4 mm；第2次 0.3 mm；第3次 0.2 mm；第4次 0.075 mm；第5次 0 mm	T0404	外螺纹车刀	自动
编制		审核		批准		年 月 日	共1页	第1页

三、编制加工程序

1. 编写左端外轮廓加工程序

以工件加工后的端面中心位置作为编程原点，建立工件坐标系，其左端外轮廓加工程序单如表 10-2-3 所示。

表 10-2-3 左端外轮廓加工程序单

程序段号	加工程序	程序说明
	O1021;	程序名（左端外轮廓加工程序）
N10	G21 G97 G99;	公制尺寸编程，主轴转速单位 r/min，进给量单位 mm/r
N20	T0101;	调用外圆车刀
N30	M03 S800;	主轴正转，转速为 800 r/min
N40	G00 X46 Z2;	车刀快速定位到靠近加工的部位（X46，Z2）
N50	G71 U2 R1;	应用 G71 循环粗加工，每次背吃刀量 2 mm，每次退刀量 1 mm
N60	G71 P70 Q170 U1 W0.05 F0.2;	精加工轨迹的第一个程序段号为 N70，最后一个程序段号为 N170；精加工余量 X 方向 1 mm，Z 方向 0.05 mm；粗车进给量 0.2 mm/r
N70	G0 X31;	描述精加工轨迹的第一个程序段
N80	G1 Z0 F0.1;	靠近轮廓起点，设置精车进给量为 0.1 mm/r
N90	G1 X32 Z-0.5;	车 C0.5 倒角
N100	G1 Z-10;	车 ϕ32 mm 外圆
N110	G1 X36;	车 ϕ32 mm 右侧台阶
N120	G1 X38 Z-11;	车 C1 倒角
N130	G1 Z-30;	车 ϕ38 mm 外圆
N140	G1 X41;	车 ϕ38 mm 右侧台阶
N150	G1 X43 Z-31;	车 C1 倒角
N160	G1 Z-40;	车 ϕ43 mm 外圆
N170	G1 X46;	描述精加工轨迹的最后一个程序段
N180	G0 X100 Z200;	快速退刀到（X100，Z200）的安全位置
N190	M5;	主轴停转
N200	M0;	程序暂停
N210	M3 S1200;	主轴正转，转速为 1 200 r/min
N220	T0101;	调用外圆车刀
N230	G0 X46 Z2;	车刀快速定位到靠近加工的部位（X46，Z2）
N240	G70 P70 Q170;	精加工左端外轮廓
N250	G0 X100 Z200;	快速退刀到（X100，Z200）的安全位置
N260	M30;	程序结束

2. 编写左端内轮廓加工程序

以工件加工后的端面中心位置作为编程原点，建立工件坐标系，其左端内轮廓加工程序单如表 10-2-4 所示。

表 10-2-4 左端内轮廓加工程序单

程序段号	加工程序	程序说明
	O1022；	程序名（左端内轮廓加工程序）
N10	G21 G97 G99；	公制尺寸编程，主轴转速单位 r/min，进给量单位 mm/r
N20	T0202；	调用内孔车刀
N30	M03 S600；	主轴正转，转速为 600 r/min
N40	G00 X20.5 Z2；	车刀快速定位到靠近加工的部位（X20.5，Z2）
N50	G71 U1 R0.5；	应用 G71 循环粗加工，每次背吃刀量 1 mm，每次退刀 0.5 mm
N60	G71 P70 Q140 U-1 W0.05 F0.15；	精加工轨迹的第一个程序段号为 N70，最后一个程序段号为 N140；精加工余量 X 负方向 1 mm，Z 方向 0.05 mm；粗车进给量为 0.15 mm/r
N70	G0 X28；	描述精加工轨迹的第一个程序段
N80	G1 Z0 F0.1；	靠近轮廓起点，设置精车进给量为 0.1 mm/r
N90	G1 X27 Z-0.5；	车 C0.5 倒角
N100	G1 Z-15；	车 ϕ27 mm 内孔
N110	G1 X25.5；	车 ϕ27 mm 内孔右侧台阶
N120	G1 X22.5 Z-16.5；	车 C1.5 倒角
N130	G1 Z-30；	车内螺纹小径
N140	G1 X20.5；	描述精加工轨迹的最后一个程序段
N150	G0 X100 Z200；	快速退刀到（X100，Z200）的安全位置
N160	M5；	主轴停转
N170	M0；	程序暂停
N180	M3 S1000；	主轴正转，转速为 1 000 r/min
N190	T0202；	调用内孔车刀
N200	G0 X20.5 Z2；	车刀快速定位到靠近加工的部位（X20.5，Z2）
N230	G70 P70 Q140；	精加工左端内轮廓
N240	G0 X100 Z200；	快速退刀到（X100，Z200）的安全位置
N250	M30；	程序结束

3. 编写左端内沟槽加工程序

以工件加工后的端面中心位置作为编程原点，建立工件坐标系，其左端内沟槽加工程序单如表 10-2-5 所示。

表 10-2-5　左端内沟槽加工程序单

程序段号	加工程序	程序说明
	O1023；	程序名（左端内沟槽加工程序）
N10	G21 G97 G99；	公制尺寸编程，主轴转速单位 r/min，进给量单位 mm/r
N20	T0303；	调用内沟槽车刀（刀宽 4 mm）
N30	M03 S600；	主轴正转，转速为 600 r/min
N40	G00 X20 Z5；	车刀快速定位到靠近加工的部位（X20，Z5）
N50	G0 Z-30；	车刀快速运动至 Z-30
N60	G1 X26.5 F0.05	切槽加工至 X26.5
N70	G4 X0.2；	刀具暂停 0.2 s
N80	G0 X20；	切槽退刀，快速运动至 X20
N90	G0 Z200；	车刀快速移动，Z 向运动至 Z200
N100	X100；	车刀快速移动，X 向运动至 X100
N110	M30；	程序结束

4. 编写左端内螺纹加工程序

以工件加工后的端面中心位置作为编程原点，建立工件坐标系，其左端内螺纹加工程序单如表 10-2-6 所示。

表 10-2-6　左端内螺纹加工程序单

程序段号	加工程序	程序说明
	O1023	程序名（左端内沟槽加工程序）
N10	G21 G97 G99；	公制尺寸编程，主轴转速单位 r/min，进给量单位 mm/r
N20	T0303；	调用内沟槽刀（刀宽 2 mm）
N30	M03 S600；	主轴正转，转速为 600 r/min
N40	G00 X21 Z5；	车刀快速定位到靠近加工的部位（X21，Z5）
N50	G0 Z-29.9；	车刀快速运动至 Z-29.9
N60	G1 X26.4 F0.05；	车槽加工至 X26.4
N70	G0 X21；	车槽退刀，快速运动至 X21
N80	G0 Z-28；	车刀快速运动至 Z-28
N90	G1 X26.5 F0.05；	车槽加工至 X26.5
N100	G4 X0.2；	刀具暂停 0.2 s
N110	G1 Z-30 F0.05；	槽底精加工

续表

程序段号	加工程序	程序说明
N120	G4 X0.2；	刀具暂停 0.2 s
N130	G1 X21 F0.05；	槽侧面精加工
N140	G0 Z200；	车刀快速移动，Z 向运动至 Z200
N150	X100；	车刀快速移动，X 向运动至 X100
N160	M30；	程序结束

5. 编写右端外轮廓加工程序

掉头装夹，手动车平右端面控制总长，以工件加工后的右端面中心位置作为编程原点，建立工件坐标系，其右端外轮廓加工程序单如表 10-2-7 所示。因为外螺纹大径加工成 ϕ23.85 mm，圆锥部分小头直径为 ϕ24 mm，两者相差 0.15 mm，程序中考虑了执行刀尖圆弧半径补偿时，车刀最短移动距离不得小于刀尖圆弧半径（本刀尖圆弧半径为 R0.4 mm），所以走刀轨迹做了一定的技术处理。

表 10-2-7 右端外轮廓加工程序单

程序段号	加工程序	程序说明
	O1025；	程序名（右端外轮廓加工程序）
N10	G21 G97 G99；	公制尺寸编程，主轴转速单位 r/min，进给量单位 mm/r
N20	T0101；	调用外圆车刀
N30	M03 S800；	主轴正转，转速为 800 r/min
N40	G42 G00 X46 Z2；	建立刀具刀尖圆弧半径右补偿，车刀快速定位到靠近加工的部位（X46，Z2）
N50	G71 U2 R1；	应用 G71 循环粗加工，每次背吃刀量 2 mm，每次退刀量 1 mm
N60	G71 P70 Q180 U1 W0.05 F0.2；	精加工轨迹的第一个程序段号为 N70，最后一个程序段号为 N180；精加工余量 X 方向 1 mm，Z 方向 0.05 mm；粗车进给量 0.2 mm/r
N70	G0 X20.85；	描述精加工轨迹的第一个程序段
N80	G1 Z0 F0.1；	靠近轮廓起点，设置精车进给量为 0.1 mm/r
N90	G1 X23.85 Z-1.5；	车 C1.5 倒角
N100	G1 Z-16；	车外螺纹大径
N110	G1 X24 Z-20；	直线插补到圆锥小头直径处
N120	G1 X30 Z-30；	车锥面
N130	G1 Z-42；	车 ϕ30 mm 外圆
N140	G2 X38 Z-46 R4；	车 R4 mm 圆弧

续表

程序段号	加工程序	程序说明
N150	G1 Z-52;	车 ϕ38 mm 外圆
N160	G1 X41;	车 ϕ43 mm 外圆右侧台阶
N170	G1 X45 Z-54;	车 C1 倒角
N180	G1 X46;	描述精加工轨迹的最后一个程序段
N190	G40 G0 X100 Z200;	取消刀具刀尖圆弧半径右补偿,车刀快速退刀到(X100,Z200)的安全位置
N200	M5;	主轴停转
N210	M0;	程序暂停
N220	M3 S1200;	主轴正转,转速为 1 200 r/min
N230	T0101;	调用外圆车刀
N240	G42 G0 X46 Z2;	建立刀具刀尖圆弧半径右补偿,车刀快速定位到靠近加工的部位(X46,Z2)
N250	G70 P70 Q180;	精加工右端外轮廓
N260	G40 G0 X100 Z200;	取消刀具刀尖圆弧半径右补偿,车刀快速退刀到(X100,Z200)的安全位置
N270	M30;	程序结束

6. 编写外沟槽加工程序

以工件加工后的右端面中心位置作为编程原点,建立工件坐标系,其外沟槽加工程序单如表 10-2-8 所示。

表 10-2-8 外沟槽加工程序单

程序段号	加工程序	程序说明
	O1026;	程序名(外沟槽加工程序)
N10	G21 G97 G99;	公制尺寸编程,主轴转速单位 r/min,进给量单位 mm/r
N20	T0303;	调用外沟槽刀(刀宽 3 mm)
N30	M03 S600;	主轴正转,转速为 600 r/min
N40	G00 X26 Z5;	车刀快速定位到靠近加工的部位(X26,Z5)
N50	G0 Z-19.9;	车刀快速运动至 Z-19.9
N60	G1 X20.1 F0.05;	切槽加工至 X20.1
N70	G0 X26;	车刀快速运动至 X26
N80	G0 Z-18;	车刀快速运动至 Z-18
N90	G1 X20;	切槽加工 X20

续表

程序段号	加工程序	程序说明
N100	G4 X0.2;	刀具暂停 0.2 s
N110	G1 Z-20;	精车槽底
N120	G4 X0.2;	刀具暂停 0.2 s
N130	G1 X26;	车沟槽左侧面到 X26
N140	G0 X100 Z200;	车刀快速退刀到（X100，Z200）的安全位置
N150	M30;	程序结束

7. 编写外螺纹加工程序

以工件加工后的右端面中心位置作为编程原点，建立工件坐标系，其外螺纹加工程序单如表 10-2-9 所示。

表 10-2-9　外螺纹加工程序单

程序段号	加工程序	程序说明
	O1027;	程序名（外螺纹加工程序）
N10	G21 G97 G99;	公制尺寸编程，主轴转速单位 r/min，进给量单位 mm/r
N20	T0404;	调用外螺纹刀（60°）
N30	M03 S600;	主轴正转，转速为 600 r/min
N40	G00 X26 Z5;	车刀快速定位到螺纹加工循环起点（X26，Z5）
N50	G92 X23.2 Z-17.5 F1.5;	螺纹车削循环第 1 刀，X 方向切削量 0.8 mm，螺距 1.5 mm
N60	X22.6;	螺纹车削循环第 2 刀，X 方向切削量 0.6 mm
N70	X22.2;	螺纹车削循环第 3 刀，X 方向切削量 0.4 mm
N80	X22.05;	螺纹车削循环第 4 刀，X 方向切削量 0.15 mm
N90	X22.05;	光刀，X 方向切削量 0 mm
N100	G0 X100 Z200;	车刀快速退刀到（X100，Z200）的安全位置
N110	M30;	程序结束

四、程序校验及加工

（1）根据数控加工刀具卡片要求正确安装数控车刀，并在数控车床上进行对刀操作。

（2）根据已验证的加工程序单将程序输入数控系统，输入完成后要再次检查输入程序是否正确，检查程序要做到严谨、仔细、认真，以免发生错误。

（3）在数控系统中利用图形模拟校验功能，查看所输入程序的走刀轨迹是否正确。

（4）将数控系统置于自动加工运行模式。

（5）调出要加工的程序并将光标移动至程序的开头。

（6）按下"循环启动"按钮，执行自动加工程序。

（7）加工过程中，始终观察刀尖运动轨迹和系统屏幕上的坐标变化情况，右手放在"急停"按钮上，一旦发生异常，立即按下"急停"按钮。

（8）加工完成后，在数控车床上利用相关量具检测工件。

注意

（1）加工工件时，刀具和工件必须夹紧，否则可能会发生事故。

（2）注意工件伸出卡爪的长度，以避免刀具与卡盘发生碰撞事故。

（3）程序自动运行前必须将光标调整到程序的开头。

五、完成加工并检测

零件加工完成后，对照表10-2-10的相关要求，将检测结果填入表中。

表10-2-10 数控车工考核评分表

序号	考核项目	考核内容及要求		配分	评分标准	检测结果	得分
1	程序编制	指令正确，程序完整		20	每错一个指令酌情扣2~4分，扣完为止		
2	数控车床规范操作	（1）机床准备； （2）正确对刀，建立工件坐标系； （3）正确设置参数		10	每违反一条酌情扣2~4分，扣完为止		
3	外圆	$\phi 32_{-0.05}^{0}$ mm	IT	3	超差不得分		
			Ra	1	降级不得分		
		$\phi 38_{-0.05}^{0}$ mm	IT	3	超差不得分		
			Ra	1	降级不得分		
		$\phi 43_{-0.05}^{0}$ mm	IT	3	超差不得分		
			Ra	1	降级不得分		
		$\phi 38_{-0.05}^{0}$ mm	IT	3	超差不得分		
			Ra	1	降级不得分		
		$\phi 30_{-0.05}^{0}$ mm	IT	3	超差不得分		
			Ra	1	降级不得分		
4	锥面	$\phi 24$ mm	IT	2	超差不得分		
		10 mm	IT	1	超差不得分		
			Ra	1	降级不得分		
5	圆弧	R4	IT	1	超差不得分		
			Ra	1	降级不得分		
6	外沟槽	$\phi 20$ mm	IT	2	超差不得分		
			Ra	1	降级不得分		
		5 mm	IT	1	超差不得分		

续表

序号	考核项目	考核内容及要求		配分	评分标准	检测结果	得分
7	外螺纹	M24×1.5-6g	螺纹环规综合检测	4	超差不得分		
			Ra	2	降级不得分		
		15 mm	IT	1	超差不得分		
8	长度	10 mm	IT	1	超差不得分		
		20 mm	IT	1	超差不得分		
		8 mm	IT	1	超差不得分		
		16 mm	IT	1	超差不得分		
		90 mm±0.05 mm	IT	1	超差不得分		
9	内孔	$\phi 27_{0}^{+0.05}$ mm	IT	3	超差不得分		
			Ra	1	降级不得分		
		15 mm	IT	1	超差不得分		
		15 mm	IT	1	超差不得分		
10	内沟槽	4 mm×2 mm	IT	1	超差不得分		
			Ra	1	降级不得分		
11	内螺纹	M24×1.5-6H	螺纹塞规综合检测	4	超差不得分		
			Ra	2	降级不得分		
12	倒角	C1.5（2处）	IT	1	1处超差扣0.5分		
		C1（3处）	IT	1.5	超差不得分		
		C0.5（2处）	IT	0.5	1处超差扣0.25分		
13	安全文明生产	（1）着装规范，刀具、工具、量具归类摆放整齐； （2）工件装夹、刀具安装规范； （3）正确使用量具； （4）工作场所卫生、设备保养到位		10	每违反一条酌情扣2~4分，扣完为止		

六、机床维护与保养

（1）清除切屑、擦拭机床，使机床与周围环境保持清洁状态。
（2）检查润滑油、切削液的状态，及时添加或更换。
（3）依次关掉机床操作面板上的电源和总电源。
（4）机床若有故障，应立即报修。
（5）填写设备使用记录。

📖 任务评价

一、操作现场评价

填写现场记录表，见附录一。

二、任务学习自我评价

填写任务学习自我评价表，见附录二。

📖 任务总结

本任务以加工综合件为载体，综合运用前面所学知识来解决问题，内容包括读图、识图、刀具选择、切削参数设置、加工工艺制定、加工程序的编制，以及最后完成该零件的加工。通过加工该综合件，学生应掌握数控指令的应用，尺寸精度的控制方法，充分掌握综合件的数控车削加工的方法，能对综合件加工质量进行分析。

思考与练习

1. 在根据工作任务合理选择机床时要注意哪几方面的问题？
2. 数控加工工序的划分一般可按哪些方法进行？
3. 一般按什么原则安排工序顺序？
4. 工艺处理的一般原则是什么？
5. 工艺处理需要哪几个步骤？
6. 机械零件数控加工尺寸精度的获得方法有哪几种？
7. 机械加工中工件表面质量的影响因素有哪些？
8. 提升加工质量的方法有哪几种？
9. 提高加工效率的技巧有哪些？
10. 编写题图 10-1 所示零件的数控车加工程序（毛坯 ϕ60 mm × 100 mm，毛坯上已预钻了 ϕ25 mm 盲孔）。

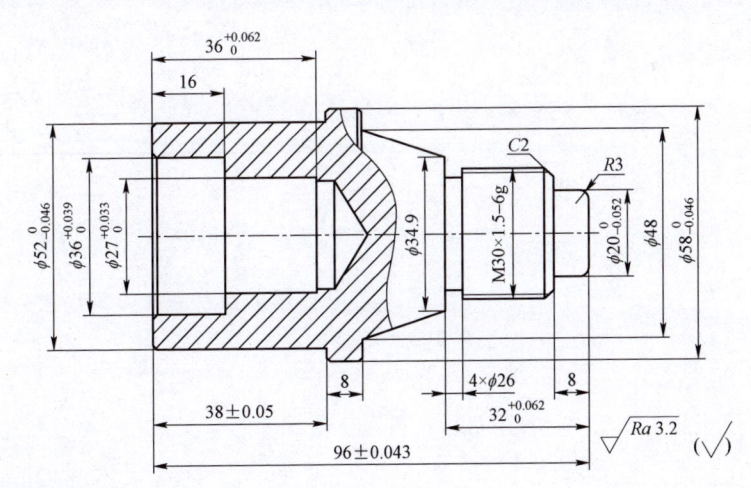

技术要求
1. 未注直径线性公差等级 IT10。
2. 未注长度尺寸允许偏差 ±0.15 mm。
3. 未注倒角 C1。

题图 10-1 项目十练习 10 零件图

11. 编写题图 10-2 所示零件的数控车加工程序（毛坯 $\phi 60 \times 100$ mm，毛坯上已预钻了 $\phi 22$ mm 盲孔）。

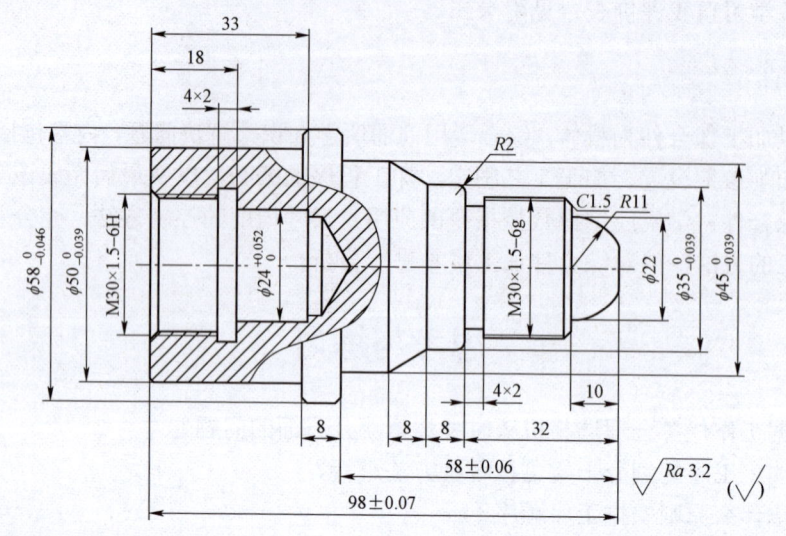

技术要求
1. 未注直径线性公差等级 IT10。
2. 未注长度尺寸允许偏差 ±0.15 mm。
3. 未注倒角 C1。

题图 10-2　项目十练习 11 零件图

附　　录

附录一　现场记录表

现场记录表

	学生姓名：_____ 学生班级：_____	学生学号：_____ 工件编号：_____		
安全文明生产	安全规范	好 □	一般 □	差 □
	刀具、工具、量具的放置合理	合理 □		不合理 □
	正确使用量具	好 □	一般 □	差 □
	设备保养	好 □	一般 □	差 □
	关机后刀架停放位置合理	合理 □		不合理 □
	发生重大安全事故、严重违反操作规程者取消成绩	事故状态：		
	备注			
规范操作	开机前的检查和开机顺序正确	检查 □		未检查 □
	正确回参考点	回参考点 □		未回参考点 □
	工件装夹规范	规范 □		不规范 □
	刀具安装规范	规范 □		不规范 □
	正确对刀，建立工件坐标系	正确 □		不正确 □
	正确设定换刀点	正确 □		不正确 □
	正确校验加工程序	正确 □		不正确 □
	正确设置参数	正确 □		不正确 □
	自动加工过程中，不得开防护门	未开 □	开 □	次数 □
	备注			
时间	开始时间：	结束时间：		

附录二 任务学习自我评价表

任务学习自我评价表

任务名称		实施地点		实施时间	
学生班级		学生姓名		指导教师	
评价项目			评价结果		

	评价项目	评价结果	
任务实施前的准备过程评价	任务实施所需的工具、量具、刀具是否准备齐全	1. 准备齐全	□
		2. 基本齐全	□
		3. 所缺较多	□
	任务实施所需材料是否准备妥当	1. 准备妥当	□
		2. 基本妥当	□
		3. 材料未准备	□
	任务实施所用的设备是否准备完善	1. 准备完善	□
		2. 基本完善	□
		3. 没有准备	□
	任务实施的目标是否清楚	1. 清楚	□
		2. 基本清楚	□
		3. 不清楚	□
	任务实施的工艺要点是否掌握	1. 掌握	□
		2. 基本掌握	□
		3. 未掌握	□
	任务实施的时间是否进行了合理分配	1. 已进行合理分配	□
		2. 已进行分配，但不是最佳	□
		3. 未进行分配	□
任务实施中的过程评价	每把刀的平均对刀时间为多少？你认为中间最难对的是哪把刀	1. 2～5 min □ 最难对的刀是：	
		2. 5～10 min □	
		3. 10 min 以上 □	
	实际加工中切削参数是否有改动？改动情况怎样？效果如何	1. 无改动	□
		2. 有改动	□
		所改切削参数： 切削效果：	

续表

评价项目		评价结果
任务实施中的过程评价	工件的加工时间与工序要求相差多少	1. 正常 □
		2. 快_____分钟
		3. 慢_____分钟
	加工过程中是否有因主观原因造成失误的情况？具体是什么	1. 没有 □
		2. 有 □
		具体原因：
	加工过程中是否有因客观原因造成失误的情况？具体是什么	1. 没有 □
		2. 有 □
		具体原因：
	在加工过程中是否遇到困难？怎么解决的	1. 没有困难，顺利完成 □
		2. 有困难，已解决 □ 具体内容： 解决方案：
		3. 有困难，未解决 □ 具体内容：
	在加工过程中是否重新调整了加工工艺？原因是什么？如何进行的调整？结果如何	1. 没有调整，按工序卡加工 □
		2. 有调整 □ 调整原因： 调整方案：
	刀具的使用情况如何	1. 正常 □
		2. 有撞刀情况，刀片损毁，进行了更换 □
	设备使用情况如何	1. 使用正确，无违规操作 □
		2. 使用不当，有违规操作 □ 违规内容：
		3. 使用不当，有严重违规操作 □ 违规内容：

续表

评价项目		评价结果		
任务完成后的评价	任务的完成情况如何	1. 按时完成	(1) 质量好	□
			(2) 质量中	□
			(3) 质量差	□
		2. 提前完成	(1) 质量好	□
			(2) 质量中	□
			(3) 质量差	□
		3. 滞后完成	(1) 质量好	□
			(2) 质量中	□
			(3) 质量差	□
	是否进行了自我检测	1. 是，详细检测		□
		2. 是，一般检测		□
		3. 否，没有检测		□
	是否对所使用的工、量、刃具进行了保养	1. 是，保养到位		□
		2. 有保养，但未到位		□
		3. 未进行保养		□
	是否进行了设备的保养	1. 是，保养到位		□
		2. 有保养，但未到位		□
		3. 未进行保养		□
总结评价	针对本任务的一个总体自我评价	总体自我评价：		
加工质量分析	针对本任务加工中出现的质量问题进行分析	原因：		

附录三　项目实施毛坯及刃、量具清单

项目实施毛坯及刃、量具清单

项目	任务	毛坯（45 钢）	刃具	量具
项目一	任务一 认识数控车床	—	—	—
	任务二 了解坐标系	—	—	—
	任务三 掌握数控车削编程基础	—	—	—
项目二	任务一 熟悉操作面板	—	—	—
	任务二 选用数控刀具	—	数控可转位外圆车刀（含装配工具）	—
	任务三 操作数控车床	ϕ 55 mm×130 mm	数控可转位外圆车刀	游标卡尺（0~150 mm） 千分尺（25~50 mm） 千分尺（50~75 mm）
	任务四 保养数控车床和养成文明生产习惯	—	—	—
项目三	任务一 加工外圆柱面零件（一）	ϕ 55 mm×130 mm	数控可转位外圆车刀（80°菱形刀片）	游标卡尺（0~150 mm） 千分尺（50~75 mm）
	任务二 加工外圆柱面零件（二）	上一任务完成的工件	数控可转位外圆车刀（80°菱形刀片）	游标卡尺（0~150 mm） 千分尺（25~50 mm）
项目四	任务一 加工外圆锥面零件（一）	上一项目完成的工件	数控可转位外圆车刀（80°菱形刀片）	游标卡尺（0~150 mm） 千分尺（25~50 mm） 游标万能角度尺
	任务二 加工外圆锥面零件（二）	上一任务完成的工件	数控可转位外圆车刀（80°菱形刀片）	游标卡尺（0~150 mm） 千分尺（25~50 mm）
	任务三 加工外圆锥面零件（三）	上一任务完成的工件	数控可转位外圆车刀（80°菱形刀片）	游标卡尺（0~150 mm） 千分尺（25~50 mm） 千分尺（0~25 mm） 游标万能角度尺
项目五	任务一 加工外圆弧面零件（一）	ϕ 55 mm×130 mm	数控可转位外圆车刀（80°菱形刀片）	游标卡尺（0~150 mm） 千分尺（50~75 mm） 千分尺（25~50 mm） 千分尺（0~25 mm） 半径样板（$R1$~$R7$）
	任务二 加工外圆弧面零件（二）	上一任务完成的工件	1. 数控可转位外圆车刀（80°菱形刀片） 2. 数控可转位外圆车刀（35°菱形刀片）	游标卡尺（0~150 mm） 千分尺（25~50 mm） 半径样板（$R7.5$~$R15$）

续表

项目	任务	毛坯（45 钢）	刃具	量具
项目六	任务一 加工盘类零件（一）	ϕ150 mm× 70 mm	95°数控可转位外径端面车刀（80°菱形刀片）	游标卡尺（0～150 mm） 深度游标卡尺（0～150 mm）
项目六	任务二 加工盘类零件（二）	上一任务完成的工件	95°数控可转位外径端面车刀（80°菱形刀片）	游标卡尺（0～150 mm） 深度游标卡尺（0～150 mm） 半径样板（R130 mm） 半径样板（R15 mm） 半径样板（R5 mm）
项目七	任务一 加工外窄槽零件	ϕ55 mm× 130 mm	1. 数控可转位外圆车刀（80°菱形刀片）； 2. 数控外沟槽车刀（刀宽 4 mm）	游标卡尺（0～150 mm） 千分尺（50～75 mm） 千分尺（25～50 mm） 游标万能角度尺 半径样板（R1～R7 mm）
项目七	任务二 加工外宽槽零件	上一任务完成的工件	1. 数控可转位外圆车刀（80°菱形刀片）； 2. 数控外沟槽车刀（刀宽 4 mm）	游标卡尺（0～150 mm） 千分尺（25～50 mm） 游标万能角度尺 半径样板（R1～R7 mm）
项目八	任务一 加工普通外螺纹零件（一）	ϕ55 mm× 130 mm	1. 数控可转位外圆车刀（80°菱形刀片）； 2. 数控外沟槽车刀（刀宽 3 mm）； 3. 数控外螺纹车刀	游标卡尺（0～150 mm） 千分尺（50～75 mm） 千分尺（25～50 mm） 半径样板（R25～R50） 螺纹环规（M30×1.5-6g）
项目八	任务二 加工普通外螺纹零件（二）	上一任务完成的工件	1. 数控可转位外圆车刀（80°菱形刀片）； 2. 数控外沟槽车刀（刀宽 3 mm）； 3. 数控外螺纹车刀	游标卡尺（0～150 mm） 千分尺（25～50 mm） 游标万能角度尺 螺纹环规（M36×3-6g）

续表

项目	任 务	毛坯（45 钢）	刃 具	量 具
项目九	任务一 加工套类零件（一）	ϕ55 mm× 55 mm	1. A3.15 中心钻； 2. ϕ19 mm 麻花钻； 3. 数控可转位外圆车刀（80°菱形刀片）； 4. 数控内孔车刀	游标卡尺（0～150 mm） 千分尺（50～75 mm） 内测千分尺（5～30 mm） 内径百分表（18～35 mm）
项目九	任务二 加工套类零件（二）	上一任务完成的工件	1. 数控内孔车刀； 2. 数控内沟槽车刀（刀宽 3 mm）； 3. 数控内螺纹车刀	游标卡尺（0～150 mm） 内测千分尺（5～30 mm） 内测千分尺（25～50 mm） 内径百分表（18～35 mm） 螺纹塞规（M36×1.5-6H）
项目十	任务一 加工综合件（一）	ϕ60 mm× 100 mm	1. A3.15 中心钻； 2. ϕ24 mm 麻花钻； 3. 数控可转位外圆车刀（80°菱形刀片）； 4. 数控内孔车刀； 5. 数控外沟槽车刀（刀宽 3 mm）； 6. 数控外螺纹车刀	游标卡尺（0～150 mm） 千分尺（50～75 mm） 千分尺（25～50 mm） 千分尺（0～25 mm） 内测千分尺（5～30 mm、25～50 mm） 内径百分表（18～35 mm） 内径百分表（35～50 mm） 深度千分尺（0～25 mm） 螺纹环规（M30×1.5-6g） 半径样板（R1～R7 mm）
项目十	任务二 加工综合件（二）	ϕ45 mm× 95 mm	1. A3.15 中心钻； 2. ϕ21 mm 麻花钻； 3. 数控可转位外圆车刀（80°菱形刀片）； 4. 数控内孔车刀； 5. 数控内沟槽车刀（刀宽 2 mm）； 6. 数控内螺纹车刀； 7. 数控外沟槽车刀（刀宽 3 mm）； 8. 数控外螺纹车刀	游标卡尺（0～150 mm） 千分尺（25～50 mm） 千分尺（0～25 mm） 内测千分尺（5～30 mm） 内径百分表（18～35 mm） 半径样板（R1～R7 mm） 螺纹塞规（M24×1.5-6H） 螺纹环规（M24×1.5-6g）

注：1. 所有车刀必须配备合适的垫刀片。
　　2. 中心钻必须配套钻夹头和莫氏锥柄，麻花钻必须配套莫氏锥套。

参 考 文 献

[1] 沈建峰. 数控机床编程与操作 [M]. 3版. 北京：中国劳动社会保障出版社，2011.
[2] 金玉峰. 数控机床编程与操作课教学参考书[M]. 北京：中国劳动社会保障出版社，2011.
[3] 金玉峰. 数控机床编程与操作习题册 [M]. 3版. 北京：中国劳动社会保障出版社，2011.
[4] 杨晓. 数控车刀选用全图解 [M]. 北京：机械工业出版社，2014.
[5] 金属加工杂志社，哈尔滨理工大学. 数控刀具选用指南 [M]. 2版. 北京：机械工业出版社，2018.
[6] 常斌，刘建萍. 数控车削编程与操作 [M]. 南京：江苏教育出版社，2013.
[7] 吕伟. 数控车削技能训练 [M]. 南京：江苏凤凰教育出版社，2018.
[8] 张丽. 数控车床编程与操作（FANUC系统）[M]. 北京：中国劳动社会保障出版社，2012.
[9] 陆伟明，朱勤惠，于晓平. 数控车工实用技巧 [M]. 北京：化学工业出版社，2009.
[10] 关颖. 数控车床（FANUC系统）[M]. 沈阳：辽宁科学技术出版社，2005.
[11] 郭建平. 数控车床编程与技能训练 [M]. 2版. 北京：北京邮电大学出版社，2015.
[12] 王公安. 车工工艺学 [M]. 5版. 北京：中国劳动社会保障出版社，2014.
[13] 袁继安. 数控车技能训练项目教程 [M]. 北京：国防工业出版社，2010.
[14] 詹华西. 零件的数控车削加工 [M]. 北京：电子工业出版社，2011.
[15] 卞化梅，牛小铁. 数控车床编程与零件加工 [M]. 北京：化学工业出版社，2012.
[16] 徐晓俊. 数控车削工艺与编程 [M]. 北京：中国铁道出版社，2010.
[17] 任国兴. 数控车床加工工艺与编程操作 [M]. 北京：机械工业出版社，2006.
[18] 张志浩，王平. 数控车床编程与加工 [M]. 北京：科学出版社，2015.
[19] 葛金印，陈宁娟. 数控车削实训与考级 [M]. 北京：高等教育出版社，2008.
[20] 夏长富，李国诚. 数控车床编程与操作 [M]. 北京：北京邮电大学出版社，2013.
[21] 李国举. 数控车削技术与技能应用 [M]. 北京：电子工业出版社，2014.
[22] 刘瑞已. 数控车床零件编程与加工 [M]. 北京：化学工业出版社，2012.
[23] 常斌. 普通车床操作实训 [M]. 南京：江苏教育出版社，2013.
[24] 李兴凯. 数控车床编程与操作 [M]. 北京：北京理工大学出版社，2016.
[25] 王兵，张卫东. 看视频学数控车床加工实战 [M]. 北京：化学工业出版社，2018.
[26] 刘立. 数控车床编程与操作 [M]. 南京：江苏凤凰教育出版社，2014.
[27] 徐国权. 数控车床编程与操作（FANUC系统）[M]. 北京：中国劳动社会保障出版社，2011.
[28] 王婧，李世班. 数控车床编程与操作 [M]. 北京：北京师范大学出版社，2011.
[29] 胡友树. 数控车床编程、操作及实训 [M]. 合肥：合肥工业大学出版社，2005.
[30] 赵太平. 数控车削编程与加工技术 [M]. 北京：北京理工大学出版社，2006.
[31] 蒋翰成. 数控车削技术与技能训练 [M]. 北京：科学出版社，2016.
[32] 郝继红，甄雪松. 数控车削加工技术 [M]. 北京：北京航空航天大学出版社，2008.

［33］朱明松．数控车床编程与操作项目教程［M］．2版．北京：机械工业出版社，2016．
［34］曹著明，甄雪松．数控车编程与操作［M］．北京：科学出版社，2017．
［35］施晓芳．数控加工工艺［M］．北京：电子工业出版社，2011．
［36］卢孔宝．数控车床编程与图解操作［M］．北京：机械工业出版社，2018．
［37］赵春梅，张鑫．数控车削加工工艺设计与实施［M］．北京：清华大学出版社．2011．
［38］北京发那科机电有限公司．FANUC Series 0i Mate-TC 操作说明书．
［39］袁锋．数控车床培训教程［M］．北京：机械工业出版社，2005．
［40］王军．机械零件的数控加工工艺［M］．2版．北京：机械工业出版社，2022．
［41］昝华，郝永刚．数控车削编程与操作［M］．北京：机械工业出版社，2022．
［42］吴光明．数控车削加工案例详解［M］．北京：机械工业出版社，2020．